U0255072

机械工程创新人才培养系列教材

辽宁省普通高等学校省级精品教材

现代机械制图

第3版

主编　朱　静　谢　军　王国顺

参编　阎晓琳　张　旭　张凤莲
　　　李　娇　尹　剑

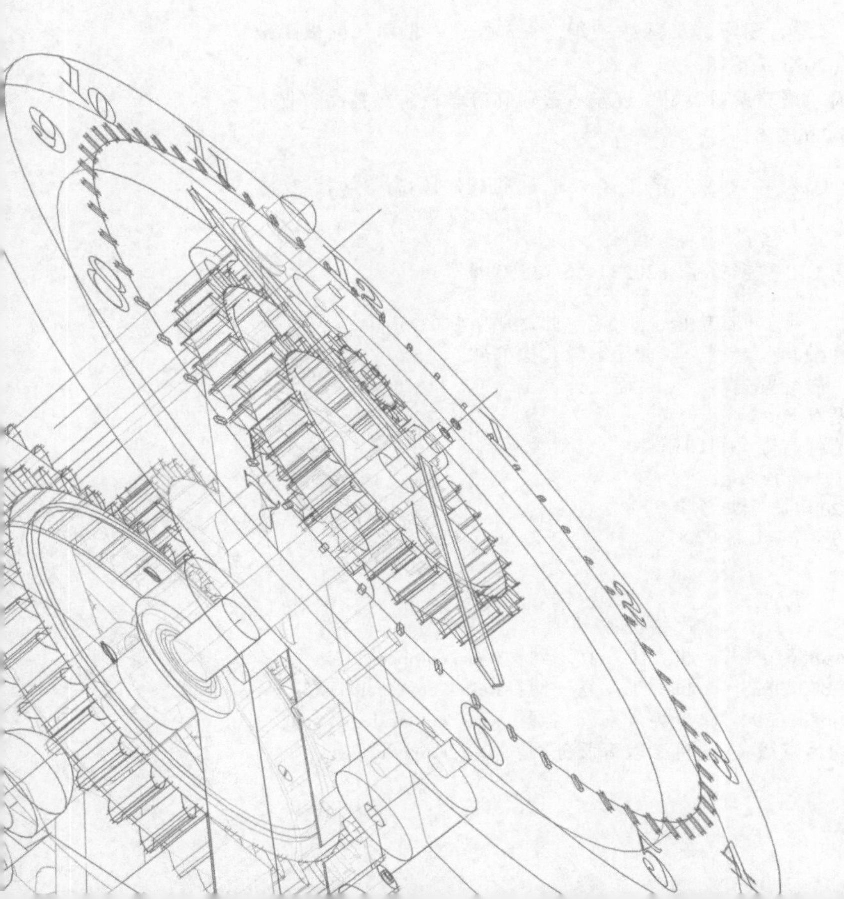

本书在传统《机械制图》教材体系的基础上进行一定的改革创新，以三维建模为主线，以空间想象可视化为基本思路，将基于三维辅助设计软件（SOLIDWORKS）的三维建模与机械制图的理论知识有机结合，解决了传统教学方法中存在的凭空想象难题，符合初学者的认知规律，有利于培养学生的空间想象能力、构形设计能力和立体表达能力。本书共12章，内容包括机械制图的基本知识、形体形状的由来与三维建模、工程图的投影基础、基本体截切与相贯、组合体投影图、图样的基本表达方法、零件建模、零件图、标准件与常用件、装配体建模与装配图、轴测投影图、计算机绘图基础（AutoCAD）。

本书为新形态教材，以二维码的形式链接了知识点讲解、例题讲解、计算机绘图操作演示等类型的视频资源，便于学生随扫随学。本书配套PPT课件、教学大纲、习题答案、在线课程、模拟试题及答案等资源，欢迎选用本书的教师登录机械工业出版社教育服务网（www.cmpedu.com）下载。由阎晓琳、张凤莲、朱静主编的《现代机械制图习题集 第3版》为本书的配套习题集，由机械工业出版社同步出版，供读者选用。

本书可作为普通高等院校机械类和近机械类各专业的制图课程教材，也可作为高职、高专院校相关专业的制图课程教材。编者团队主讲的“机械制图”课程在学银在线平台上线，故本书尤其适合作为线上线下混合式教学的教材。

图书在版编目（CIP）数据

现代机械制图/朱静，谢军，王国顺主编. —3版. —北京：机械工业出版社，2023.8（2024.7重印）

机械工程创新人才培养系列教材　辽宁省普通高等学校省级精品教材

ISBN 978-7-111-73602-8

Ⅰ.①现…　Ⅱ.①朱…②谢…③王…　Ⅲ.①机械制图-高等学校-教材　Ⅳ.①TH126

中国国家版本馆CIP数据核字（2023）第138508号

机械工业出版社（北京市百万庄大街22号　邮政编码100037）

策划编辑：徐鲁融　　责任编辑：徐鲁融

责任校对：梁　静　贾立萍　　封面设计：王　旭

责任印制：单爱军

北京虎彩文化传播有限公司印刷

2024年7月第3版第2次印刷

184mm×260mm · 20印张 · 495千字

标准书号：ISBN 978-7-111-73602-8

定价：62.00元

电话服务　　网络服务

客服电话：010-88361066　　机　工　官　网：www.cmpbook.com

010-88379833　　机　工　官　博：weibo.com/cmp1952

010-68326294　　金　　书　　网：www.golden-book.com

　机工教育服务网：www.cmpedu.com

PREFACE

前 言

随着计算机成图技术的快速发展与应用，“机械制图”课程的教学改革已经从单纯“甩图板”的应用阶段，进入到教学体系上全面改造的阶段。这种变化不仅仅是课程内容的变化，更是培养目标的改变。将现代三维设计理念引入制图课程，构建了以三维建模技术为主线的学习体系，解决了传统教学中的凭空想象难题，让学习过程更加符合科学的认知规律，更好地满足现代制造业对新技术的需求。三维建模从根本上解决了制图课程抽象、枯燥的局面，有助于培养学生的空间想象能力、空间构形能力以及用计算机表达空间形体的能力，从而适应现代制造业对设计与表达的要求，这在图学界已经成为共识。把培养工程图样的阅读与表达能力与三维构形设计能力结合起来，引入真实工程案例，展示实际产品，让学习更有难度、深度及挑战性。目前，三维辅助设计（CAD）已全面进入企业，因此，我们培养的学生既要有先进的设计理念，又要能适应工程实际工作的需要，即要培养具有双重能力的人才。在学时不断减少的情况下，如何培养学生同时具备三维设计能力与二维表达能力，这给“机械制图”课程的教学提出了新的要求。

为迎接制造业数字化、网络化、智能化发展趋势对制图课程的挑战，我们在对 2001 级学生开展的三维建模试点教学的基础上，于 2002 年进行了“用计算机技术全面改革制图课程”的教学改革立项，并在 2003 级进行了全面教改实践。在此基础上，于 2006 年编写了本书（第 1 版）及配套习题集。2009 年，“深化工程制图教学改革，培养现代工程素质”教改项目获辽宁省教学成果三等奖，《现代机械制图》（第 1 版）获辽宁省精品教材奖。经多年探索与实践，2015 年修订再版的《现代机械制图 第 2 版》及配套习题集出版发行。2018 年进行了翻转课堂理念的实施，2019 年进行了系列网络课程的构建，2020 年完成了线上线下混合式教学模式的构建，2022 年“基于工程实践能力培养需求的专创融合式机械类制图课程改革与实践”教改项目获校教学成果一等奖。基于以上结果，编者团队完成本次修订。

本书在课程体系及教学内容上的基本思路是：以三维建模为主线，实现投影关系坐标化、空间想象可视化、布尔操作合理化，强化草图训练，淡化尺规作图与定量图解，同时注重培养学生的三维设计能力与二维表达能力，以及从三维空间到二维平面的思维转换能力。

具体而言，本书具有如下特点。

1）在第 1 章的平面图形部分，把传统制图与计算机绘图的基本原理统一起来，将几何图形的信息量化为坐标形式，引入完全定义、欠定义及过定义的概念，使几何图形的描述具有可检验性。

2）第 2 章由工程中的零部件分析出空间形体形状，引出基于特征的参数化实体造型过程，与传统教学中对形体的分析仅限于简单的叠加、挖切相比，更重视指导学生按符合实际的工艺设计思路进行建模。

3）第 2~4 章以二维草图绘制与三维建模相结合的方式来实现二维投影能力的提高。思维训练过程：首先在三维建模的基础上画二维投影图，培养学生的二维表达能力；然后根据投影图进行三维建模练习，检验读图能力，再补画第三面投影图。

4）第5章组合体投影图的讲解从零件的描述开始，由零件抽象出形体来讲解组合体投影和工程图样的表达。第6~10章图样的表达方法、零件图样、标准件及装配体图样的表达讲解中，读图、拆图分析等与工程实际接近，实现从三维形体转化为二维图样的表达能力培养。

5）融入“互联网+”思维，以二维码的形式链接知识点讲解、例题讲解、计算机绘图操作演示等类型的视频资源，打造新形态一体化教材，便于学生随扫随学。同时，编者团队建设有“机械制图”学银在线慕课课程，践行“以学生发展为中心”的教学理念，建立线上与线下、课内与课外、理论与实践相结合的多元化教学模式。

6）选用工程中广泛应用的三维辅助设计软件 SOLIDWORKS，借助它基于特征的实体建模与工程图绘制功能，可以更好地培养学生的三维设计能力和二维表达能力。SOLIDWORKS 造型过程与机械设计过程非常贴近，且具有多种输入输出格式，可以很方便地与其他 CAD 软件进行数据交流。同时，该软件提供了完整的中文在线帮助功能，具有使用简单方便等优点。

7）采用现行《机械制图》《技术制图》《CAD 工程制图规则》国家标准。

8）以图标引导设有拓展模块，让学生在学习“机械制图”课程知识之余，熟悉工程中真实的矿井提升机、汽轮机、煤矿液压支架安全阀等零部件，了解天鲲号、华成一号、天河三号等中国创造的辉煌成就，体会大国工匠的精神和品质，通过推动煤电清洁化利用的技术图、万吨水压机工程图等理解工程图样的重要价值，将党的二十大精神融入其中，树立学生的科技自立自强意识，助力培养德才兼备的高素质人才。

本书的编写分工为：朱静编写第4~6章，谢军编写第3章，王国顺编写第9章，阎晓琳编写第8章、第10章，张旭编写第2章，张凤莲编写第7章、第11章，李娇编写第1章、第12章，尹剑编写附录。本书由朱静、谢军、王国顺任主编，朱静完成全书统稿。

本书第1~3版的编写均得到了本校（大连交通大学）教务处领导、机械工程学院领导、工程图学教研中心同事及家人的大力支持。本书的编写参考了相关的教材和参考书，均在参考文献中列出，在此向有关作者表示由衷的感谢。

限于编者水平和工程背景的局限，内容不当之处在所难免，敬请各位读者批评指正。

编　者

CONTENTS

目 录

第1章 机械制图的基本知识

工程图样是表达设计思想和进行技术交流的工具，是设计和制造机械的重要技术文件，是产品或设计结果的表达形式。为了便于技术交流，工程图样的表达必须具有很高的规范性。为此，国家标准对制图者在绘制图样的过程中应共同遵守的绘图规则进行了规定，每个制图者都必须严格遵守。另外，为了提高绘图的质量和速度，本章也将对平面图形的构成和画法、仪器绘图方法、徒手绘图方法、用计算机绘制草图做简要介绍。在1.5节中重点介绍用SOLIDWORKS绘图软件绘制平面草图的方法。

1.1 常用的机械制图国家标准

常用的机械制图国家标准包括《机械制图》国家标准和《技术制图》国家标准。国家标准简称国标，代号为GB。本节根据最新的《机械制图》《技术制图》国家标准，简要介绍图纸幅面和格式、比例、字体、图线、尺寸标注等方面的基本规定。

1.1.1 图纸幅面和格式

1. 图纸幅面

根据国家标准《技术制图　图纸幅面和格式》（GB/T 14689—2008），图纸幅面尺寸应优先采用表1-1所规定的基本幅面，必要时允许选用规定的加长幅面。加长幅面的尺寸是由基本幅面的短边成整数倍增加而得，如图1-1所示。图1-1中粗实线所表示的为基本幅面（第一选择），细实线（第二选择）和虚线（第三选择）所表示的为加长幅面。

表1-1　基本幅面尺寸　（单位：mm）

幅面代号	A0	A1	A2	A3	A4
$B \times L$	841×1189	594×841	420×594	297×420	210×297
e	20		10		
c	10			5	
a	25				

2. 图框格式

在图纸上必须用粗实线画出图框，图样应绘制在图框内部。图框格式分为留装订边与不

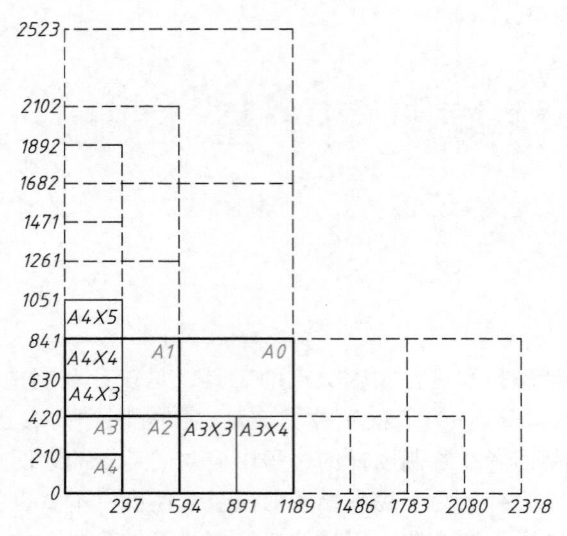

图 1-1 图纸基本幅面及加长幅面尺寸

留装订边两种，如图 1-2 所示，尺寸按表 1-1。同一产品的图样只能采用同一种格式。为便于复制，在图纸边长的中点处还应绘制对中符号。对中符号用粗实线绘制，画入图框内约 5mm，如图 1-2a 所示。当对中符号处于标题栏范围内时，深入标题栏内的部分省略不画，如图 1-2b、d 所示。

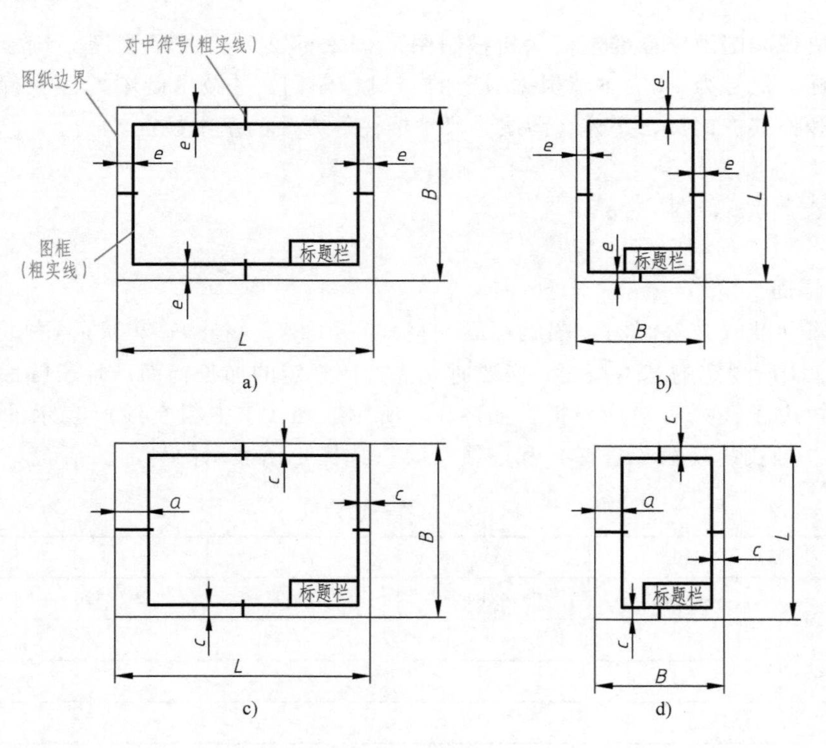

图 1-2 图框格式

a）不留装订边图纸（X 型）的图框格式 b）不留装订边图纸（Y 型）的图框格式

c）留装订边图纸（X 型）的图框格式 d）留装订边图纸（Y 型）的图框格式

3. 标题栏

标题栏是提供图样信息、图样所表达的产品信息及图样的管理信息等内容的栏目。每张图纸上都必须画出标题栏。标题栏一般由更改区、签字区、其他区、名称及代号区组成，如图 1-3a 所示。国家标准《技术制图　标题栏》（GB/T 10609.1—2008）规定的标题栏格式与尺寸如图 1-3b 所示，各设计单位也可根据各自需求做相应变化。教学中练习用标题栏可采用如图 1-3c 所示简化的标题栏。

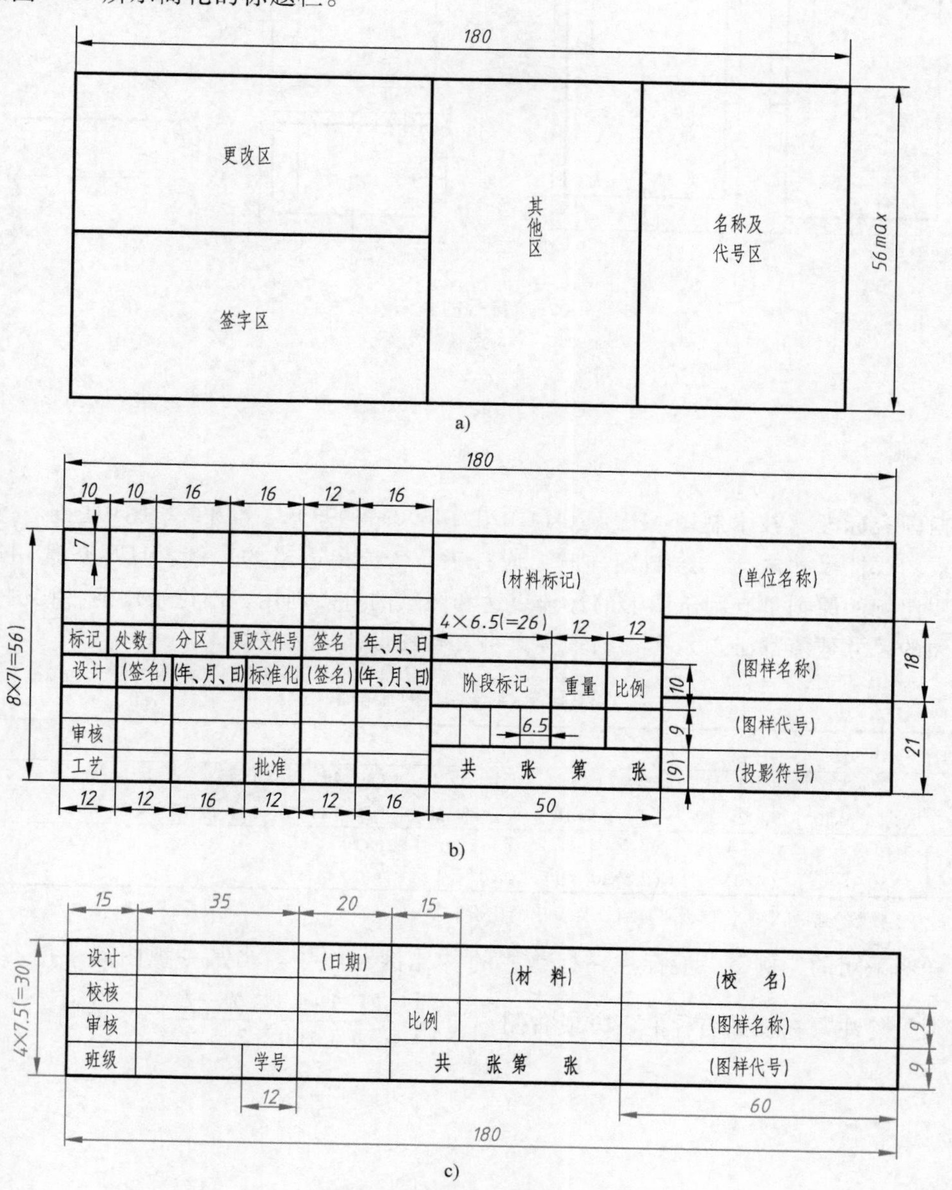

图 1-3　标题栏的格式与尺寸

a）标题栏的组成　b）国家标准规定的标题栏　c）简化的标题栏

一般情况下标题栏位于图纸右下角，看图方向与标题栏方向一致，即以标题栏中文字方向为看图方向。当标题栏的长边与图纸的长边平行时构成 X 型图纸，当标题栏的长边与图纸的长边垂直时构成Y型图纸，如图1-2所示。但有时为了利用预先印制好的图纸，允许将标题栏置于图纸右上角。此时，看图方向与标题栏方向不一致，需使用方向符号，如图1-4所示。方向符号为画在对中符号上的等边三角形，用细实线绘制，看图时应使其位于图纸下方。

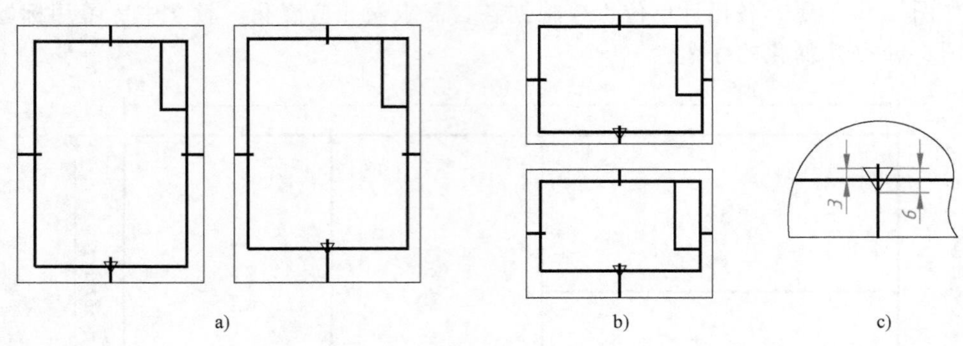

图1-4　方向符号的画法及应用
a）X型图纸竖放　b）Y型图纸横放　c）方向符号画法

1.1.2　比例

根据国家标准《技术制图　比例》（GB/T 14690—1993），比例是指图中图形与其实物相应要素的线性尺寸之比。绘制图样时，应按表1-2选择适当的比例，且尽量选用原值比例。选用比例的原则是有利于图形的最佳表达和图纸的有效利用。不论采用何种比例，图样中所标注的尺寸数值都必须是实物的真实大小，与图形比例无关。

表1-2　国家标准规定的比例系列

原值比例	1∶1							
缩小比例	(1∶1.5)	1∶2	(1∶2.5)	(1∶3)	(1∶4)	1∶5	(1∶6)	1∶10
	$(1:1.5\times10^n)$	$1:2\times10^n$	$(1:2.5\times10^n)$	$(1:3\times10^n)$	$(1:4\times10^n)$	$(1:5\times10^n)$	$(1:6\times10^n)$	$1:1\times10^n$
放大比例	5∶1	(4∶1)	(2.5∶1)	2∶1	$1\times10^n:1$			
	$5\times10^n:1$	$(4\times10^n:1)$	$(2.5\times10^n:1)$	$2\times10^n:1$				

注：n为正整数，括号中的比例为必要时允许选用的比例。

图样所采用的比例，一般标注在标题栏的“比例”栏中。当某一视图需采用不同比例时，必须另外注写在视图名称的下方或右侧，如$\frac{\text{I}}{2:1}$、$\frac{A\text{向}}{1:100}$、$\frac{B—B}{2.5:1}$、平面图1∶100。

1.1.3　字体

1. 基本要求

国家标准《技术制图　字体》（GB/T 14691—1993）规定图样中的字体书写必须做到：字体工整、笔画清楚、间隔均匀、排列整齐。

字体高度（用h表示）的公称尺寸系列为：1.8mm、2.5mm、3.5mm、5mm、7mm、

10mm、14mm、20mm。字体的高度代表字体的号数。若需要书写更大的字体，其字体高度应按照$\sqrt{2}$的比率递增。

汉字应写成长仿宋体，并采用中华人民共和国国务院正式公布推行的《汉字简化方案》所规定的简化字。汉字高度 h 不应小于 3.5mm，字宽一般为 $h/\sqrt{2}$。

字母和数字分为 A 型（笔画宽 $d=h/14$）和 B 型（笔画宽 $d=h/10$）两种，可写成直体或斜体。斜体字字头向右倾斜，与水平基准线成 75°。在同一图样上只允许采用同一型式的字体。

2. 字体示例

汉字示例如下：

字体工整　笔画清楚　间隔均匀

横平竖直　注意起落　结构均匀　填满方格

直体大写字母示例如下：

A B C D E F G H I J K L M N O P Q R S T U V W X Y Z

斜体大写字母示例如下：

ABCDEFGHIJKLMNOPQRSTUVWXYZ

直体小写字母示例如下：

a b c d e f g h i j k l m n o p q r s t u v w x y z

斜体小写字母示例如下：

a b c d e f g h i j k l m n o p q r s t u v w x y z

直体、斜体阿拉伯数字示例如下：

1 2 3 4 5 6 7 8 9 0　　*1 2 3 4 5 6 7 8 9 0*

直体、斜体罗马数字示例如下：

Ⅰ　Ⅱ　Ⅲ　Ⅳ　Ⅴ　Ⅵ　Ⅶ　Ⅷ　Ⅸ　Ⅹ

Ⅰ　Ⅱ　Ⅲ　Ⅳ　Ⅴ　Ⅵ　Ⅶ　Ⅷ　Ⅸ　Ⅹ

1.1.4　图线

1. 线型及应用

国家标准《机械制图　图样画法　图线》（GB/T 4457.4—2002）规定了绘制机械图样常用的 9 种图线及一般应用，见表 1-3。

表 1-3　绘制机械图样常用的 9 种图线及一般应用

名称	线型	图线宽度	一般应用
粗实线	(d)	d	可见轮廓线、可见棱边线、相贯线、剖切符号用线、螺纹长度终止线等
细实线		$d/2$	过渡线、尺寸线、尺寸界线、剖面线、重合断面的轮廓线、指引线等
细虚线	3d　12d	$d/2$	不可见轮廓线、不可见棱边线
细点画线	≤6.5d　12d	$d/2$	对称中心线、轴线、分度圆(线)、孔系分布的中心线、剖切线等
波浪线		$d/2$	断裂处边界线;视图与剖视图的分界线①
双折线	2~4d　15~20d　30°	$d/2$	断裂处边界线;视图与剖视图的分界线①
细双点画线	≤10d　12d	$d/2$	相临辅助零件的轮廓线、轨迹线、可动零件的极限位置的轮廓线、成形前轮廓线等
粗虚线		d	允许表面处理的表示线
粗点画线		d	限定范围表示线

① 在一张图样上一般采用一种线型，即采用波浪线或双折线。

机械图样中采用粗、细两种线宽。粗线的线宽 d 尺寸系列为 0.13mm、0.18mm、0.25mm、0.35mm、0.5mm、0.7mm、1mm、1.4mm、2mm，使用时应根据图形的大小和复杂程度选定，优先选择 0.5mm 和 0.7mm 的线宽。细线的线宽为 $d/2$。

2. 图线画法

根据国家标准《机械制图　图样画法　图线》(GB/T 4457.4—2002) 和国家标准《技术制图　图线》(GB/T 17450—1998)，在同一图样中，同类图线的宽度应基本一致。两条平行线之间的最小距离不能小于图中的粗实线的宽度，且不小于 0.7mm。

虚线、点画线的线段长度和间隔应各自大致相等。点画线的首、末两端为长画，并超出轮廓线 2~5mm。当其较短时，可用细实线代替。

图样中，虚线、点画线与其他图线相交（或同种图线相交）时，应相交于长画，而不应相交于点或间隔；虚线与其他图线相接时应留有空隙，当虚线在粗实线延长线上时，粗实线应画到分界点，虚线端处留出空隙与之相连。

当两种或两种以上图线重叠时，应按照粗实线、虚线、细点画线的顺序优先选择前面的一种。

图线用途示例如图 1-5 所示。

1.1.5　尺寸标注

根据国家标准《机械制图　尺寸注法》(GB/T 4458.4—2003)，尺寸标注具有如下规则和标注内容。

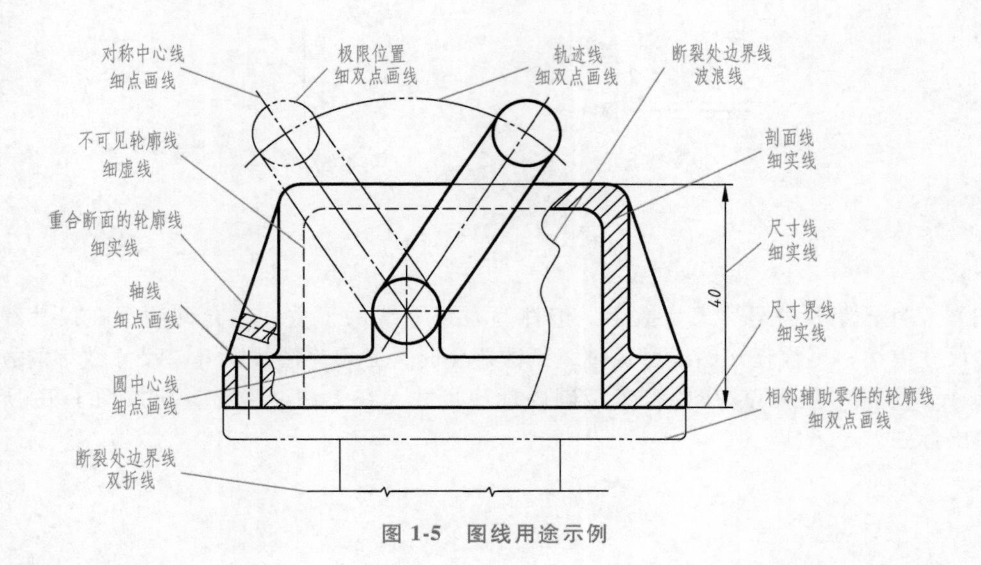

图 1-5　图线用途示例

1. 基本规则

1）图样上所标注的尺寸应是机件的真实尺寸，且是机件的最后完工尺寸，与绘图比例和绘图精度无关。

2）图样中的尺寸以毫米为单位时，不需要标注单位符号或名称，若采用其他单位，则应注明相应的单位符号。

3）机件的每一个尺寸，一般只标注一次，且应标注在反映该结构最清晰的图形上。

2. 尺寸的组成

组成尺寸的要素有尺寸界线、尺寸线、尺寸数字及符号，如图 1-6 所示。

（1）尺寸界线　尺寸界线表示尺寸的范围，用细实线绘制，并从图形的轮廓线、轴线或对称中心线引出。也可以直接利用轮廓线、轴线或对称中心线作为尺寸界线。尺寸界线一般应与尺寸线垂直，必要时才允许倾斜。在光滑过渡处标注尺寸时，应用细实线将轮廓线延长，从交点处引出尺寸界线，如图 1-7 所示。尺寸界线应超出尺寸线 3mm 左右。

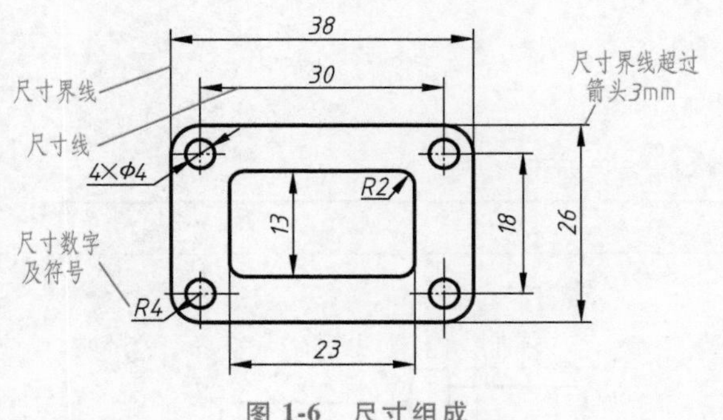

图 1-6　尺寸组成

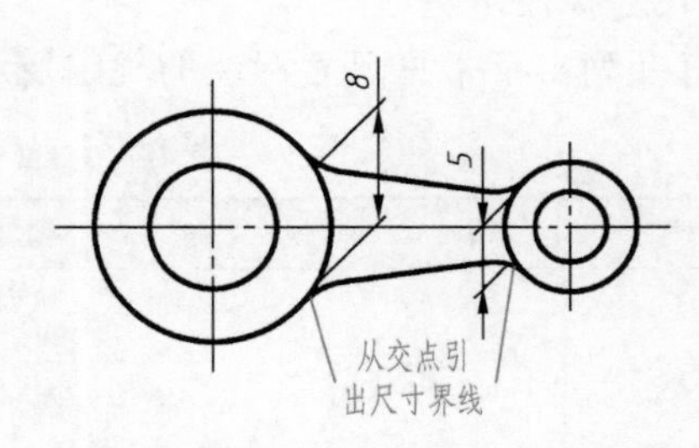

图 1-7　尺寸界线与尺寸线斜交情况

（2）尺寸线　尺寸线用细实线绘制，必须单独画出，不能用其他图线代替，也不能与其他图线重合或画在其延长线上。尺寸线之间的间隔应均匀一致，一般大于 5mm。其终端有箭头和斜线两种形式，如图 1-8 所示。机械图样中一般采用箭头形式，土建图样中采用斜线形式。在同一张图样中，只能采用同一种尺寸终端形式。

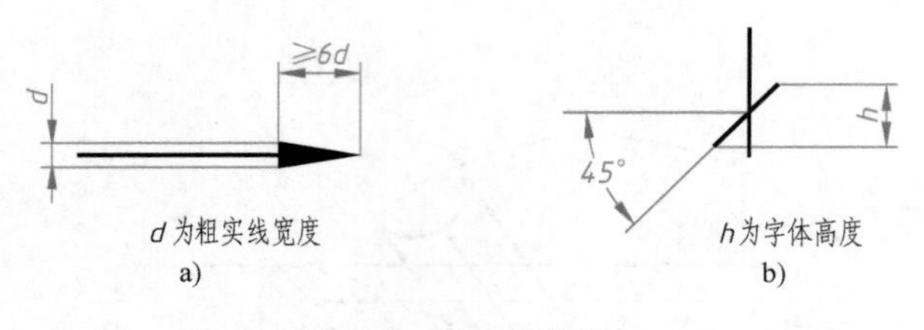

图 1-8 尺寸线终端

(3) 尺寸数字及符号 尺寸数字一般注写在尺寸线的上方，也允许注写在尺寸线的中断处。尺寸数字不可被任何图线所通过，无法避免时，必须将图线断开。尺寸数字的方向如图 1-9a 所示，应尽量避免在图示 30°范围内标注尺寸。在无法避免时，应按图 1-9b 所示的形式引出标注。

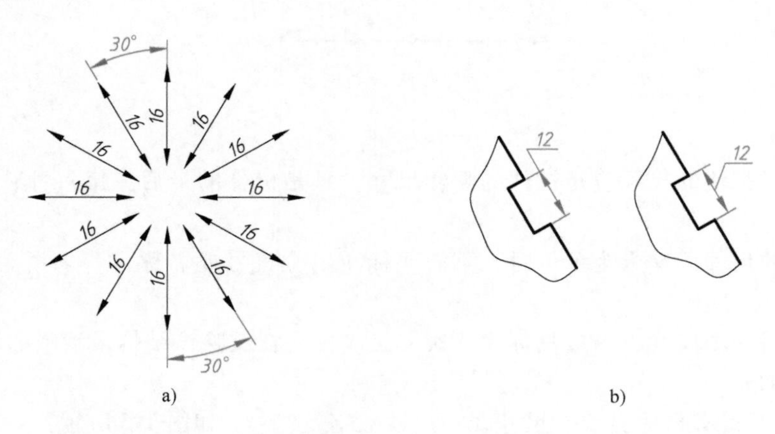

图 1-9 尺寸数字的方向及尺寸标注

标注尺寸时根据所标注尺寸数字的含义，有时要在数字前面加上一个符号，常用的符号有 ϕ（直径）、R（半径）、$S\phi$（球直径）、SR（球半径）、EQS（均布）、□(正方形)、t（厚度）、↧（深度）等。

3. 尺寸标注示例

表 1-4 列出了常见尺寸标注的规定及示例。

表 1-4 常见尺寸标注的规定及示例

类型	规　　定	示　　例
线性尺寸	线性尺寸的尺寸线与所标注线段平行；连续尺寸的尺寸线应对齐；平行尺寸尺寸线间距相等，且遵循“小尺寸在里，大尺寸在外”的原则	中心线断开 $\phi16$ $\phi22$ $\phi12$ 17 6 46

（续）

类型	规　　定	示　　例
圆弧尺寸	整圆和大于半圆的圆弧标注直径（符号 ϕ）；不完整圆的直径尺寸线允许只画一个箭头，无箭头一端要通过圆心并延伸少许，如图 a 所示 小于或等于半圆的圆弧标注半径（符号 R），其尺寸线应通过圆弧的圆心；当不需标出圆心位置时，尺寸线可沿半径方向画出；当半径过大或在图纸范围内无法标注出其圆心位置时，尺寸线可画成折线，将折线终点画在圆心坐标线上，如图 b 所示	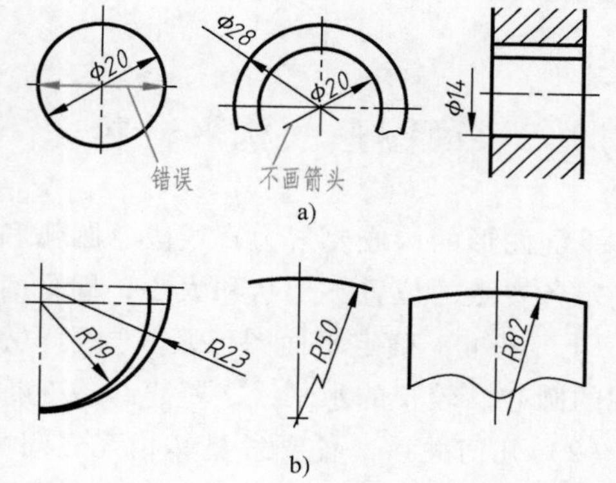 Φ20　Φ28　Φ20　Φ14　错误　不画箭头 a) R19　R23　R50　R82 b)
球面尺寸	标注球面的直径或半径，应在符号 ϕ 或 R 前加注符号 S，如图 a 所示；对于螺钉、铆钉的头部、轴（包括螺杆）及手柄的端部等，在不致引起误解时，可省略符号 S，如图 b 所示	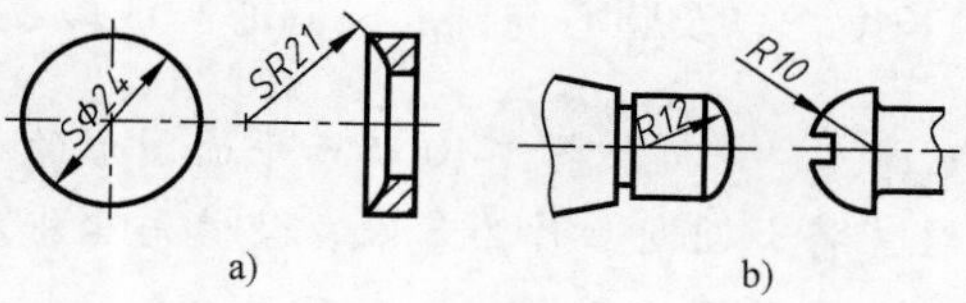 SΦ24　SR21 a) R12　R10 b)
角度尺寸	标注角度时，尺寸线为圆弧，其圆心为该角的顶点。角度数字一律水平书写，一般注写在尺寸线的中断处或外侧，也可引出标注	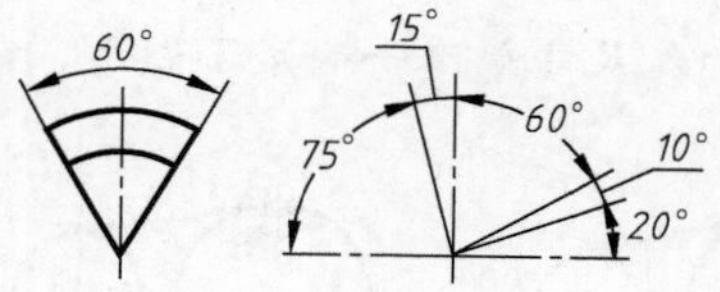 60°　15°　60°　75°　10°　20°
斜度和锥度	斜度用两直线（或平面）间夹角的正切表示，锥度用圆锥体大、小端直径之差与锥体高度之比表示，均化为 1∶n 的形式；斜度、锥度符号画法如图 a 所示，标注时符号的方向应与图形一致，如图 b 所示	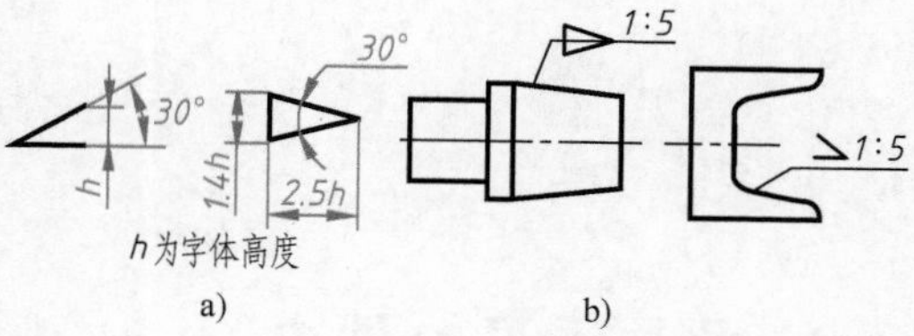 30°　h　30°　1.4h　2.5h h 为字体高度 a) 1:5　1:5 b)
小尺寸	在没有足够的位置画箭头或注写数字时，可将箭头、数字布置在图形的外侧。标注连续的小尺寸时，中间箭头可用斜线或圆点代替	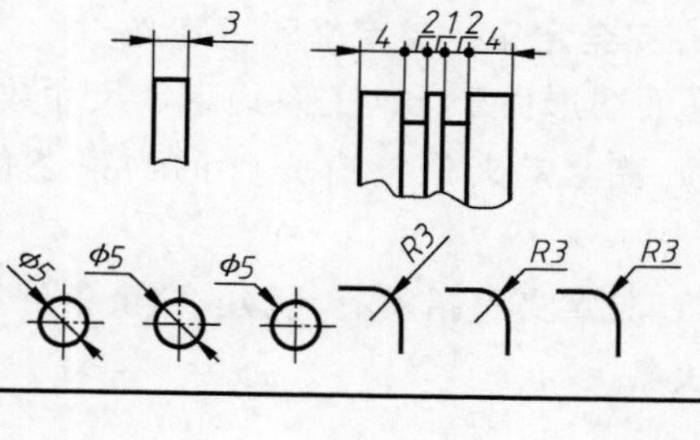 3　4　2　1　2　4 Φ5　Φ5　Φ5　R3　R3　R3

1.2 平面图形

1.2.1 平面图形的构形分析

平面图形的构成要素为直线段、圆弧和圆。各要素之间相互关联，要确定平面图形，就要确定各要素的位置、形状和大小，即平面图形应有基准、几何关系和尺寸。

（1）基准　确定平面图形及其要素位置的点和线，如同几何中的坐标系。一般选择较大圆的圆心、较长的水平线、竖直线或对称中心线交点作为坐标原点。

（2）几何关系　各要素及其相互之间的关系，如直线的水平或竖直状态、线段（直线段或圆弧段）的相切关系、两直线间的平行或垂直关系等。

（3）尺寸　要素自身的形状、大小和要素间的相对距离（或角度），如圆弧的半径、线段的长度，以及圆心与圆心、圆心与线段、线段与线段之间的距离等。

【例 1-1】 分析如图 1-10 所示平面图形的构形过程。

1）将大圆圆心作为基准，使其与坐标原点重合。

2）要素间的几何关系有两圆心在同一水平线上、两直线均为公切线，如图 1-10a 所示。有了几何关系限制，无论如何改变要素的大小和相对位置，约束关系均保持不变，如图 1-10b、c 所示。

3）加入尺寸就唯一确定了图形，如图 1-10d 所示。

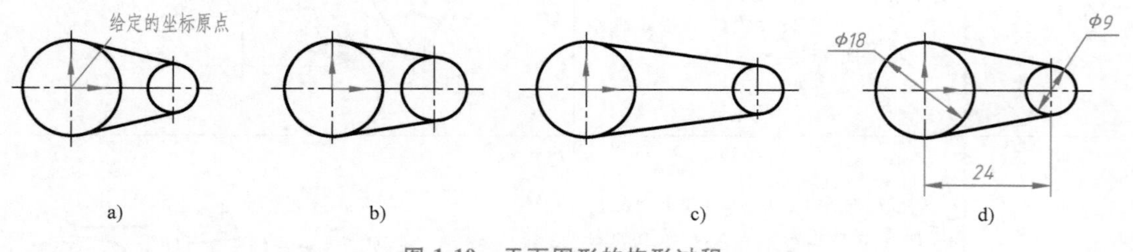

图 1-10　平面图形的构形过程

1.2.2 平面图形的尺寸

1. 完全定义、欠定义和过定义

平面图形由于几何关系约束、尺寸数量的不同呈现完全定义、欠定义和过定义状态。

1）**完全定义**是指有完整的约束条件和尺寸定义平面图形，是平面图形唯一确定的状态。

2）**欠定义**是指没有足够的约束条件和尺寸对平面图形进行全面定义，是平面图形不确定的状态。

3）**过定义**是指平面图形中存在重复或相互冲突的约束条件或尺寸，是不合理的状态，必须去掉多余的约束和尺寸。

平面图形设计完成时，图形应该是完全定义的，尺寸标注是关键所在。

2. 尺寸基准、定形尺寸和定位尺寸

确定平面图形的任何一个要素都需要一定数量的尺寸或几何关系，例如，圆需要圆心坐标 x、y 及半径 R，直线则需要其上一点的坐标 x、y 及直线方向或两点的坐标。尺寸按作用可分为定形尺寸和定位尺寸两种，而在标注和分析尺寸时，必须首先确定尺寸基准。

（1）尺寸基准　标注尺寸的起点称为尺寸基准。平面图形的尺寸基准有水平和竖直两个方向的基准，通常情况下与图形基准一致，如图 1-11 所示。同方向须有一个主要基准，还可以有辅助基准。

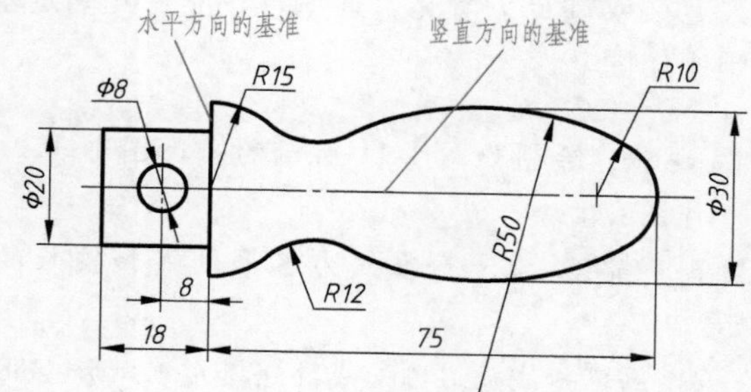

图 1-11　平面图形的尺寸基准及尺寸分析

（2）定形尺寸　确定平面图形形状大小的尺寸称为定形尺寸，如图 1-11 中的 ϕ8、ϕ20、R15、R12、R50、R10、18 等。

（3）定位尺寸　确定平面图形各要素位置的尺寸称为定位尺寸，如图 1-11 中的 8、75、ϕ30 等，其中，尺寸 75 确定 R10 圆弧的位置，ϕ30 用来确定 R50 圆弧的圆心在竖直方向上的位置。

如图 1-12、图 1-13 所示为平面图形尺寸标注实例。

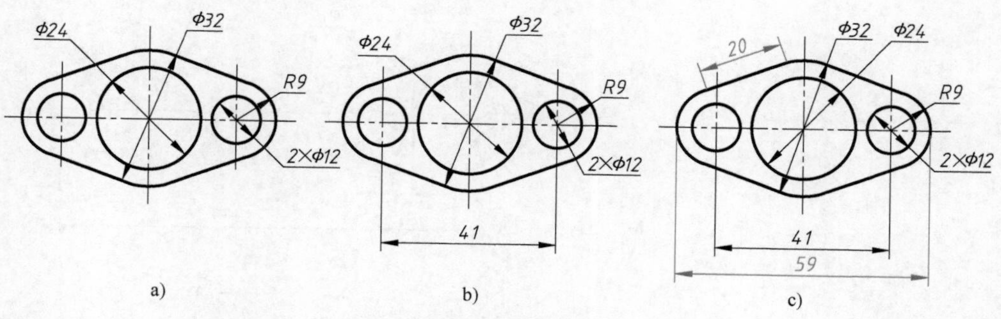

图 1-12　平面图形尺寸标注实例（一）

a）欠定义　b）完全定义　c）过定义

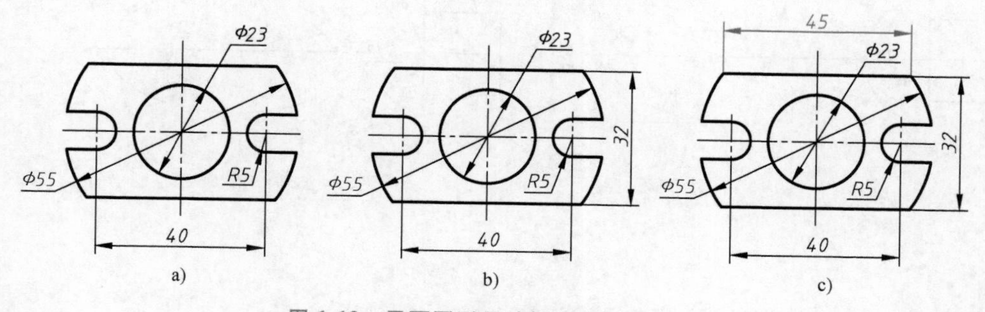

图 1-13　平面图形尺寸标注实例（二）

a）欠定义　b）完全定义　c）过定义

1.2.3　平面图形的画图步骤

组成平面图形的各线段（直线段或圆弧段）根据其尺寸数量的不同可分为：已知线段（全部尺寸均已知）、中间线段（少一个尺寸，但有一个几何关系）和连接线段（少两个尺寸，但有两个几何关系）。在两个已知线段之间，必须有且只能有一条连接线段，否则会产生欠定义或过定义情况。画图时，应首先确定基准，然后按已知线段、中间线段、连接线段的顺序作图。

【例 1-2】　绘制如图 1-11 所示的平面图形。

作图：

1）确定基准。基准线为水平轴线和较长的直线，如图 1-14a 所示。

2）画已知线段。已知线段包括左端矩形、$\phi8$ 的圆及 $R15$、$R10$ 的圆弧，如图 1-14b 所示。

3）画中间线段 $R50$ 圆弧。利用其与 $\phi30$ 尺寸所确定的直线及 $R10$ 圆弧相切的几何关系确定其圆心，$R10$ 圆弧与 $R50$ 圆弧的分界点（连接点）在两圆心连线的延长线上，如图 1-14c 所示。

4）画连接线段 $R12$ 圆弧。利用与 $R50$ 圆弧和 $R15$ 圆弧相切的几何关系画出连接线段 $R12$ 圆弧，如图 1-14d 所示。

5）擦除辅助线，加粗描深。

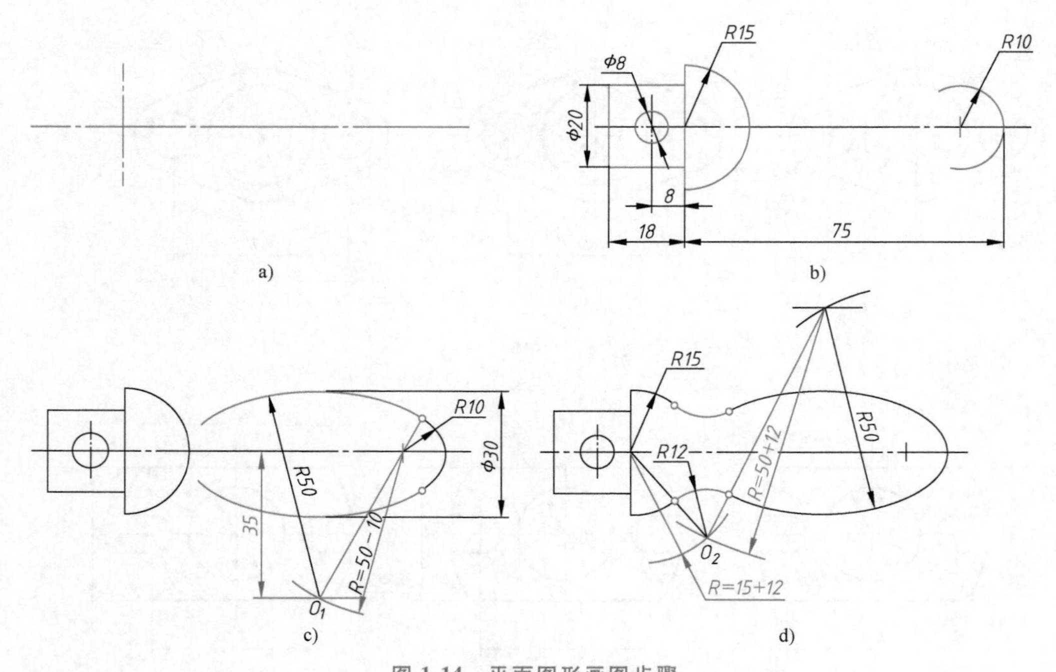

图 1-14　平面图形画图步骤

a）确定基准　b）画已知线段　c）画中间线段　d）画连接线段

1.2.4　平面图形构形设计

1. 平面图形构形设计的常用原则

1）**构形应表达功能特征**。平面图形构形主要是进行**轮廓特征设计**，其表达的对象往往是工业产品、设备、工具，如运输设备（车、船、飞行器等）、生产设备、仪器仪表、家用电器、机器人等。几何图形形状组合的依据，来源于对丰富的现有产品的观察、分析与综合，整个图形的构成应能充分地表达功能特征。在日常生活中，经常使用的自行车、汽车、家具、家用电器、绘图工具等，都可作为平面图形设计的素材，如图 1-15 所示的实例。

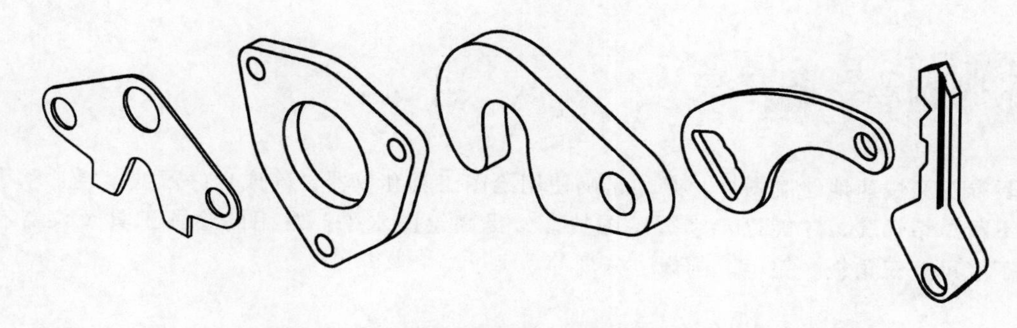

图 1-15　构形设计参考实例

2）**便于绘图与标注尺寸**。在平面图形构形设计中，应尽可能考虑用常用的平面图形来构成，便于图形的绘制和标注尺寸。因图形是制造的依据，所以设计的平面图形必须标注全部尺寸，即**做到完全定义**。

对于非圆曲线（如椭圆）要简化成圆弧连接作图，也必须标注需要的全部特征尺寸。有些工程曲线，如车体、船体、飞行器外形、凸轮外轮廓等需按计算结果绘制，它们往往需要标注若干个离散点的坐标，然后用曲线板逐点光滑连接成轮廓线。简单的构形设计中一般应避免采用复杂的非圆曲线。

总之，构形设计出来的平面图形应便于绘制，且容易完整地标注尺寸。构形设计不是一般的美术画，切不可随心所欲地勾画图形，从而使需要标注的尺寸繁多，甚至难以注全。一般来说，便于绘制和标注尺寸的图形也便于加工制造，具有良好的工艺性。

3）**注意整体效果**。构形设计不仅仅是仿形，更重要的是通过实用、美观、新颖的几何形状设计，培养美学意识、创新能力。因此，在平面图形设计过程中，还应考虑美学、力学、视觉等方面的整体效果。

总之，在构形设计中应积极思考、广泛联想、大胆创造，设计出新颖、富有想象和寓意的平面图形来。

2. 平面图形的设计实例

如图 1-16 所示为以平面零件外形为参考而设计的完全定义的平面图形。

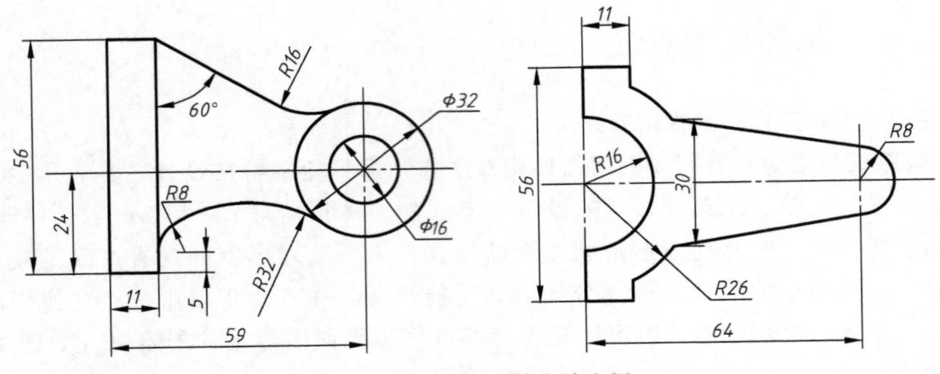

图 1-16 平面图形的设计实例

1.3 仪器绘图方法

要准确又快速地绘制图样，必须正确使用绘图工具和仪器，养成良好习惯，经常动手实践，不断总结经验，才能逐步掌握绘图技能，提高绘图水平。常用的绘图工具及仪器有图板、丁字尺、三角板、铅笔、圆规、分规等。

1.3.1 图板、丁字尺与三角板

图板、丁字尺与三角板的用法如图 1-17 所示。图板用作画图时的垫板，要求表面平坦光洁，用作导边的左边必须平直，常用胶带纸将图纸固定在图板上。丁字尺由尺头和尺身组成，使用时，尺头紧靠图板导边，可上下移动进而调整尺身位置。绘图时，右手执笔，沿丁字尺尺身上边自左向右画线。

三角板与丁字尺配合使用时，将三角板的一条直角边紧靠丁字尺尺身上边，执铅笔沿三角板的直角边或斜边画线。一副三角板和丁字尺配合使用，可画竖直线和与水平方向成 15°、30°、45°、60°、75°等各种角度的斜线，如图 1-17b 所示。利用一副三角板还可以画任意已知直线的平行线或垂直线。

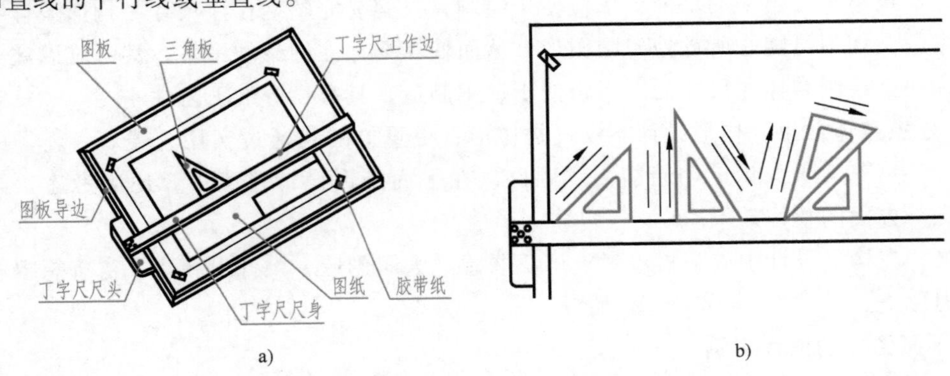

图 1-17 图板、丁字尺与三角板的用法

1.3.2　圆规与分规

圆规是用来画圆和圆弧的工具。圆规的一条腿上装有钢针，称为固定腿，另一条腿上装有铅芯。画不同直径的圆或圆弧时，钢针与铅芯应尽可能与纸面垂直。

分规是用以量取线段和分割线段的工具。为准确度量尺寸，分规的两个针尖应平齐，如图 1-18a 所示。分割线段时，分规两针尖交替作为圆心，沿给定线段旋转前进，如图 1-18b 所示。

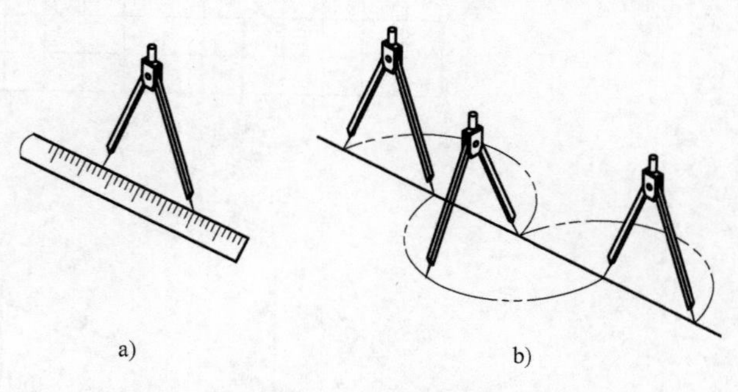

图 1-18　分规的用法

1.3.3　铅笔

绘图用铅笔用 B 和 H 表示铅芯的软硬程度，B 前的数字越大表示铅笔越黑，H 前的数字越大表示铅芯越硬。绘图时，一般应备有 2H、H、HB、B 等几种硬度不同的铅笔以满足不同的使用要求。通常用 HB 或 B 的铅笔画粗实线，用 H 或 2H 的铅笔画各种细线。

画粗线的铅笔铅芯磨成凿形为宜，如图 1-19a 所示。画底稿、各种细线及写字的铅笔铅芯可磨成锥形，如图 1-19b 所示。

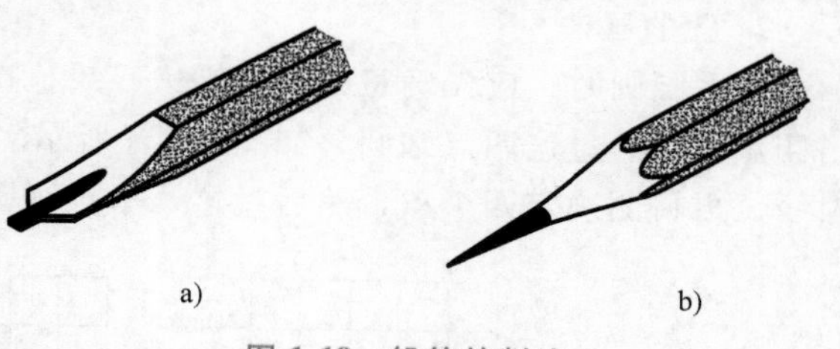

图 1-19　铅笔的削法

1.4　徒手绘图方法

对于工程技术人员来说，除了要学会用仪器绘图之外，还必须具备徒手绘图的能力。不借助绘图工具，靠目测估计物体各部分的尺寸和比例，徒手绘制的图样称为草图。在设计、仿制或修理机器时，为了节省时间或受限于环境条件等，经常需要绘制草图。草图也要做到线条粗细分明，尺寸大致符合比例，线型符合国家标准的要求。

学习徒手绘图时，为了便于控制各部分比例，保证图面质量，通常使用方格纸。草图一般用铅芯修磨成锥形的 HB 铅笔绘制。图形中常用的直线和圆的徒手绘制方法如下。

1. 直线的画法

在画直线时，可先定出直线的两个端点，手执铅笔从一个起点出发，眼睛看着画线的终点，轻轻移动手腕和手臂使笔尖向着终点做近似的直线运动，注意手腕不要转动。尽可能利用方格纸上格子的节点进行定位，如图 1-20 所示。画长斜线时，为了便于运笔，可以旋转图纸使之处于最顺手的方向。画 30°、45°、60°等常用角度直线，可根据直角边的比例关系定出两个直角顶点，然后连线得到所要的角度直线，如图 1-21 所示。

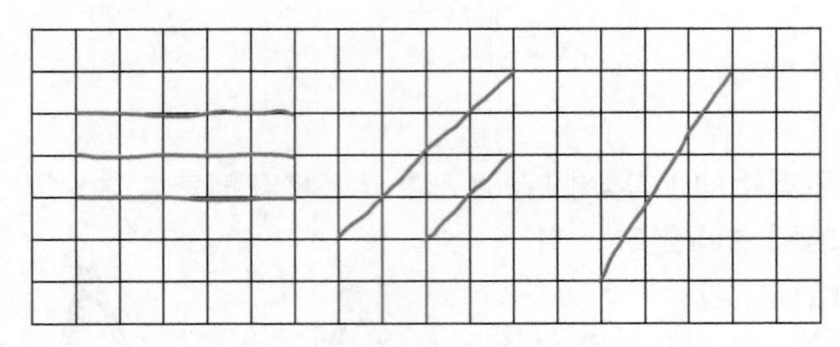

图 1-20　徒手画直线的方法

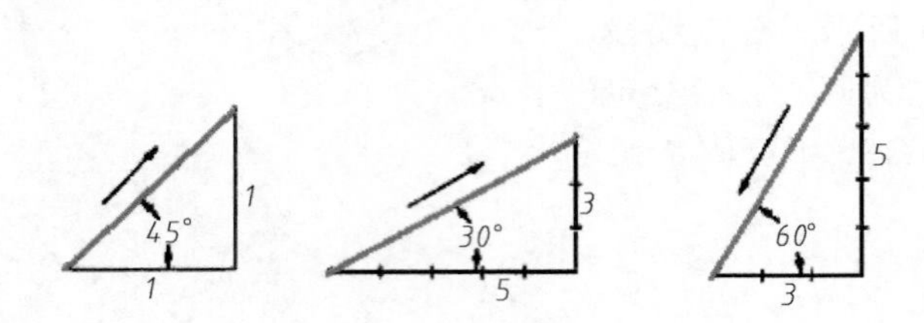

图 1-21　常见角度直线的徒手画法

2. 圆的画法

徒手画圆时，应先确定圆心并画中心线，再根据半径大小，用目测的方法在中心线上定出四点，然后过这四点画圆，如图 1-22a 所示。当圆的直径较大时，可过圆心增画两条 45°斜线，再目测确定四个点，然后过这八个点画圆，如图 1-22b 所示。

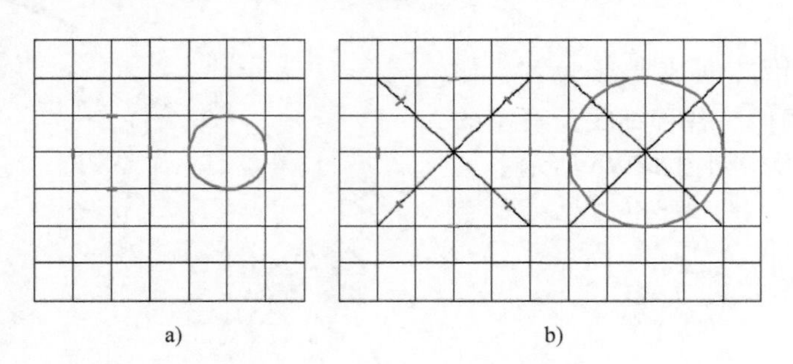

图 1-22　徒手画圆的方法

在徒手绘图时，最重要的是保持物体各部分的比例匀称。如果总体比例保持不好，那么不管线条画得多好，这张草图也是劣质的。在开始画图时，整个物体与图形的长、宽、高的相对比例一定要仔细拟定。然后在画中间部分和细节部分时，要随时将新测定的线段与已拟定的线段进行比较。

1.5 用计算机绘制草图

与手工绘图相比，计算机绘图具有作图精度高、出图速度快、易于修改、便于保存等特点，且随着计算机技术的发展，三维实体造型正在成为机械结构设计的主要方式。本书选用在 Windows 平台下开发的三维机械设计自动化软件 SOLIDWORKS 介绍计算机绘图和建模的相关方法。从 1995 年美国 SOLIDWORKS 公司发布第一个 SOLIDWORKS 软件商品化版本开始，SOLIDWORKS 软件在全球得到了迅速的推广和应用。使用 SOLIDWORKS 软件，设计者可以快速地绘制草图（平面图形），并运用各种特征以生成三维模型，同时可以生成详细的工程图。本节主要介绍 SOLIDWORKS 2020 软件中草图的绘制方法。

1.5.1　SOLIDWORKS 2020 软件简介

1. SOLIDWORKS 2020 软件系统的启动

SOLIDWORKS 2020 软件安装完毕后，在计算机桌面上将自动出现一个运行该软件的快捷方式图标，如图 1-23a 所示，双击该图标启动 SOLIDWORKS 2020 软件系统。而后，可在图 1-23b 所示“新建 SOLIDWORKS 文件”对话框中选择想要新建的文件类型。SOLIDWORKS 文件包含三种类型，即零件、装配体及工程图，其设计过程是由零件创建装配体，由零件、装配体创建工程图。

a)

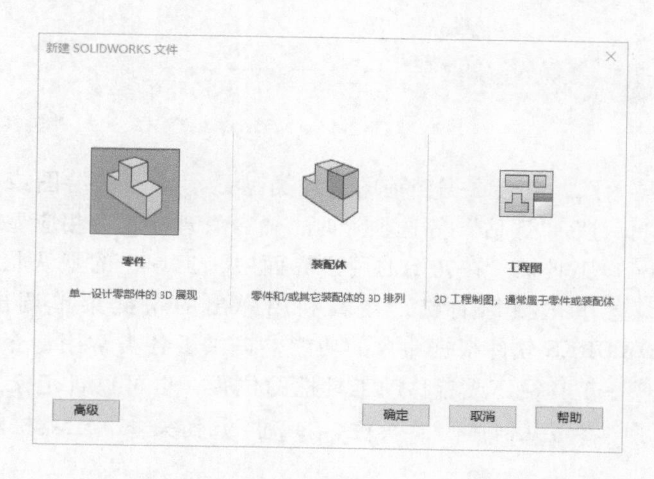

b)

图 1-23　SOLIDWORKS 2020 软件的启动

a）快捷方式图标　b）“新建 SOLIDWORKS 文件”对话框

2. SOLIDWORKS 2020 软件的用户界面

下面以零件设计界面（在“新建 SOLIDWORKS 文件”对话框中选择“零件”选项并单击“确定”按钮）为例，说明 SOLIDWORKS 2020 软件用户界面的主要构成，如图 1-24 所示。

（1）SOLIDWORKS 菜单　鼠标移到 [SOLIDWORKS] 图标上或单击它时，菜单可见。为使用方便，可单击 [图钉] 按钮将菜单固定，图 1-24 所示为菜单已固定的状态。可单击菜单名称打开相应的菜单，进而在其中选择所需的命令。

（2）快速访问工具栏　单击工具按钮右侧的展开按钮 [▾]，可以扩展显示更多工具命令。可以利用此处命令进行文件的打开、保存、打印等操作。

（3）命令管理器（CommandManager）　命令管理器是在绘图和三维造型时最为常用的

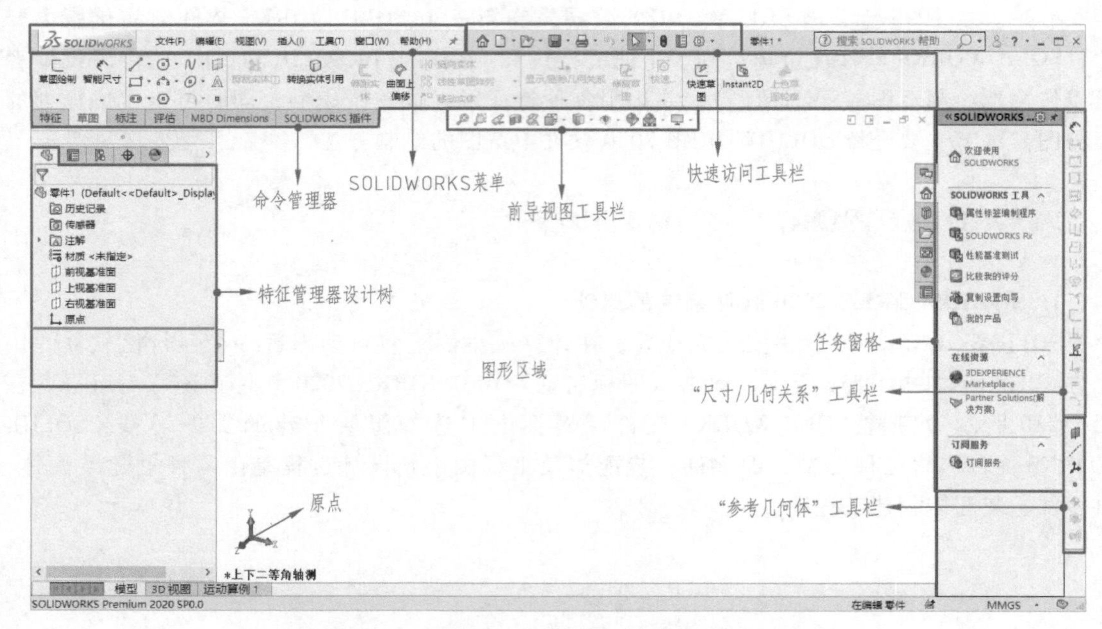

图 1-24　SOLIDWORKS 2020 软件用户界面

命令显示区，它会根据当前的文件类型显示常用的绘图或建模工具。当切换“特征”“草图”“标注”“评估”等选项卡时，命令管理器也会相应显示不同的命令。

（4）工具栏　在初始的用户界面中，工具栏的默认状态是关闭的，可在命令管理器的空白位置单击鼠标右键，接着利用弹出的快捷菜单调出所需工具栏，如图 1-25 所示。SOLIDWORKS 软件根据命令的功能，提供了各类常用命令的工具栏，可以根据需要显示或关闭任一工具栏，或者移动工具栏的位置，也可以自定义工具栏中的按钮。图 1-24 所示为调出了“参考几何体”工具栏、“尺寸/几何关系”工具栏的状态。

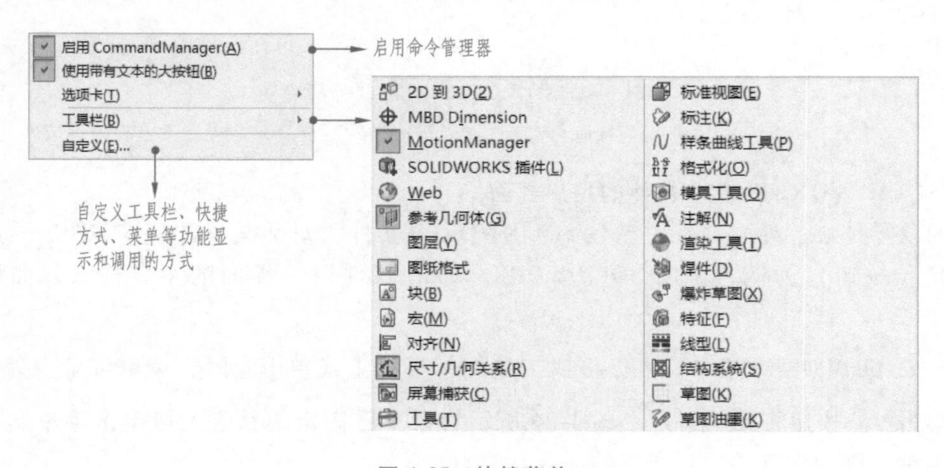

图 1-25　快捷菜单

（5）特征管理器设计树（FeatureManager 设计树）　在 SOLIDWORKS 软件用户界面左侧窗口的 选项卡即为特征管理器设计树。特征管理器设计树是 SOLIDWORKS 软件中的一个独特部分，它可以显示出零件或装配体中的所有特征。一个特征创建完成后，就会自动加入到特征管理器设计树的列表中，因此特征管理器设计树展示建模操作的先后顺序。利用特征管理器设计树，设计者可以编辑零件或装配体中的所有特征，也可以拖动特征管理器设计树下方的退回控制棒——回溯设计过程。

（6）属性管理器（PropertyManager）　SOLIDWORKS 软件用户界面左侧窗口的 选项卡即为属性管理器。当在图形区域选择了某个对象时，属性管理器就会被激活，同时显示对象的常用属性，因而其中内容随选中对象的不同而不同。利用对话框形式的属性管理器，可以方便地对当前对象的属性进行设置和修改。例如，当选择一条直线后，属性管理器就会被激活，如图 1-26 所示。

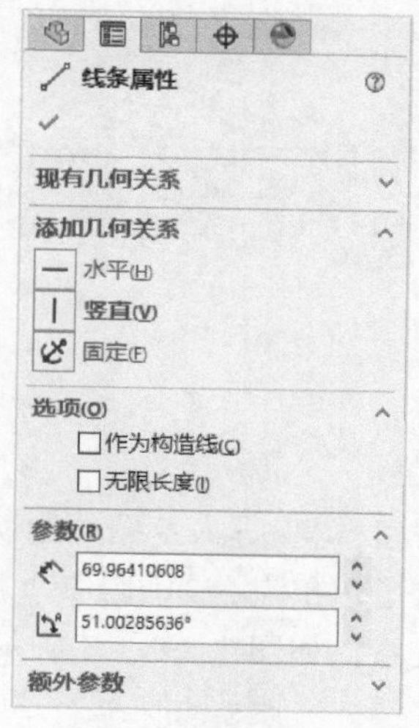

图 1-26　“线条属性”属性管理器

1.5.2　草图

SOLIDWORKS 软件中的草图不同于前面讲过的徒手绘制的草图，而是指二维轮廓或截面[⊖]，即平面图形，它是立体建模的第一步。它包括基准面、几何关系及尺寸三方面的信息。SOLIDWORKS 软件的草图采用了尺寸驱动技术，使草图的修改变得非常容易，因而设计者可根据需要不断地修改草图，以符合设计意图。

1. 草图绘制

（1）基准面的选择　要创建草图，必须首先选择一个绘制草图的平面，即基准面。该平面可以是系统默认的初始平面、已经存在平面或所创建实体的内外表面。但应注意基准面必须是平面，不能是曲面。SOLIDWORKS 软件系统默认的三个初始平面是前视（Front）基准面、上视（Top）基准面和右视（Right）基准面，可在特征管理器设计树的列表中选择，如图 1-24 所示，三个初始平面的位置关系如图 1-27a 所示。草图绘制平面是表示空间位置的平面，只有位置，没有大小和厚度。系统的坐标原点如图 1-27b 所示，三个初始平面和一个坐标原点构成了 SOLIDWORKS 软件默认的空间坐标系。

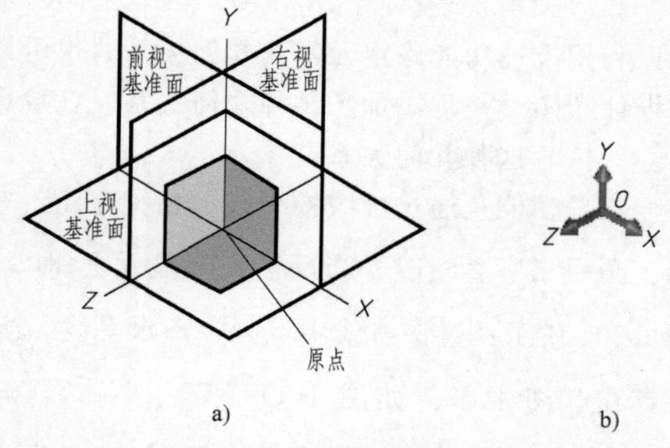

图 1-27　系统默认的初始平面与坐标原点

（2）草图绘制工具　选择基准面之后，便可开始绘制草图。在命令管理器上展开“草图”选项卡，如图 1-28 所示，可在此选择命令绘制和编辑几何形状。大多数命令按钮附带文字说明，鼠标移至按钮上方时系统会显示详细解释。

通常从原点开始绘制草图，在命令管理器中展开“草图”选项卡后，单击“草图绘制”

⊖　本节不讨论三维草图。

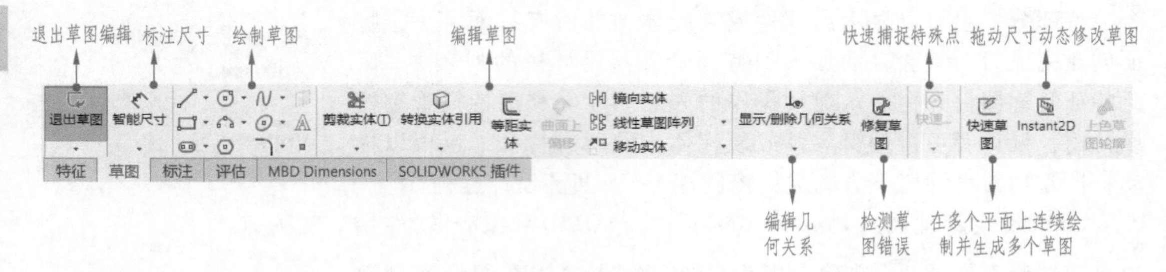

图 1-28　“草图”选项卡

按钮 进入草图绘制状态，绘图区域将显示一个坐标原点图标 ，原点为草图绘制提供了定位点，如图 1-29a 所示。在草图绘制过程中，恰当使用中心线可以更便捷地建立对称关系，如图 1-29b、c 所示。

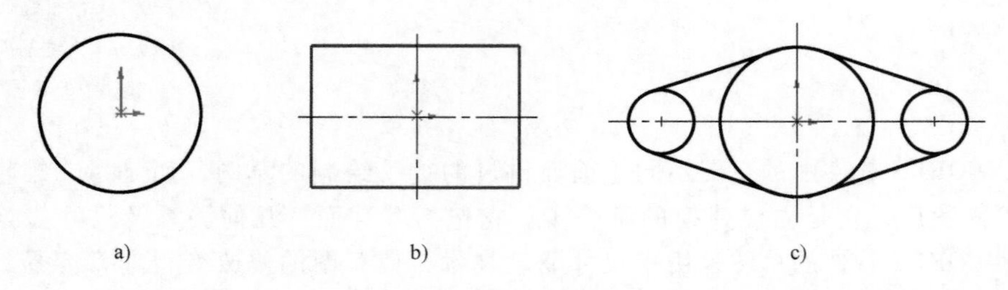

图 1-29　原点和中心线

2. 几何关系

几何关系就是草图元素本身或元素之间可能存在的位置关系，在 SOLIDWORKS 软件中，可以利用推理功能确定元素的几何关系，也可以直接对元素添加几何关系，进而实现设计者的设计意图。一旦添加了某种几何关系，在草图元素的尺寸或位置发生变化时，草图元素依然会保持着这种几何关系。

推理功能是通过虚线推理线、指针显示、端点和中点等的高亮显示来显示几何关系。例如，画一条竖直线时，当反馈指针显示 时，“竖直”的几何关系就保存在草图中了，如图 1-30a 所示；过该直线中点画一条水平线，当反馈指针显示 时，“水平”的几何关系就保存在草图中了，如图 1-30b 所示；拖动草图实体，竖直（ ）、中点（ ）及水平（ ）几何关系始终保持不变，如图 1-30c 所示。

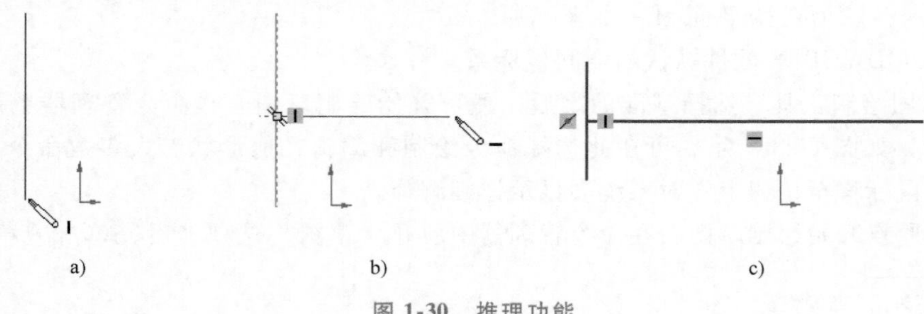

图 1-30　推理功能

添加几何关系可利用图 1-24 所示“尺寸/几何关系”工具栏中的“添加几何关系”按钮 上 来实现，也可以利用属性管理器来添加几何关系。例如，若要对图 1-31a 所示两圆添加“水平”几何关系，选择两圆心后，属性管理器便会切换到“添加几何关系”属性管理器，选择“水平”的几何关系进行添加即可，如图 1-32 所示，设置后的结果如图 1-31b 所示，任意拖动两圆都不会改变两圆圆心的“水平”几何关系。此外，也可选中两元素后利用弹出的快捷工具栏选择几何关系。

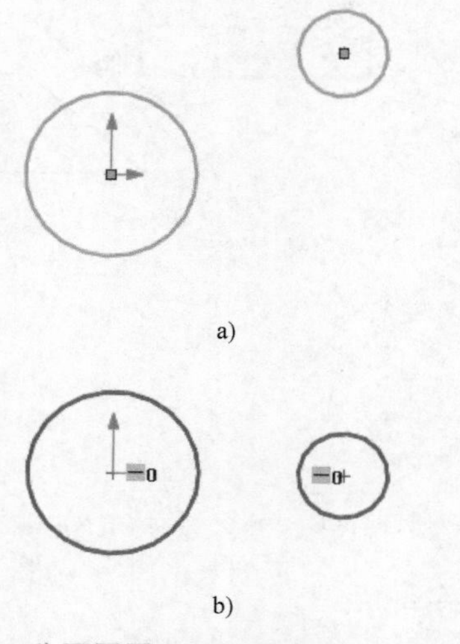

图 1-31　为两圆圆心添加“水平”几何关系

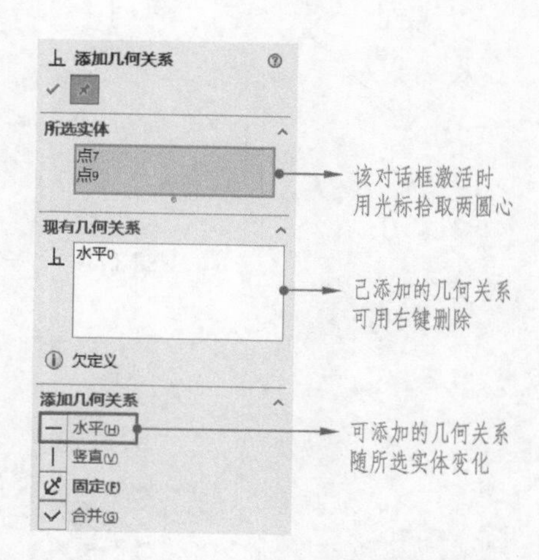

图 1-32　“添加几何关系”属性管理器

在图 1-31b 所示图形的基础上，任意画两条直线，如图 1-33a 所示。在直线与圆之间添加“相切”几何关系，如图 1-33b 所示。单击命令管理器中的“裁剪实体”按钮 并选择裁剪到最近端方式，剪切掉多余线段，得到如图 1-33c 所示草图。在几何关系的限制下，随意拖动小圆都不会改变直线与两圆的“相切”几何关系，如图 1-33d 所示。

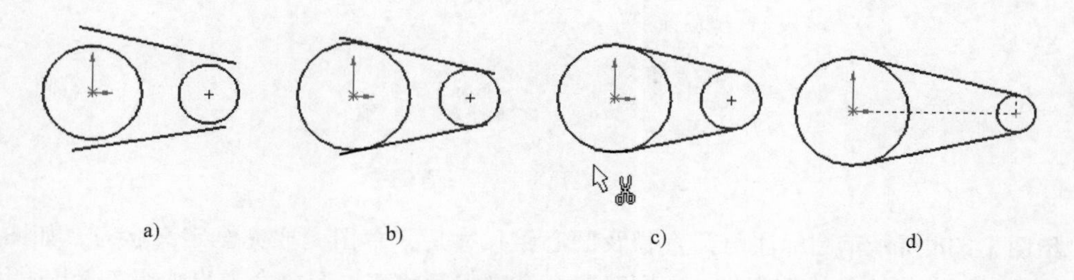

图 1-33　添加“相切”几何关系

3. 尺寸标注

只添加了几何关系的草图仍然是欠定义的，例如，图 1-33d 所示草图的两圆大小及圆心距是可变的。而只有加入尺寸标注，才能完全定义该草图。在 SOLIDWORKS 软件中标注尺寸，可使用“智能尺寸”命令 。SOLIDWORKS 软件的尺寸标注是动态预览的，因此当选定了图形元素后，尺寸会依据放置位置的不同来确定尺寸的标注类型，并自动显示尺寸的实测数值，如图 1-34a～c 所示，单击选定位置后系统弹出如图 1-34d 所示的对话框，可输入准确的尺寸数字。如需修改某个尺寸，双击该尺寸即可重新输入。在标注尺寸和修改尺寸时，“尺寸”属性管理器会自动展开，如图 1-35 所示，可以在属性管理器中对尺寸进行更详细的设置。

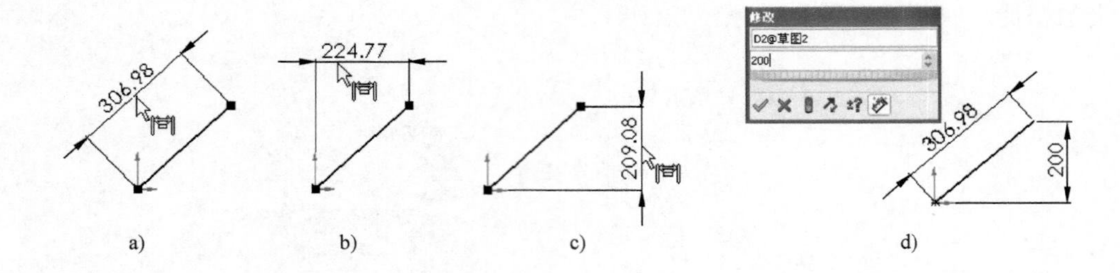

图 1-34　“智能尺寸”命令标注尺寸

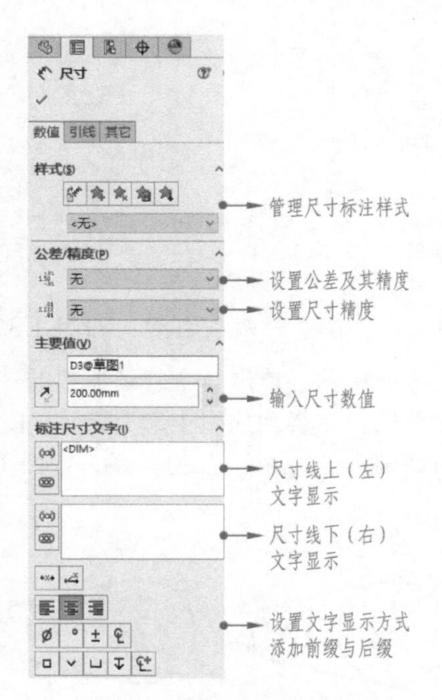

图 1-35　“尺寸”属性管理器

给图 1-33d 所示草图标注两圆直径及圆心距尺寸后，草图变成完全定义状态，如图 1-36a 所示。此时，若加注切线长度尺寸，则草图变成过定义状态，系统会弹出如图 1-36b 所示的提示，选择“将此尺寸设为从动”选项后，草图不再过定义，如图 1-36c 所示。

在 SOLIDWORKS 软件中，草图的定义状态不同，显示的颜色也不同。默认状态下，欠定义状态草图显示为蓝色，完全定义状态草图显示为黑色，过定义状态草图显示为红色。

4. 草图编辑与修改

完成草图绘制后，单击快速访问工具栏上的“重建模型”按钮，或者单击命令管理

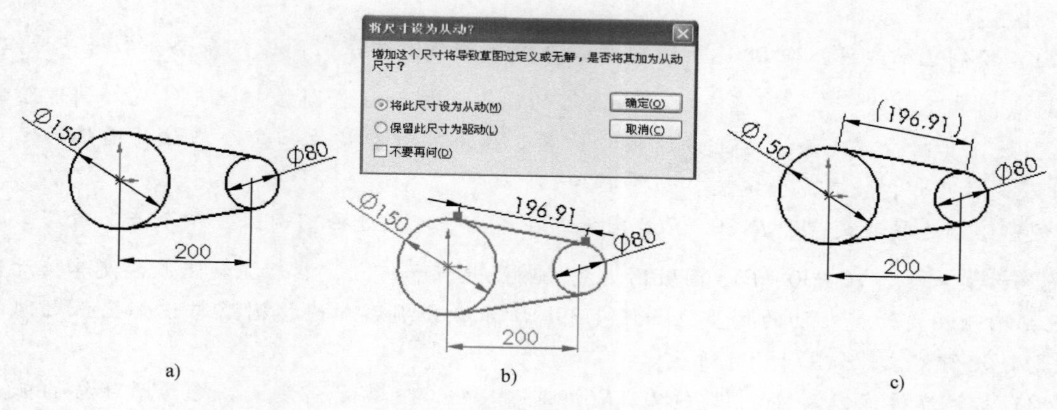

图 1-36　尺寸标注示例

器上的“退出草图”按钮 都可以退出草图编辑状态，此时在特征管理器设计树中出现“草图 1”选项，若是欠定义草图，则在“草图 1”前会显示减号“−”。要编辑、修改草图，则在特征管理器设计树中选择要编辑的草图后单击鼠标右键，并在弹出的快捷菜单中单击“编辑草图”按钮 ，重新进入草图绘制界面，如图 1-37 所示。

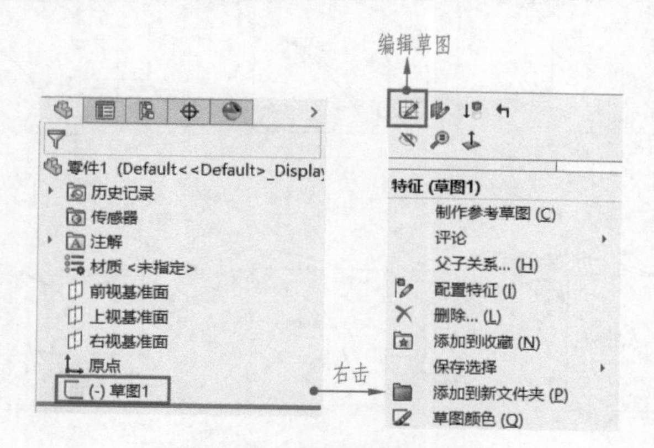

图 1-37　草图编辑与修改

【例 1-3】　绘制如图 1-38 所示草图。

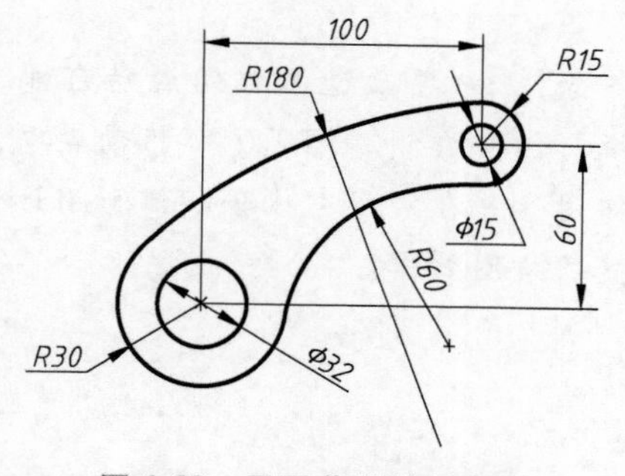

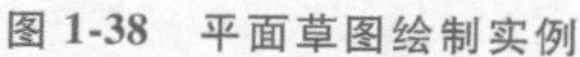
图 1-38　平面草图绘制实例

作图：

1）绘制已知线段，即 $R30$、$R15$ 圆弧。在命令管理器选择“圆弧”命令并采用“圆心/起/终点画弧”方式，以原点为 $R30$ 圆弧的圆心，拖动放置圆弧起点与终点。同理绘制 $R15$ 圆弧，其圆心可在原点右上方的任意位置。利用“智能尺寸”命令标注两圆弧的定形尺寸及定位尺寸，使其完全定义，如图 1-39a 所示。

2）绘制连接线段，即 $R180$、$R60$ 圆弧。在命令管理器选择“圆弧”命令并采用“三点圆弧”方式，在 $R30$、$R15$ 圆弧附近放置圆弧起点和终点，然后拖动圆弧，使其接近与两已知圆弧相内切和外切的位置，如图 1-39b 所示。分别添加连接圆弧与已知圆弧之间的“相切”几何关系，如图 1-39c 所示。

3）标注连接线段尺寸，即 $R180$、$R60$ 圆弧尺寸，使其完全定义。拖动两连接圆弧端点，使其超过切点，如图 1-39d 所示。

4）单击“裁剪实体”按钮，剪切掉已知圆弧与连接圆弧之间多余的部分，如图 1-39e 所示。

5）绘制 $\phi32$、$\phi15$ 圆，并标注尺寸使其完全定义，如图 1-39f 所示。

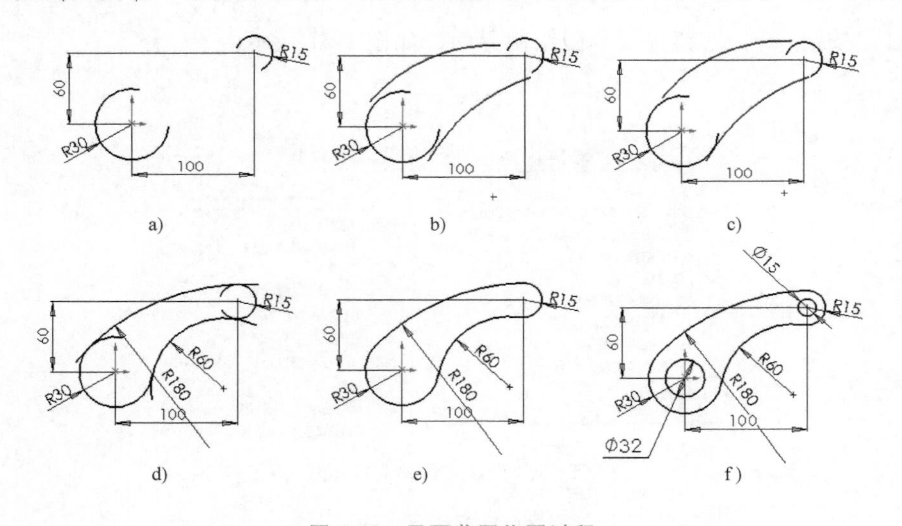

图 1-39 平面草图作图过程

“工程未动，图纸先行”，一项改造工程的成功可能需要成百上千，甚至上万张设计图纸，扫描右侧二维码了解推动煤电清洁化利用过程中技术图纸的重要作用，并在实践中体会如何利用计算机绘图软件提供的各种命令功能提高绘图效率。

第 2 章　形体形状的由来与三维建模

本章将介绍工程上形体形状的由来、特征建模方式、基本立体和组合体的形成。通过形体特征的分析，进行三维建模的练习，对空间形体形成直接的感性认识，培养形象思维与抽象思维相结合的工程图学思维方式，训练三维形状与二维图形相互转换的空间想象力，为二维投影的学习，构造、表达和识别形体形状奠定基础。

2.1　工程上形体形状的由来

本课程研究的工程对象是机器零部件。机器或部件无论大小、形状如何，都具有一定的功能，人们通过部件功能来认识和选择部件。部件的功能决定其零件构成，而对零件进行分析可以发现，它们的结构类型、形状特征具有一定的共性，而这就是工程上形体形状的由来。

2.1.1　部件的功能决定其零件构成

下面通过分析千斤顶、齿轮油泵部件功能的实现，认识其结构与形状。

1. 千斤顶的功能及其零件构成

千斤顶的功能是顶起重物。如图 2-1a 所示千斤顶利用螺杆转动顶起重物，其零件构成如图 2-1b 所示。千斤顶由 7 个零件构成。螺杆和螺套实现螺纹传动；螺套通过紧定螺钉 1

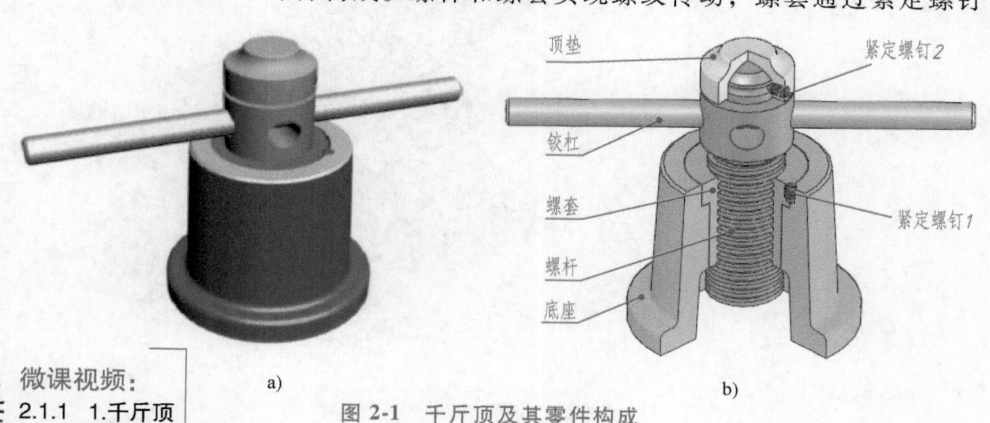

图 2-1　千斤顶及其零件构成

a）千斤顶　b）千斤顶的零件构成

微课视频：
2.1.1　1.千斤顶
工作原理动画

固定在底座上而保持不动；顶垫与螺杆的接触面为圆球面的一部分，当螺杆转动时，顶垫所受外力指向球心，进而保证螺杆与顶垫的相对位置不变；紧定螺钉 2 的旋入位置设计得既要保证螺杆能够转动灵活，又要保证顶垫在螺杆上不易脱落，也不能接触到铰杠。

2. 齿轮油泵的功能及其零件构成

如图 2-2a 所示的齿轮油泵是利用一对齿轮的啮合运动将流体吸入并排出的装置，其零件构成如图 2-2b 所示。齿轮油泵由 17 种零件构成。为输送流体，齿轮必须旋转，动力通过齿轮轴传入。齿轮轴通过齿轮外啮合带动从动齿轮转动。泵体与齿轮轴、从动齿轮的轮齿之间形成相互隔离的两个腔，即齿轮油泵的吸入腔和排出腔，在此实现流体吸入和排出的功能。

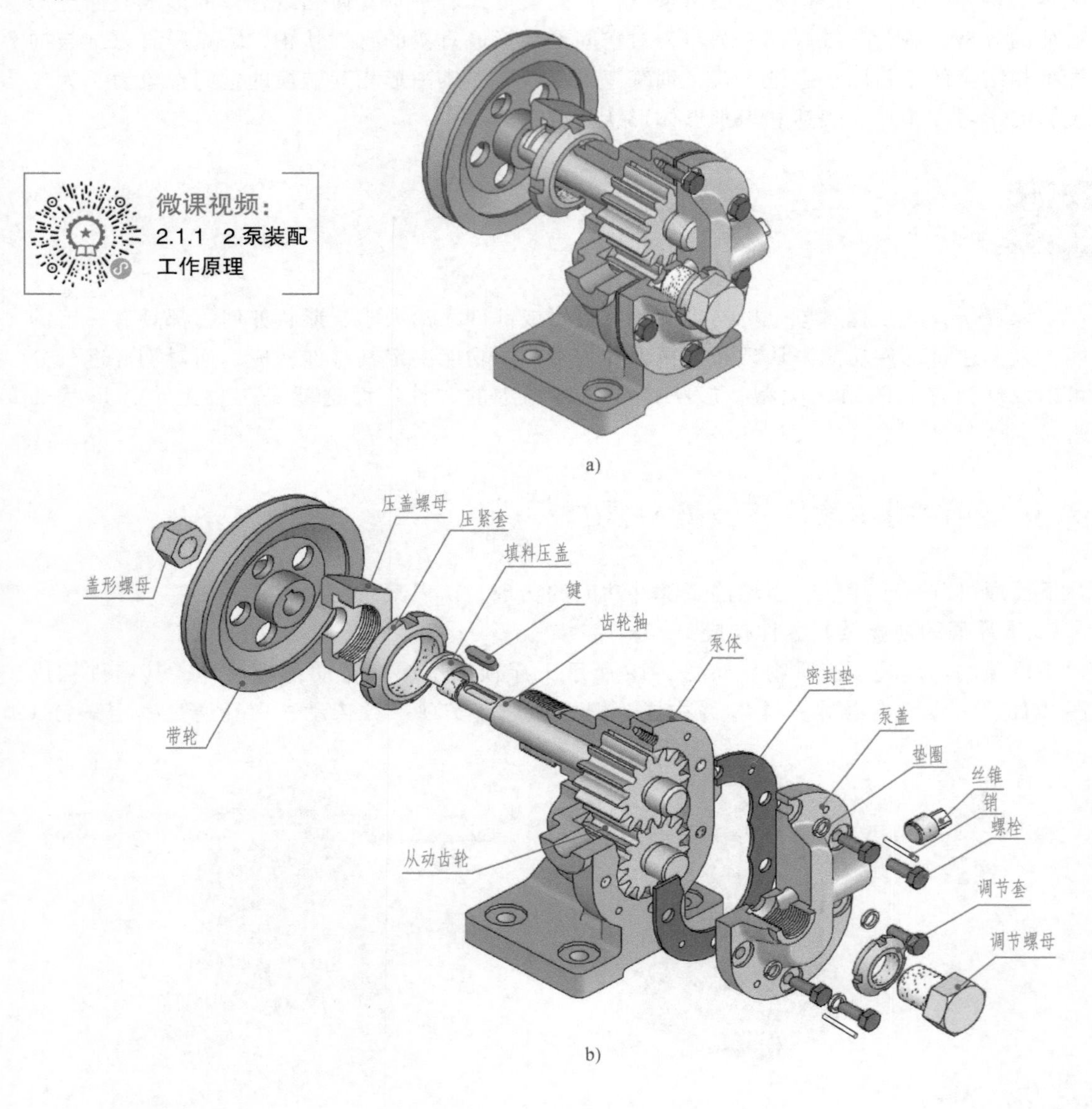

图 2-2　齿轮油泵及其零件构成

a）齿轮油泵　b）齿轮油泵的零件构成

2.1.2　形体形状的构成

由千斤顶、齿轮油泵的部件分析可以看出，无论部件的功能是什么，部件都是由或多或少、或简单或复杂的各种零件所构成的。观察分析各种零件，可以发现零件在结构类型、形状特征两方面具有一定的共性。

1. 零件按结构类型可分为四大类

依据零件的结构类型，可以把构成部件的零件分成四大类：轴套类、盘盖类、箱体类、叉架类，如图 2-3 所示。

图 2-3　零件按结构类型分类

a）轴套类零件　b）盘盖类零件　c）箱体类零件　d）叉架类零件

2. 零件均可按形状特征来构成

构成零件的基本形状特征，在三维设计软件中一般称为“特征”，即“feature”。一般情况下，拉伸体（拉伸特征）和回转体（旋转特征）按照一定的组合方式构成组合体。带有加工工艺结构或标准结构（圆角、倒角、起模斜度、螺纹特征、齿轮轮齿特征等）的组合体即是零件。如图2-4a所示齿轮油泵的泵体外形结构由拉伸特征形成，如图2-4b所示泵体内腔结构由拉伸切除特征形成，如图2-4c所示千斤顶顶垫和底座零件结构主要由旋转特征形成。

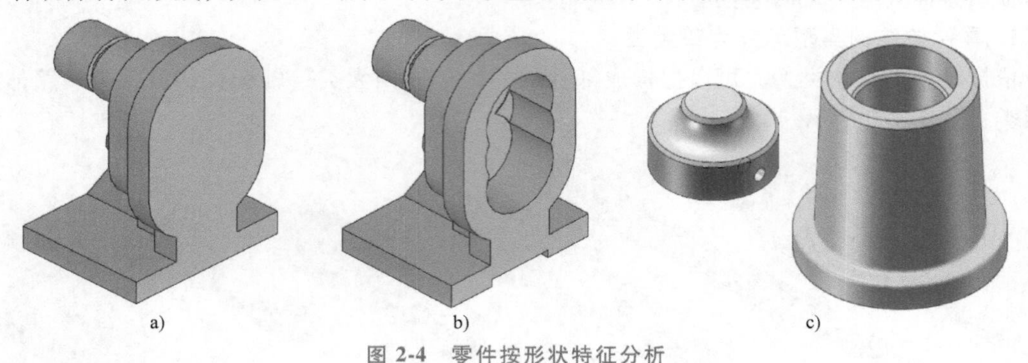

图2-4 零件按形状特征分析

a）拉伸特征形成外形 b）拉伸切除特征形成内腔 c）旋转特征形成顶垫和底座

除拉伸特征、旋转特征之外，扫描特征和放样特征也是构成立体的常见特征。

矿井提升机用于提升矿物，升降人员、物料及设备等，是矿井系统设备的咽喉，扫描右侧二维码观看新中国自主研制的第一台直径2.5m双筒提升机的合金轴瓦相关视频，并分析其结构类型和形状特征。

2.1.3 形体形状的分类

形体形状分为基本立体和组合体。基本立体又分为平面立体（长方体、棱柱、棱锥、棱台）和曲面立体两类，常见的曲面立体为回转体（圆柱、圆锥、圆球、圆环）。基本立体的组合称为组合体，按组合的复杂程度又可分为简单立体和复杂立体。随着计算机技术在设计领域的应用，按照构形特征方法分类更加符合计算机辅助设计的思想。在建模过程中，特征是指各个基本体及可一次形成的简单立体，组合体的建模即是各种特征建模的组合。

2.2 特征建模方式

基于草图的特征建模方式分为填料方式和除料方式。在SOLIDWORKS软件中，可以采用拉伸（拉伸凸台/基体、拉伸切除）、旋转（旋转凸台/基体、旋转切除）、扫描（扫描凸台/基体、扫描切除）和放样（放样凸台/基体、放样切除）等方式进行建模，常用的“特征”选项卡命令及菜单命令如图 2-5 所示。

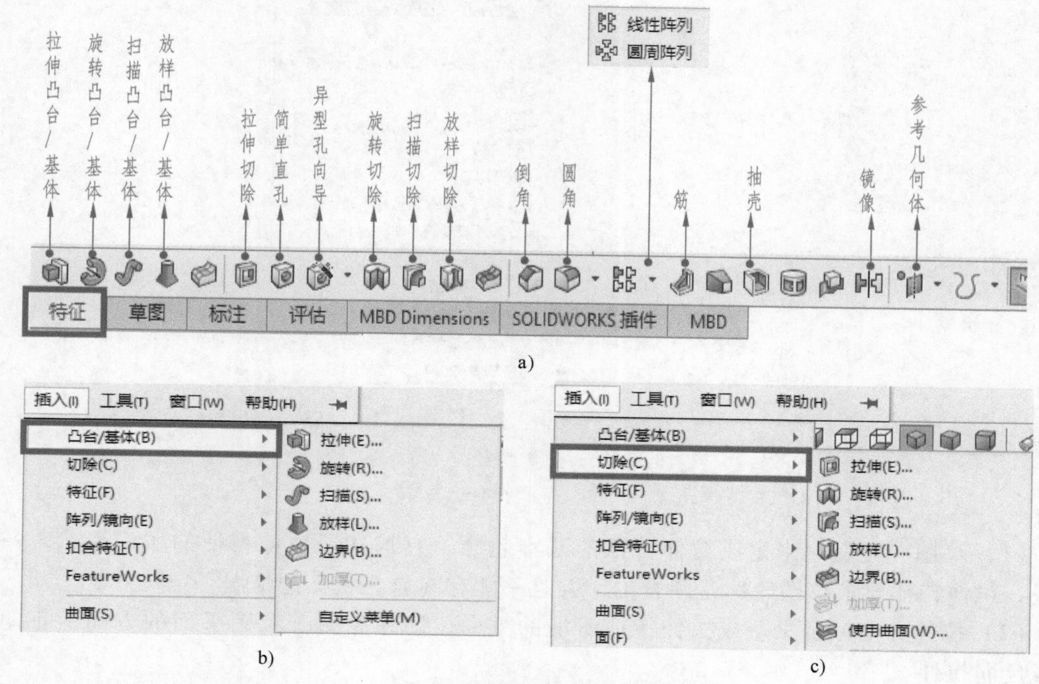

图 2-5　常用的特征建模命令

a)“特征”选项卡命令　b)“凸台基体”菜单命令　c)“切除”菜单命令

2. 2. 1　拉伸特征

微课视频：
2.2.1　拉伸特征

拉伸特征是指将一特征面沿该平面的法线方向拉伸以建立基本特征的方式。这种运算方式适合于创建柱体类几何体（包括棱柱、圆柱和广义柱体）。拉伸特征包括拉伸凸台/基体和拉伸切除。建立拉伸特征必须给定如下所列拉伸特征三个基本要素，如图 2-6 所示。

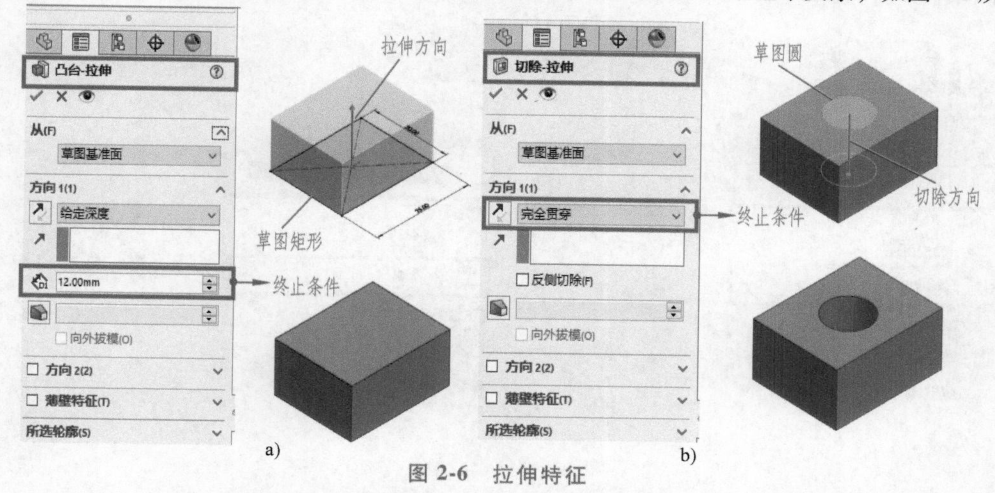

图 2-6　拉伸特征

a）拉伸凸台/基体特征形成长方体　b）拉伸切除特征形成圆孔

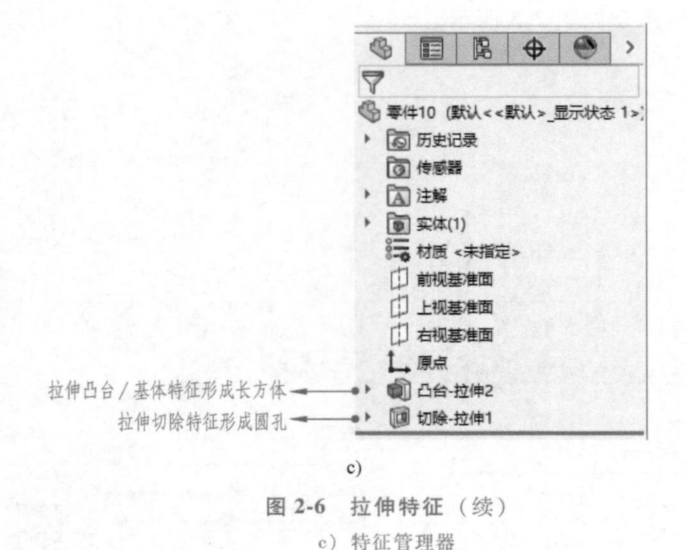

c)

图 2-6　拉伸特征（续）

c）特征管理器

（1）草图　定义用来生成拉伸特征的基本轮廓，它描述了拉伸特征的截面形状。一般来说，拉伸特征要求草图轮廓是闭合的，并且不能存在自相交叉的情况。

（2）拉伸方向　定义形成拉伸特征所沿的方向，即在垂直于草图平面的方向上正向拉伸或反向拉伸。

（3）终止条件　定义拉伸特征在拉伸方向上的长度，即拉伸到何处为止。

2.2.2　旋转特征

旋转特征是指特征面绕一条中心线或形体一条边线旋转以建立基本特征的方式。这种运算方式适合于创建回转体类几何体（包括圆柱、圆锥、圆球和圆环）。旋转特征包括旋转凸台/基体和旋转切除。建立旋转特征必须给定如下所列旋转特征三个基本要素，如图 2-7 所示。

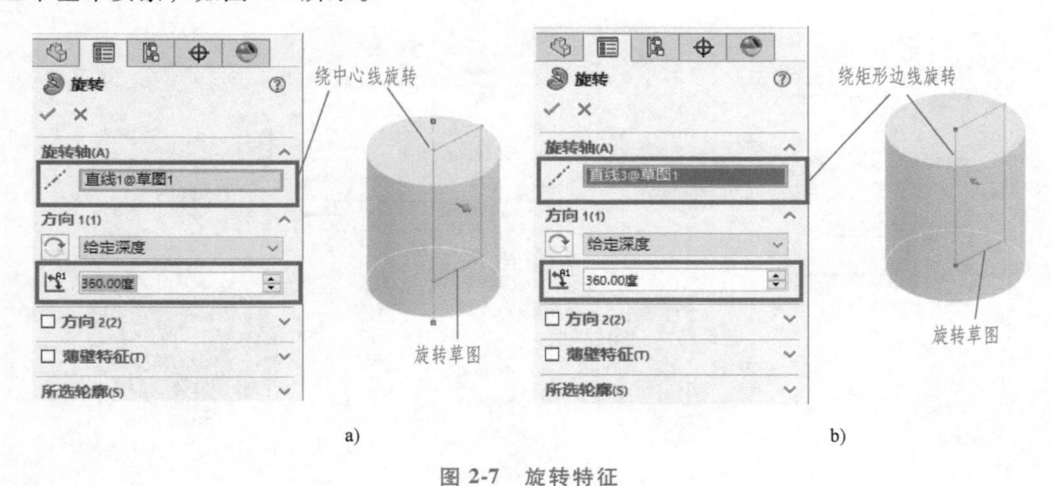

a)　　b)

图 2-7　旋转特征

a）绕中心线的旋转凸台/基体特征　b）绕边线的旋转凸台/基体特征

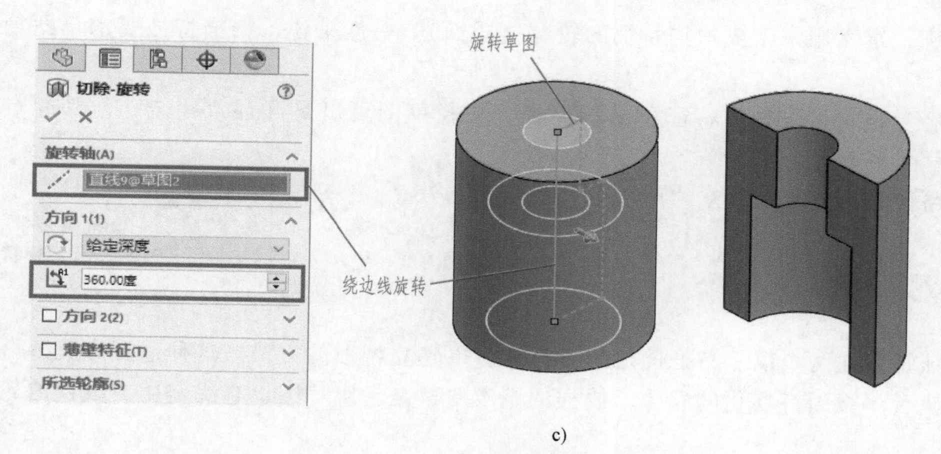

c)

图 2-7　旋转特征（续）

c）旋转切除特征

（1）草图　定义用来生成旋转特征的基本轮廓和轴线。草图含有中心线时，可以指定该中心线为旋转特征的旋转轴，如图 2-7a 所示。当草图中包含两条或两条以上中心线时，必须指定其中一条作为旋转轴。旋转轮廓必须位于中心线的一侧，不能与中心线接触在一个孤立的点。也可以指定草图一侧的边线为旋转轴，如图 2-7b 所示。

（2）旋转方向　定义旋转特征沿顺时针方向或逆时针方向生成。

（3）旋转角度　定义旋转所包括的角度。

2.2.3　扫描特征

扫描特征是指特征面沿着一条路径移动以建立特征的方式。这种运算方式适合于创建弯管类较复杂的几何体。建立扫描特征必须给定如下所列扫描特征两个基本要素，如图 2-8 所示。

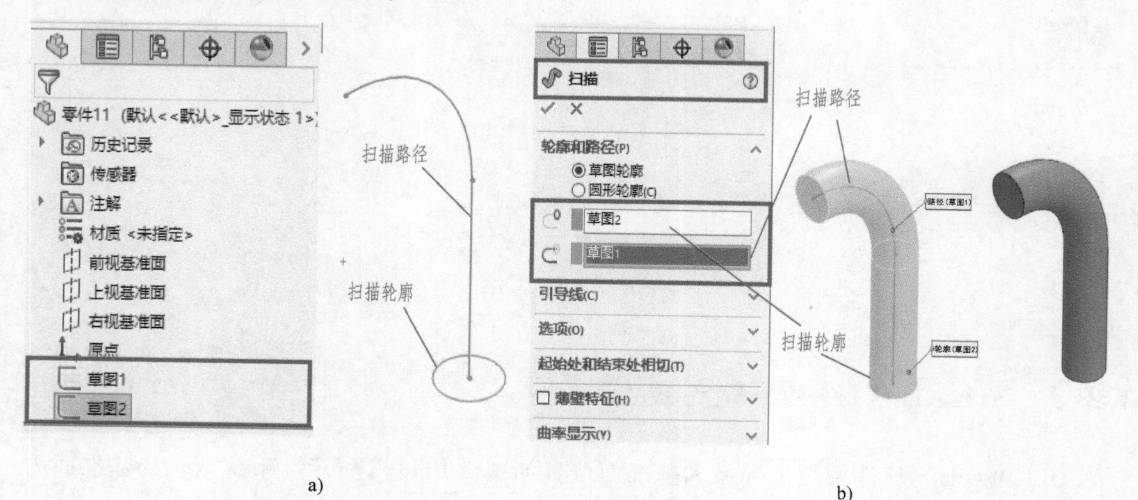

a)　　　　b)

图 2-8　扫描特征

a）扫描特征基本要素　b）扫描特征形成

(1) 轮廓 定义用来生成扫描特征的轮廓（截面）。一般来说，扫描特征要求草图轮廓是闭合的。

(2) 路径 定义生成扫描特征所沿的路径。路径草图可以是开环或闭合，但其起点必须位于轮廓草图平面上。

轮廓和路径必须是两个独立的草图。

微课视频：
2.2.4 放样特征

2.2.4 放样特征

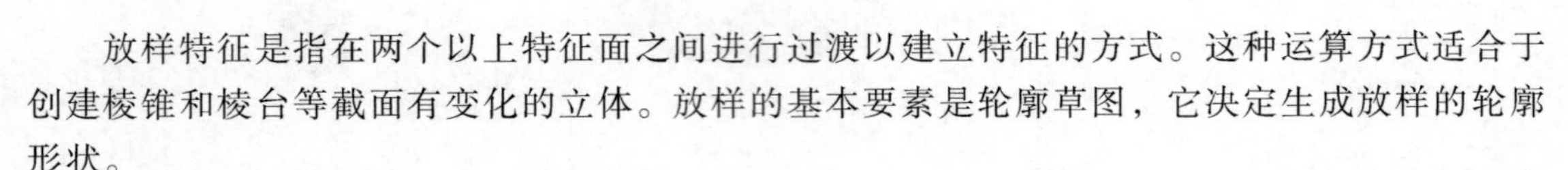

放样特征是指在两个以上特征面之间进行过渡以建立特征的方式。这种运算方式适合于创建棱锥和棱台等截面有变化的立体。放样的基本要素是轮廓草图，它决定生成放样的轮廓形状。

放样特征需要两个或两个以上封闭、独立的轮廓草图，放样特征会根据轮廓选择的顺序而生成，如图 2-9b 所示。建立放样特征时，往往需要在绘制一个草图轮廓后，构建与第一个草图平面有一定距离的另一个基准面，在新的基准面上绘制另一个草图，如图 2-9a 所示。

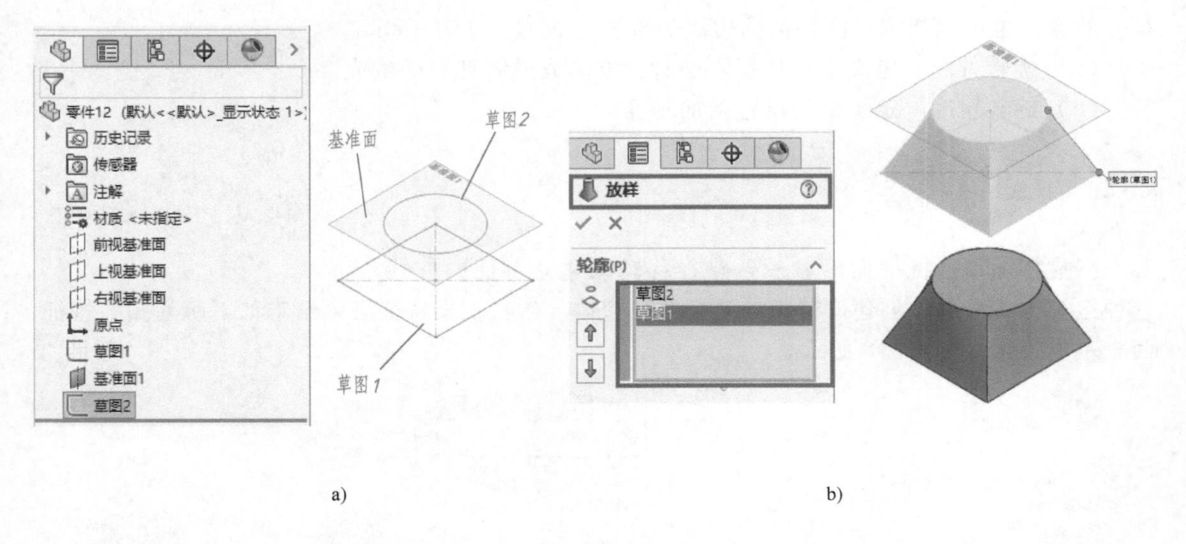

图 2-9 放样特征

a）放样特征基本要素 b）放样特征形成

微课视频：
2.2.5 SOLID-WORKS软件的坐标系

2.2.5 SOLIDWORKS 软件的坐标系

SOLIDWORKS 软件系统坐标系和基准面位置如图 2-10a、b 所示。系统默认的基准面为前视基准面（XOY 面）、上视基准面（ZOX 面）和右视基准面（YOZ 面），如图 2-10c 所示。在各个基准面上建立草图并正向拉伸的结果如图 2-11 所示。

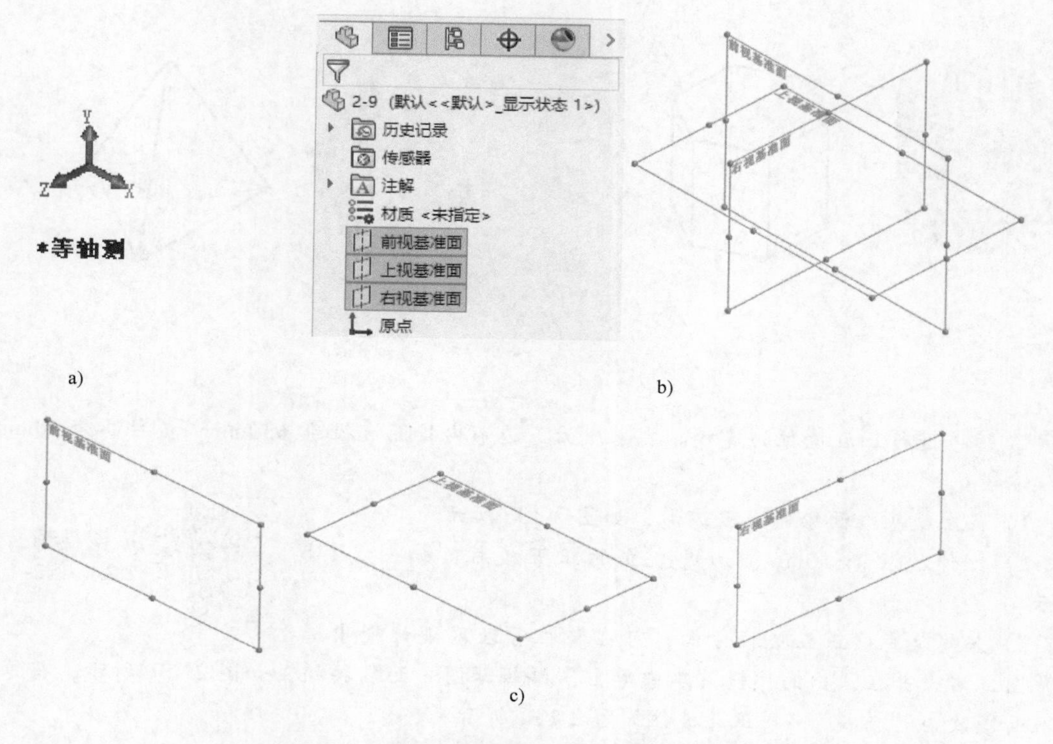

图 2-10　SOLIDWORKS 软件系统坐标系及默认基准面

a）系统坐标系　b）　基准面位置　c）默认基准面

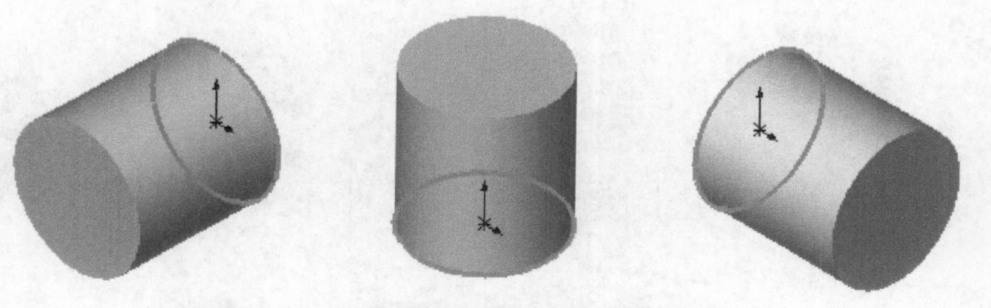

图 2-11　不同基准面草图正向拉伸的结果

2.3　基本立体

基本立体分为平面立体与曲面立体两大类。

2.3.1　平面立体的形成与建模

由平面包围而成的实体称为平面立体，其表面都是平面。常见的平面立体有棱柱和棱锥，通常按其底面边数来命名，如图 2-12a、b 所示分别为六棱柱、三棱锥。

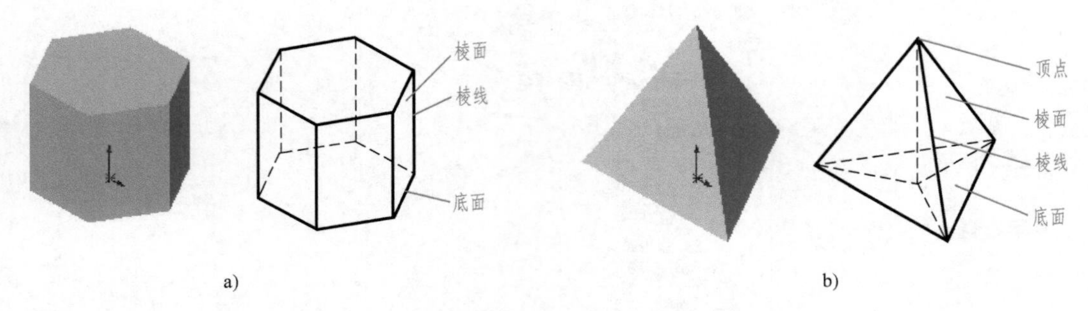

图 2-12 平面立体

【例 2-1】 进行正五棱柱的建模。要求底面五边形内接圆直径为 ϕ30mm，棱柱高为 30mm。

建模：

1）在上视基准面绘制正五边形，如图 2-13a 所示。

2）拉伸棱柱高 30mm，形成直立的正五棱柱，如图 2-13b 所示。

3）若想改变该正五棱柱方向，可在特征管理器设计树中选中草图，右击并在弹出的快捷菜单中单击“编辑草图平面”按钮，如图 2-13c 所示，将草图基准面修改为“前视”，则正五棱柱如图 2-13d 所示。

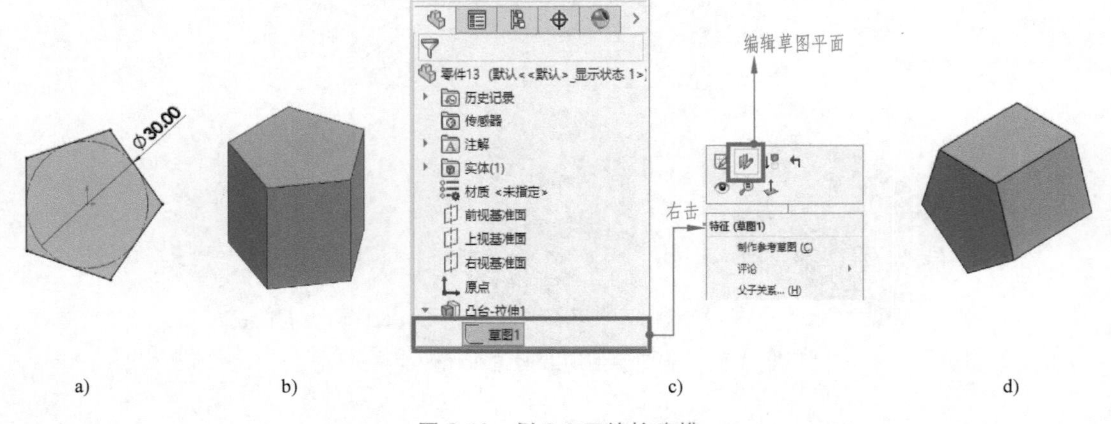

图 2-13 例 2-1 五棱柱建模

a）绘制正五边形 b）拉伸特征形成正五棱柱 c）编辑草图平面 d）更改草图基准面后的五棱柱

【例 2-2】 进行三棱锥的建模。要求底面三角形内接圆直径为 ϕ30mm，棱锥高为 40mm。

建模：

1）在上视基准面上绘制正三角形并使其完全定义，生成草图 1，如图 2-14a 所示。

2）建立基准面 1，设置基准面 1 与上视基准面的距离为棱锥高度 40mm，如图 2-14b 所示。

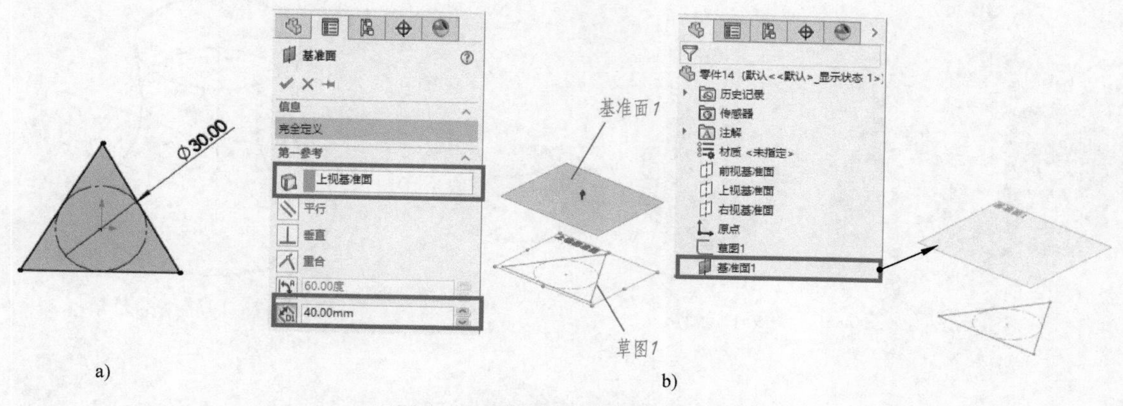

a)　　b)

图 2-14　例 2-2 三棱锥建模（一）

a）草图 1 正三角形绘制　b）建立基准面 1

3）在基准面 1 上绘制棱锥顶点，并使该顶点与基准面 1 上的原点重合，生成草图 2，如图 2-15a 所示，退出草图编辑状态。此时，在特征管理器设计树中存在完全独立的草图 1 和草图 2。

4）建立放样特征。选择草图 1、草图 2 为放样草图轮廓，完成建模，如图 2-15b 所示。

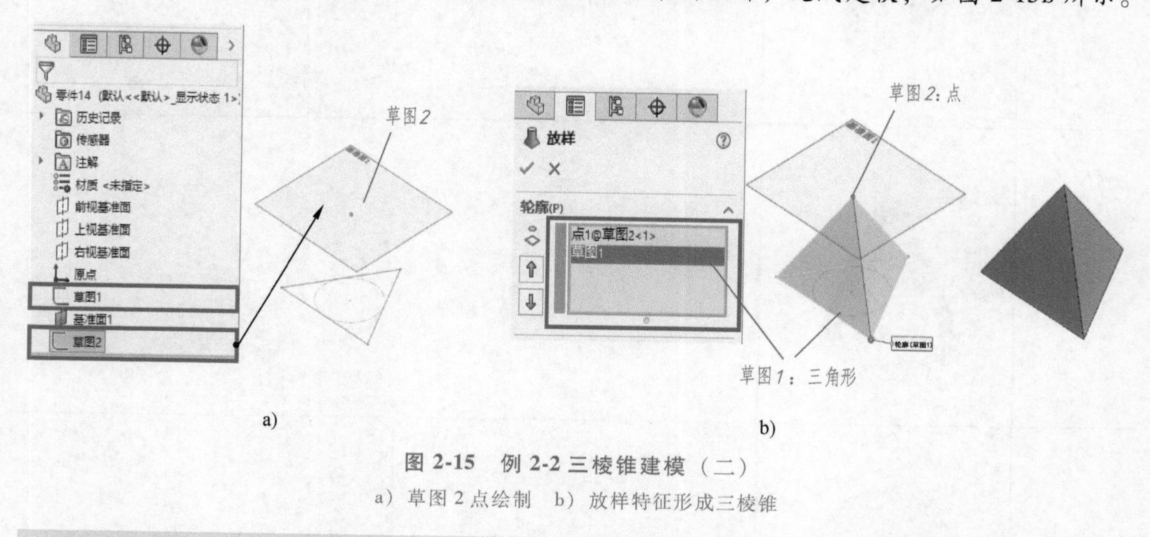

a)　　b)

图 2-15　例 2-2 三棱锥建模（二）

a）草图 2 点绘制　b）放样特征形成三棱锥

2.3.2　曲面立体的形成与建模

曲面立体是由曲面或曲面和平面围成的实体，其表面是曲面或曲面和平面。常见的曲面立体为回转体。常见的回转体有圆柱、圆锥、圆球和圆环，如图 2-16 所示。

回转体由回转面或回转面和底面围成。回转面可以看作由一条动线（直线、圆或其他曲线）绕一条定线（轴线）旋转而形成，该动线称为母线，任意位置的母线称为素线，母线上任意一点的运动轨迹均为垂直于轴线的圆，即纬圆，如图 2-17 所示。常见回转体的建模方式见表 2-1。

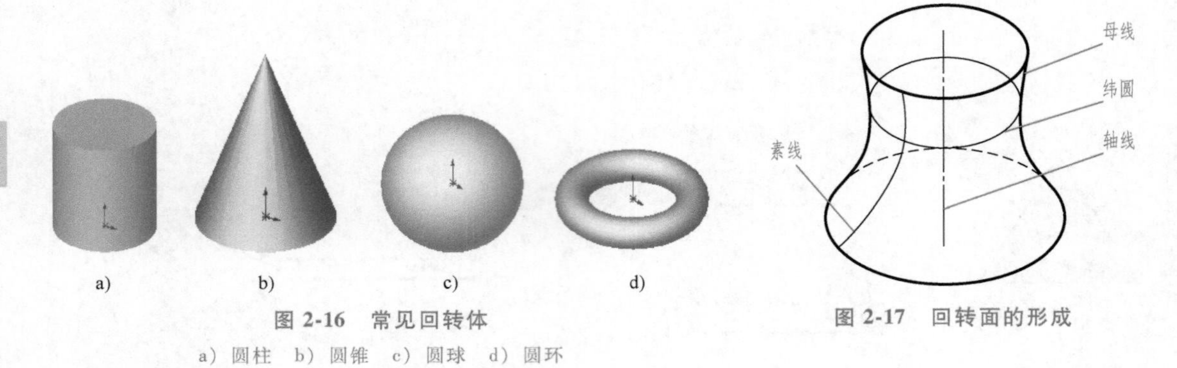

图 2-16　常见回转体

a）圆柱　b）圆锥　c）圆球　d）圆环

图 2-17　回转面的形成

表 2-1　常见回转体的建模方式

类型	立体图	建 模 方 式
圆柱	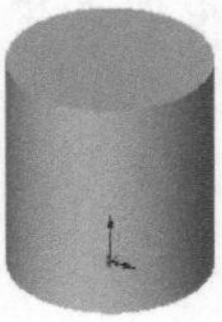	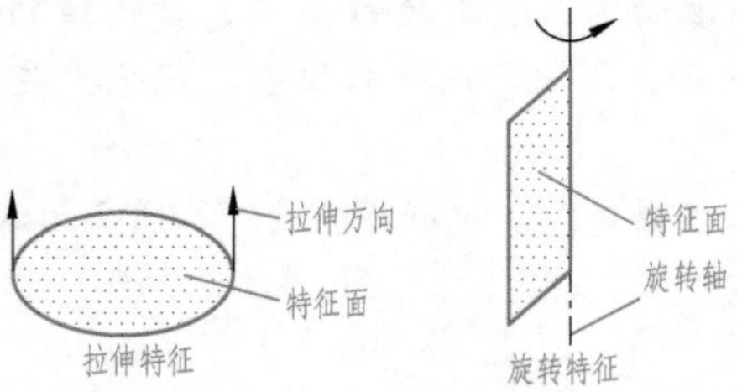 拉伸方向 特征面 拉伸特征；特征面 旋转轴 旋转特征
圆锥	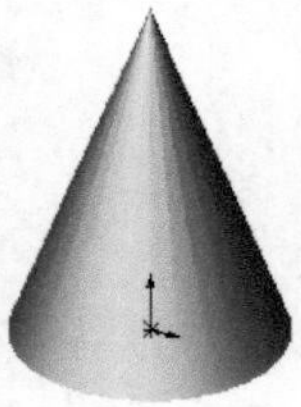	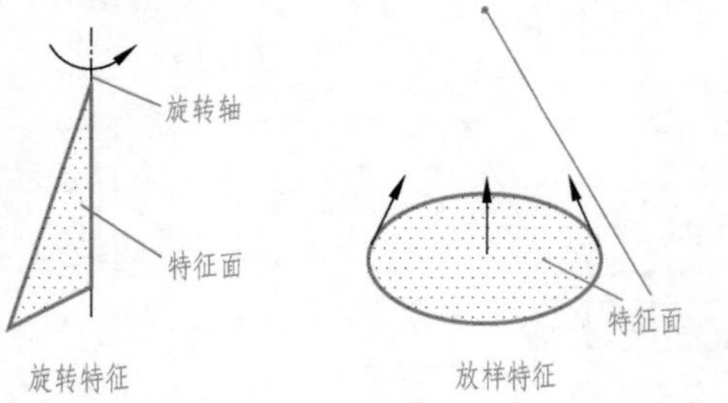 旋转轴 特征面 旋转特征；特征面 放样特征
圆球	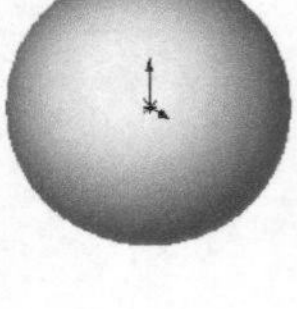	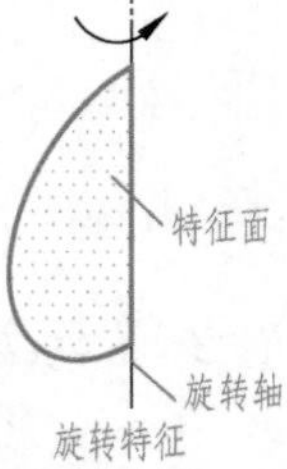 特征面 旋转轴 旋转特征
圆环	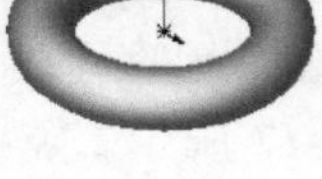	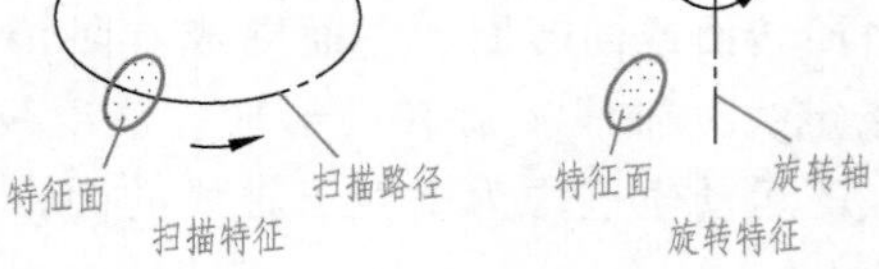 特征面 扫描路径 扫描特征；特征面 旋转轴 旋转特征

【例 2-3】 用扫描方式进行圆环的建模。要求圆环特征面圆直径为 ϕ20mm，扫描路径圆直径为 ϕ70mm。

建模：

1）建立草图轮廓。在上视基准面上建立扫描路径草图，在右视基准面上建立扫描轮廓草图，如图 2-18a 所示。接着在扫描轮廓草图编辑状态下，对轮廓草图 ϕ20mm 圆的圆心和路径草图 ϕ70mm 圆添加“穿透”几何关系，如图 2-18b 所示。退出草图编辑状态。此时，在特征管理器设计树中存在完全独立的草图 1 和草图 2，如图 2-18c 所示。

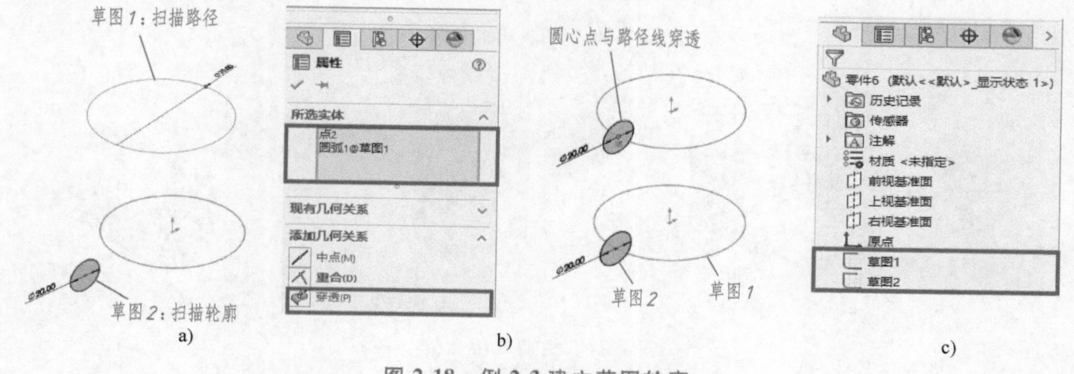

图 2-18　例 2-3 建立草图轮廓

a）扫描路径和扫描轮廓草图　b）圆心点与路径线穿透　c）特征管理器设计树

2）建立扫描特征。将扫描路径选择为草图 1，扫描轮廓选择为草图 2，建立扫描特征，得到圆环模型，如图 2-19 所示。

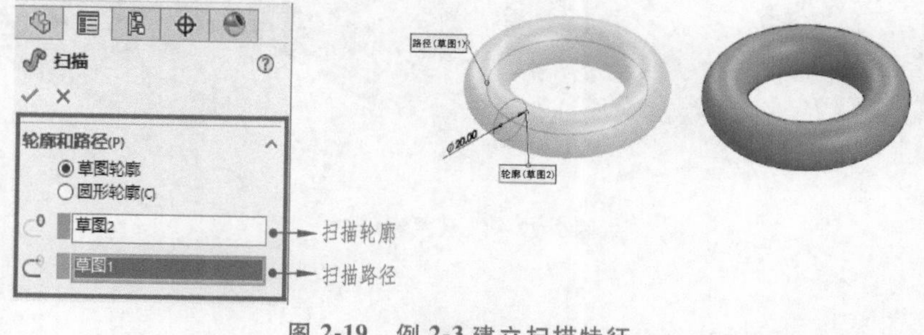

图 2-19　例 2-3 建立扫描特征

2.4 组合体

2.4.1 组合形式

组合体是由基本立体通过叠加、挖切组合而成的，叠加和挖切两种组合方式对应于建模中的填料和除料建模方式。基本立体是构成组合体的基本单元，由此生成简单的叠加式组合体、挖切式组合体，以及各种由叠加、挖切综合而成的综合式组合体（复杂体），如图 2-20～图 2-22 所示。

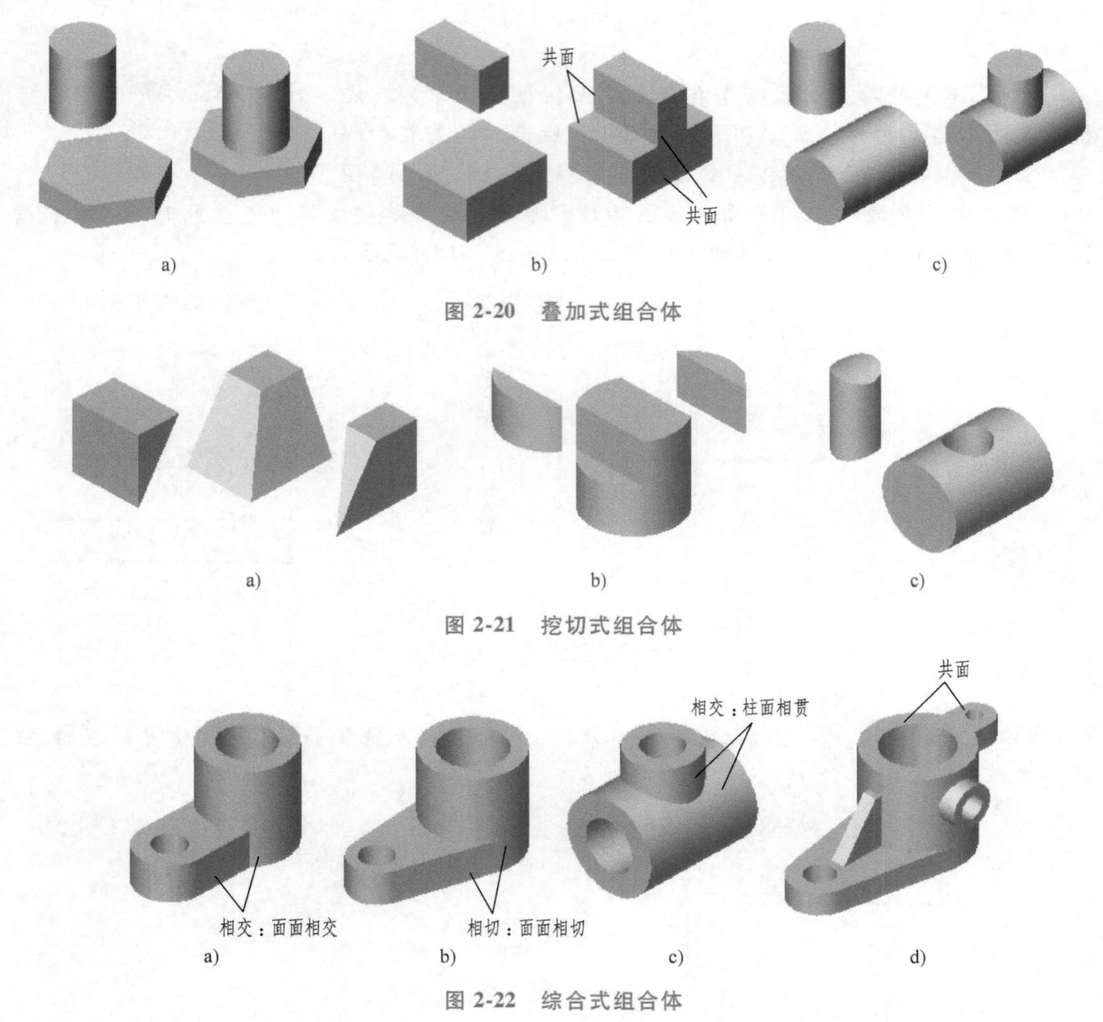

a)　b)　c)

图 2-20　叠加式组合体

a)　b)　c)

图 2-21　挖切式组合体

a)　b)　c)　d)

图 2-22　综合式组合体

2.4.2　相邻表面连接关系

参加组合的立体相邻表面间的连接关系有共面、相交和相切三种。

1. 共面

当相邻两立体表面共面时，两面融合，中间没有分界线，如图 2-20b 所示，叠加的两四棱柱的前、后表面都共面，形成组合体后中间没有分界线；如图 2-22d 所示，耳板与大圆柱顶面也是共面的。

2. 相交

当相邻两立体表面相交时，相交处必有交线。如图 2-22a 所示，底板与圆柱外表面相交，之间有交线；如图 2-22c 所示，轴线正交两圆柱外表面相交，也有交线。

3. 相切

当相邻两立体表面相切时，相切处光滑过渡。如图 2-22b 所示，底板侧面与圆柱面外表面相切，之间看不出平面与曲面的分界线。

2.4.3 组合体的构形分析

构形分析是将较复杂的立体分解成若干个简单体的过程。例如，图 2-23a 所示的组合体可看作是由底板Ⅰ、凸台Ⅱ和肋板Ⅲ叠加构成的，如图 2-23b 所示。把复杂体分解成若干个简单体，再把若干个简单体组合在一起还原成原形，从而对形体的构成形成清晰的思路，这种分析组合体形成过程的方法称为**形体分析法**。形体分析法“化整为零、积零为整”的思想是进行空间造型构思的基础，也是建立组合体模型的关键所在。

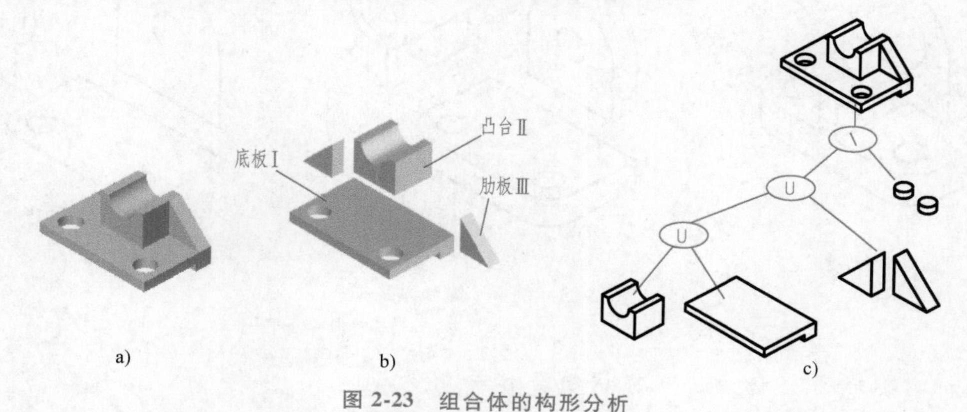

图 2-23 组合体的构形分析

a）组合体模型 b）组合体分解 c）组合体的 CSG 树

形体分析法可以通过构造实体几何表示法（Constructive Solid Geometry，CSG）来直观地对形体加以描述。构造实体几何表示法是计算机实体造型的一种构形方法。它利用正则集合运算，即并（∪）、交（∩）、差（\）运算方式，将复杂体定义为简单体的合成。运用构造实体几何表示法将实体表示成一棵二叉树，即 CSG 树，能形象地描述复杂体构形的整个思维过程，对分析、构建模型有很大帮助。如图 2-23a 所示组合体的 CSG 树如图 2-23c 所示。

通过以上分析可以看出，要构建一个复杂体，形体分析是关键。但是同一复杂体可能存在几种不同的拆分方法，即同一立体能采取不同的构形方案，如图 2-24 所示。分解过程应以构成的简单体数量最少、最能反映立体特征为最终目的。

图 2-24 组合体的不同构形方案

2.4.4　组合体特征建模举例

组合体建模的基本方法是形体分析法，通过构形分析，先构建基本几何体或简单体，再根据它们之间的相邻表面连接关系，创建组合体。同一个模型的构形分析和特征建模方法不是唯一的，基本原则是思路清晰，特征草图绘制方便、合理，模型创建正确、迅速且符合实际的制作过程。

【例 2-4】　创建如图 2-25a 所示的组合体模型。

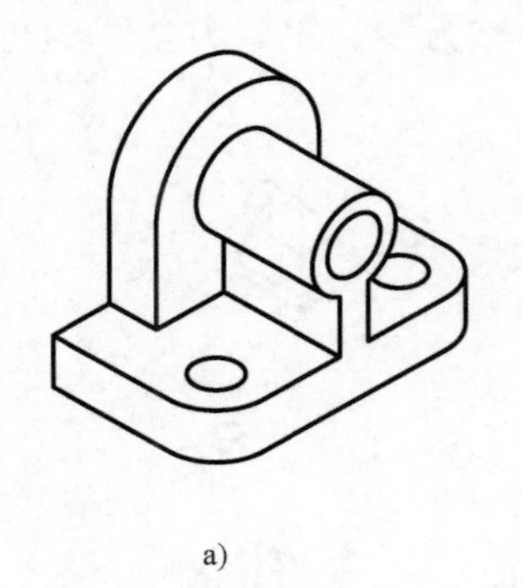
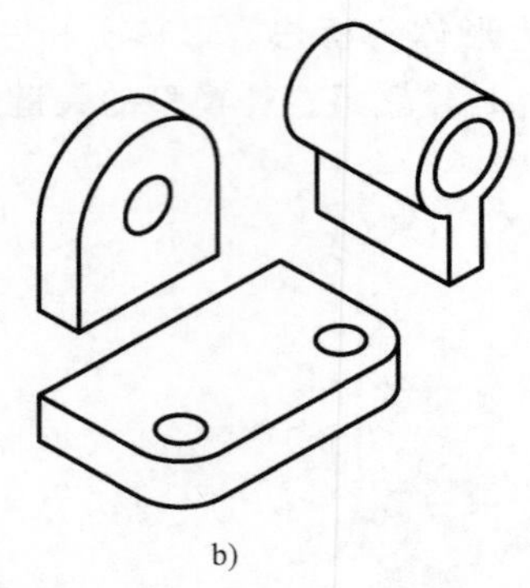
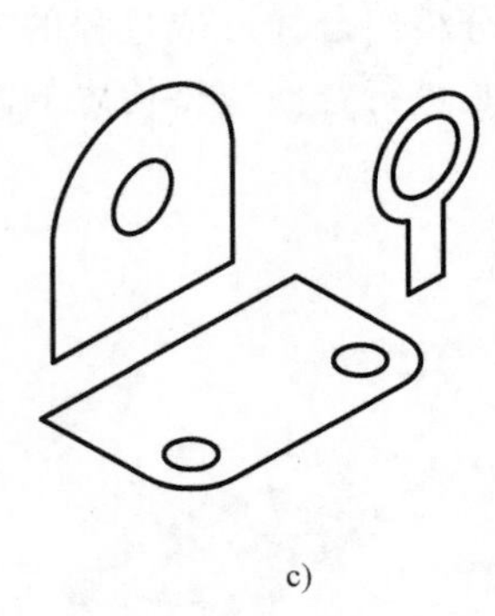

a)　　b)　　c)

图 2-25　例 2-4 组合体建模

a）组合体模型　b）组合体分解　c）组合体特征草图

分析：按形体分析法，可将该组合体分解为如图 2-25b 所示的三个简单体，而且这三个简单体都具有广义柱体的特征，即均可以通过拉伸特征的方式形成，它们的特征草图如图 2-25c 所示。将三个简单体按如图 2-26 所示的 CSG 树进行叠加即可完成该组合体的建模。

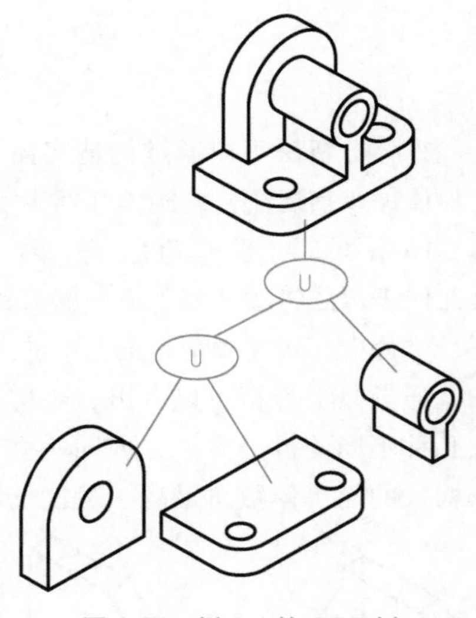

图 2-26　例 2-4 的 CSG 树

建模：

1）底板建模。在上视基准面，绘制如图 2-27a 所示的草图，选择“拉伸凸台/基体”特征命令，向上拉伸草图，终止条件选择为“给定深度”并设置为“10mm”，完成底板的建模，如图 2-27b 所示。

2）立板建模。在右视基准面，绘制如图 2-27c 所示的草图，草图下边与底板的上表面重合。选择“拉伸凸台/基体”特征命令，向前拉伸草图，终止条件选择为“给定深度”并设置为“10mm”，完成立板的建模，如图 2-27d 所示。

3）凸起结构建模。选择底板的前端面为草图平面，绘制如图 2-28a 所示的草图，图形的底边位于底板的上表面，对内圆添加与立板圆孔“相等”的几何关系。选择“拉伸凸台/基体”特征命令，向后拉伸草图，终止条件选择为“成形到下一面”，并选择立板的前端面，如图 2-28b 所示，完成组合体的建模，如图 2-28c 所示。

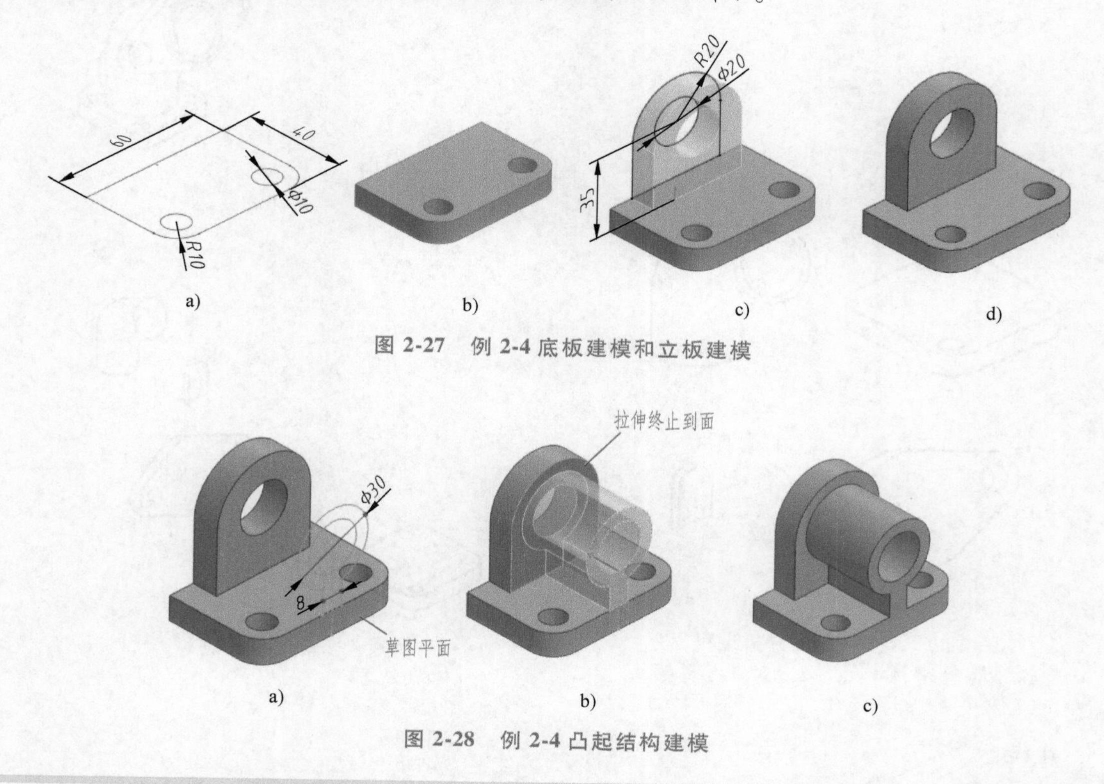

图 2-27　例 2-4 底板建模和立板建模

图 2-28　例 2-4 凸起结构建模

【例 2-5】　创建如图 2-29 所示的组合体模型。

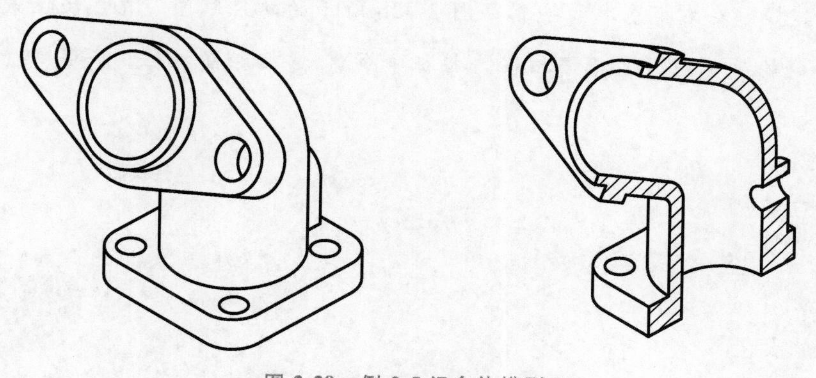

图 2-29　例 2-5 组合体模型

分析：该组合体是由底板、弯管、连接板和凸台组成的，如图 2-30 所示。底板、连接板和凸台都具有广义柱体的特征，可以采用拉伸特征建立，弯管则需采用扫描特征建立。对于组合体内部的孔和槽结构，如果该结构只与一个基本体有关，最好在绘制草图时直接绘制出该结构，以便在形成立体时一次成形，如底板小孔和连接板上的小孔。如果组合体内部的孔和槽结构与多个基本体有关，则应最后处理该结构，如贯通弯管与凸台的通孔。该组合体的 CSG 树如图 2-31 所示。

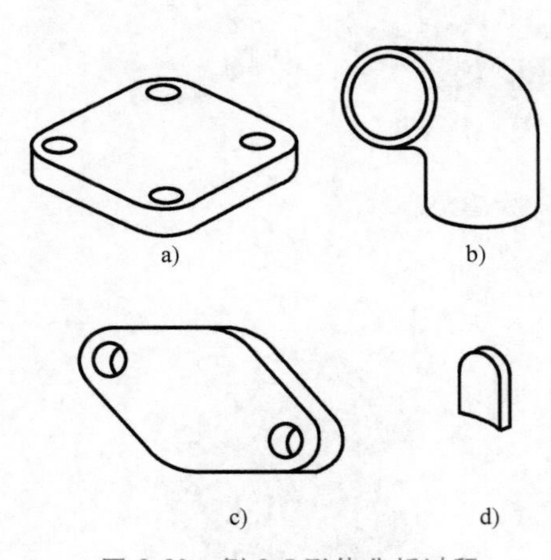

图 2-30　例 2-5 形体分析过程
a）底板　b）弯管　c）连接板　d）凸台

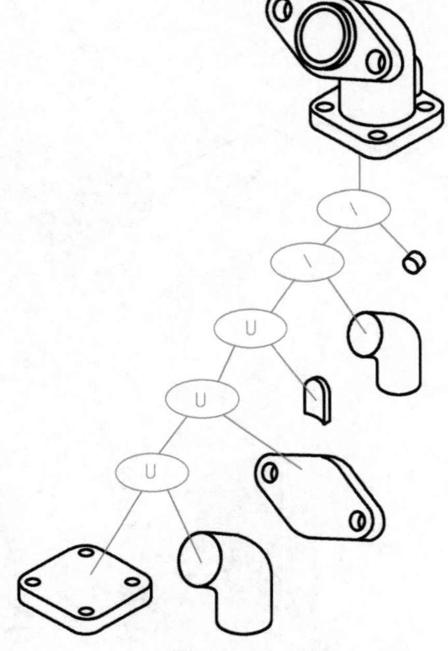

图 2-31　例 2-5 组合体的 CSG 树

建模：

1）底板建模。选择上视基准面绘制底板草图，选择“拉伸凸台/基体”特征命令，定义拉伸高度为 10mm，完成底板的建模，如图 2-32a 所示。

2）弯管建模。在右视基准面绘制如图 2-32b 所示的路径草图。在底板上表面上绘制如图 2-32c 所示的轮廓草图。选择“扫描”特征命令建立扫描特征，完成弯管建模，如图 2-32d 所示。

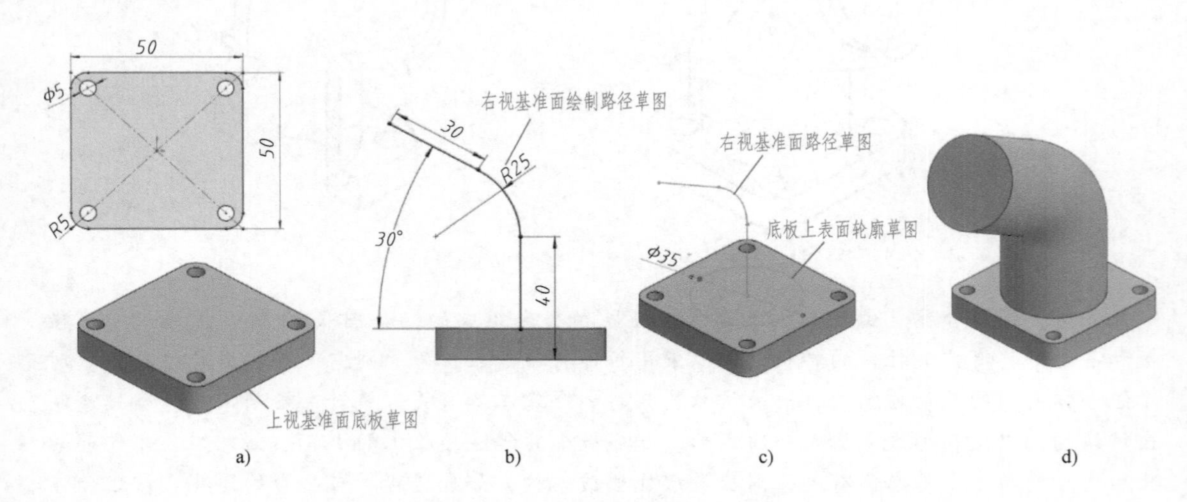

图 2-32　例 2-5 底板建模和弯管建模

3）连接板建模。在弯管端面绘制如图 2-33a 所示的连接板草图。选择“拉伸凸台/基体”特征命令，定义拉伸的开始条件和终止条件，如图 2-33b 所示。完成连接板的建模，如图 2-33c 所示。

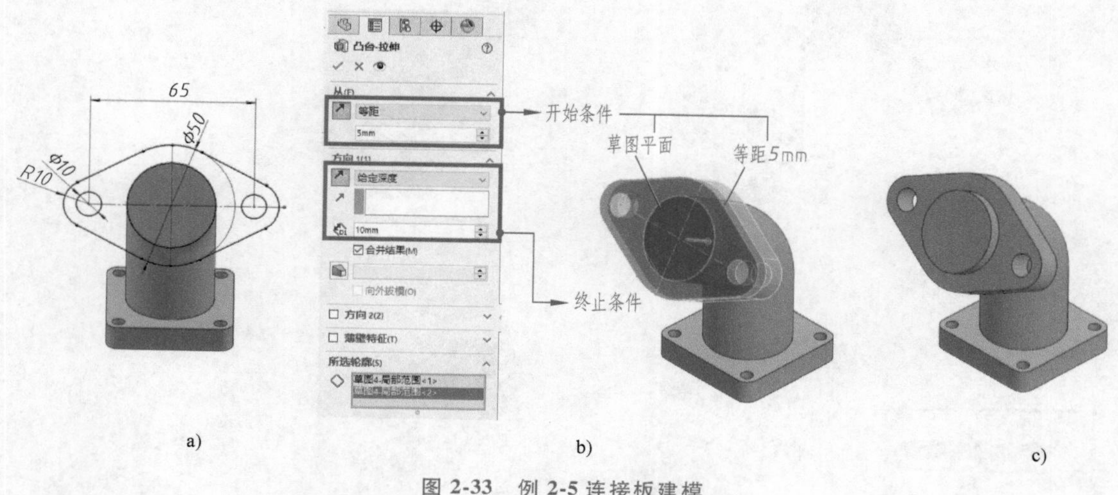

图 2-33　例 2-5 连接板建模

4）凸台建模。在底板右端面绘制如图 2-34a 所示的凸台草图。选择“拉伸凸台/基体”特征命令，定义拉伸的开始条件和终止条件，如图 2-34b 所示。完成凸台的建模，如图 2-34c 所示。

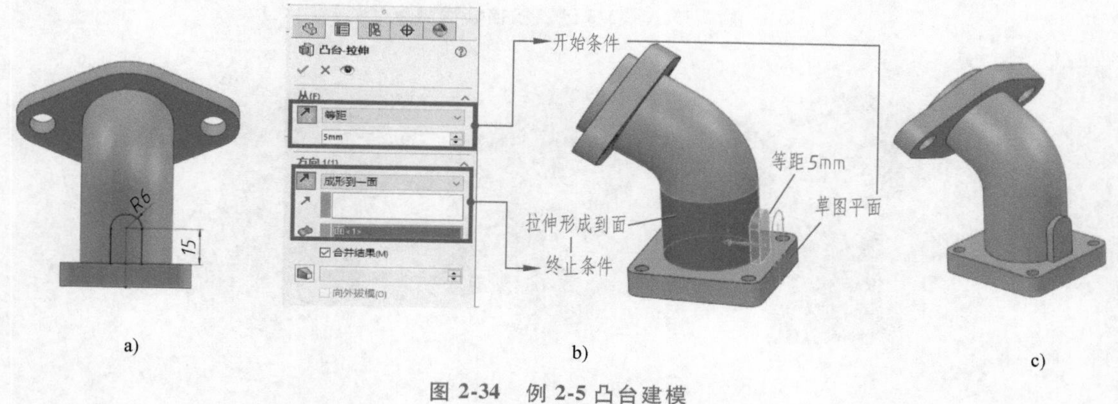

图 2-34　例 2-5 凸台建模

5）建立扫描切除特征。在右视基准面绘制草图路径，也可在命令管理器“草图”选项卡中单击“转换实体引用”按钮，接着选择之前绘制的扫描路径草图，完成草图绘制，如图 2-35a 所示。在上视基准面创建如图 2-35b 所示的草图作为扫描轮廓。退出草图编辑环境。选择“扫描切除”命令，设置扫描路径和轮廓，如图 2-35c 所示。完成扫描切除特征，如图 2-35d 所示。

6）创建凸台孔结构。选中凸台前端面作为草图绘制平面，绘制如图 2-36a 所示的草图，选择“拉伸切除”命令，终止条件选择“成形到下一面”，创建凸台孔结构，如图 2-36b 所示。至此完成了组合体的全部建模过程，如图 2-36c 所示。

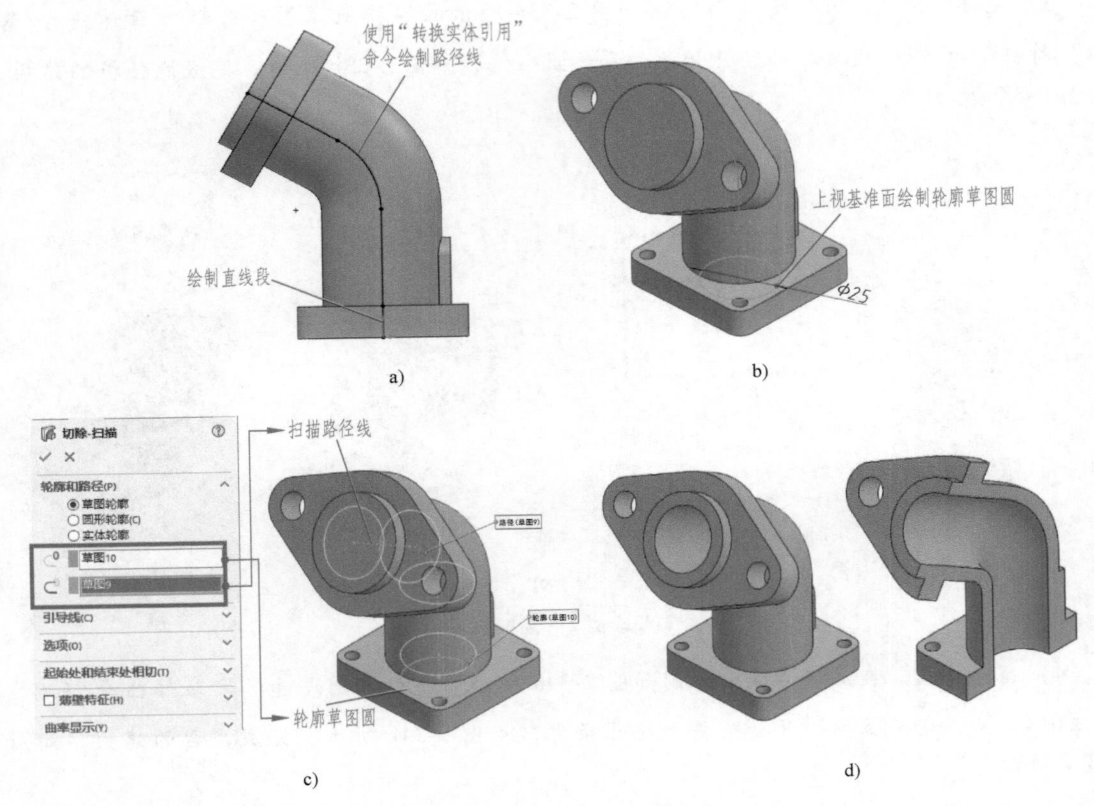

图 2-35　例 2-5 建立扫描切除特征

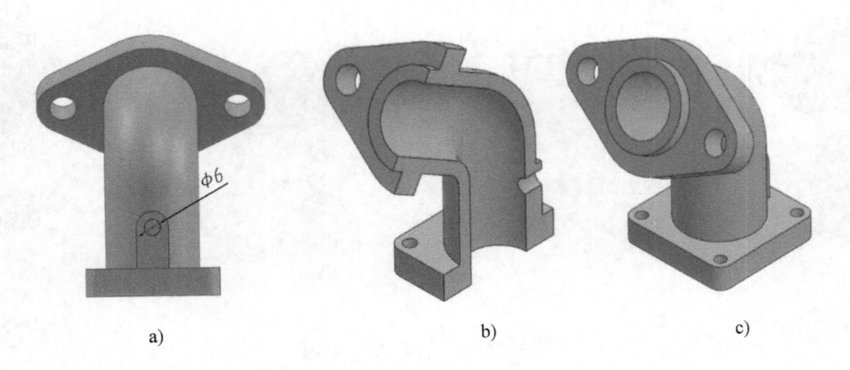

图 2-36　例 2-5 创建凸台孔结构

【例 2-6】　利用草图轮廓建立如图 2-37a 所示的组合体。

分析：按照常规的建模方法，通过对如图 2-37a 所示组合体模型的分析，可得到其 CSG 树如图 2-37b 所示，建模过程是分别绘制三个独立的草图，通过拉伸和拉伸切除特征运算创建模型。

SOLIDWORKS 软件允许选择由几何图形相交所形成草图的一部分来建立特征，这种草图称为轮廓草图。利用轮廓草图的优点是草图可以被多次利用，

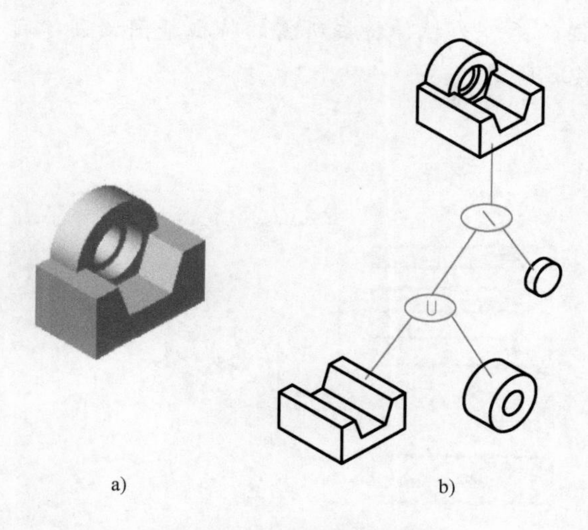

图 2-37　例 2-6 组合体模型

提高建模速度。例如，如图 2-38a 所示的草图包含多个几何图形轮廓。它们可以单独使用，也可以与其他轮廓组合使用。建模时，可采用如图 2-38b 所示的独立草图轮廓（阴影部分），也可采用如图 2-38c 所示的组合草图轮廓（阴影部分）。利用这些轮廓草图，可以建立若干实体模型，其中的一部分如图 2-39 所示。下面就采用轮廓草图来进行本例组合体建模。

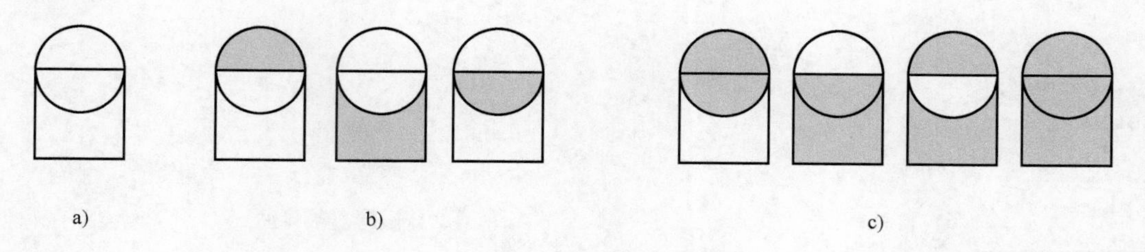

图 2-38　例 2-6 草图轮廓
a）草图　b）独立草图轮廓　c）组合草图轮廓

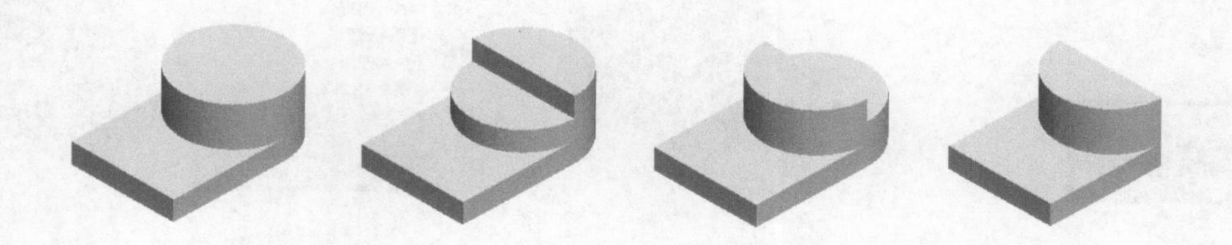

图 2-39　例 2-6 由草图轮廓创建的模型

建模：

1）绘制草图。在右视基准面上绘制如图 2-40a 所示的草图 1，通过尺寸标注和添加几何关系使其完全定义，退出草图编辑状态。

2）建立拉伸特征 1。选择“拉伸凸台/基体”特征命令，利用“所选轮廓”选项组选择草图1中的局部范围轮廓作为拉伸特征所需的特征草图，创建拉伸特征，如图2-40b所示。形成的模型如图2-40c所示。

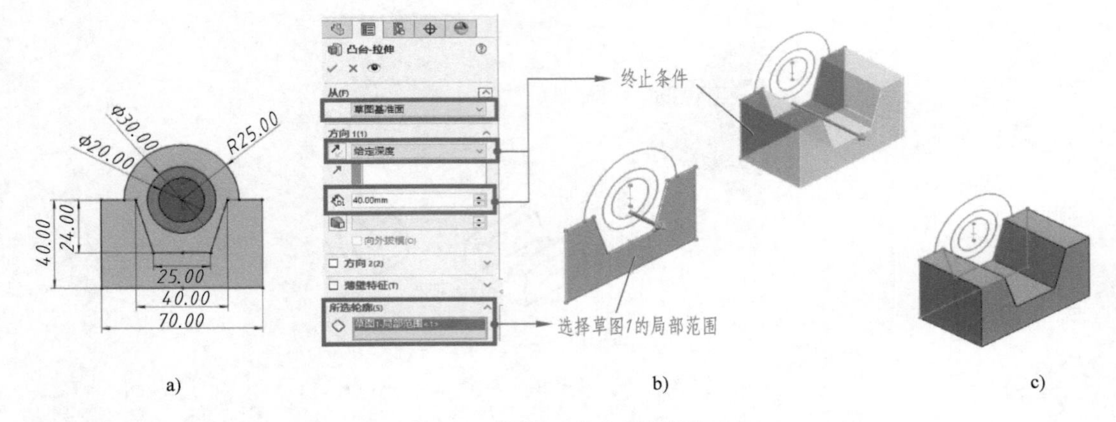

图2-40　例2-6建立拉伸特征1

3）建立拉伸特征2。选择“拉伸凸台/基体”特征命令，利用“所选轮廓”选项组选择草图1中的大圆环局部轮廓作为拉伸特征所需的特征草图，如图2-41a所示。可以看到，在特征管理器设计树中，“草图1”始终处于显示状态，如图2-41b所示。创建拉伸特征，形成的模型如图2-41c所示。

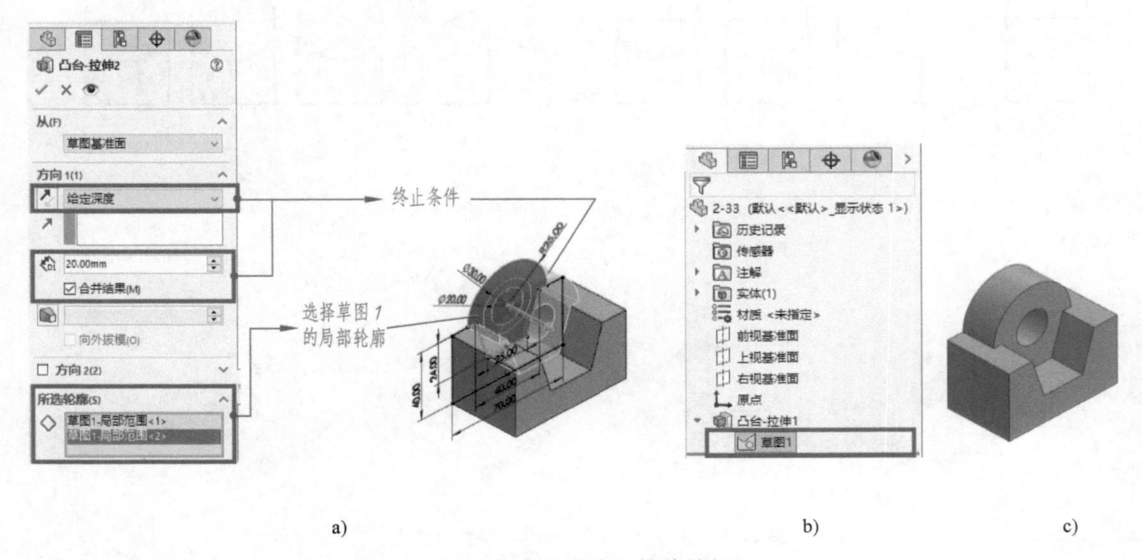

图2-41　例2-6建立拉伸特征2

4）建立拉伸切除特征。选择“拉伸切除”特征命令，利用“所选轮廓”选项组选择草图1中的小圆环局部轮廓作为拉伸特征所需的特征草图，设置拉伸切除特征的起始条件和终止条件，如图2-42a所示。完成了组合体的建模，形成的模型如图2-42b所示。

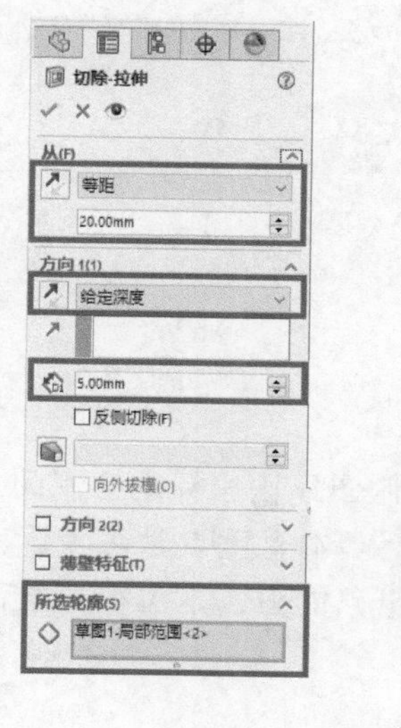

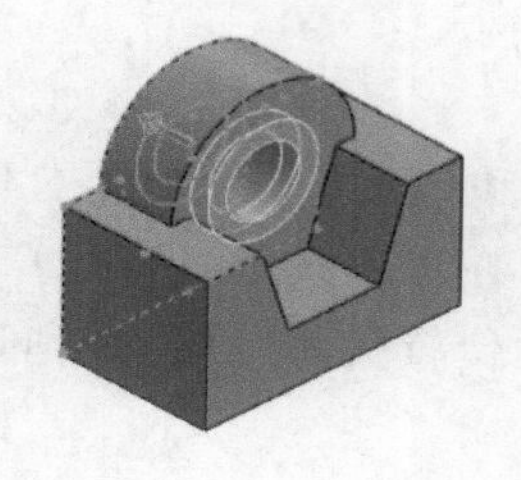

a)

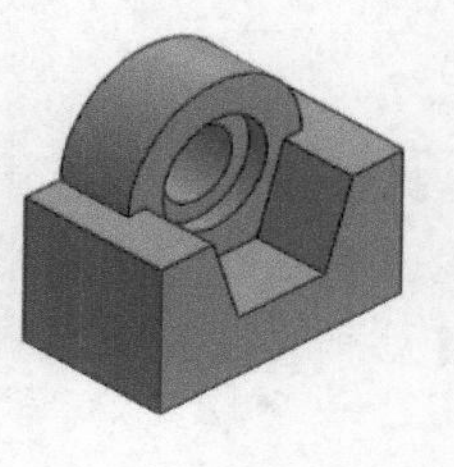

b)

图 2-42　例 2-6 建立拉伸切除特征

六棱钢钎是主体为六棱柱的一种常用建筑工具，通常由大锤打入软质岩石以钻孔，在所钻的孔中装填炸药，用以爆破岩石。在我国磷化工起步和振兴之路上，六棱钢钎发挥了不可磨灭的作用，扫描右侧二维码观看相关视频，并试着对六棱钢钎进行构形分析和三维建模。

第 3 章　工程图的投影基础

工程图是按正投影的投影规律和《机械制图》《技术制图》国家标准绘制的二维平面图形，用以表达三维空间立体形状，在工程技术上应用广泛。本章重点学习投影法的基本知识、基本几何元素的投影及其相对位置关系，培养空间想象能力，是工程图绘制和阅读的基础。

3.1　投影法的基本知识

投影法的基本知识是学习工程图的基础和理论依据。

3.1.1　投影法及其分类

投影法是投射线通过物体向选定的面投射并在该面上得到图形的方法。根据投影法所得到的图形称为**投影**（投影图）。投影法中得到图形的面称为**投影面**，投射线的起点称为**投射中心**，发自投射中心且通过被投射物体上各点的直线称为**投射线**，如图 3-1 所示。

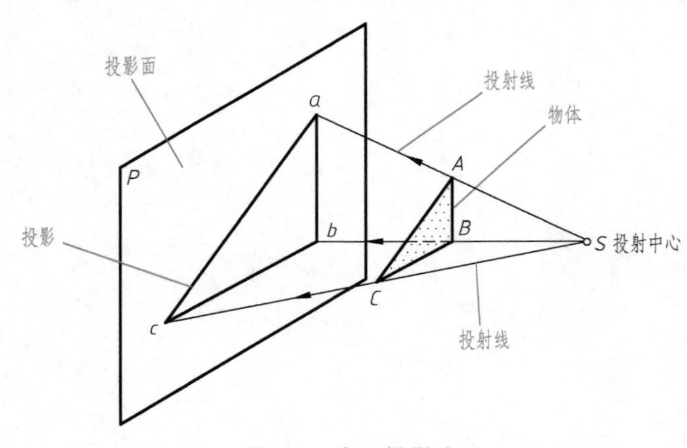

图 3-1　中心投影法

根据投射线间的相对位置（汇交或平行），投影法分为中心投影法和平行投影法，图 3-1 所示即为中心投影法。根据投射线与投影面间的相对位置（垂直或倾斜），平行投影法又分为正投影法和斜投影法，如图 3-2 所示。

工程上常用的各种投影图都是利用上述投影法得到的，如图 3-3 所示。

1）视图：如图 3-3a 所示，视图为多面正投影图，由于具有度量性好、作图简便的优点，在工程上被广泛采用。

2）标高投影：如图 3-3b 所示，标高投影为单面正投影图，通过绘制等高线来确定空间几何元素的几何关系，常用于表达不规则曲面，如船舶、汽车曲面及地形等。

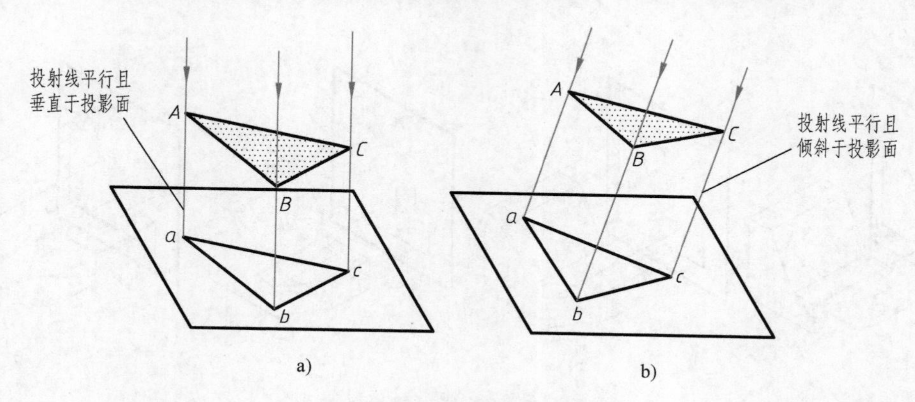

图 3-2 平行投影法

a）正投影法 b）斜投影法

3）轴测图：如图 3-3c 所示，轴测图为单面正投影或单面斜投影图，由于具有较好的直观性，常用作工程上的辅助图样。

4）透视图：如图 3-3d 所示，透视图为单面中心投影图，其图像接近于视觉影像，富有逼真感，多用于工艺美术及广告图样。

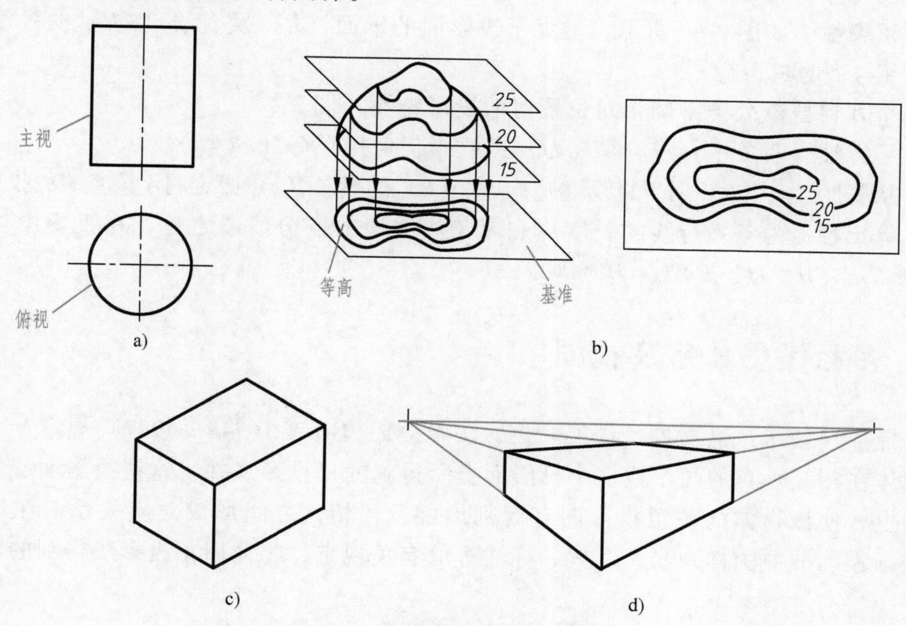

图 3-3 工程上常用的各种投影图

a）视图 b）标高投影 c）轴测图 d）透视图

3.1.2 正投影的投影特性

正投影法在工程上得到广泛应用，本书后续讲解中不加说明

的投影法均指正投影法。根据正投影法所得到的投影称为正投影。正投影的投影特性，如图 3-4 所示。

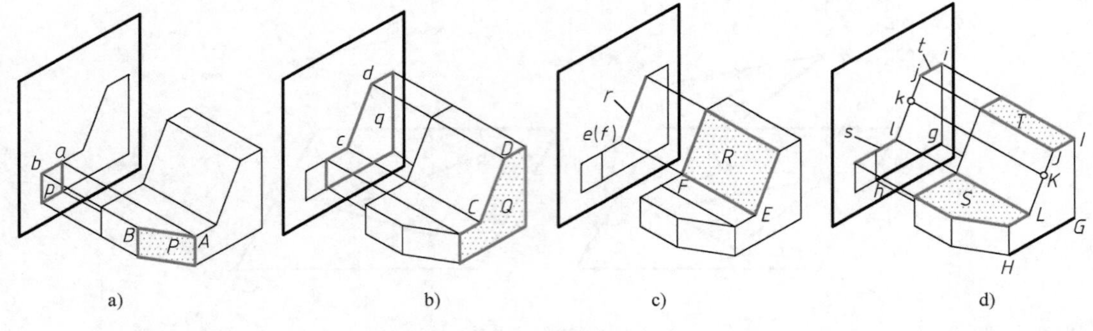

图 3-4　正投影的投影特性

1. 单一几何元素与投影面处于不同位置时的投影特性

（1）**类似性**　如图 3-4a 所示，倾斜于投影面的平面（P）及直线（AB）的投影必为小于原形的类似形（p）和缩短了的直线段（ab）。

（2）**显实性**　如图 3-4b 所示，平行于投影面的平面（Q）及直线（CD）的投影必反映原形的实形（q）和实长（cd）。

（3）**积聚性**　如图 3-4c 所示，垂直于投影面的平面（R）及直线（EF）的投影必积聚为直线段（r）和点［$e(f)$］。

2. 两个几何要素处于不同相对位置时的投影特性（图 3-4d）

（1）**平行性**　两条平行线（$GH//IJ$）的投影仍保持平行（$gh//ij$）。

（2）**从属性**　点（K）属于直线（JL），点（K）的投影（k）必定属于该直线的投影（jl）。

（3）**等比性**　两条平行线的长度比和属于直线段的点分线段之比，在投影中均保持不变，即 $gh:ij=GH:IJ$，$jk:kl=JK:KL$。

3.1.3　多面投影体系及视图

国家标准《技术产品文件　词汇　投影法术语》（GB/T 16948—1997）规定：多面正投影是指物体在相互垂直的两个或多个投影面上所得到的正投影，并将这些投影面旋转展开到同一图面上，使该物体的各正投影图有规则地配置，相互之间形成对应关系。在机械制图中，根据国家标准中图样画法、配置、标注等的有关规定，物体用正投影法得到的图形称为视图。

1. 多面投影体系

（1）投影面　相互垂直的三个投影面，分别用 H 面（水平投影面）、V 面（正立投影面）、W 面（侧立投影面）表示。

（2）投影轴　两个投影面的交线称为投影轴，分别用 OX、OY、OZ 表示。三个投影面和三条投影轴构成了常见的三面正投影体系。

（3）分角　H、V、W 三个投影面将空间分为八个区域，称为八个分角，排序如图 3-5 所示。

（4）投影　在 V 面上的投影称为正面投影，在 H 面上的投影称为水平投影，在 W 面上的投影称为侧面投影。

（5）投影图展开原则　将投影图旋转展开到同一图面上时，保持 V 面不动，将其他面旋转至与 V 面重合。

（6）第一角投影与第三角投影　工程制图的多面正投影通常有如下两种画法。

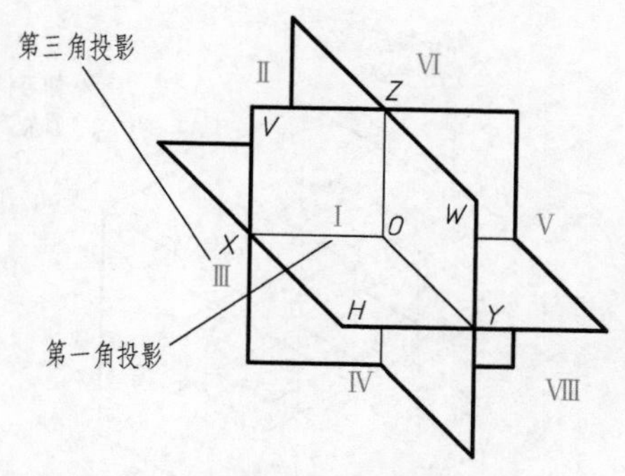

图 3-5　投影面、投影轴及分角

1）第一角投影（第一角画法）：将物体置于第一分角内，并使其处于观察者与投影面之间而得到多面正投影。中国、俄罗斯、英国、法国和德国等国家采用该画法。第一角投影的投射方向如图 3-6a 所示，展开后的投影位置如图 3-6b 所示。

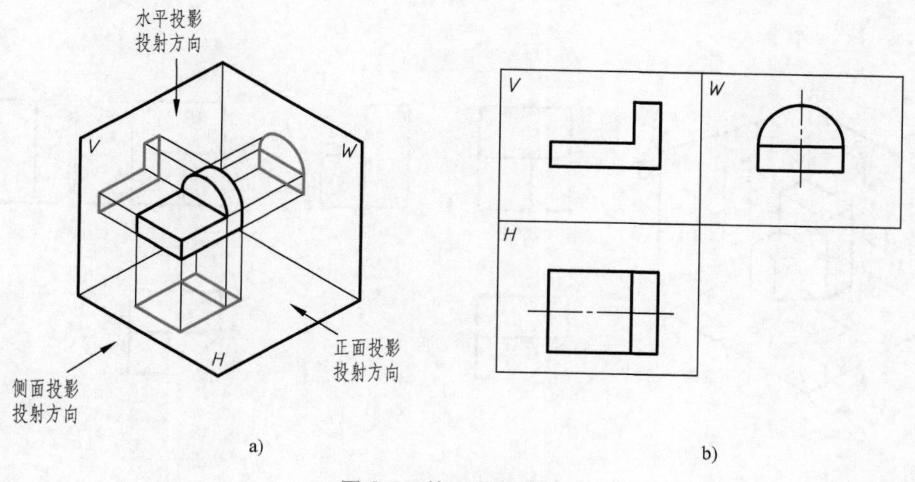

图 3-6　第一角投影

2）第三角投影（第三角画法）：将物体置于第三分角内，并使投影面处于观察者与物体之间而得到多面正投影。美国、日本、加拿大和澳大利亚等国家采用该画法，第三角投影的投射方向如图 3-7a 所示，展开后的投影位置如图 3-7b 所示。该画法中，假想投影面是透明的，观察者可以看见投影面后面的物体。

多面正投影具有度量性好、绘图简单等优点，广泛应用于机械行业。但由于其每个投影只能反映二维形状，所以立体感差，必须综合多面投影知识及空间想象和推理，才能确定物体全貌。因我国采用第一角投影，故本书以下所讲述的投影均指第一角投影。

2. 视图

在机械制图中，**正面投影称为主视图，水平投影称为俯视图，侧面投影称为左视图**。视图的形成过程如图 3-8a 所示，保持 V 面不动，H 面绕 OX 轴向下翻转 90°，与 V 面重合；W 面绕 OZ 轴向右翻转 90°，与 V 面重合，即得到一组视图。

视图用来表达物体的形状，与物体和投影面之间的距离无关，因此不必画出投影轴，如图 3-8b 所示。

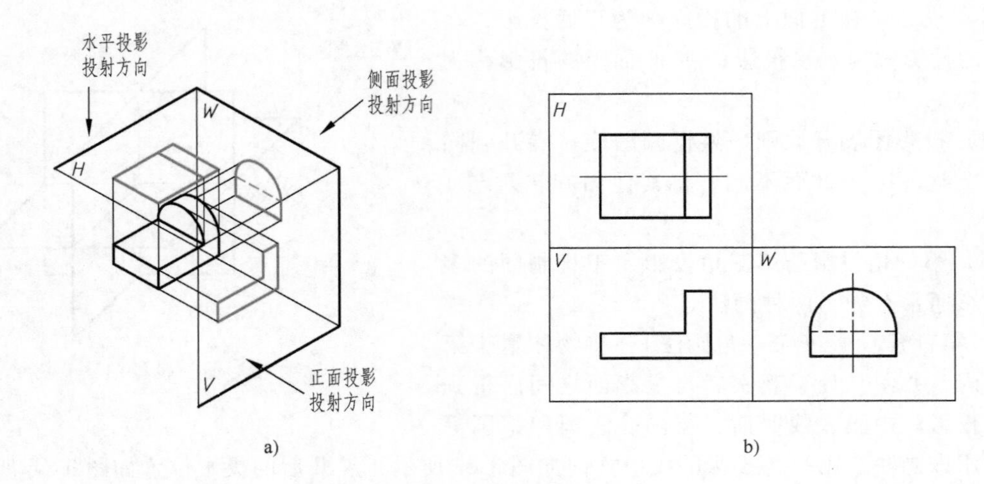

图 3-7　第三角投影

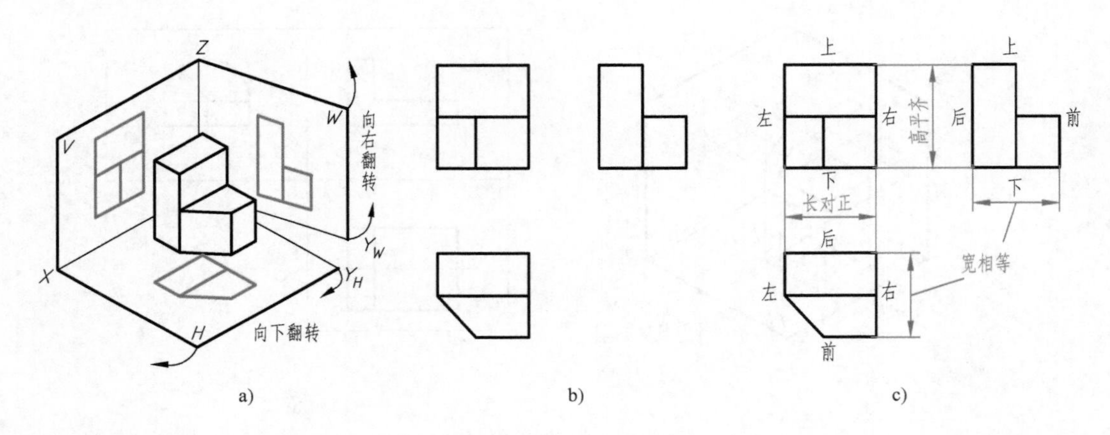

图 3-8　视图的形成过程及投影规律

由视图的形成过程可知：同一张图样能同时反映上下、左右、前后六个方向。如图 3-8c 所示，沿 *OX* 轴的左右方向为物体的长度方向，沿 *OY* 轴的前后方向为物体的宽度方向，沿 *OZ* 轴的上下方向为物体的高度方向。

各视图间的关系即**投影规律：主视图和俯视图都反映物体的长度，即长对正；主视图和左视图都反映物体的高度，即高平齐；俯视图和左视图都反映物体的宽度，即宽相等**。

微课视频：
3.1.4 常见基本立体的视图

3.1.4　常见基本立体的视图

基本立体分为平面立体和曲面立体两类。常见的平面立体有棱柱、棱锥和棱台，如图 3-9a 所示，它们属于拉伸体和放样体。常见的曲面立体为回转体，有圆柱、圆锥、圆台和圆球等，如图 3-9b 所示。

常见基本立体的视图见表 3-1。

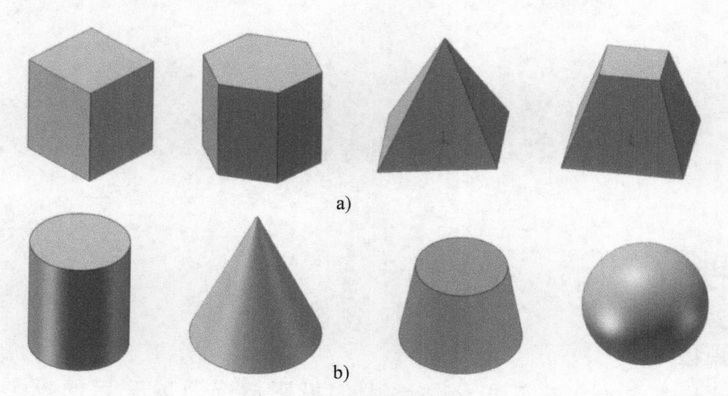

图 3-9　常见的基本立体

a）平面立体　b）回转体

表 3-1　常见基本立体的视图

	立体类型	正六棱柱	正三棱锥	四棱台
平面立体	空间位置	V W H	V W H	V W H
	视图			
	立体类型	圆柱	圆锥	圆球
曲面立体	空间位置	V W H	V W H	V W H
	视图			

3.2 基本几何元素的投影

3.2.1　点的投影

1. 点的投影规律

位于立体表面上的点 A 在三面投影体系中的投影情况及展开后的投影如图 3-10 所示。点 A 在三个投影面上的投影分别用 a（水平投影）、a'（正面投影）和 a''（侧面投影）表示，投射线 Aa''、Aa'和 Aa 的长度分别为点 A 到三个投影面的距离，即点 A 的坐标 x_a、y_a、z_a。在如图 3-10b 所示的投影图中，OY_H、OY_W分别表示随 H 和 W 面旋转后的 Y 轴。由投影图可以看出，点的一个投影只能反映其两个坐标，因此，单一投影不能唯一确定空间点的位置。但已知点的任意两个投影，点的三个坐标就确定了，空间点也就唯一确定了。实际作图时，应特别注意 H、W 两投影面中 y 坐标的对应关系。为作图方便，常添加过原点 O 的 45°辅助线。

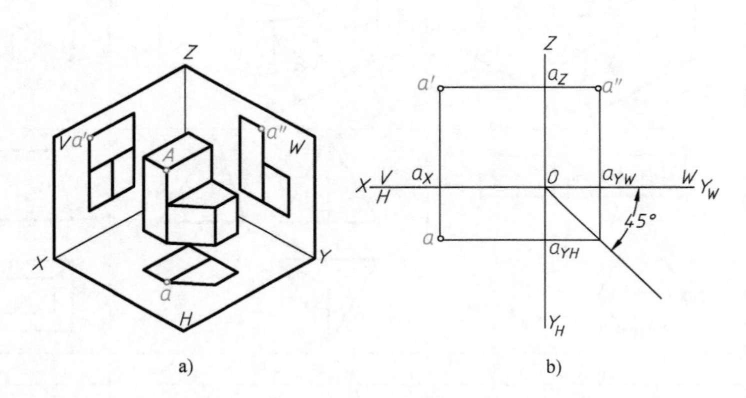

图 3-10　点的投影规律

由上述分析可概括出点的投影具有如下规律：

1）正面投影与水平投影的连线垂直于 OX 轴，$a'a_Z=aa_{YH}=a_XO=x_a$。

2）正面投影与侧面投影的连线垂直于 OZ 轴，$a'a_X=a''a_{YW}=a_ZO=z_a$。

3）水平投影到 OX 轴的距离等于侧面投影到 OZ 轴的距离，即 $aa_X=a''a_Z=a_{YH}O=a_{YW}O=y_a$。

2. 点在不同投影体系中的投影

微课视频：
3.2.1　2.点在不同投影体系中的投影（点的投影变换）

任何两个相互垂直的投影面即可构成一个投影体系，**变换投影面法是保持空间几何元素的位置不动，建立辅助投影面，形成新的直角投影体系，使几何元素在新投影体系中处于特殊位置，以获得反映其实长或实形的辅助投影，这种方法简称为换面法。**如图 3-11a 所示，辅助投影面 V_1 与基本投影面 H 垂直，与 H 投影面构成了新的投影体系 V_1/H，H 是 V/H 、V_1/H 两个投影体系所共有的投影面。

以空间点 A 的投影变换为例：水平投影面 H 保持不动，用铅垂面 V_1 代替 V 面作为新的投影面，组成新的投影体系 V_1/H。新投影体系中的新轴用 O_1X_1 表示，空间点 A 的新投影用 a_1'表示，投影图如图 3-11b 所示。可以得出，**点的投影变换规律**具体如下。

1）**点的新投影与旧投影的连线垂直于新投影轴**，即 $a_1'a \perp O_1X_1$

2）**点的新投影到新投影轴的距离等于点的旧投影到旧投影轴的距离**，即 $a_1'a_{x1}=a'a_x$。它们都反映空间点到不变投影面（H 面）的距离。

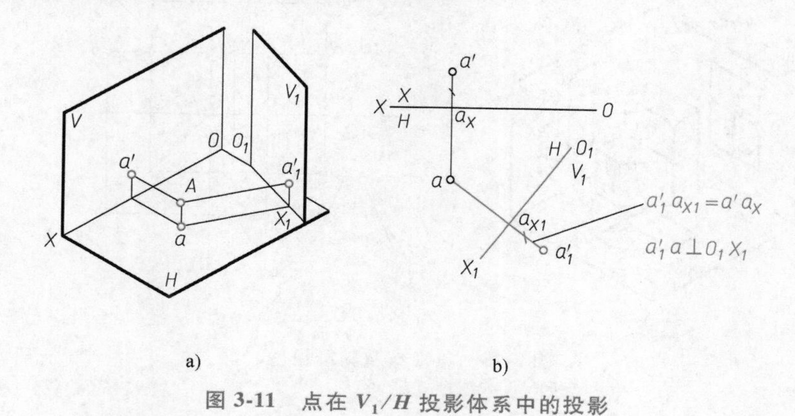

a)　　b)

图 3-11　点在 V_1/H 投影体系中的投影

3. 相对坐标和无轴投影图

空间点的位置可以用点的绝对坐标表示，也可以由点相对于另一已知点的相对坐标，即坐标差来确定。如图 3-12a 所示，点 B 位于点 A 的右、前、下方。A、B 两点的投影图如图 3-12b 所示，Δx、Δy、Δz 即为 A、B 两点的坐标差。如果已知其中任意一点的三面投影及两点的相对坐标，即使没有坐标轴，也可以确定另一点的三面投影。两点之间的相对位置与点和投影面之间的距离无关，因此可以不画出投影轴，不含投影轴的投影图称为无轴投影图，如图 3-12c 所示。

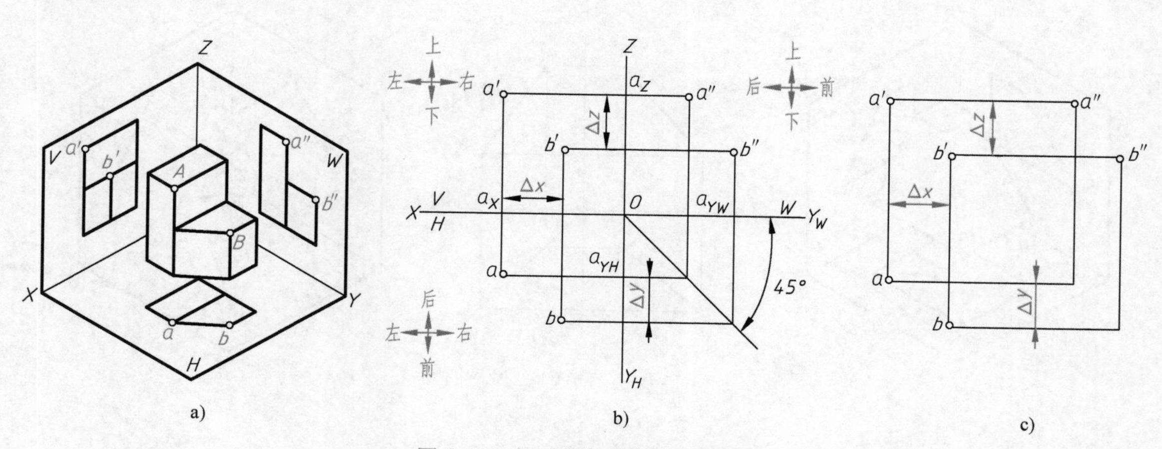

a)　　b)　　c)

图 3-12　相对坐标和无轴投影图

4. 重影点及其可见性

当空间两点位于同一条垂直于某个投影面的直线上时，两点在该投影面上的投影将重合为一点，这个投影称为该投影面的重影点。如图 3-13a 所示，点 C 位于点 A 的正下方，则

A、C 两点的水平投影 a、c 为水平面的重影点。按水平投影的投射方向观察，先看见点 A，后看见点 C，因此点 C 的水平投影 c 不可见，不可见的投影加括号表示，如图 3-13b 所示。同理，C、D 两点的侧面投影 c''、d''在 W 面上重影为一点，而点 C 在左，点 D 在右，故点 D 的侧面投影 d''不可见。

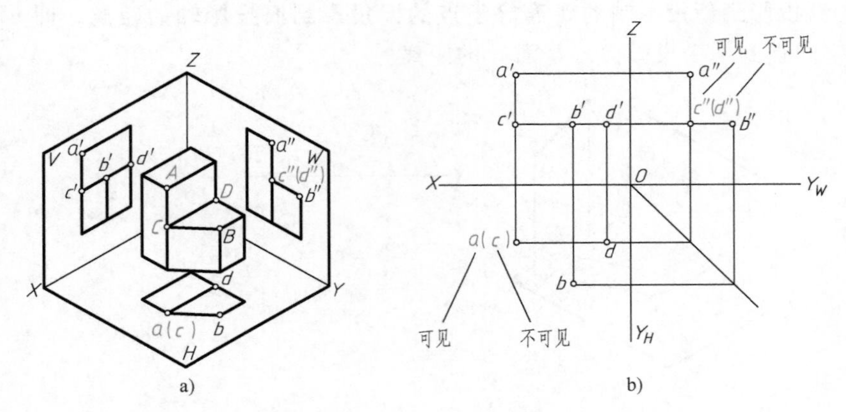

图 3-13　重影点及其可见性

3.2.2　直线的投影

直线的投影在一般情况下仍为直线，其投影由直线段两个端点的同面投影连线来确定。例如，立体表面直线 AB 的空间情况及其投影，如图 3-14a、b 所示。空间直线与投影面之间的夹角称为直线的倾角，在三面投影体系中，直线对 H、V、W 面的倾角分别用 α、β、γ 表示，如图 3-14c 所示。

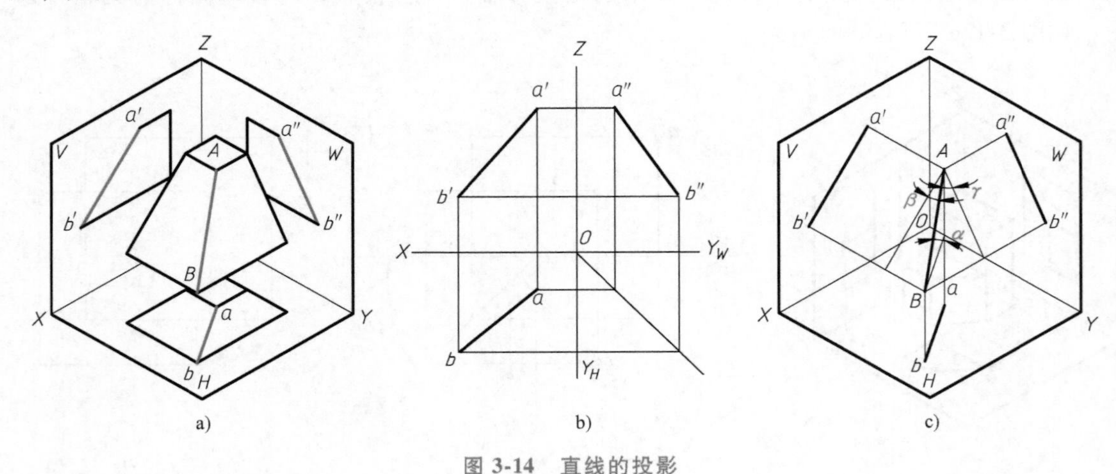

图 3-14　直线的投影

根据直线在三面投影体系中的不同位置，直线分为特殊位置直线和一般位置直线。特殊位置直线包括投影面平行线及投影面垂直线。

1. 投影面平行线的投影特性

平行于一个投影面而与另外两个投影面倾斜的直线称为投影面平行线。其中，平行于 V

面的直线称为正平线；平行于 H 面的直线称为水平线；平行于 W 面的直线称为侧平线。各种投影面平行线的空间情况及投影图见表 3-2。

表 3-2　各种投影面平行线的空间情况及投影图

直线类型	空间情况	投影图
正平线	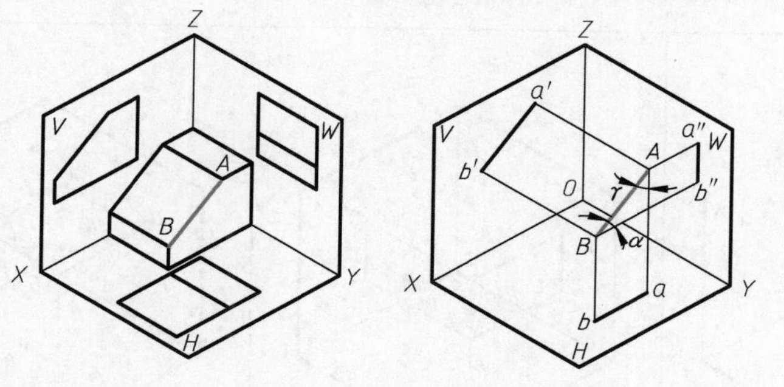	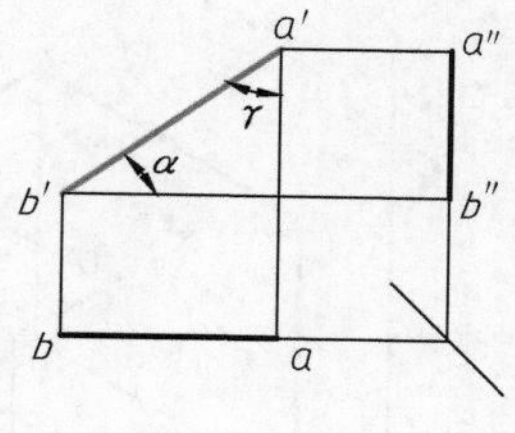
水平线	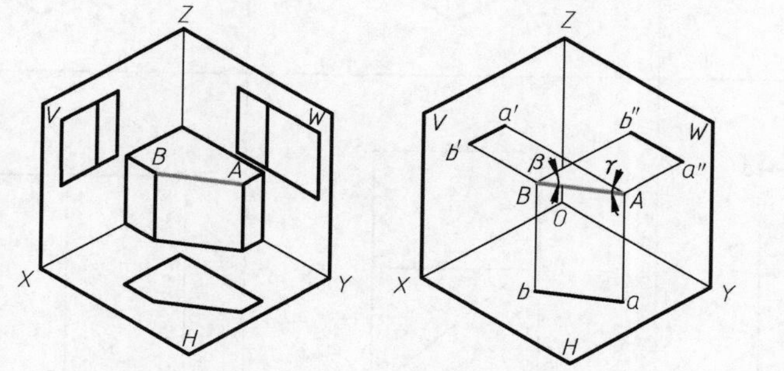	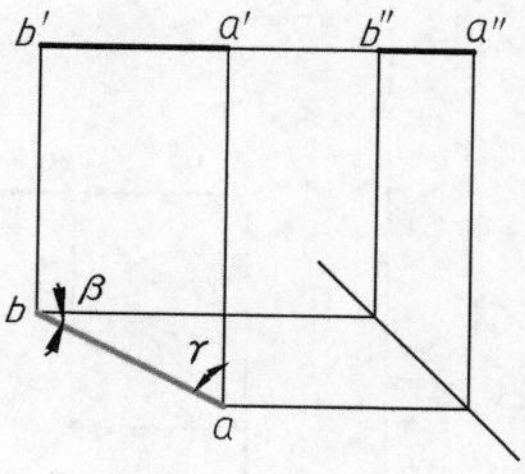
侧平线	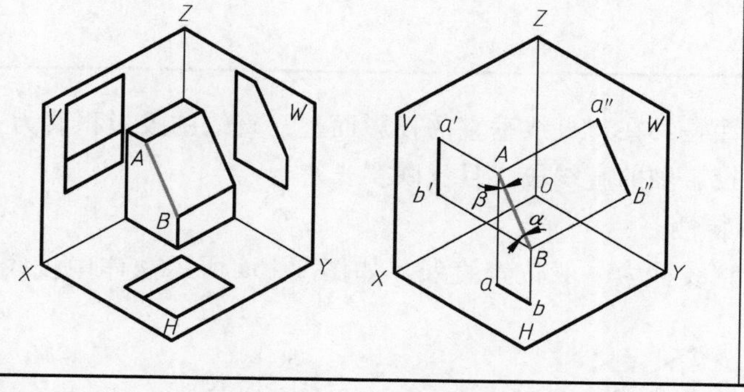	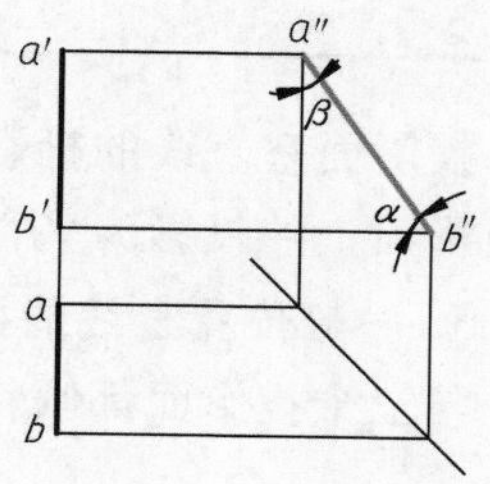

投影面平行线的投影特性是：在与直线平行的投影面上，直线的投影为倾斜线段，反映实长，且反映直线与另两个投影面的倾角；另两面投影为平行于投影轴的直线段，且其长度小于实长。

2. 投影面垂直线的投影特性

垂直于一个投影面的直线称为投影面垂直线，它必平行于另外两个投影面，如图 3-15 所示的正四棱柱的棱线均为投影面垂直线。其中，垂直于 V 面的直线

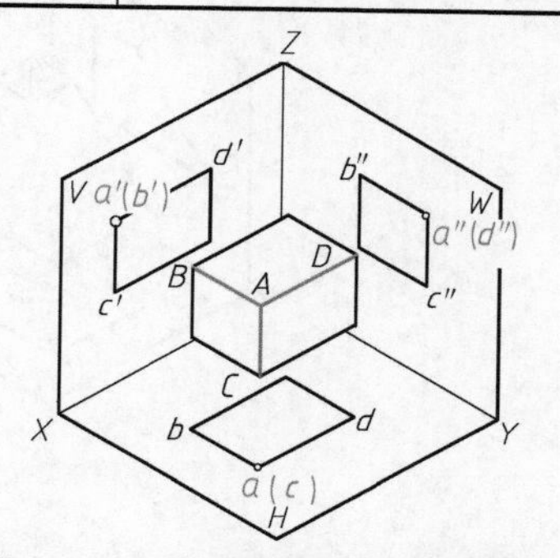

图 3-15　立体表面的投影面垂直线

称为正垂线，如图 3-15 中的 *AB* 所示；垂直于 *H* 面的直线称为铅垂线，如图 3-15 中的 *AC* 所示；垂直于 *W* 面的直线称为侧垂线，如图 3-15 中的 *AD* 所示。各种投影面垂直线的空间情况及投影图见表 3-3。

表 3-3　各种投影面垂直线的空间情况及投影图

直线类型	正垂线	铅垂线	侧垂线
空间情况	Z V W a′(b′) b″ a″ B A O X Y b a H	Z V W a′ a″ A O c′ c″ C X Y a(c) H	Z V W d′ a″(d″) a′ D A O d X Y a H
投影图	a′(b′) b″ a″ b a	a′ a″ c′ c″ a(c)	a′ d′ a″(d″) a d

投影面垂直线的投影特性是：在与直线垂直的投影面上，直线的投影积聚为一点；另两个投影面上的投影为平行于投影轴的直线段，且反映实长。

3. 一般位置直线的投影特性

与三个投影面都倾斜的直线称为一般位置直线，如图 3-16a 所示立体中棱线 *AB* 即为一

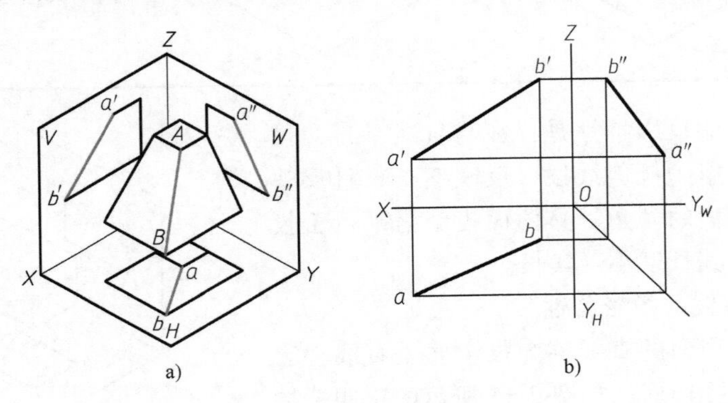

图 3-16　一般位置直线

般位置直线。由于一般位置直线对三个投影面都倾斜，因此其三个投影都对坐标轴倾斜，投影长小于实长，且投影图不反映倾角的真实大小，如图 3-16b 所示。可在辅助投影面中求解一般位置直线的实长。

4. 求一般位置直线实长

采用换面法求一般位置直线的实长，需将其变换为投影面平行线，只要辅助投影面平行于直线即可，如图 3-17a 所示。

如图 3-17b 所示为变换正立投影面的情况。选择与空间直线平行的铅垂面 V_1 替换 V 面，在新的投影体系 V_1/H 中，按点的投影变换规律（图 3-11）作出投影 $a_1'b_1'$，则 AB 的新投影 a'_1b_1' 反映直线 AB 的实长（True Length，记为 TL），新投影 $a_1'b_1'$ 与 O_1X_1 轴的夹角反映直线 AB 对 H 面的夹角 α 的真实大小。

如图 3-17c 所示为变换水平投影面的情况。选择与空间直线平行的正垂面 H_1 替换 H 面，在新的投影体系 V/H_1 中，按点的投影变换规律（图 3-11）作出投影 a_1b_1，则 AB 的新投影 a_1b_1 反映直线 AB 的实长（TL），新投影 a_1b_1 与 O_1X_1 轴的夹角反映直线 AB 对 V 面的夹角 β 的真实大小。

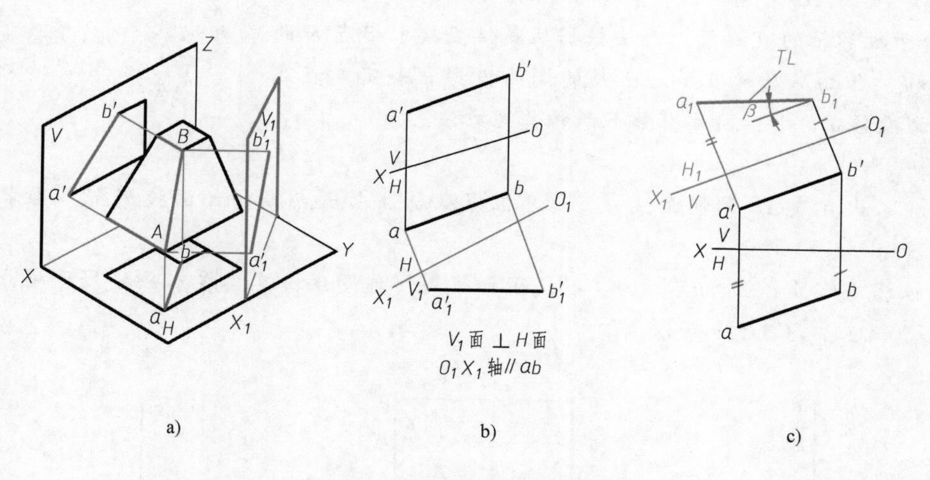

a)　　b)　　c)

图 3-17　求一般位置直线的实长

综上所述，只需经过一次变换就能使一般位置直线成为新投影面的投影面平行线，从而得到其实长及其与相应投影面夹角的真实大小。仅求实长可以变换任一投影面，如果还需求倾角，则应注意对应关系，即求角 α 需保持 H 面不变而变换 V 面，求角 β 需保持 V 面不变而变换 H 面。

5. 直线上点的投影

直线 AB 上点 K 的投影如图 3-18 所示，具有如下特性。

（1）从属性　点在直线上，点的投影就一定在直线的同面投影上，即点 K 的投影 k、k'、k''分别在直线的投影 ab、$a'b'$、$a''b''$上。

（2）定比性　同一直线上两线段长度之比等于其投影长度之比，即 $AK:KB=ak:kb=a'k':k'b'=a''k'':k''b''$。

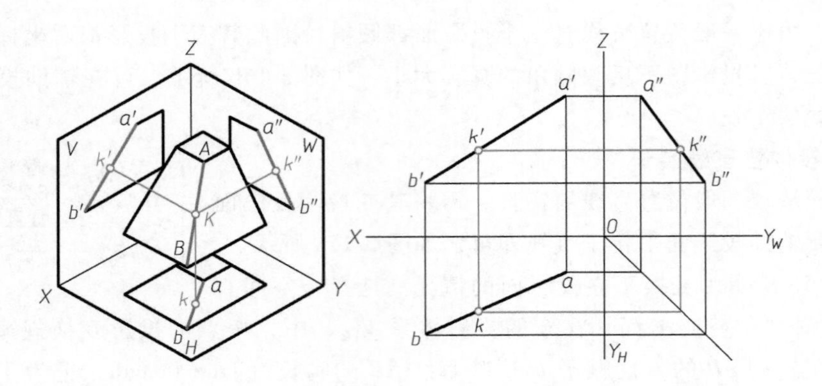

图 3-18　直线上点的投影

【例 3-1】　如图 3-19a 所示，已知侧平线 AB 的两面投影和 AB 上的点 K 的正面投影 k'，求点 K 的水平投影 k。

分析：直线 AB 为侧平线，其正面投影 $a'b'$ 和水平投影 ab 都是平行于投影轴的直线段。无法根据从属性直接求出点 K 的水平投影 k。但由从属性可知，点 K 的侧面投影 k'' 一定在直线 AB 的侧面投影 $a''b''$ 上，因此有如下两种作图方法。

作图：

1）先求出直线 AB 的侧面投影 $a''b''$，根据从属性求出点 K 的侧面投影 k''，再求其水平投影 k，如图 3-19b 所示。

2）根据定比性 $a'k':k'b'=ak:kb$，用初等几何作图法，直接在水平投影图上求出点 K 的水平投影 k，如图 3-19c 所示。

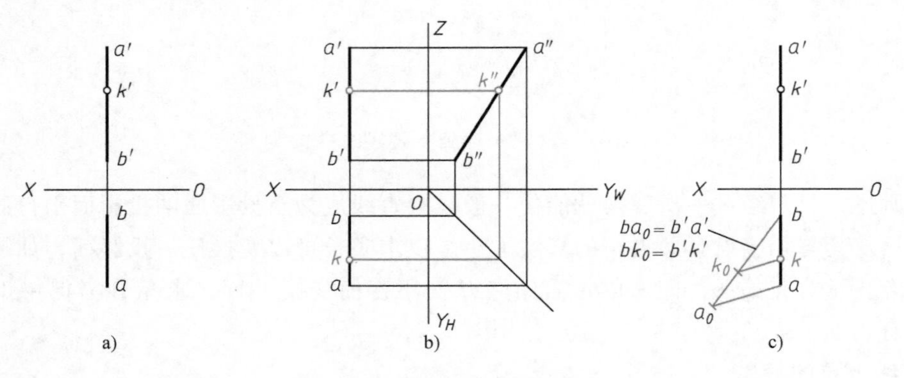

图 3-19　例 3-1 侧平线上取点

3.2.3　平面的投影

根据平面在三面投影体系中的位置不同，平面可分为特殊

位置平面和一般位置平面。特殊位置平面包括投影面垂直面和投影面平行面两种。平面对 H、V、W 面的倾角分别用 α、β、γ 表示。

1. 平面的表示法

平面可以用确定该平面的几何元素的投影表示，即用不共线的三点、直线及直线外一点、相交两直线、平行两直线和任何一平面图形的投影表示，如图 3-20 所示。

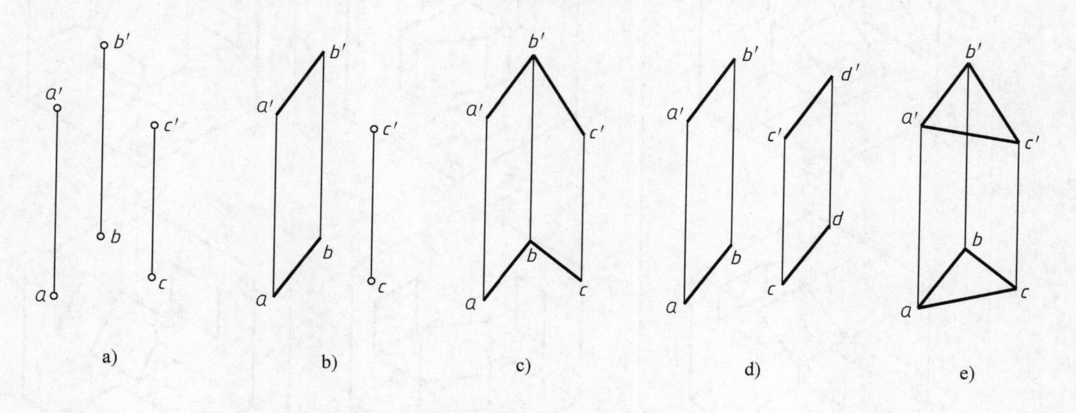

图 3-20　平面的几何元素表示法

a）不共线的三点　b）直线及直线外一点　c）相交两直线　d）平行两直线　e）平面图形

平面也可以用平面与投影面的交线（平面的迹线）表示，如图 3-21 所示。平面与 V 面、H 面、W 面的交线分别称为平面的正面迹线（P_V）、水平迹线（P_H）和侧面迹线（P_W）。

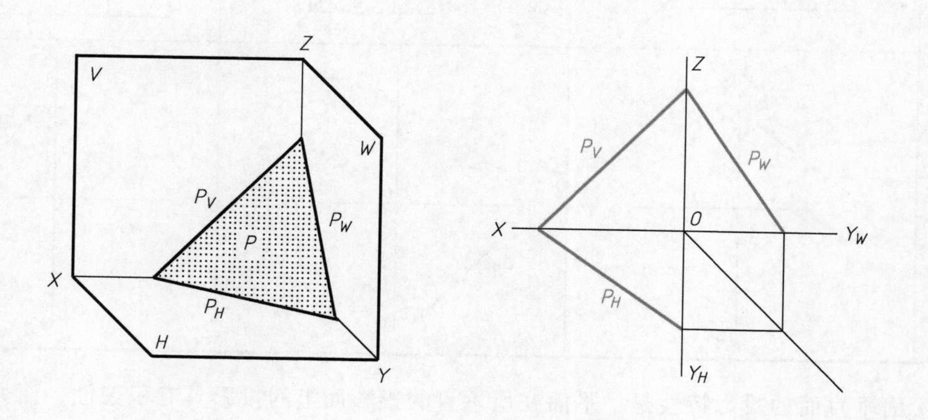

图 3-21　平面的迹线表示法

2. 投影面垂直面

垂直于一个投影面，而对另外两个投影面都倾斜的平面，称为投影面垂直面。其中，垂直于 V 面的平面称为正垂面，垂直于 H 面的平面称为铅垂面，垂直于 W 面的平面称为侧垂面。立体表面各种投影面垂直面的空间情况及投影图见表 3-4。

表 3-4　各种投影面垂直面的空间情况及投影图

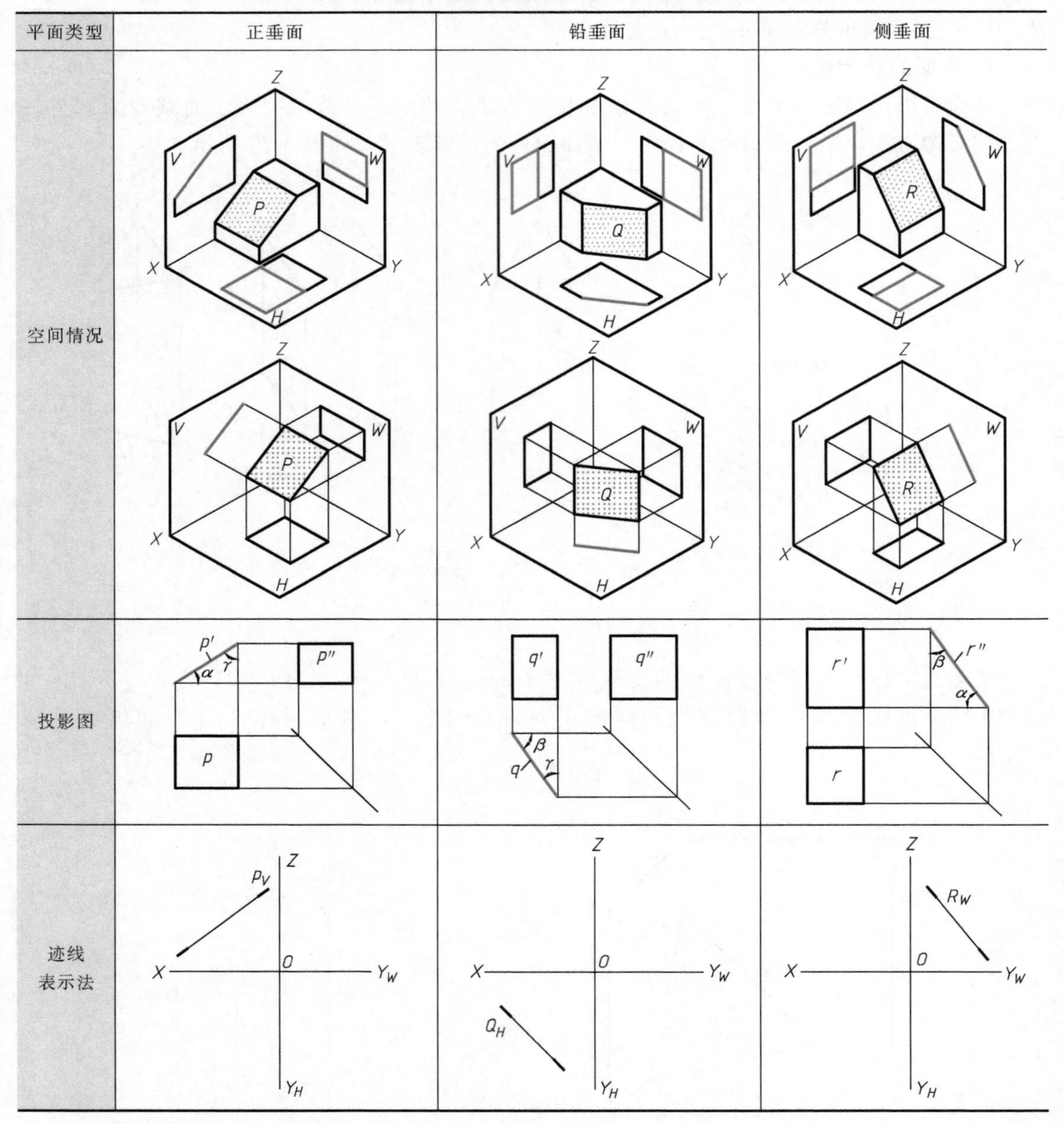

投影面垂直面的投影特性是：平面在所垂直的投影面上的投影具有积聚性，而另两面投影具有类似性；平面具有积聚性的投影反映与所不垂直的两个投影面夹角的真实大小。用迹线表示投影面垂直面时，具有积聚性的迹线可以确定平面的空间位置，因此，一般不画无积聚性的迹线。用两段短的粗实线表示具有积聚性的迹线位置，中间以细实线相连并标以迹线符号，见表 3-4 中的迹线表示法。

3. 求投影面垂直面的实形

采用换面法求投影面垂直面的实形，辅助投影面须垂直于一个原有的投影面，以便形成新的直角投影体系，且在新投影

微课视频：
3.2.3 3.求投影面垂直面的实形（投影面垂直面的投影变换）

体系中空间几何元素处于特殊位置（平行）。

求投影面垂直面的实形，需将其变换为投影面的平行面。如图 3-22a 所示，求铅垂面 $\triangle ABC$ 的实形，设立辅助投影面 V_1，使 $V_1 /\!/ \triangle ABC$，按点的投影变换规律（图 3-11）作出投影 $a_1'b_1'c_1'$，则新投影 $\triangle a_1'b_1'c_1'$ 即为 $\triangle ABC$ 的实形（True Shape，记为 TS)，作图过程如图 3-22b 所示。同理，求正垂面的实形的作图过程如图 3-22c 所示。

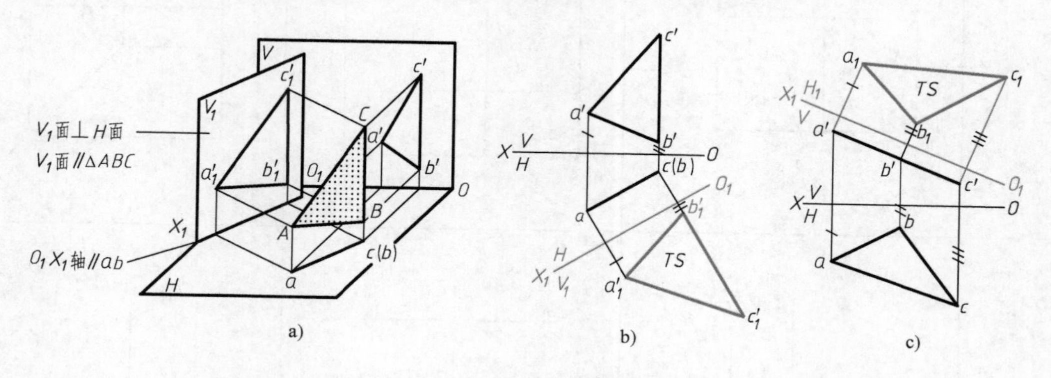

图 3-22　求投影面垂直面的实形

4. 投影面平行面

平行于一个投影面的平面，称为投影面平行面，它必垂直于另两个投影面，如图 3-23 所示的正四棱柱的各表面均为投影面平行面。其中，平行于 V 面的平面称为正平面（平面 P）；平行于 H 面的平面称为水平面（平面 Q）；平行于 W 面的平面称为侧平面（平面 R）。各种投影面平行面的空间情况及投影图见表 3-5。

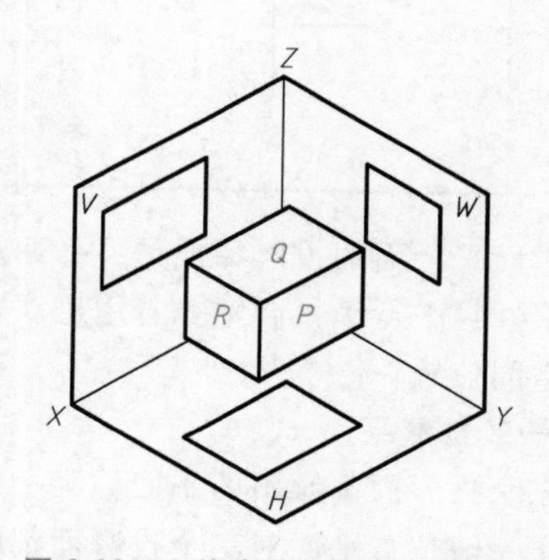

图 3-23　立体表面投影面的平行面

表 3-5　各种投影面平行面的空间情况及投影图

平面类型	正平面	水平面	侧平面
空间情况			

（续）

平面类型	正平面	水平面	侧平面
投影图	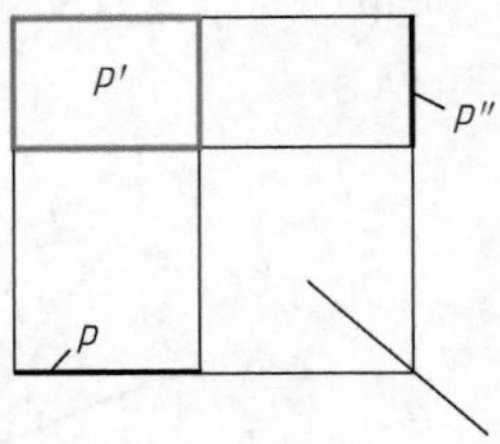 p′ p″ p	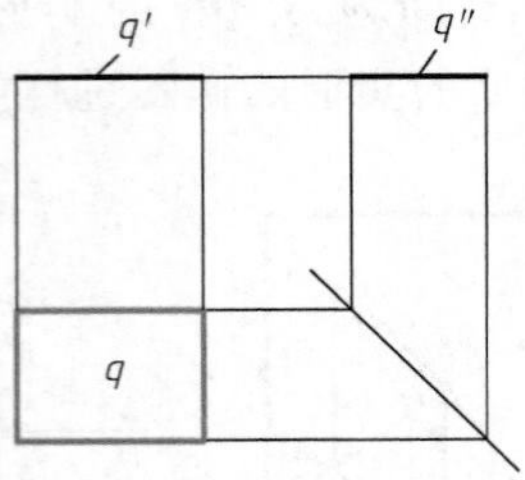 q′ q″ q	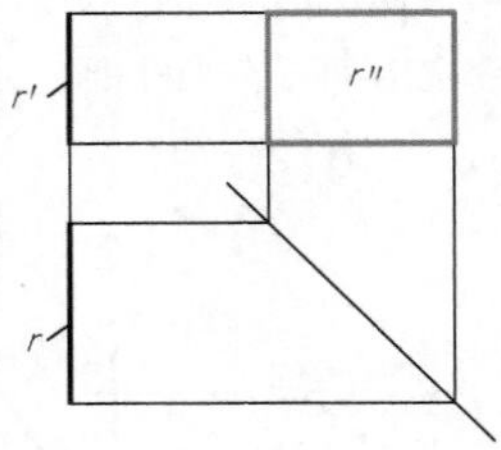 r′ r″ r
迹线表示	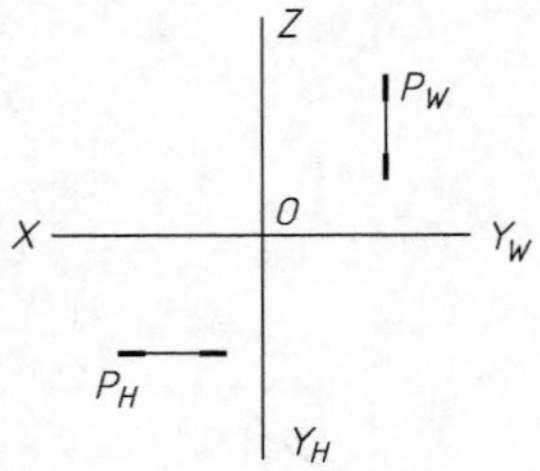 Z P_W X O Y_W P_H Y_H	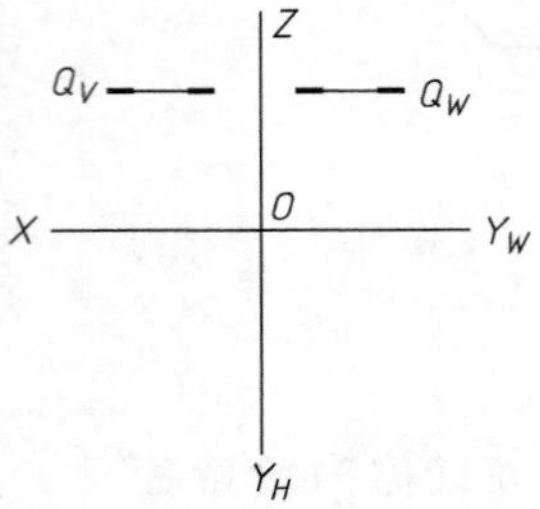 Z Q_V Q_W X O Y_W Y_H	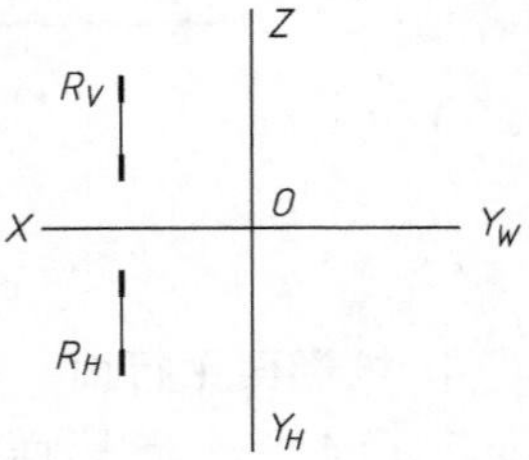 Z R_V X O Y_W R_H Y_H

投影面平行面的投影特性是：平面在所平行的投影面上的投影反映实形，而另两面投影具有积聚性且平行于投影轴。若用迹线表示投影面平行面，只需两条迹线中的一条即可确定平面的空间位置。

5. 一般位置平面

与三个投影面都倾斜的平面称为一般位置平面，如图 3-21 所示平面 *P* 即为一般位置平面。由于一般位置平面对三个投影面都倾斜，因此其三面投影的面积都小于实际面积，且投影图不反映倾角的真实大小，三条迹线都不平行于投影轴。

1）平面上的点和线。点和直线在平面内的几何条件是：点在平面内，则该点必定在平面内的一条线上；直线在平面内，则该直线必定通过平面内的两点，或者过平面内的一点且平行于平面内的一条已知直线。

如图 3-24a 所示，点 *P* 位于立体表面一般位置平面 *ABC* 上，则点 *P* 位于平面内的一条直线 *AF* 上，其作图过程（已知 *P*′）如图 3-24b 所示。如图 3-24c 所示为在平面 *ABC* 内定直线的一种方法，*D*、*E* 两点位于平面 *ABC* 内，故直线 *DE* 位于平面 *ABC* 内，直线 *DF* 过平面内的点 *D* 且平行于平面内直线 *BC*，则直线 *DF* 位于平面 *ABC* 内。

2）属于一般位置平面的投影面平行线。在一般位置平面上，各投影面平行线的方向必定平行于该平面的相应迹线，如图 3-25a 所示。属于平面 *P* 的水平线、正平线和侧平线必分别平行于迹线 P_H、P_V 和 P_W。显然，平面的迹线是同时属于平面和投影面的一条特殊位置的投影面平行线。

如图 3-25b 所示 ，求一般位置平面 *ABC* 内的投影面平行线，可以通过在 *V* 面内作 *OX* 轴

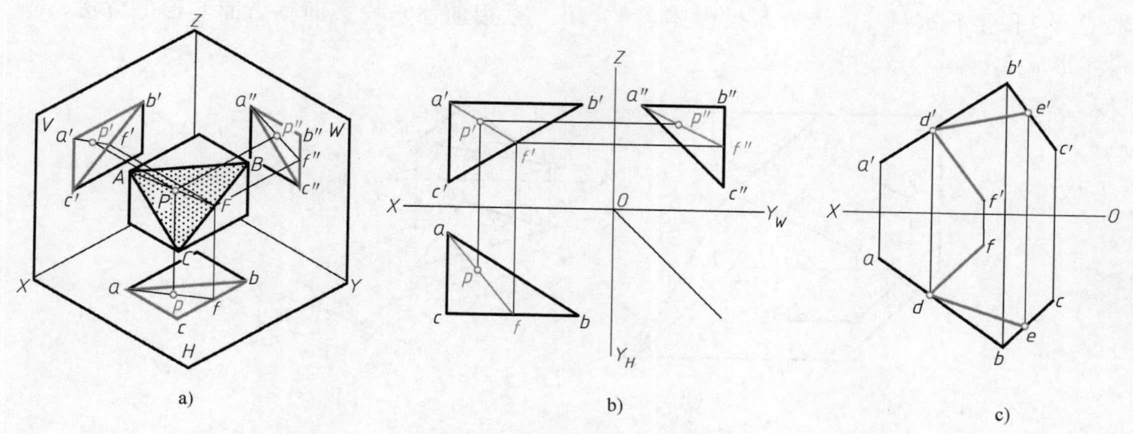

图 3-24　平面上取点、线

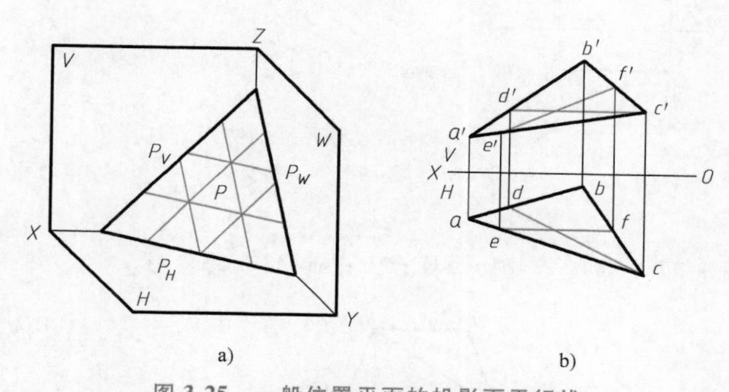

图 3-25　一般位置平面的投影面平行线

a）投影面平行线平行于相应的迹线　b）求平面内的投影面平行线

的平行线求平面内水平线 CD，通过在 H 面内作 OX 轴的平行线求平面内正平线 EF。

3）求一般位置平面的实形。采用换面法求一般位置平面的实形，为保证所作的辅助投影面始终垂直原有的一个投影面，需要首先将一般位置平面变换为投影面的垂直面，再按前述求投影面垂直面实形的方法（图 3-22），将投影面垂直面变换为投影面的平行面，从而求得实形，即需要进行两次变换。

由初等几何知识可知：如果平面内有一直线垂直于另一个平面，则该两平面互相垂直；如果一条直线平行于一个平面，则垂直该直线的平面也垂直于该平面，如图 3-26a 所示。因此，求一般位置平面的实形，可在平面内取一条投影面平行线，再求出该直线的垂直面，所得平面即为垂直于原投影面的辅助投影面，则原平面相对于这个新的辅助投影面就是投影面垂直面，此为一次换面。然后按前述求投影面垂直面实形的方法，即可求出该平面的实形，完成二次换面。

（1）一次换面　如图 3-26b 所示，作平面 ABC 内的水平线 CD，选择新轴 O_1X_1 与投影 cd 垂直，这样在新投影面体系 V_1/H 中，直线 CD 就是新投影面 V_1 的垂直线，因此，包含直线 CD 的平面 ABC 就是新投影面 V_1 的垂直面。

（2）二次换面　按前述将投影面垂直面变换为投影面平行面的方法，取二次换面的新

轴 O_2X_2 平行于 $a_1'b_1'c_1'$，组成新投影体系 V_1/H_2。采用前述求投影面垂直面实形的方法，求得实形 $a_2b_2c_2$。

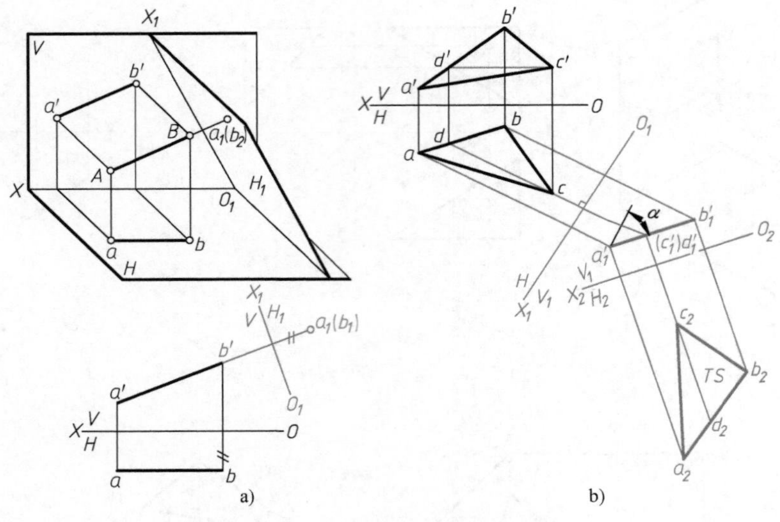

图 3-26　求一般位置平面的实形

a）直线的变换　b）平面的变换

【例 3-2】　求如图 3-27a、b 所示截切四棱台上平面 ABC 的实形。

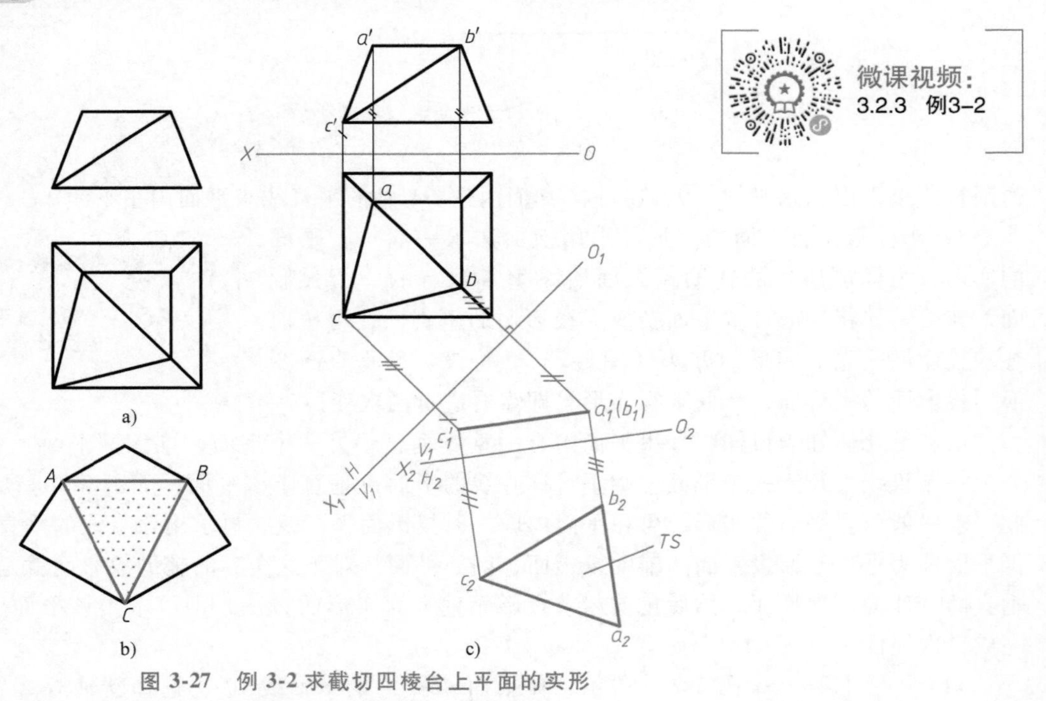

图 3-27　例 3-2 求截切四棱台上平面的实形

a）两面投影　b）立体图　c）投影图

分析：截切四棱台上平面 ABC 为一般位置平面，求其实形需要进行两次换面。该平面上，直线 AB 为水平线，可一次变换为投影面垂直线，故一次换面的投影轴应垂直于直线 AB

的水平投影，变换后平面 ABC 为新投影面的垂直面；二次换面的投影轴应平行于新投影面上的积聚性投影，从而求得平面的实形。

作图：

1）在投影图上标注平面 ABC 的投影，并在两面投影之间的合适位置处画出投影轴 OX。

2）作一次变换的新投影轴 O_1X_1，使 $O_1X_1 \perp ab$，组成新投影体系 V_1/H，变换后的投影积聚为 $a_1'(b_1')c_1'$。

3）作二次变换的新投影轴 O_2X_2，使 $O_2X_2 /\!/ a_1'(b_1')c_1'$，组成新投影体系 V_1/H_2 变换后求得的投影 $a_2b_2c_2$ 即为平面 ABC 的实形，如图 3-27c 所示。

3.3　基本几何元素的相对位置关系

本节主要讨论直线与直线、直线与平面及平面与平面之间的相对位置关系，并研究它们的投影特性。

3.3.1　两直线的相对位置

微课视频：3.3.1　直角投影定理

两直线的相对位置有三种：平行、相交和交叉。其中，平行和相交两直线都可组成一个平面，故称为共面直线，而交叉两直线则为异面直线，两直线的各种相对位置的空间情况及投影特性见表 3-6。

表 3-6　两直线的各种相对位置的空间情况及投影特性

相对位置	空间情况	投影图	投影特性
平行	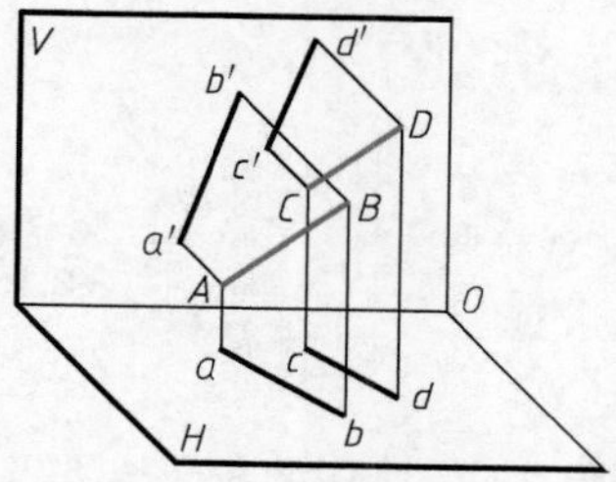	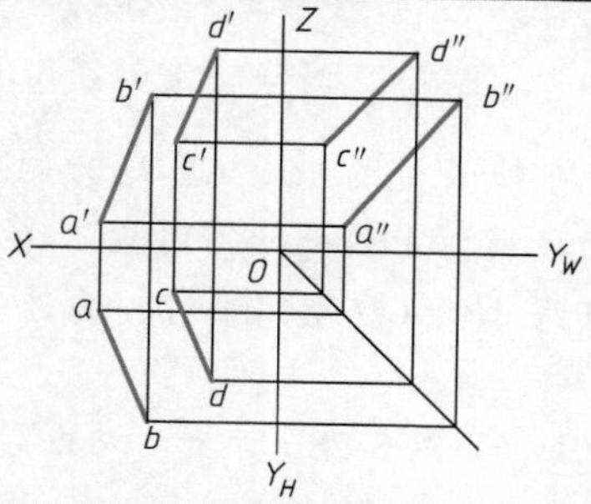	两直线空间平行，等价于两直线的同面投影全部互相平行
相交	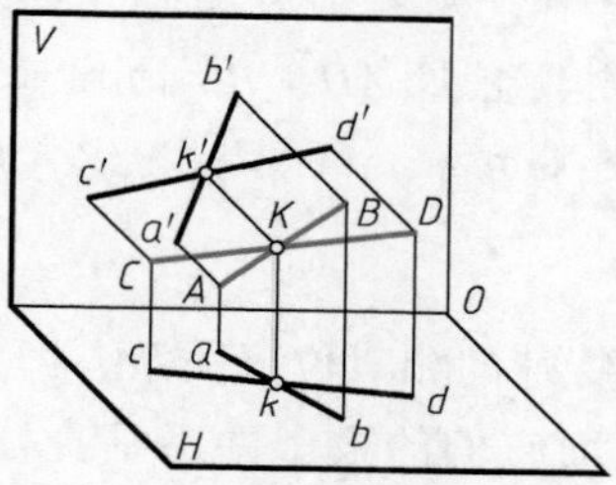	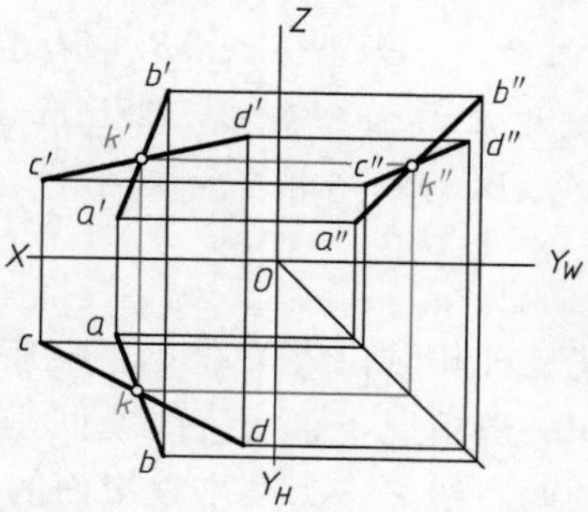	两直线空间相交，等价于两直线的同面投影全部两两相交且交点符合投影规律，即交点的投影连线均垂直于相应的投影轴

（续）

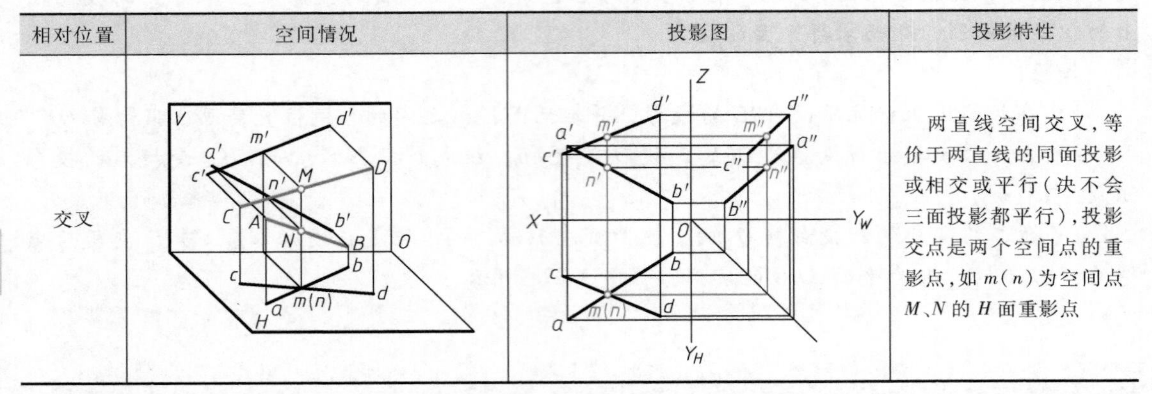

相对位置	空间情况	投影图	投影特性
交叉			两直线空间交叉，等价于两直线的同面投影或相交或平行（决不会三面投影都平行），投影交点是两个空间点的重影点，如 $m(n)$ 为空间点 M、N 的 H 面重影点

【例3-3】 判断如图3-28a所示直线 AB 与 CD 是否平行。

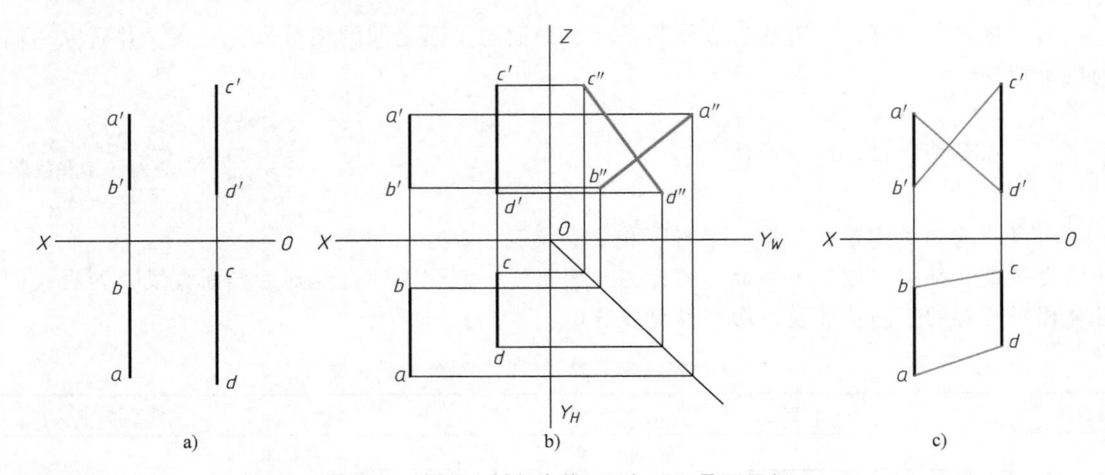

图3-28　例3-3判断直线 AB 与 CD 是否平行

分析：由图3-28a可知，直线 AB、CD 均为侧平线，由于两直线空间平行须三面投影均互相平行，因此不能从已知的两面投影平行就推断出直线 AB、CD 空间平行，需进一步求证。

作图：

1）作第三面投影法。如图3-28b所示，求出直线 AB、CD 的侧面投影 $a''b''$ 及 $c''d''$，由于 $a''b''$ 与 $c''d''$ 不平行，故直线 AB、CD 空间不平行。

2）判断两直线不共面法。如果直线 AB、CD 空间平行，则它们为共面直线，那么该平面内任意两条相交直线均应共面。如图3-28c所示，连接直线 AD、BC 的同面投影 $a'd'$、$b'c'$、ad、bc，显然直线 AD、BC 不相交也不平行，为交叉关系，故判断直线 AB、CD 空间不平行。

两直线之间除上述三种相对位置关系外，还有一种特殊的相对位置关系，即垂直，包括相交垂直和交叉垂直。一般情况下，两直线空间垂直，而它们的投影并不垂直，如图3-29a所示。但当互相垂直的两直线之一为某个投影面的平行线时，两直线在该投影面上的投影必定互相垂直，此投影特性称为直角投影定理，如图 3-29b、c 所示。反之，如果两直线在某个投影面上的投影互相垂直，且其中一条为该投影面的平行线，则这两条直线必定空间垂直。

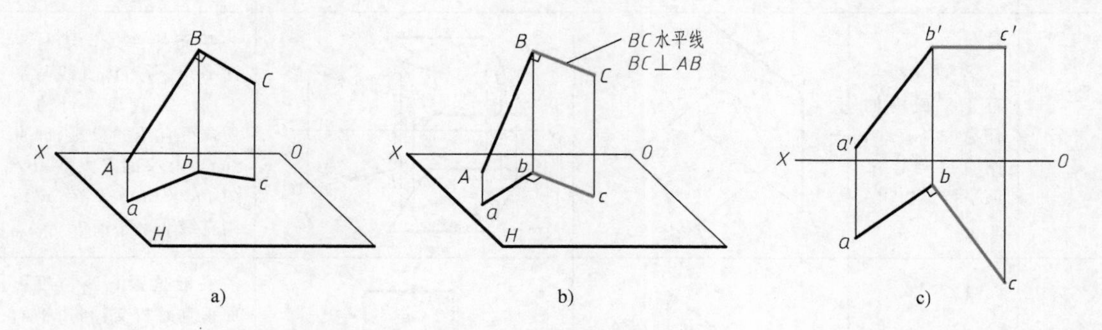

图 3-29 两直线空间垂直

【例 3-4】 如图 3-30a 所示，求作直线 *AB*、*CD* 的公垂线 *EF*。

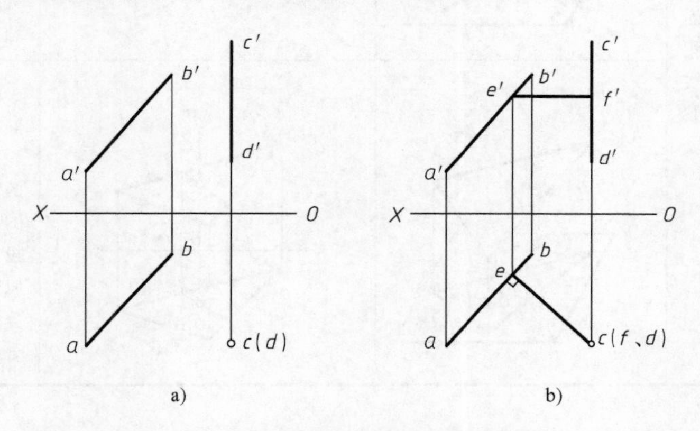

图 3-30 例 3-4 求作两直线的公垂线

分析：由图 3-30a 可知直线 *CD* 为铅垂线，其垂线 *EF* 必为水平线；根据直角投影定理，水平线 *EF* 与直线 *AB* 垂直，则它们的水平投影必定互相垂直。

作图：

1）设点 *E* 属于直线 *AB*，点 *F* 属于直线 *CD*，则点 *F* 的水平投影 *f* 与直线 *CD* 的水平投影 *c*(*d*) 重合。过 *f* 作 *ef*⊥*ab* 并交 *ab* 于 *e*。完成公垂线 *EF* 的水平投影。

2）由于点 *E* 属于直线 *AB*，故可根据点的从属性在 *a*′*b*′上作出 *e*′。由于公垂线 *EF* 为水平线，因此 *e*′*f*′//*OX* 轴，故可由 *e*′在 *c*′*d*′上作出 *f*′，完成公垂线 *EF* 的正面投影，如图 3-30b 所示。

3.3.2 直线与平面的相对位置

直线与平面的相对位置有平行和相交两种情况。在相交情况中，本小节只介绍相交两要素之一具有特殊位置的情况，见表3-7。

表3-7　直线与平面不同相对位置的空间情况及投影特性

相对位置	几何条件	空间情况	投影图	投影特性
平行	若一直线平行于平面内的任意一条直线，则直线与该平面平行			平面外一条直线与平面平行：利用该直线与平面内一条直线平行的性质求得直线的投影，即直线 CD 在平面 P 内且 $AB/\!/CD$（$ab/\!/cd$，$a'b'/\!/c'd'$），则直线 $AB/\!/$平面 P
相交	直线与平面不平行时必相交，交点是直线与平面的共有点			一般位置直线与投影面垂直面相交：利用平面具有积聚性的投影求得交点 K 的投影，线面投影重叠部分以交点为界，直线的投影分为可见与不可见两部分，不可见部分画细虚线
				一般位置平面与投影面垂直线相交：直线具有积聚性的投影即是交点 K 的投影。利用面上取点的方法求得交点的其他投影，线面投影重叠部分以交点为界，直线的投影分为可见与不可见两部分，不可见部分画细虚线

【例3-5】　如图3-31a所示，已知水平线 DE 平行于平面 ABC，求作直线 DE 的投影。

分析：直线与平面平行，直线必平行于平面内的一条直线。因为所求直线 DE 为水平线，所以它必与平面 ABC 内的一条水平线平行。

作图：

1）作平面 ABC 内的水平线 CF 的投影。作 $c'f'/\!/OX$ 轴并交 $a'b'$ 于 f'。点 F 在直线 AB

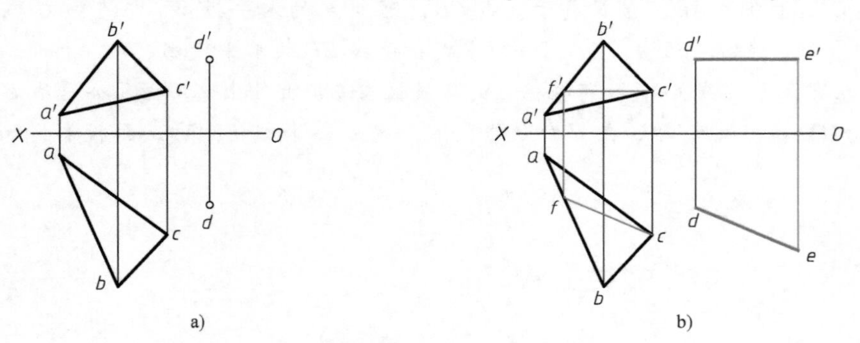

图3-31　例3-5求作直线的投影

上，其水平投影必在直线 *AB* 的水平投影 *ab* 上，由投影关系求出 *f*。

2）作平行于直线 *CF* 的直线 *DE* 的投影。两直线平行，则它们的同面投影必平行，作 *de*//*cf*，*d'e'*//*c'f'*，完成水平线 *DE* 的两面投影，如图 3-31b 所示。

线面相交时的特殊情况为线面垂直。直线与平面互相垂直时，一个要素具有特殊位置，另一个要素必定也具有特殊位置，如图 3-32 所示。

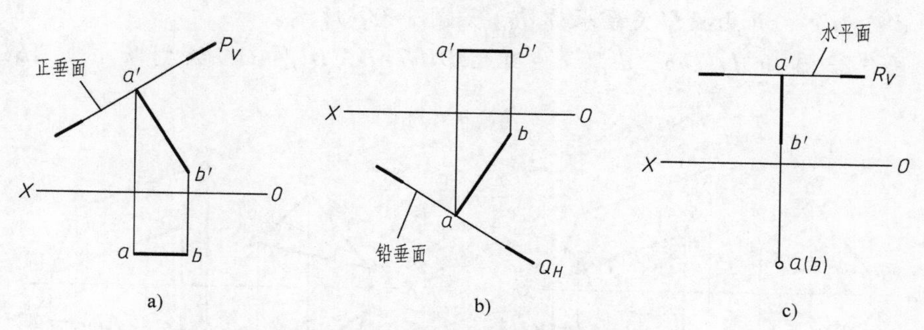

图 3-32　线面垂直的特殊情况

a）正垂面与正平线垂直　b）铅垂面与水平线垂直　c）水平面与铅垂线垂直

3.3.3　两平面的相对位置

两平面的相对位置有平行和相交两种情况。同样在相交情况中，本小节只介绍相交两平面之一为特殊位置平面的情况，见表 3-8。

表 3-8　两平面不同相对位置的空间情况及投影特性

相对位置	几何条件	空间情况	投影图	投影特性
平行	若一平面内两条相交直线对应平行于另一平面内的两条相交直线，则两平面平行			两平面平行：利用两个平面内有两条相交直线分别平行的性质求得直线的投影，进而得到平面的投影，即 *AB* // *DE* 且 *AC*//*DF*（*ab* // *de*，*a'b'*//*d'e'* 且 *ac* // *df*，*a'c'* //*d'f'*），则平面 *P* //平面 *Q*
相交	两平面不平行时必相交，交线是两平面的共有线			一般位置平面与投影面垂直面相交：利用积聚性求交线的投影，以交线为界，平面的投影分为可见与不可见两部分，不可见部分画细虚线

【例 3-6】 判断如图 3-33a 所示平面 ABC 与平面 $DEFG$ 是否平行。

分析：两平面平行的条件是一对相交直线对应平行，如果在平面 $DEFG$ 内有一对相交直线与平面 ABC 的任意两边对应平行，则该两平面相互平行。

作图：

1）作 $d'h'/\!/a'b'$，并由投影关系求得 dh。

2）作 $d'i'/\!/a'c'$，并由投影关系求得 di，如图 3-33b 所示。

3）由图 3-33 可知 $dh/\!/ab$，$di/\!/ac$，因此 $DH/\!/AB$，$DI/\!/AC$，故判断平面 ABC 与平面 $DEFG$ 平行。

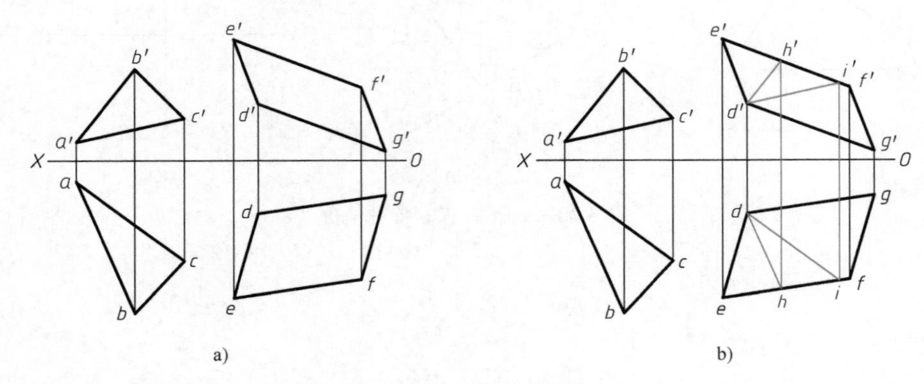

图 3-33　例 3-6 判断两平面平行

【例 3-7】 求如图 3-34a 所示。平面 ABC 和平面 $DEFG$ 的交线 MN 的投影，并判别可见性。

分析：由图 3-34a 可知平面 ABC 为一般位置平面，平面 $DEFG$ 为铅垂面，可由水平投影的积聚性求交线 MN 的投影。

作图：

1）在水平投影上直接求得交线 MN 的水平投影 mn，如图 3-34b 所示。

2）由直线上点的从属性可知，点 M 在边 AB 上，则 $m'\in a'b'$，点 N 在 AC 边上，则 $n'\in$

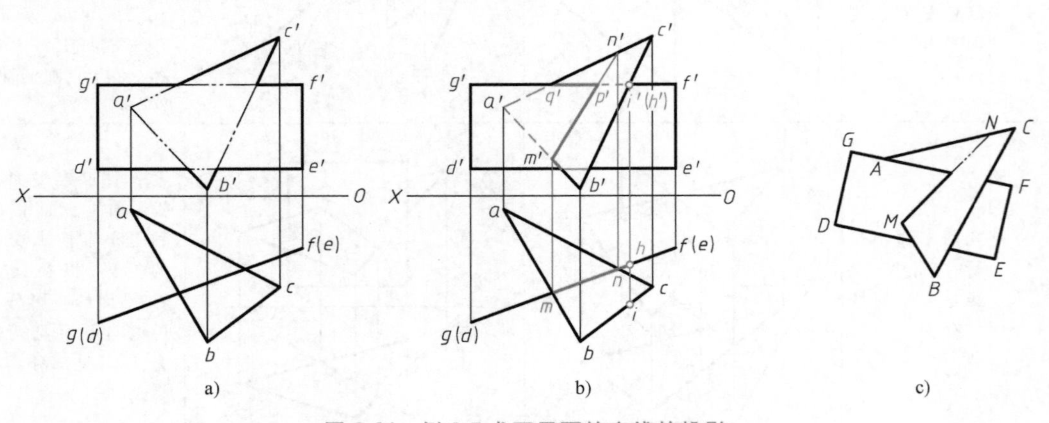

图 3-34　例 3-7 求两平面的交线的投影

$a'c'$，结合投影关系求得交线 MN 的正面投影 $m'n'$，如图 3-33b 所示。

3）判断可见性。平面 $DEFG$ 的水平投影具有积聚性，所以水平投影不需要判断可见性。由于平面图形是有界限的，故交线的正面投影只取两平面图形的共有部分。两平面正面投影的重合部分以交线为界分为可见部分与不可见部分。直线 GF、BC 的正面重影点 $i'(h')$ 的可见性代表交线投影 $m'n'$ 以右的 $g'f'$、$b'c'$ 重合部分的可见性，从水平投影 h、i 可以看出，bc 在前，gf 在后，所以重合部分的 $b'c'$ 可见，$g'f'$ 不可见，不可见部分画细虚线。同理判断交线投影 $m'n'$ 以左部分的可见性，结果如图 3-34b 所示。

两面相交的空间情况如图 3-34c 所示。

第 4 章　基本体截切与相贯

点、线、面是构成立体的基本几何元素，立体投影的实质就是围成立体的面上的点、线、面的投影；掌握平面与立体相交、立体与立体相交所产生的交线的投影画法，是绘制立体切剖和立体相交三视图的关键所在。本章重点学习立体表面上的点和线，以及平面与立体相交、两立体表面相交所得截交线的投影特性和作图方法。

4.1 立体表面上的点和线

绘制立体上的点、线投影能够加深对立体三视图投影规律的理解，也是绘制立体表面间交线投影的基础和关键。

4.1.1 平面立体表面取点、线

平面立体表面上的点分为一般位置点和特殊位置点。特殊位置点通常指立体的顶点和棱线上的点，除此之外的点均为一般位置点。求平面立体表面上点和线的投影，必须利用点在直线和平面上的投影特性。

【例 4-1】 如图 4-1a、b 所示，已知正三棱锥表面点 M 的正面投影 m'和点 N 的水平投影 n，试完成 M、N 两点的另两面投影。

分析：**正三棱锥的投影分析**。如图 4-1a、b 所示，底面△ABC 为水平面，其水平投影△abc 反映实形；正面投影$a'b'c'$和侧面投影$a''b''c''$积聚为水平直线。后棱面△SAC 为侧垂面，其侧面投影 $s''a''c''$积聚为直线段，另两面投影△sac、△$s'a'c'$为类似形。左、右两个侧棱面△SAB、△SBC 为一般位置平面，它们的三面投影都是类似形。

正三棱锥表面点的投影分析。由于正三棱锥表面上的点 M 的正面投影 m'可见，则点 M 必在侧棱面△SAB 内（而不在后棱面△SAC 内）。而棱锥表面上的点 N 的水平投影 n 可见，则点 N 必在后棱面△SAC 内（而不在底面△ABC 内）。

作图（图 4-1c）：

1）连接 $s'm'$交 $a'c'$于 d'，得到辅助线 SD 的正面投影 $s'd'$，根据直线上点的投影规律求得点 D 的水平投影 d，连接 sd，得到位于 sd 上的点 M 的水平投影 m。再由点的高平齐、宽相等投影规律求得其侧面投影 m''。由于点 M 在左侧棱面内，所以点 M 的水平投影 m 和侧面

投影 m'' 均可见。

2）点 N 所在的棱面△SAC 为侧垂面，故点 N 的侧面投影 n'' 在其具有积聚性的侧面投影 $s''a''c''$ 上，可由点的宽相等投影规律求得。再由点的高平齐、宽相等投影规律求得点 N 的正面投影 n'。由于点 N 在后棱面△SAC 上，故其正面投影 n' 不可见。

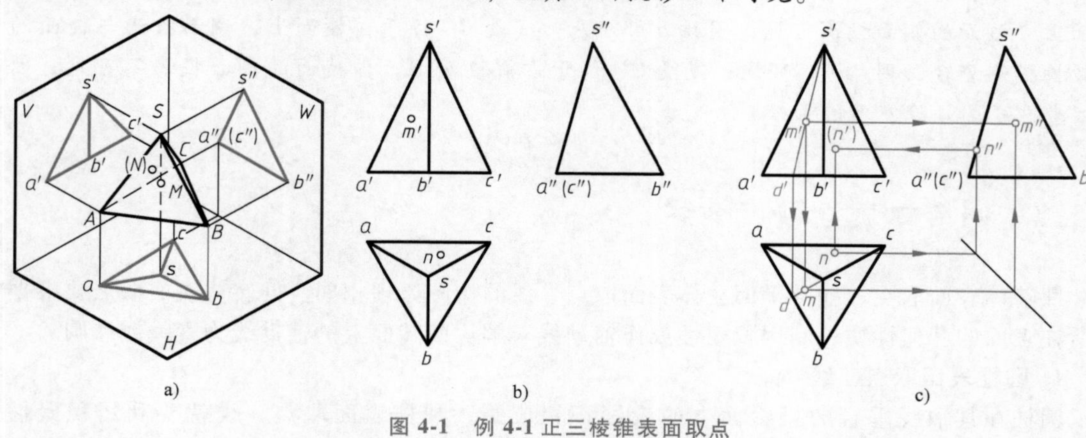

图 4-1　例 4-1 正三棱锥表面取点

【例 4-2】　如图 4-2a、b 所示，已知正六棱柱表面上直线段的正面投影，试完成直线段的另两面投影。

分析：**正六棱柱的投影分析**。正六棱柱的表面由上、下两底面及六个棱面组成，其中，两底面均为水平面，其水平投影反映实形，正面投影和侧面投影积聚成水平直线段；前、后两个棱面为正平面，其正面投影反映实形，水平投影和侧面投影积聚成直线段；其他棱面为铅垂面，水平投影积聚成直线段，正面投影和侧面投影则为类似形。该铅垂正六棱柱棱面的水平投影积聚成正六边形，是其最重要的投影特征。

正六棱柱表面上直线段的投影分析。六棱柱表面上直线段的正面投影看起来是一条直线，但其实在六棱柱表面上其是一条折线，由 AB、BC、CD 三段线段组成，如图 4-2a 所示。折线的正面投影 $a'b'$、$b'c'$、$c'd'$ 均可见，表明其位于棱柱的前部可见棱面上。

作图（图 4-2c）：

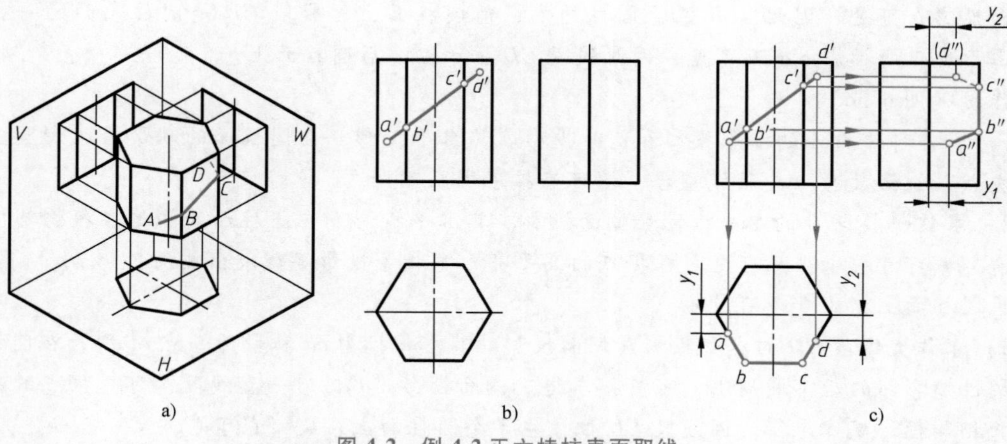

图 4-2　例 4-2 正六棱柱表面取线

1）求作水平投影。根据六棱柱棱面水平投影的积聚性，折线 $ABCD$ 的水平投影 ab、bc、cd 可直接求得，且投影均可见。

2）求作侧面投影。由于 B、C 两点位于棱线上，其侧面投影 b''、c''可直接求得；再根据点的高平齐、宽相等投影规律，分别求得 A、D 两点的侧面投影 a''、d''。线段 AB 位于左前棱面上，该面的侧面投影可见，因此 $a''b''$可见；线段 BC 位于前棱面上，侧面投影与棱面的积聚性投影重合，因此 $b''c''$可见；线段 CD 位于右前棱面上，该棱面的侧面投影不可见，因此 $c''d''$不可见（除 c''外的部分）。

4.1.2　回转体表面取点、线

回转体表面取点、线与平面立体表面取点、线的作图原理相同。回转体表面取点要根据其所在表面的几何性质，利用积聚性或作辅助线求解。回转面上的辅助线为素线或纬圆。

1. 圆柱表面取点、线

圆柱在其轴线垂直的投影面上的投影积聚成圆，圆柱表面取点、线就要利用积聚性作图。

【例 4-3】　如图 4-3a、b 所示，已知圆柱表面上点 A、B 及直线段 CD 的正面投影，试完成它们的另两面投影。

分析：**圆柱的投影分析**。该圆柱轴线铅垂放置，圆柱面的水平投影积聚为圆，该圆也是上、下底面的投影，反映实形。圆柱面的正面投影为矩形，由正面转向线和上、下底面的积聚性投影组成。**正面转向线为圆柱最左和最右素线，它们把圆柱面分为前半个可见圆柱面与后半个不可见圆柱面**，其侧面投影的位置与轴线重合且不画出。圆柱面的侧面投影为与正面投影全等的矩形，由侧面转向线和上、下底面的积聚性投影组成。**侧面转向线为圆柱最前和最后素线，它们把圆柱面分为左半个可见圆柱面与右半个不可见圆柱面**，其正面投影的位置与轴线重合且不画出。

圆柱表面点和直线的投影分析。由图 4-3b 可知点 A 位于圆柱的最左素线上。由于点 B 的正面投影 b'可见，因此点 B 位于圆柱的右、前圆柱面上。线段 CD 是圆柱表面的一条素线，由于其正面投影 $c'd'$不可见，因此线段 CD 位于左、后圆柱面上。

作图（图 4-3c）：

1）求作特殊点 A 的水平投影和侧面投影。其水平投影 a 在圆柱面的积聚性投影圆上且为最左点，侧面投影 a''与轴线重合，均可直接求得且可见。

2）求作一般点 B 的水平投影和侧面投影。其水平投影 b 在圆柱面的积聚性投影圆上且位于前部，可直接求得且可见。根据点的高平齐、宽相等投影规律求出侧面投影 b''，因点 B 在右半圆柱面上，故 b''不可见。

3）求作直线段 CD 的水平投影和侧面投影。其水平投影 cd 积聚为一点 $c(d)$，在圆柱面的积聚性投影圆的后半圆周上，可直接求得。侧面投影 $c''d''$仍为一直线段，可根据点的高平齐、宽相等投影规律求得。因线段 CD 位于左半个圆柱面上，故 $c''d''$可见。

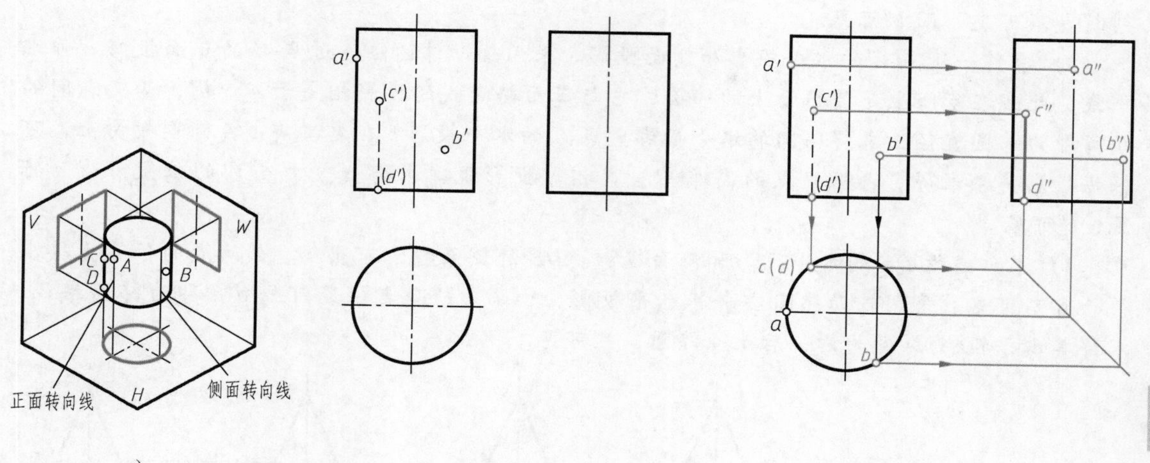

a)　　b)　　c)

图 4-3　例 4-3 圆柱表面取点、线

2. 圆锥表面取点、线

圆锥的三面投影都没有积聚性，因此其表面取点要采用类似于平面上取点的作图方法，即在线上取点。圆锥表面可以取两种简单易画的辅助线，即素线和纬圆。因此圆锥表面取点有**辅助素线法**和**辅助纬圆法**两种方法。

【例 4-4】　如图 4-4a 所示，已知圆锥表面上的点 *A*、*B*、*C* 及线段 *DE* 的部分投影，试补全它们的其余投影。

微课视频：
4.1.2　例4–4
分析

分析：**圆锥的投影分析**。轴线铅垂的圆锥，其水平投影为圆，与圆柱的投影不同，该圆没有积聚性，它是圆锥面和底面的投影。正面投影为等腰三角形，由正面转向线和底面的投影组成。**正面转向线为圆锥面最左、最右素线，它们把圆锥面分成前半个可见圆锥面与后半个不可见圆锥面**，其侧面投影的位置与轴线重合且不画出。侧面投影是与正面投影全等的三角形，由侧面转向线和底面的投影组成。**侧面转向线为圆锥面最前、最后素线，它们把圆锥面分为左半个可见圆锥面与右半个不可见圆锥面**。

圆锥表面点、线的投影分析。由图 4-4b 可知，点 *A* 的正面投影 a' 与轴线投影重合且可见，因此点 *A* 位于圆锥的最前素线上。由于点 *B* 的水平投影可见，因此点 *B* 在左、后圆锥面上（而不在底面上）。由于点 *C* 的正面投影 c' 可见，因此点 *C* 在左、前圆锥面上。由于点 *D* 的正面投影与轴线投影重合、点 *E* 的正面投影在最右素线投影上，且线段 *DE* 的正面投影为一条水平不可见的直线，因此 *DE* 为后半个圆锥表面上的 1/4 水平纬圆。

作图（图 4-4c）：

1）求作特殊点 *A* 的水平投影和侧面投影。可直接按投影规律求得 a'' 和 a，这两面投影均可见。

2）求作一般点 *B* 的正面投影和侧面投影。采用辅助素线法，连接 sb 交底面的水平投影圆于 f，得到辅助素线的水平投影 sf，求出其正面投影 $s'f'$，则点 *B* 的正面投影 b' 必在辅助素线的正面投影 $s'f'$ 上。根据点的高平齐、宽相等投影规律求出侧面投影 b''。由点 *B* 的位置可

判断 b'不可见，而 b''可见。

3）求作一般点 C 的水平投影和侧面投影。采用辅助纬圆法，过点 C 的正面投影 c'作水平线，此线在空间上是圆锥面上的纬圆，它与正面转向线的投影相交于 g'、h'，两交点间的距离即为纬圆直径，求得纬圆的水平投影。点 C 的水平投影 c 在左、前 1/4 纬圆投影上，可根据投影关系求得。再根据点的高平齐、宽相等投影规律求得 c''。由点 C 的位置可得 c 可见，c''可见。

4）求作线段 DE 的水平投影和侧面投影。DE 的侧面投影可由 D、E 两点的位置直接求得，且不可见。采用辅助纬圆法求其水平投影，由 D、E 两点位置可知 $d'e'$即为纬圆半径，求得其水平投影 de 即为右、后 1/4 纬圆，且可见。

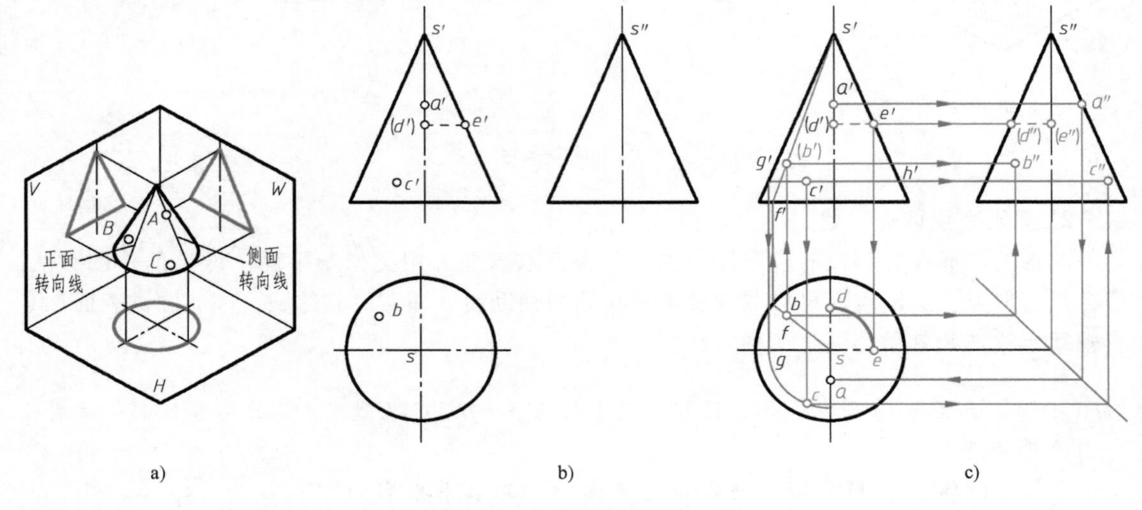

a) b) c)

图 4-4 例 4-4 圆锥表面取点、线

3. 圆球表面取点、线

圆球的三面投影都没有积聚性，其表面上也没有任何直线段。过球面上任意一点，可作无数个纬圆。故圆球表面取点只能采用**辅助纬圆法**，即采用与投影面平行的纬圆作为辅助线。

【例 4-5】 如图 4-5a、b 所示，已知圆球表面上的点 A、B 及线段 CD 的部分投影，试完成它们的其余投影。

分析：**圆球的投影分析**。圆球的三面投影为大小相等的圆，它们并不是圆球表面某一个圆的三个投影，而是圆球表面三个不同方向的轮廓纬圆的投影。圆球正面投影为最大正平纬圆（正面转向线）的正面投影，即正面转向线为圆球最大正平纬圆，是前、后两个半球面的可见性分界线，其水平投影和侧面投影与轴线重合且不画出。同理，圆球的水平投影为最大水平纬圆（水平转向线）的水平投影，其侧面投影为最大侧平纬圆（侧面转向线）的侧面投影。

圆球表面点、线的投影分析。点 A 位于最大水平纬圆上，由于正面投影 a'可见，故点 A 在左、前 1/4 圆球面上。由于点 B 的水平投影 b 可见，故点 B 在左、上、后 1/8 圆球面上。由于 $c'd'$为竖直线且可见，故 CD 为圆球表面的部分侧平纬圆，且位于右、前、上 1/8 圆球面上。

作图（图 4-5c）：

1）求作特殊点 A 的水平投影和侧面投影。由点 A 的位置可直接求出其水平投影 a，且 a 可见；根据点的宽相等投影规律求出其侧面投影 a''，由于点 A 位于左半球，故 a''可见。

2）求作一般点 B 的正面投影和侧面投影。采用辅助纬圆法作图，过点 B 的水平投影 b 作水平线交圆球投影圆于 e、f，该线在空间上是圆球表面的正平纬圆，e、f 间距离即是正平纬圆的直径，由投影关系作出该纬圆的正面投影，由点 B 的位置作出位于该纬圆上部的正面投影 b'，因其在后半圆球面上，故 b'不可见。由点的高平齐、宽相等投影规律求得侧面投影 b''，因其在左半圆球面上，故 b''可见。

3）求作线段 CD 的水平投影和侧面投影。由于 CD 为圆球表面的部分侧平纬圆，可根据投影关系直接求出该纬圆的水平投影和侧面投影，根据 $c'd'$ 直接求出位于纬圆上、前部分的侧面投影 $c''d''$，因其在右半圆球面上，故 $c''d''$不可见。再根据点的长对正、宽相等投影规律，求出 CD 的水平投影 cd，因其在上半圆球面上，故 cd 可见。

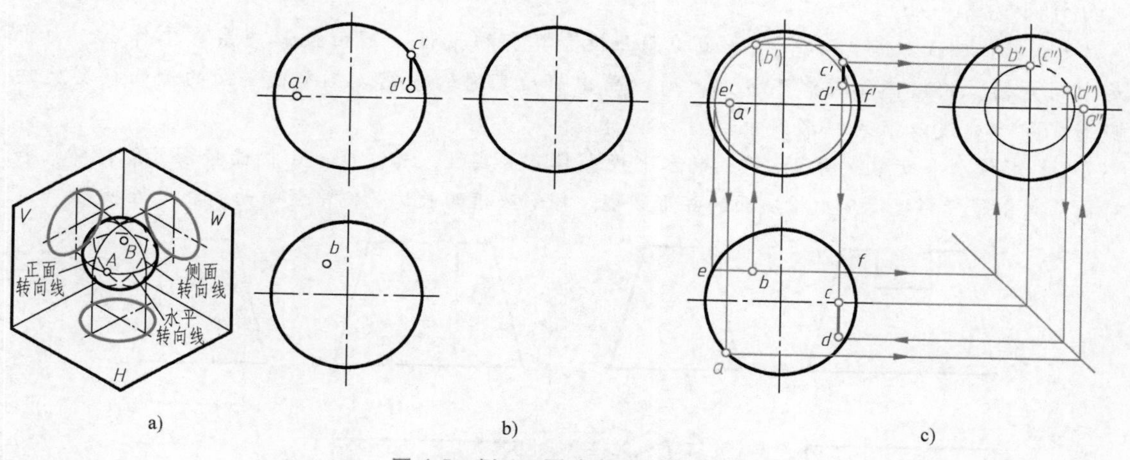

图 4-5　例 4-5 圆球表面取点、线

4.2 平面与立体相交

平面与立体相交，可视为平面截切立体，这个平面称为**截平面**，所得立体可称为**截切体**。截平面与立体表面的交线称为**截交线**，如图 4-6 所示。本节主要讨论截交线的求解方

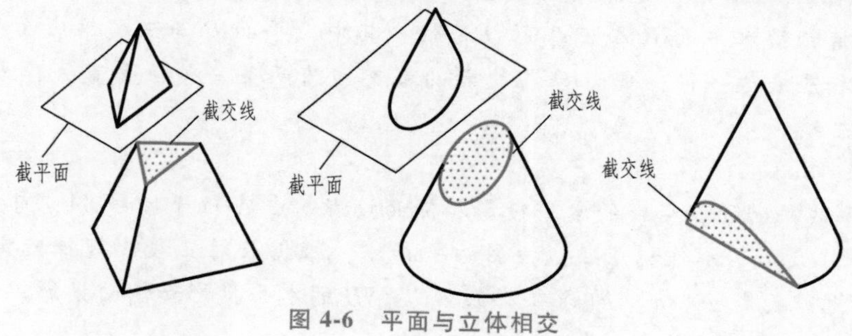

图 4-6　平面与立体相交

法。截交线是由既在截平面上又在立体表面上的点集合而成的，因此，截交线是具有共有性的封闭的平面图形。

4.2.1　平面与平面立体表面相交

平面与平面立体的截交线为封闭的平面多边形。截平面多为特殊位置平面。

【例4-6】　如图4-7a所示，完成截切四棱台的水平投影及侧面投影。

分析：四棱台被两个侧平面和一个水平面截切开槽。水平面的侧面投影与侧平面的水平投影具有积聚性，且前后贯通；水平面的水平投影与侧平面的侧面投影具有显实性，两截平面交线沿前后方向的宽度由水平截平面的高度决定，并可在侧面投影中量取。

微课视频：4.2.1　例4–6

作图（图4-7b）：

1）求作侧面投影。水平截平面的侧面投影具有积聚性，可由投影关系直接作出，由于是中间开槽，故该侧面投影不可见，所以画出前后贯通的虚线。侧平截平面的侧面投影反映实形，即为虚线以上的梯形线框。

2）求作水平投影。槽底水平面的水平投影具有显实性，其宽度 y 由侧面投影量取，即按长对正、宽相等投影规律画出槽底面的矩形线框。矩形线框的长边是侧平截平面的积聚性投影。

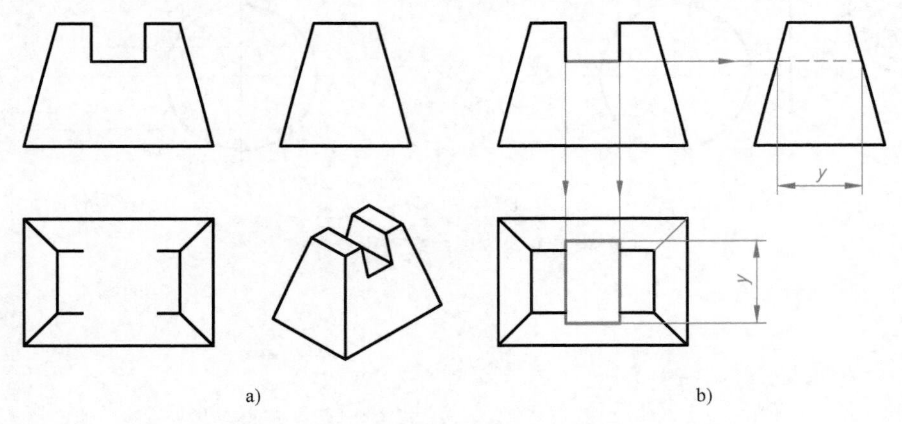

图4-7　例4-6截切四棱台的投影

【例4-7】　如图4-8a所示，完成截切三棱锥的水平投影及侧面投影。

分析：三棱锥被水平面 P 和正垂面 Q 截切，其中，平面 P 与三棱锥底面平行，所得截交线必与棱锥相应底边平行；平面 Q 与棱面的截交线为两条一般位置直线；平面 P 与平面 Q 的交线为正垂线。

作图（图4-8b）：

1）作水平截平面的截交线的水平投影和侧面投影。点 N 位于棱线 SA，可根据投影关系直接求得 n、n''。过 n、n'' 作相应底边投影的平行线，根据长对正投影规律确定 g、h，再根据宽相等投影规律确定 g''、h''，即求得交线 NG、NH 的水平投影和侧面投影。

2）作正垂截平面的截交线的水平投影和侧面投影。点 M 位于棱线上，可根据投影关系直接求得 m、m''。连接 mg、mh、$m''g''$、$m''h''$即得截交线的水平投影和侧面投影。

3）判断可见性，完成投影。求得的截交线均位于可见的棱面上，故都可见。两截平面的交线为正垂线，其水平投影不可见，故用细虚线连接 hg。棱线 SA 的 MN 段被截切，故在水平投影中连接 an、ms，在侧面投影中连接 $a''n''$、$m''s''$，完成三面投影图。

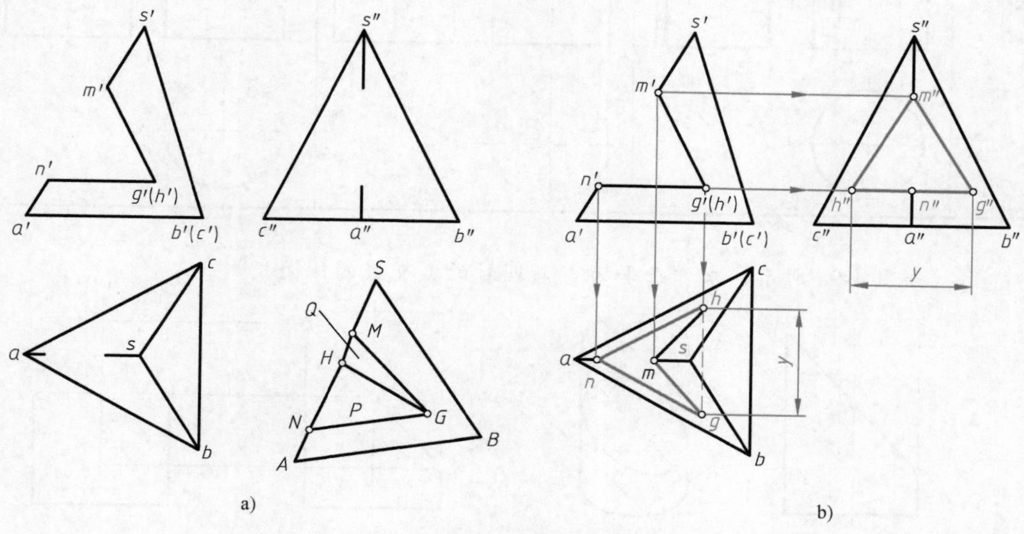

图 4-8　例 4-7 截切三棱锥的投影

4.2.2　平面与回转体表面相交

平面与回转体的截交线一般为封闭的平面曲线，特殊情况下为直线。截交线的形状取决于回转体的形状和截平面与回转体轴线之间的相对位置两个因素。

微课视频：
4.2.2　1.平面与圆柱截交

1. 平面与圆柱截交

平面与圆柱截交的不同情况见表 4-1。

表 4-1　平面与圆柱截交

截平面位置	截平面平行于轴线	截平面垂直于轴线	截平面倾斜于轴线
截交线	矩形	圆	椭圆
立体图			

（续）

截平面位置	截平面平行于轴线	截平面垂直于轴线	截平面倾斜于轴线
投影图	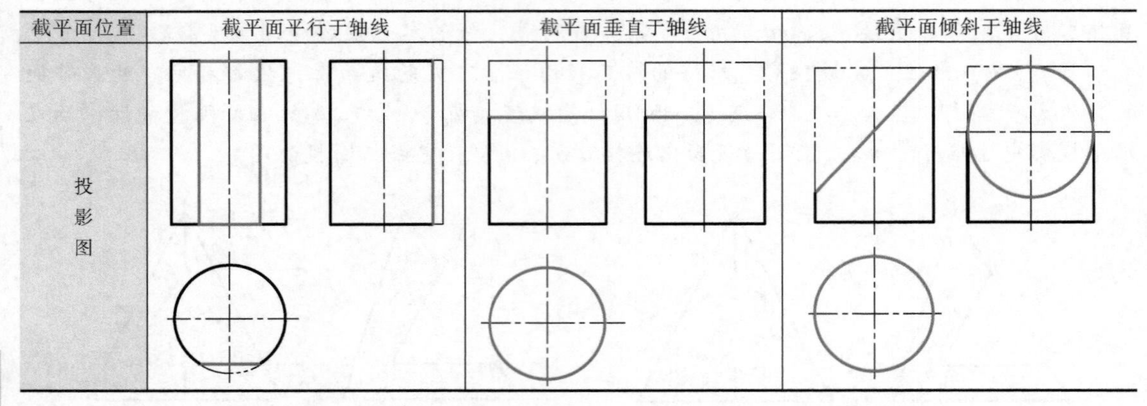		

【例 4-8】 如图 4-9a 所示，求作正垂面 P 与圆柱的截交线的侧面投影。

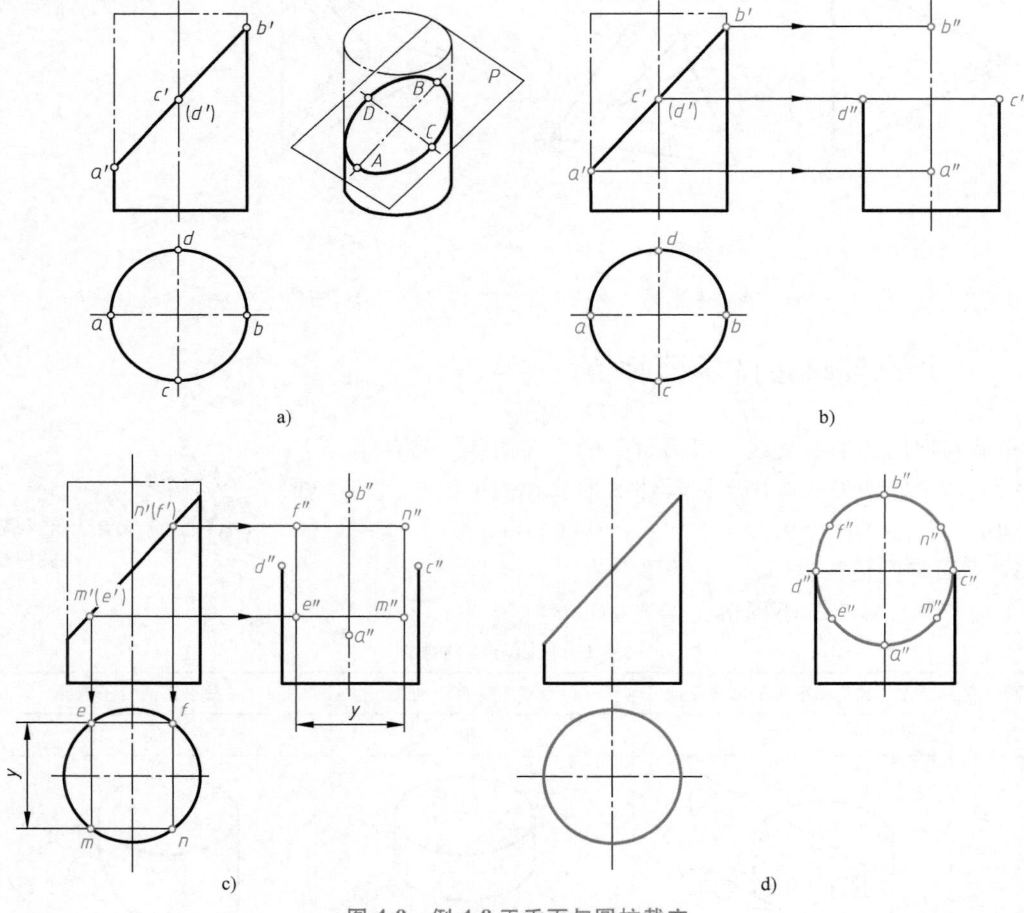

图 4-9　例 4-8 正垂面与圆柱截交

分析：截平面 P 是与圆柱轴线相交的正垂面，则截交线为椭圆。其水平投影积聚在圆柱的水平投影上，其侧面投影为椭圆。先作特殊点的投影，再适选取一些特殊点。特殊点 A、B、C、D 位于圆柱转向线上，是截交线的椭圆长短轴的端点，也是最低、最高、最前及最后点。

作图：

1）求作特殊点的侧面投影。如图 4-9b 所示，可根据投影关系直接求得特殊点 A、B、C、D 的侧面投影 a''、b''、c''、d''。

2）求作一般点的侧面投影。如图 4-9c 所示，在正面投影上特殊点之间的适当位置取点 M、N、E、F 的水平投影 m'、n'、e'、f'，点 M、N、E、F 为前后对称的四个点。根据长对正投影规律确定 m、n、e、f，再根据高平齐、宽相等投影规律确定 m''、n''、e''、f''。

3）依次光滑连接各点的侧面投影，判断可见性，完成投影。依次光滑连接 $a''m''c''n''b''f''d''e''a''$，完成截交线的侧面投影，如图 4-9d 所示。

【例 4-9】 如图 4-10a 所示，完成截切圆柱的水平投影和侧面投影。

分析：圆柱被与其轴线平行的截平面截切，其截交线为素线；圆柱被与其轴线垂直的截平面截切，其截交线为圆。截切圆柱上、下两部分的侧平面实际上为位置相同的两个侧平面，故其截交线形状大致相同。而圆柱上、下两部分被截切去除的部分不相同，故轮廓线的取舍有所不同。

作图（图 4-10b）：

1）求作截交线的水平投影。圆柱上部切槽为通槽，两侧平面的水平投影积聚为两条与圆相交的直线段，圆柱下部切口的侧平面投影也积聚在同一位置，由投影关系直接作出。

2）求作截交线的侧面投影。侧平面截切圆柱所产生截交线的宽度由水平投影量取（y），上、下部截交线宽度相同，上、下部投影均可见；水平截平面的侧面投影积聚为直线段，根据高平齐投影规律确定，上部切槽底面被遮挡部分不可见，而下部左侧切口顶面的侧面投影可见。

3）侧面投影圆柱轮廓线的取舍。圆柱侧面转向线上部被截切掉，轮廓线变为截交线的投影；下部轮廓线仍为侧面转向线的投影。

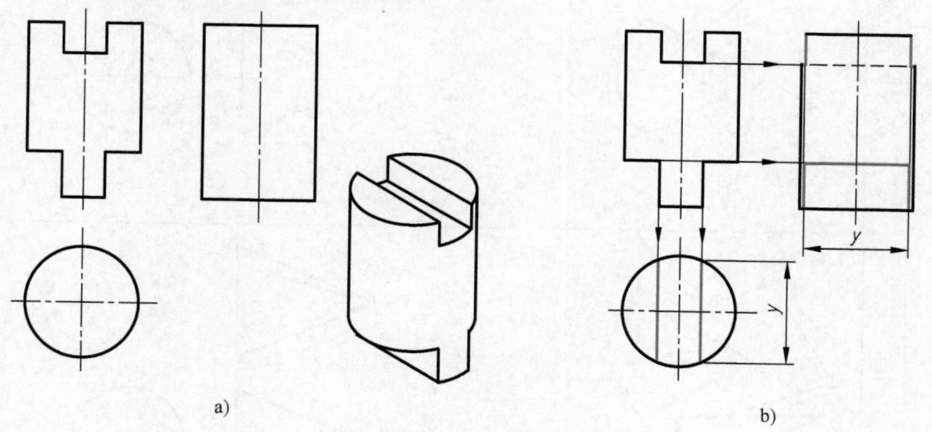

图 4-10　例 4-9 截切圆柱的投影

2. 平面与圆锥截交

截切圆锥的形状随着截平面与圆锥的相对位置不同而变化。平面与圆锥截交一般分为五种不同相对位置的情况，见表 4-2。

微课视频：
4.2.2　2.平面与圆锥截交

表 4-2　平面与圆锥截交

截平面位置	截平面过锥顶	截平面不过锥顶（θ 为截平面与圆锥体轴线的夹角，α 为锥顶半角）			
		$\theta=90°$	$\theta>\alpha$	$\theta<\alpha$ 或 $\theta=0$	$\theta=\alpha$
截交线	三角形	圆	椭圆	双曲线和直线段	抛物线和直线段
立体图					
投影图					

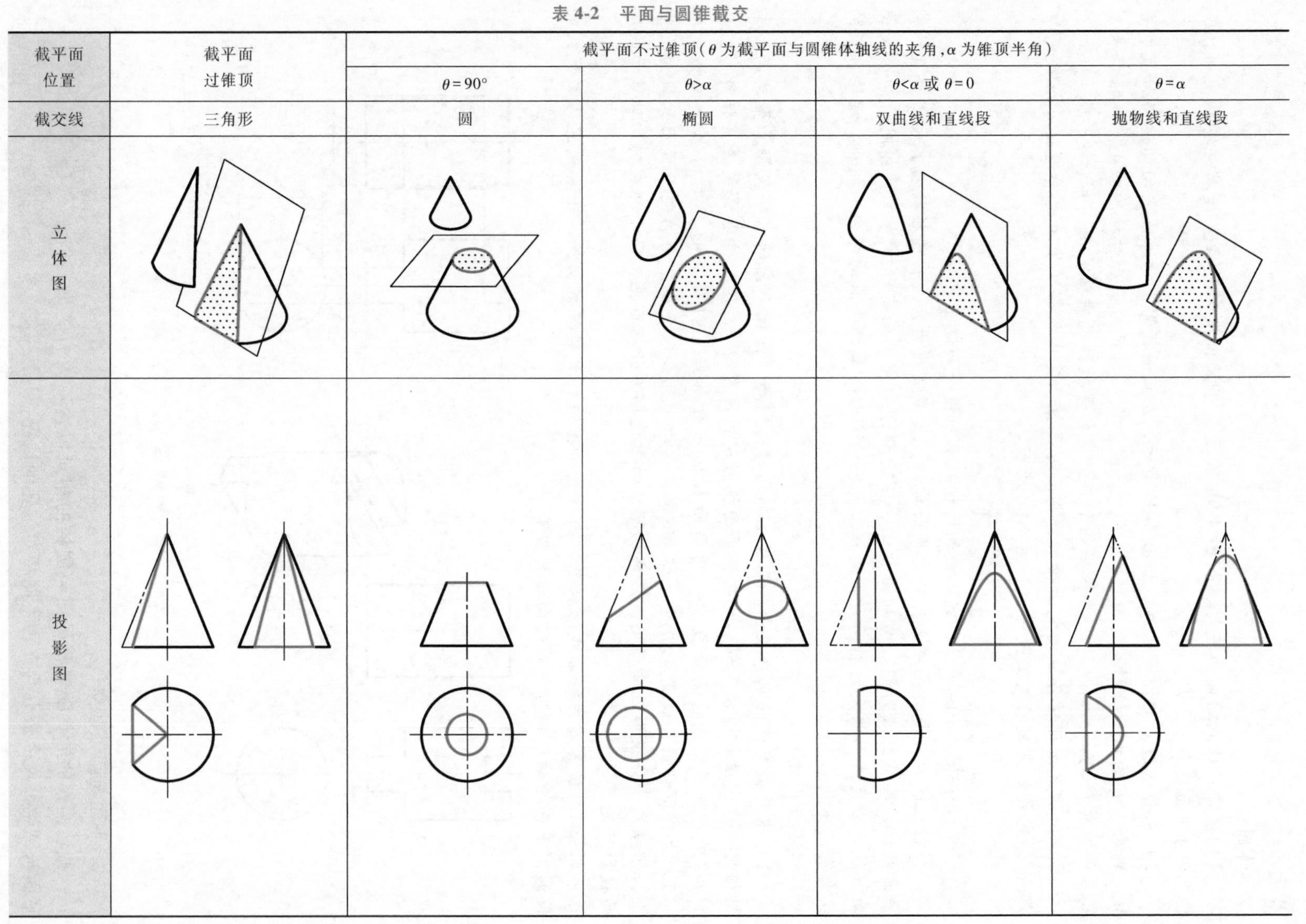

【例 4-10】　如图 4-11a 所示，求作正平面 P 截切圆锥的截交线的正面投影。

分析：正平面 P 截切圆锥，截交线为双曲线和直线段。其水平投影和侧面投影积聚为直线段，正面投影反映实形，可先求特殊点的投影，再取适当数量的一般点作出。

微课视频：
4.2.2　例4–10

作图（图 4-11b）：

1）求作特殊点的正面投影。本例的特殊点有截交线上的最高点 A 和最低点 B、C。点 A 位于最前素线上，可根据投影关系直接求出其正面投影 a'。点 B、C 位于圆锥底面圆上，也是截交线的最左、最右点，正面投影 b'、c' 也可根据投影关系直接求出。

2）求作一般点的正面投影。用辅助纬圆法作图，在水平投影上作适当大小的纬圆，与 P 交于 d、e，由投影关系作出纬圆的正面投影，确定纬圆高度，再根据长对正投影规律求出 d'、e'。重复本过程作出适当数量的一般点的投影，依次连线完成投影。

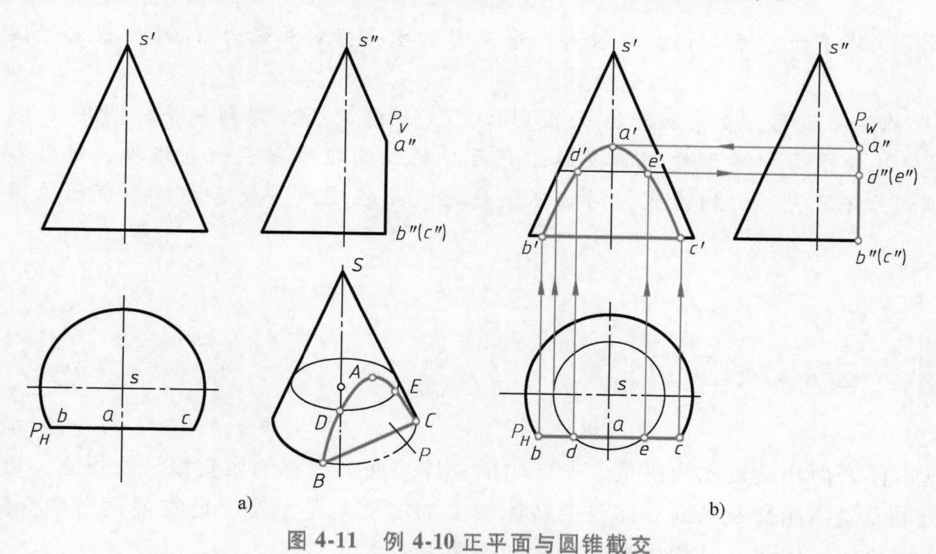

图 4-11　例 4-10 正平面与圆锥截交

3. 平面与圆球截交

平面与圆球相交，其截交线一定为圆。当截平面与投影面平行时，截交线在该投影面上的投影反映实形；当截平面与投影面不平行时，截交线在该投影面上的投影为椭圆。

【例 4-11】　如图 4-12a 所示，完成截切半圆球的水平投影及侧面投影。

分析：半圆球被水平面 Q 及侧平面 P 截切开槽。水平面 Q 与圆球面的截交线为水平圆，侧平面 P 与圆球面的截交线为侧平圆。在水平投影中，平面 Q 的投影反映实形，其纬圆半径由开槽深度决定；在侧面投影中，平面 P 的投影反映实形，纬圆半径由开槽宽度决定。

微课视频：
4.2.2　例4–11

作图（图 4-12b）：

1）求作水平投影。由平面 Q 正面投影位置（开槽深度）得到水平纬圆半径 R_1，由投

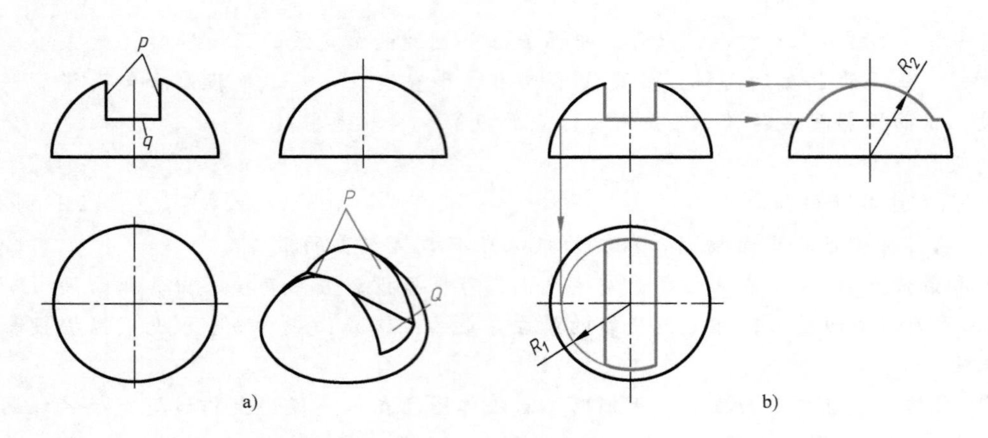

a)　　b)

图 4-12　例 4-11 截切半圆球的投影

影关系求得反映平面 Q 实形的水平投影；平面 P 的水平投影积聚为 R_1 纬圆投影范围内的直线段。

2）求作侧面投影。由平面 P 正面投影位置（开槽宽度）得到侧平纬圆半径 R_2，由投影关系求得反映平面 P 实形的侧面投影；平面 Q 的侧面投影积聚为直线段，槽底部被侧平面 P 遮挡部分不可见，画细虚线，两端不被遮挡，画粗实线。最后去掉多余的轮廓线，完成投影。

4.3　两立体表面相交

两基本体表面相交也称为**相贯**，所产生的立体表面交线称为**相贯线**，所得立体可称为**相贯体**。两平面立体相交及平面立体与回转体相交的实质就是截交，已在前两节中介绍过了。本节仅介绍两回转体相交时相贯线的特性和作图方法。

回转体间的相贯线一般为空间曲线，如图 4-13a、b 所示，特殊情况下为平面曲线或直线，如图 4-13c、d 所示。相贯线的形状取决于相贯两立体的形状、大小及相对位置。求相贯线投影的一般方法是**辅助平面法**，但当相贯两立体中至少有一个为具有积聚性的圆柱时，也可以**利用积聚性求作相贯线**。

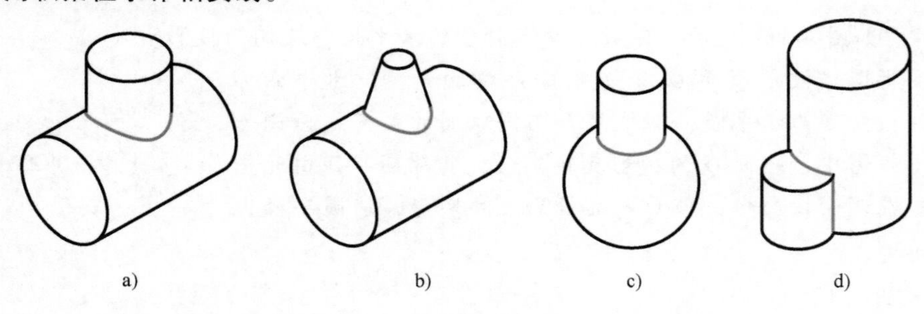
a)　　b)　　c)　　d)

图 4-13　回转体的相贯线

4.3.1　利用积聚性求作相贯线

【例 4-12】　如图 4-14a 所示，求作轴线正交两圆柱的相贯线的投影。

分析：如图 4-14a 所示，两圆柱的轴线分别为侧垂线和铅垂线，因此两圆柱的侧面投影和水平投影分别具有积聚性。相贯线为两圆柱交线，必同时属于两圆柱表面，因此，相贯线的水平投影和侧面投影分别积聚在圆柱反映实形的投影圆上，为已知投影，仅正面投影待求。由于两圆柱轴线正交，轴线所在的平面为正平面，相贯线前、后的部分正面投影重合。

作图：

1）作相贯线上的特殊点的投影。本例的特殊点为位于铅垂圆柱转向线上的点 *Ⅰ*、点 *Ⅱ*、点 *Ⅲ*、点 *Ⅳ*，点 *Ⅰ*、点 *Ⅱ* 为两圆柱正面转向线的交点，也是相贯线的最左点、最右点，可在正面投影中直接标出。点 *Ⅲ*、点 *Ⅳ* 为铅垂圆柱侧面转向线与水平圆柱面的交点，也是相贯线的最前点、最后点，可由点的高平齐投影规律求得，如图 4-14b 所示。

2）作相贯线上的一般点的投影。在水平投影的适当位置取一般点的投影 *5*、*6*、*7*、*8*，可根据点的宽相等投影规律求出其侧面投影 *5″*、*6″*、*7″*、*8″*，再根据点的长对正、高平齐投影规律作出正面投影 *5′*、*6′*、*7′*、*8′*，如图 4-14c 所示。

3）依次光滑连接各点，完成相贯线的正面投影。

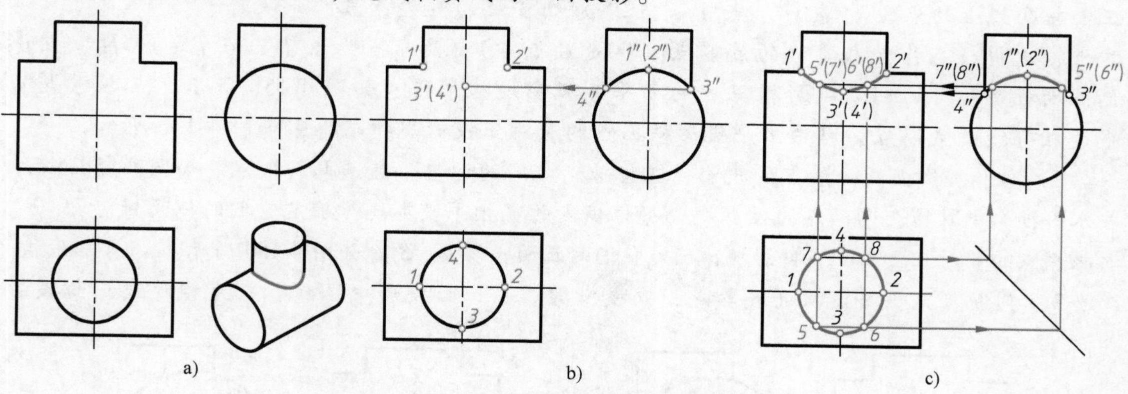

图 4-14　例 4-12 轴线正交圆柱相贯

轴线正交两圆柱相贯有三种形式，见表 4-3。相贯线的投影可采用简化画法，用圆弧近似画出，圆弧半径为相贯两圆柱中较大圆柱的半径。

表 4-3　轴线正交两圆柱相贯的三种形式

相贯形式	两外表面相交	内外表面相交	两内表面相交
立体图			

（续）

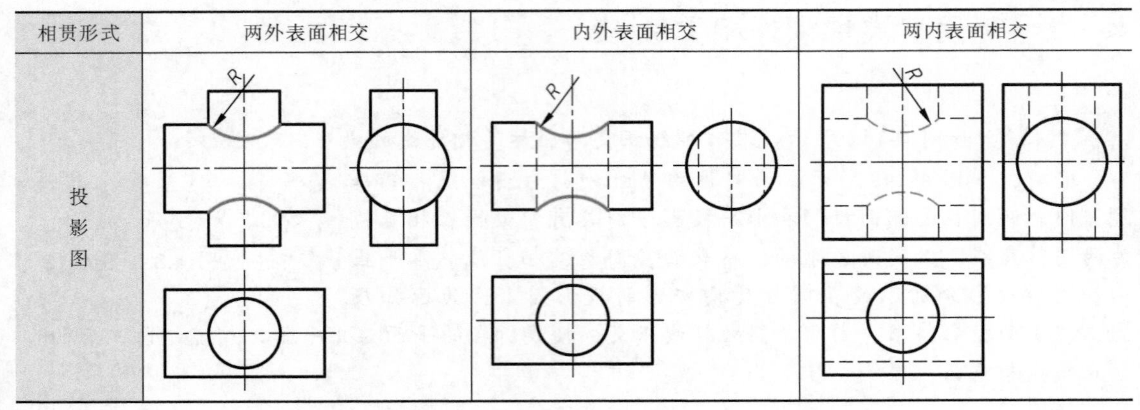

相贯形式	两外表面相交	内外表面相交	两内表面相交
投影图			

【例 4-13】 如图 4-15a 所示，求作轴线垂直交叉两圆柱表面相贯线的投影。

分析：与例 4-12 相比较，本例中两圆柱轴线的相对位置发生了变化。两圆柱前后偏交，轴线垂直交叉，相贯线前后不对称，因此，相贯线的正面投影为封闭非圆曲线。

作图：

1）作相贯线上的特殊点的投影。本例的特殊点为位于铅垂圆柱转向线上的点 *Ⅰ*、点 *Ⅱ*、点 *Ⅲ*、点 *Ⅳ*，以及位于侧垂圆柱正面转向线上的点 *Ⅴ*、点 *Ⅵ*。点 *Ⅰ*、点 *Ⅱ* 为相贯线的最左、最右点，点 *Ⅲ*、点 *Ⅳ* 为相贯线的最前点（也是最低点）、最后点，点 *Ⅰ*、点 *Ⅱ*、点 *Ⅲ*、点 *Ⅳ* 的正面投影均可由侧面投影根据点的高平齐投影规律求得，如图 4-15b 所示。点 *Ⅴ*、点 *Ⅵ* 也是相贯线的最高点，可由水平投影根据点的长对正投影规律求得，如图 4-15c 所示。

2）作相贯线上的一般点的投影。在特殊点之间的适当位置选取一般点。如图 4-15d 所示，在水平投影中取 *Ⅶ*、*Ⅷ* 两点的投影 *7*、*8*，根据点的宽相等投影规律确定它们的侧面投影 *7″*、*8″*，再根据点的长对正、高平齐投影规律确定它们的正面投影 *7′*、*8′*，如图 4-15d 所示。

3）判断可见性并依次连接各点，完成投影。在正面投影中，*1′*、*2′* 为相贯线正面投影

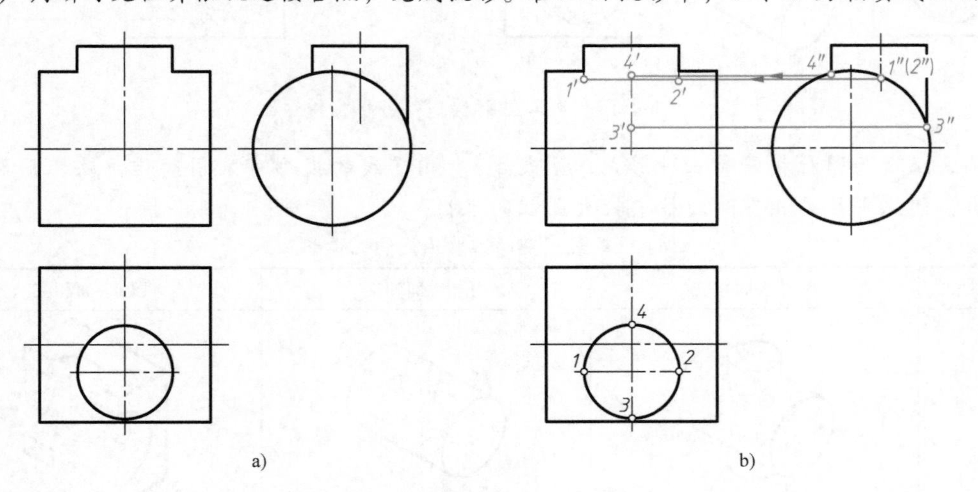

图 4-15　例 4-13 轴线垂直交叉两圆柱相贯

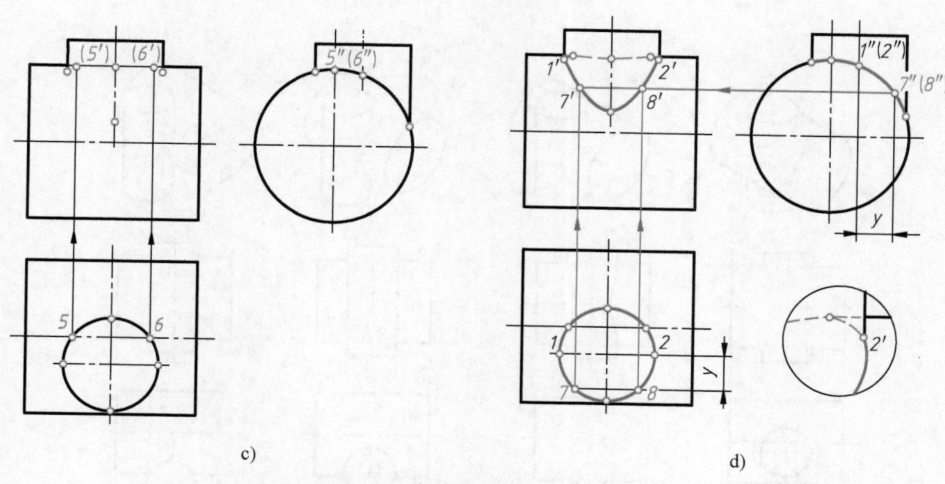

图 4-15　例 4-13 轴线垂直交叉两圆柱相贯（续）

可见性的分界点，依次光滑连接各点，完成相贯线的投影。应注意的是，在正面投影中，侧垂圆柱正面转向线被铅垂圆柱遮挡的部分不可见，应画成细虚线，如图 4-15d 中的局部放大图所示。

相贯线的形状取决于相贯两立体的形状、大小及相对位置。以轴线正交两圆柱为例，相贯线的形状随着两圆柱相对大小的变化而变化，其变化趋势如图 4-16 所示。

两圆柱轴线垂直交叉时，其相贯线随着两圆柱相对位置的变化而变化，其变化趋势如图 4-17 所示。

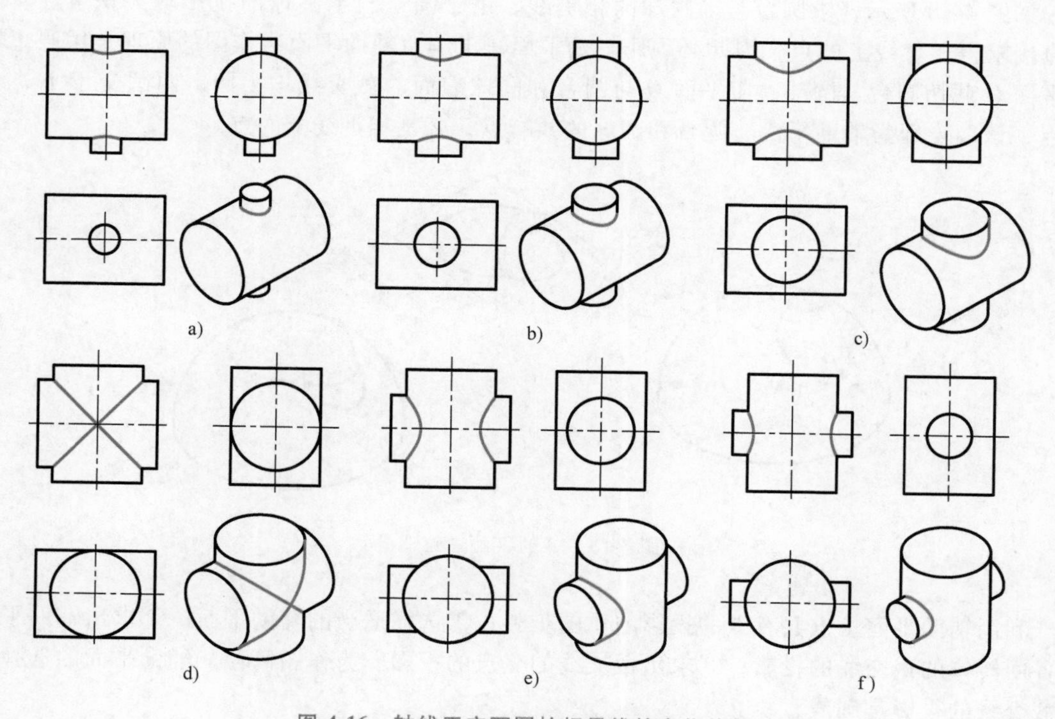

图 4-16　轴线正交两圆柱相贯线的变化趋势

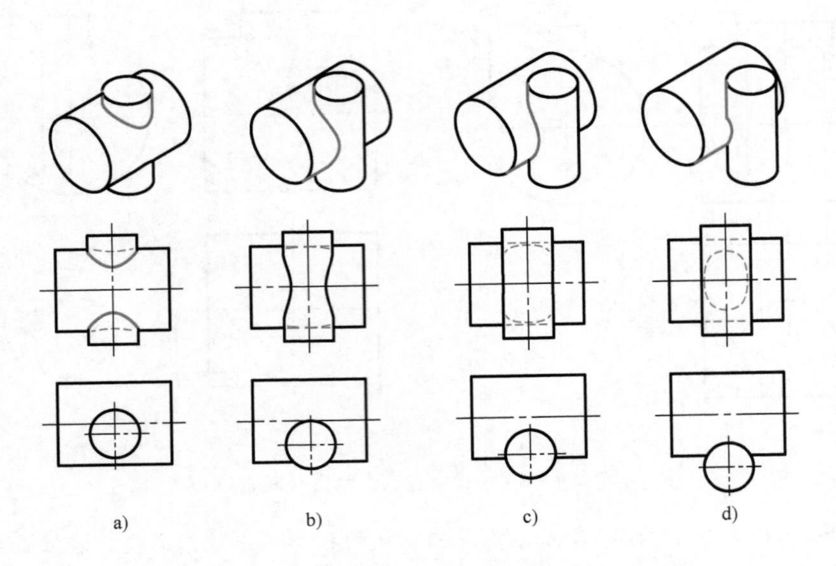

图 4-17　轴线垂直交叉两圆柱相贯线的变化趋势

4.3.2　利用辅助平面法求作相贯线

如图 4-18 所示，求圆台与半圆球的相贯线。由于圆台与半圆球的投影均无积聚性，无法直接求得相贯线上的点，因此必须用辅助平面法求解。辅助平面法作图的原理是用假想辅助平面 Q 截切圆台与圆球，截平面 Q 与圆台和圆球表面的截交线均为圆，两圆交于 I 、II 两点，该两点即为辅助平面、圆台和圆球的共有点，必是相贯线上的点。

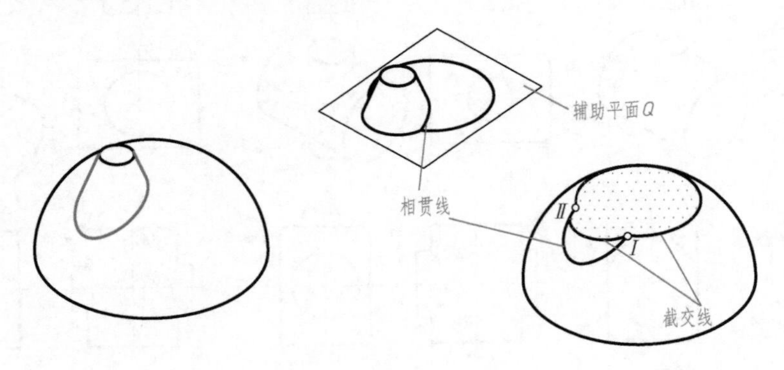

图 4-18　辅助平面法原理

利用辅助平面法求共有点的投影的作图步骤：①选择适当的辅助平面；②求出辅助平面与各回转体的截交线的投影；③求出截交线的交点的投影。为作图简便，辅助平面的选择应使截交线的投影是圆或直线。

利用辅助平面法比利用积聚性作图具有更加广泛的适应性，无论相交两回转体是否具有积聚性，都可利用辅助平面法作图。

【例 4-14】 如图 4-19a 所示，求作圆台与圆球的相贯线投影。

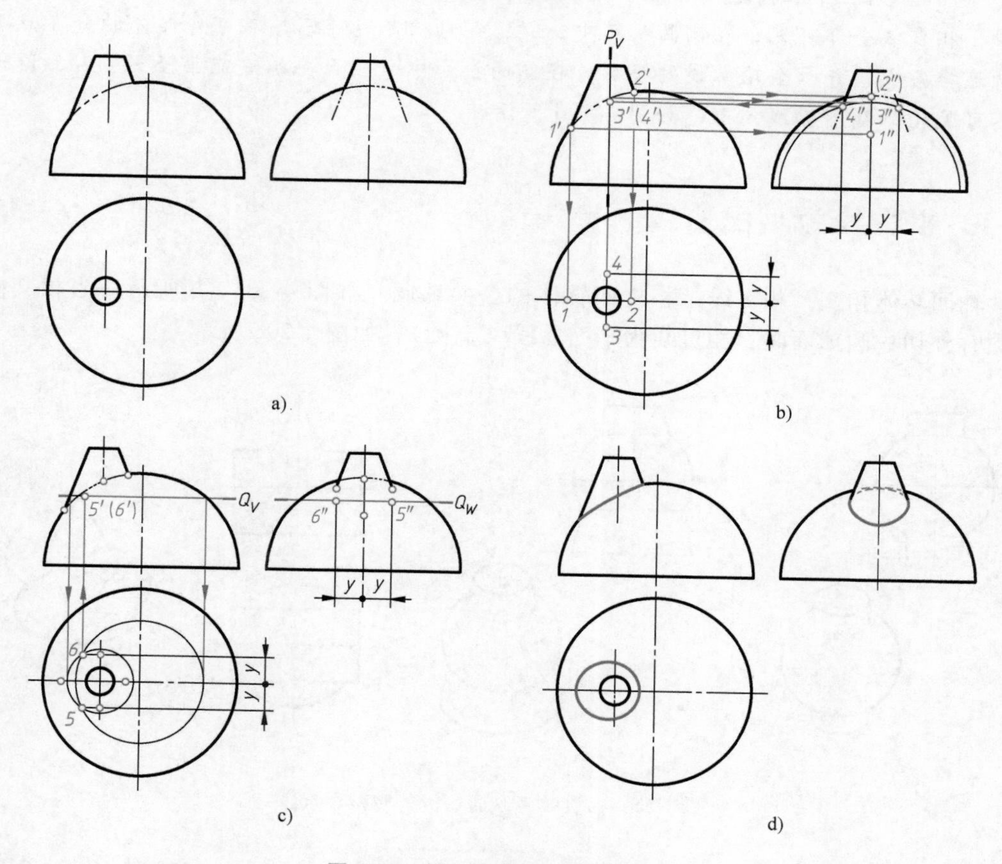

图 4-19 例 4-14 圆台与圆球相贯

分析：圆台的轴线不过球心，相贯线为前后对称的空间曲线，相贯线的正面投影前后重合为曲线段，另两面投影为非圆封闭曲线。

作图：

1）求特殊点的投影。如图 4-19b 所示，本例的特殊点为圆台与半圆球的正面转向线的交点 *I*、点 *II* 和圆台侧面转向线上的点 *III*、点 *IV*。点 *I*、点 *II* 在圆台的最左、最右素线上，其正面投影可直接标出，水平投影和侧面投影可分别根据点的长对正、高平齐投影规律求出。点 *III*、点 *IV* 须利用辅助平面法求作，选择过圆台轴线的侧平面 P 为辅助平面，平面 P 与圆台的交线为圆台的侧面转向线，与圆球的交线为一侧平纬圆，由正面投影确定纬圆的半径，并在侧面投影中相应作出纬圆投影，圆球纬圆投影与圆台侧面转向线投影的交点 $3''$、$4''$ 即为相贯线上的点 *III*、点 *IV* 的侧面投影，接着分别根据点的高平齐、宽相等投影规律求出正面投影 $3'$、$4'$ 和水平投影 3、4。

2）求作一般点的投影。如图 4-19c 所示，在合适的高度选择辅助平面 Q，平面 Q 与圆台和球体的交线均为水平纬圆，两纬圆水平投影的交点 5、6 即为相贯线上点 *V*、*VI* 的水平投影，其正面投影及侧面投影分别在平面 Q 具有积聚性的投影上，可根据投影规律求出。同理可求得其他一般点的投影。

3）判断可见性并依次连接各点，完成投影。在正面投影中，相贯线前后重合；在水平投影中，相贯线全部可见；在侧面投影中，$3''$、$4''$为相贯线可见与不可见部分的分界点。依次光滑连接各点，并画全轮廓线的投影。在侧面投影中，圆台轮廓线应画至$3''$、$4''$，圆球顶部的不可见轮廓线用虚线画出，如图 4-19d 所示。

4.3.3　相贯线为平面曲线的特殊情况

共轴回转体相交，相贯线是相交回转体的公共纬圆，如图 4-20a、b 所示。当相交两回转体同时外切一圆球面时，相贯线为平面曲线（椭圆），如图 4-20c 所示。

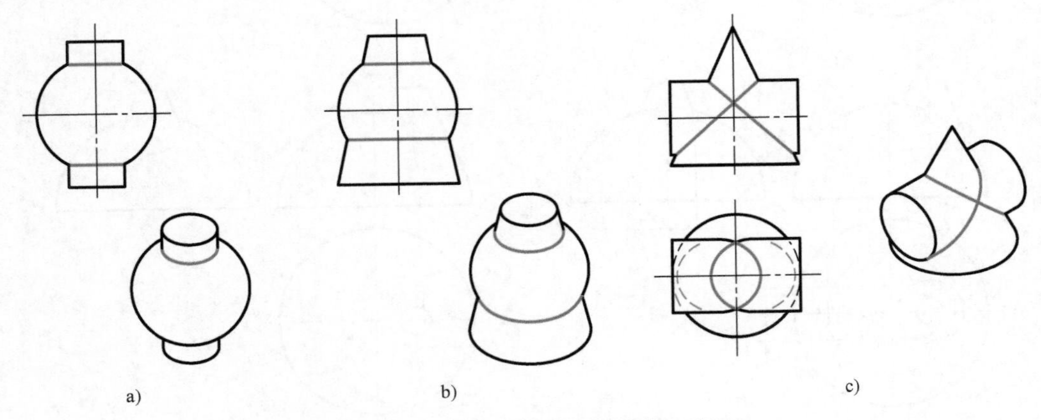

图 4-20　相贯线为平面曲线的特殊情况

卫星定位的基本原理体现出一种立体相交、辅助球面求公共点的思路，先以卫星为圆心、信号发射到接收的时间差推算的距离为半径确定辅助圆球，再由四球相交确定信号接收者的位置，扫描右侧二维码具体了解我国北斗卫星导航系统的原理和应用场景。

第 5 章　组合体投影图

在掌握了工程图投影的基础知识、立体表面各种交线画法的基础上，本章介绍组合体投影图的画图、读图及尺寸标注的方法、组合体构形设计、用计算机生成投影图。

组合体的画图、读图及尺寸标注的基本方法都是基于对组合体的构形分析。如 2.4 节所述，形体分析法是根据组合体的构形特点，逐一确定各组成立体的形状及相对位置的思维方法。它从形体构成的角度确保组合体画图、读图及尺寸标注的过程井然有序。在形体分析的基础上，按正投影的基本原理，对投影的细节部分进行具体分析的思维方法，称为线面分析法。因此，以形体分析为主，线面分析为辅，综合运用形体分析法和线面分析法，才能有效地进行组合体的画图、读图与尺寸标注。

5.1　组合体投影图的画图步骤

画组合体投影图具体的分析和画图步骤如下。

1）进行形体分析，确定各组成立体形状及立体之间的相对位置及表面连接关系。

2）确定正面投影方向。应考虑组合体放置平稳，同时正面投影图较多地表达组合体的形状特征，且其余投影图中虚线较少。

3）定基准。每个投影图均应有两个方向的基准线，常选用对称中心线、轴线或较大的平面作为基准。

4）按形体分析结果，逐个立体画投影图，一般遵循先大后小、先实后空、先轮廓后细节的原则。

【例 5-1】　画如图 5-1 所示组合体的三面投影图。

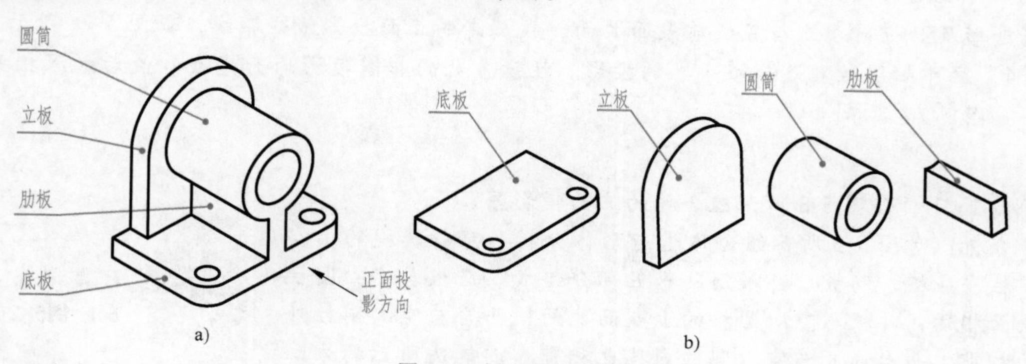

图 5-1　例 5-1 组合体

分析：对图 5-1 所示组合体进行形体分析，可将其视为由底板、立板、圆筒及肋板四部分组成。以箭头所指方向为正面投影方向，则正面投影图可以清楚地表达出底板、立板、圆筒及肋板的相对位置，以及立板的形状、底板和肋板的厚度。

作图（图 5-2）：

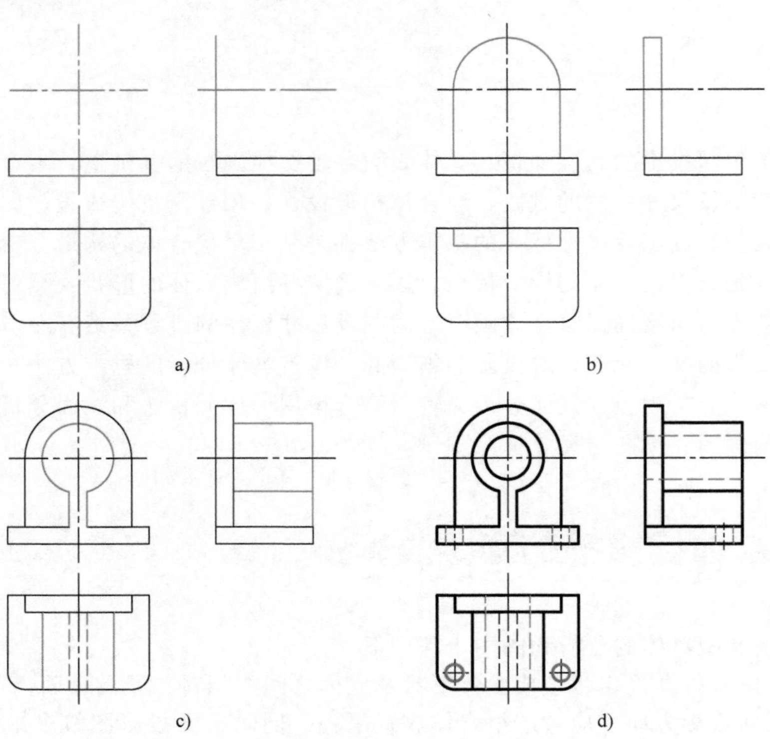

图 5-2　例 5-1 画图步骤

1）定基准，画底板的三面投影。长度方向以左右对称面为基准，宽度方向以底板后表面为基准，高度方向以底板下表面为基准，如图 5-2a 所示。

2）画立板的投影。先画其正面投影，再画另两面投影图，如图 5-2b 所示。

3）画圆筒外形及肋板的投影。先在正面投影上确定圆筒外形和肋板的形状，再根据投影规律，确定它们水平投影和侧面投影的位置。应注意肋板的水平投影不可见，画细虚线。圆筒外形及肋板前表面与底板前表面共面，故三者的正面投影无分界线，如图 5-2c 所示。

4）画中心圆柱孔及底板小孔的投影。注意各孔的非圆投影均为虚线。最后加深相关图线，如图 5-2d 所示。

【例 5-2】　画如图 5-3 所示组合体的三面投影图。

分析：对图 5-3 所示组合体进行形体分析，可将其视为由空心圆柱、底板、肋板、耳板及凸台五部分组成。底板与空心圆柱外表面相切，耳板与空心圆柱的上表面共面，凸台与空心圆柱外表面相贯，凸台内孔与空心圆柱内孔也相贯。以箭头所示的方向为正面投影方向，则正面投影图可清楚反映五个构成立体的相对位置关系和基本形状。

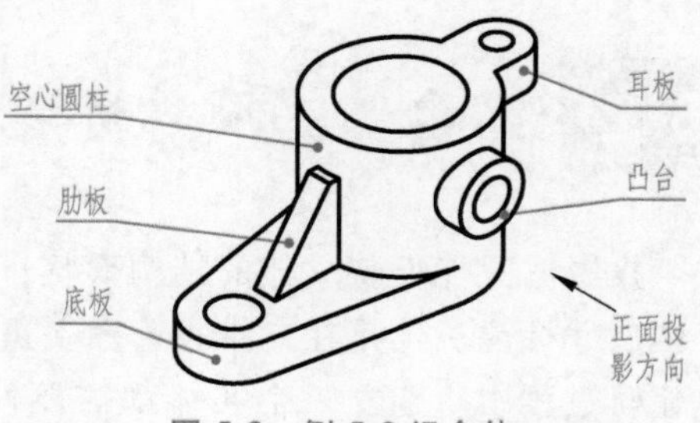

图 5-3　例 5-2 组合体

作图（图 5-4）：

1）定基准，画空心圆柱的投影。长度方向基准为空心圆柱轴线，宽度方向基准为组合体的前后对称面，高度方向基准为空心圆柱底面，如图 5-4a 所示。

2）画底板的投影。底板与空心圆柱外表面相切，先画具有积聚性的水平投影图，切点的位置确定了底板切平面与圆柱面的范围。再根据投影规律，画出底板的另两面投影。应注意的是，由于底板与空心圆柱外表面相切，平面光滑过渡到圆柱面，在正面投影及侧面投影图中不画出相切位置线的投影，但须将投影画到相切位置为止，如图 5-4b 所示。

3）画肋板和耳板的投影。肋板和耳板均与空心圆柱外表面相交，均须画出交线的投影。应注意的是，耳板上表面与空心圆柱上表面共面，水平投影中的分界线投影消失，但圆柱面被耳板遮挡，应用细虚线表示出不可见轮廓线，如图 5-4c 所示。

4）画凸台的投影。先确定凸台轴线位置，凸台与圆柱的内、外表面均相贯，需画出相贯线的投影。最后加深相关图线，如图 5-4d 所示。

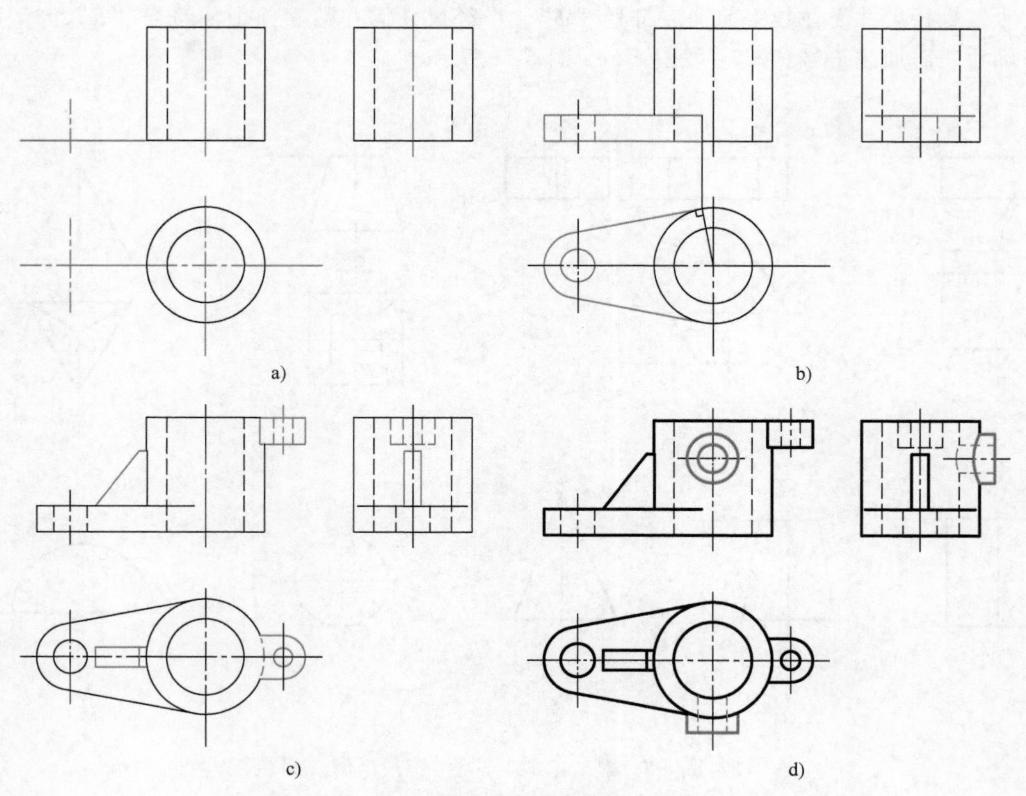

图 5-4　例 5-2 画图步骤

5.2 组合体的尺寸标注

投影图只能反映立体的结构形状，要确定其大小，必须有尺寸约束。值得注意的是，组合体尺寸标注虽然是在二维投影图上进行的，但实质上是给空间形体标注尺寸，同前述在实体建模过程中每建立一个实体都需要使其完全定义一样。尺寸标注的基本要求是：①符合《机械制图》《技术制图》国家标准的有关规定；②各类尺寸标注完整、齐全，形体需完全定义；③尺寸标注清晰可见；④尺寸标注要合理。

5.2.1 常见基本体的尺寸标注

常见基本体的尺寸标注示例如图 5-5 所示。基本体大小由长、宽、高三个方向的尺寸确定，四棱柱一般按此三个方向标注，如图 5-5a 所示。正六棱柱的长、宽尺寸存在几何关系，一般标注两平行棱面之间的距离，外接圆直径可作为参考尺寸，如图 5-5b 所示。正四棱台的上、下底面为正方形，长、宽两个尺寸相等，可采用正方形符号简化标注，如图 5-5c 所示。正三棱锥的底面为等边三角形，其尺寸标注如图 5-5d 所示。回转体需要标注轴向及径向尺寸，直径尺寸需在数字前加注符号“ϕ”，半径尺寸需在数字前加注符号“R”，标注圆球的尺寸还需加注符号“S”，如图 5-5e～图 5-5i 所示。

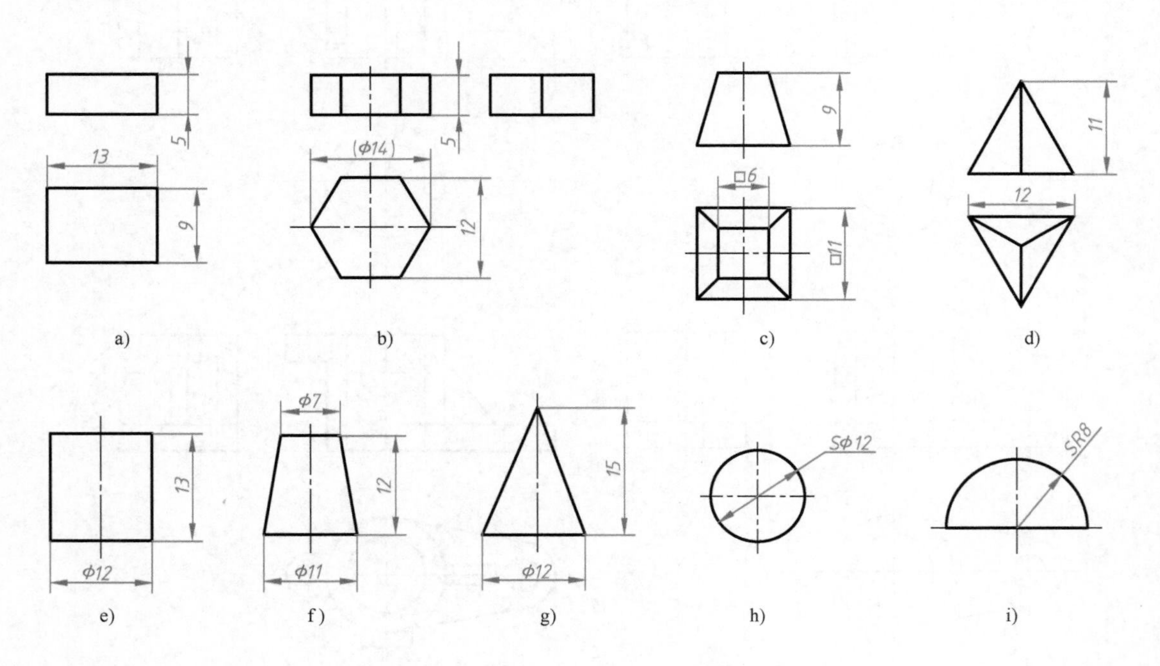

图 5-5　常见基本体的尺寸标注示例

a）四棱柱　b）正六棱柱　c）正四棱台　d）正三棱锥　e）圆柱
f）圆台　g）圆锥　h）圆球　i）半圆球

5.2.2　常见组合体的尺寸标注

1. 截切体和相贯体的尺寸标注

对截切体和相贯体，除了要标注基本体的定形尺寸以外，还要标注截平面或基本体之间的定位尺寸。当基本体的大小和截平面的位置确定后，截交线就自然形成了，因此截交线不需要标注尺寸。同样，当相贯体的大小及相对位置确定后，相贯线也不需要标注尺寸。标注定位尺寸时，需确定尺寸标注的起点，即尺寸基准。常用的尺寸基准是对称立体的对称面、立体上的较大平面、回转体轴线等。常见截切体及相贯体的尺寸标注示例如图 5-6 所示。

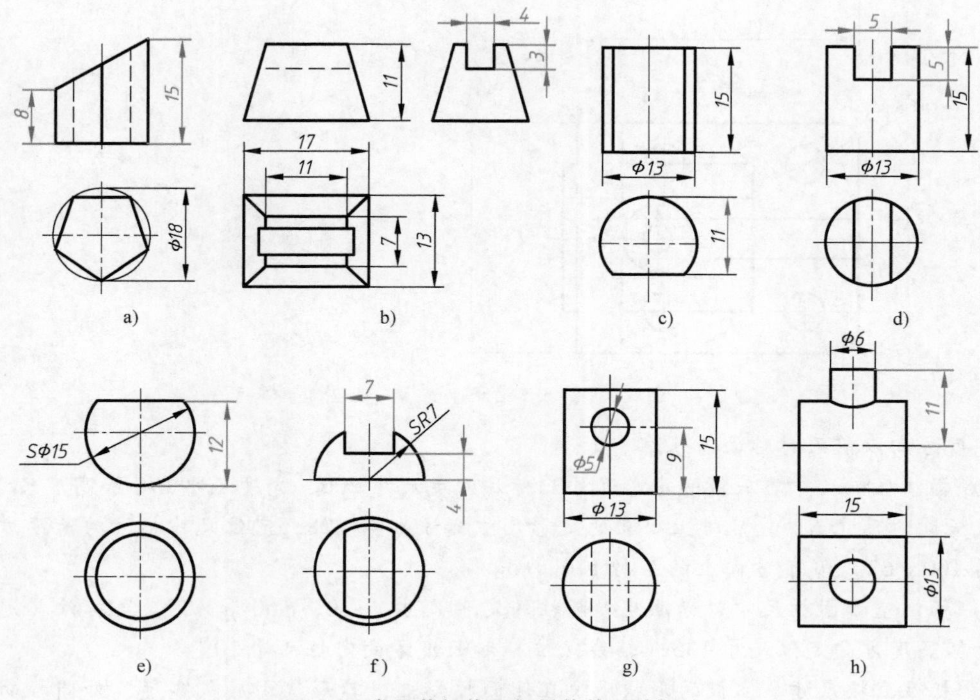

图 5-6　常见截切体及相贯体的尺寸标注

2. 一般组合体的尺寸标注

组合体的尺寸分为定形尺寸、定位尺寸及总体尺寸三类。标注尺寸前要进行构形分析，将复杂的组合体分解为若干简单立体。标注尺寸时，应先标注表示立体大小的定形尺寸及确定立体之间相对位置的定位尺寸，再根据具体情况直接或间接地标注总体尺寸。

【例 5-3】　如图 5-7 所示，完成轴承座的尺寸标注。

分析：首先进行形体分析，本例轴承座可分为底板、空心圆柱、立板、肋板及凸台五部分，尺寸标注按形体分析结果，依次标注各组成立体的定形、定位及总体尺寸。

标注：

1）确定尺寸基准。高度方向以底板底面为主要基准，长度方向以立板右端面为主要基

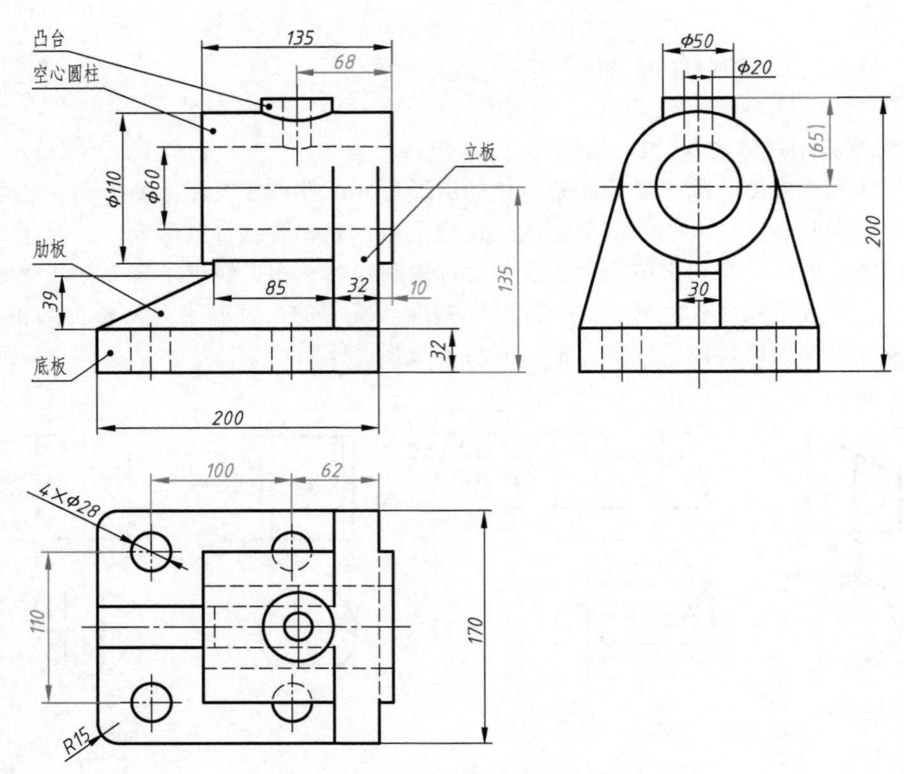

图 5-7 例 5-3 轴承座的尺寸标注

准，宽度方向以前后对称面为基准。

2）标注底板尺寸。底板的定形尺寸应标注长度尺寸 200、宽度尺寸 170 和高度尺寸 32，以及底板圆角尺寸 *R*15。底板上小孔的定形尺寸标注为 4×ϕ28，定位尺寸标注为长度方向上的距离 100、62 及宽度方向上的距离 110。

3）标注空心圆柱尺寸。标注空心圆柱的定形尺寸 ϕ110、ϕ60 和 135，再标注其定位尺寸，包括高度方向定位尺寸 135（轴线定位）和长度方向定位尺寸 10。

4）标注立板尺寸。立板的形状反映在侧面投影上，其形状由底板宽度、外圆柱面大小及底板与空心圆柱的高度定位决定，故定形尺寸只需标注厚度尺寸 32。立板靠侧面与底板右端面共面进行定位，无须标注定位尺寸。

5）标注肋板尺寸。肋板的形状反映在正面投影上，标注其定形尺寸 39、85 及厚度 30。肋板与相邻的底板、空心圆柱及立板均相交，无须标注定位尺寸。

6）标注凸台尺寸。标注凸台的内、外直径尺寸 ϕ50、ϕ20，接着标注其在长度和高度方向上的定位尺寸 68 和 65，凸台轴线在前后对称面（基准面）上，故无须标注宽度方向上的定位尺寸。

7）调整总体尺寸。一般情况下组合体应标注总长、总宽及总高。轴承座的总长、总宽就是底板的长、宽，其总高 200 实为定位尺寸 135 和 65 的和，为从动尺寸，因此在标注总高 200 后，要在同方向上去除一个不重要尺寸，如 65，或将其作为附加尺寸，标注时加上括号，即“(65)”。

3. 保证尺寸清晰的注意事项（具体尺寸均以图 5-7 所示轴承座为例）

1）尺寸尽量标注在形体特征明显的投影图上，例如，肋板的定形尺寸 85、39 一同标注在正面投影图上；同轴回转体的直径尺寸尽量标注在非圆投影图上，如 $\phi110$、$\phi60$、$\phi50$ 及 $\phi20$ 等；而半径尺寸应标注在投影为圆弧的投影图上，如圆角尺寸 $R15$。

2）同一个结构的尺寸尽量集中标注，如底板小孔的定位尺寸 110、100 和 62 集中标注在水平投影图上。

3）尽量避免在虚线上标注尺寸。

5.3 组合体投影图的识读

组合体读图就是根据组合体投影图进行形体分析和线面分析，逐个识别出组成立体，进而确定各立体之间的组合形式和表面连接关系，综合想象出组合体的空间形状和结构的过程。

读图是从二维平面图到三维立体结构的想象过程，是画图的逆过程。在读图过程中，要充分利用实体建模及画图中所积累的基础知识，根据给定的投影图在大脑中想象出立体模型。想象中的模型可能不完全正确，这就需要对想象中的模型反复与给定的投影图对照、修改，直至两者完全相符。

5.3.1 组合体投影图的识读要领

1. 几个投影图联系起来看

通常情况下，单一投影是不能唯一确定组合体真实形状的。如图 5-8 所示，各立体正面投影相同，但水平投影不同，故所表示的空间立体各不相同。有时两面投影也不能完全确定组合体形状，如图 5-9 所示。因此，要确定组合体的真实形状，需将几个投影图联系起来看。

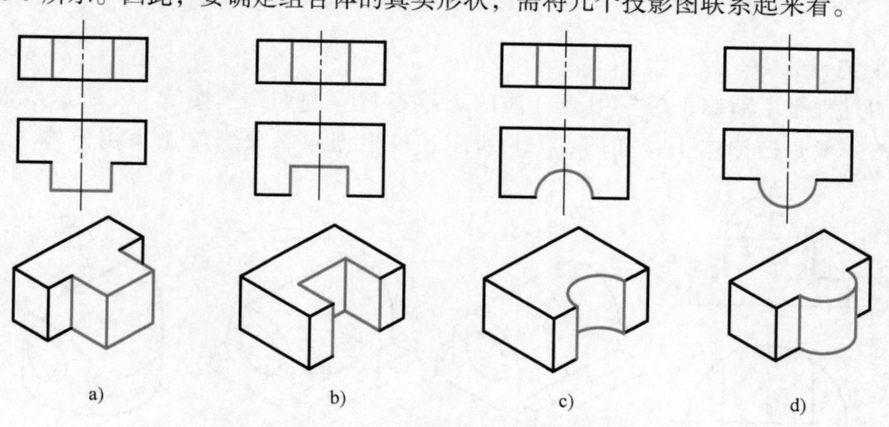

图 5-8　正面投影相同的立体

2. 理解投影图中线和线框的含义

投影图是由线和线框组成的，根据投影规律，逐个找出线和线框的投影，要求熟知线和线框的含义。

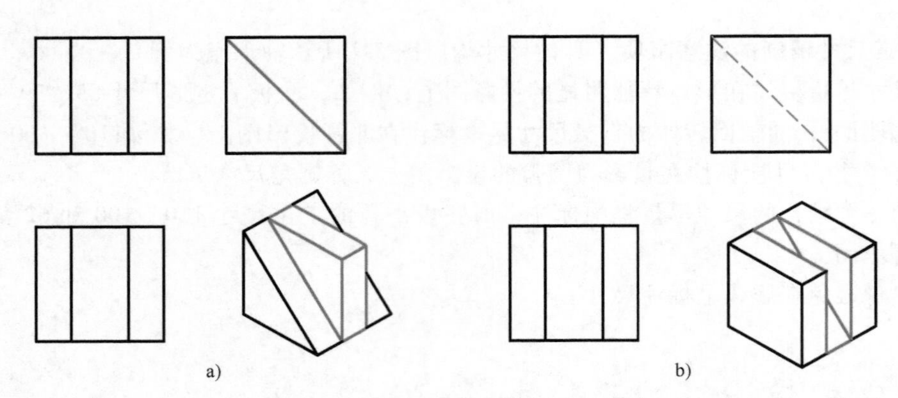

a)　　b)

图 5-9　正面投影与水平投影都相同的立体

投影图中线的含义有：①平面具有积聚性的投影，如图 5-10a 中的 p'、q'；②两面交线的投影，如棱线、截交线、相贯线等；③回转体转向线的投影，如图 5-10b 中的 $1'2'$等。

投影图中线框的含义有：①平面或曲面的投影，如图 5-10a 中的 p、q，图 5-10b 中的虚线框等；②相切平面和曲面的投影，如图 5-10c 中的 s'；③某一表面上的孔，如图 5-10b 中的小圆等；④相邻线框则表示位置不同的两个面的投影。

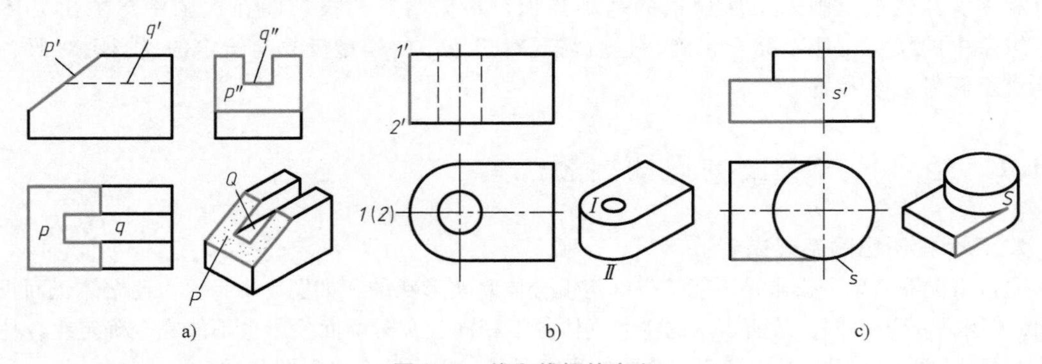

a)　　b)　　c)

图 5-10　线和线框的含义

3. 检验与修正

读图的过程是不断修正想象中组合体的思维过程。例如，读图 5-11a 所示两面投影图，首先想到的一般是拉伸体 Ⅰ，如图 5-11b 所示；再根据水平投影修正为拉伸体 Ⅰ 与圆柱 Ⅱ

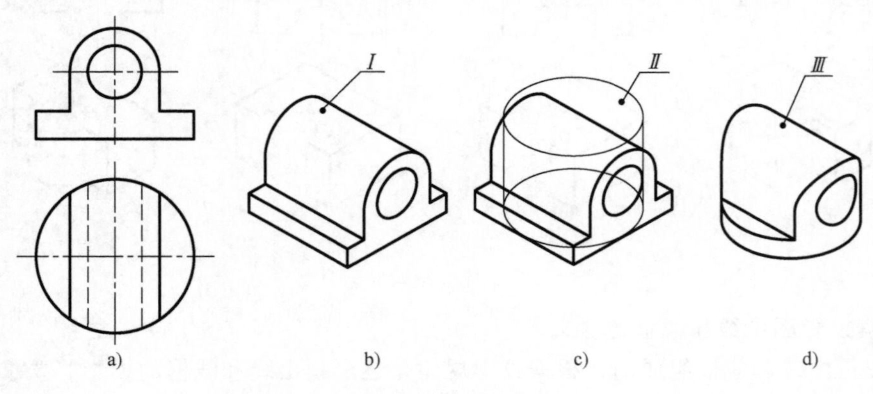

a)　　b)　　c)　　d)

图 5-11　检验与修正

的交集（三维建模中可进行反向切除获得），如图 5-11c 所示；如此修正后，得到的立体Ⅲ与两面投影均相符，即为所表示的组合体，如图 5-11d 所示。

5.3.2 组合体投影图的识读举例

【例 5-4】 读如图 5-12 所示的轴承座投影图，想象轴承座的空间形状。

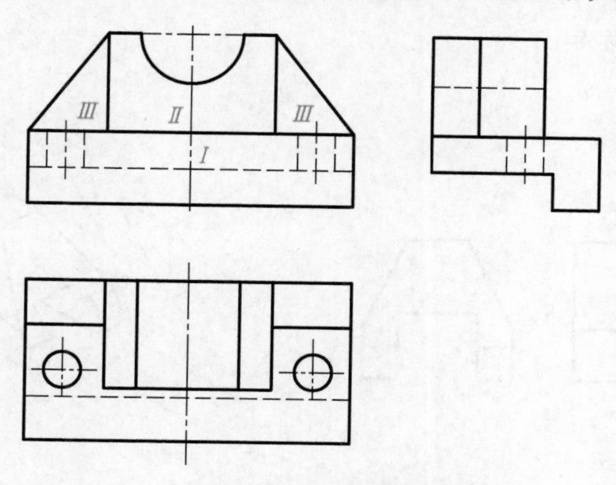

图 5-12 例 5-4 轴承座投影图的识读

分析与读图：读图 5-12 所示轴承座投影图，从正面投影入手，将其分成Ⅰ、Ⅱ、Ⅲ三个线框。分别找到各线框对应投影，再根据投影想象出对应的立体形状，如图 5-13a～图 5-13c 所示。最后综合起来想整体，如图 5-13d 所示。

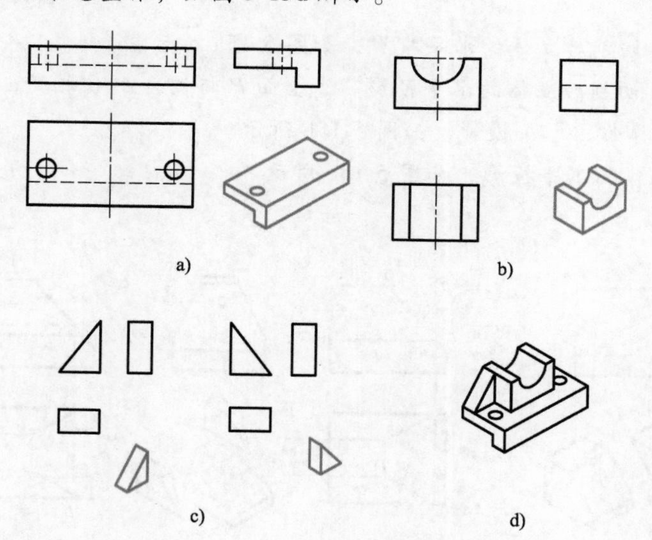

图 5-13 例 5-4 轴承座读图步骤

a）线框Ⅰ的对应投影和立体形状 b）线框Ⅱ的对应投影和立体形状

c）线框Ⅲ的对应投影和立体形状 d）轴承座立体形状

【例 5-5】 读如图 5-14a 所示立体的两面投影图，想象其空间形状并补画水平投影。

分析与读图：如图 5-14a 所示立体为切割型平面立体，此类立体的读图通常是在形体分析的基础上，运用线面分析法来读懂投影图。对如图 5-14a 所示的切割型平面立体，首先用形体分析法读懂切割过程，该立体是在完整四棱柱的基础上，由正垂面 P 切去立体 I，由侧垂面 Q 切去前、后两个立体 II，又由正平面和水平面切掉一个立体 III 得到槽结构，如图 5-14b 所示。

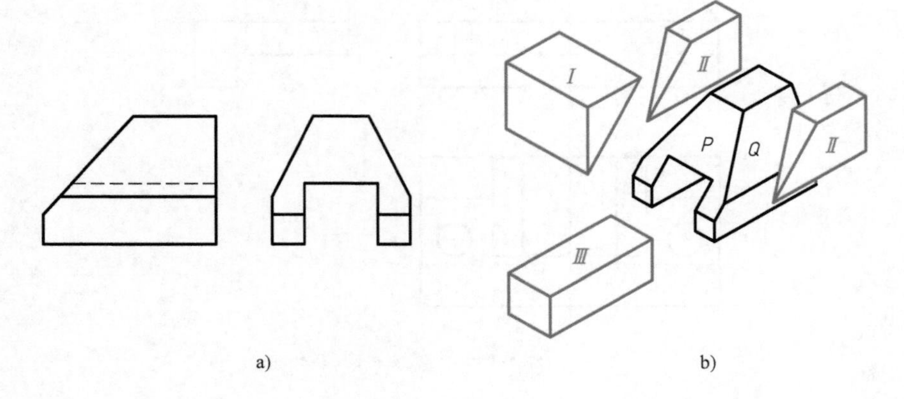

图 5-14　例 5-5 立体读图

作图：

1）画正垂面 P 切割后立体的水平投影，如图 5-15a 所示。

2）画侧垂面 Q 切割后立体的水平投影。正垂面 P 与侧垂面 Q 相交，其交线为一般位置直线 AB，按投影规律作出水平投影，如图 5-15b 所示。

3）画切槽后立体的水平投影，如图 5-15c 所示。

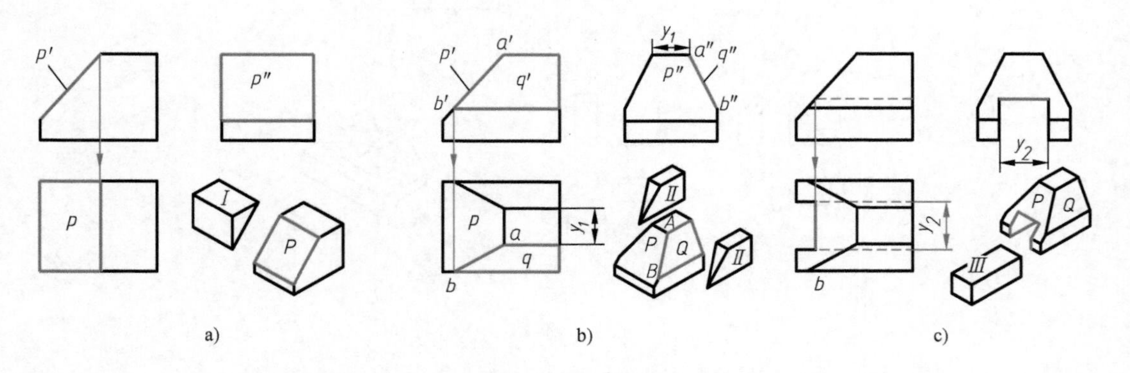

图 5-15　例 5-5 切割型平面立体画图步骤

【例 5-6】 读如图 5-16a 所示立体的两面投影，想象其空间形状并补画侧面投影。

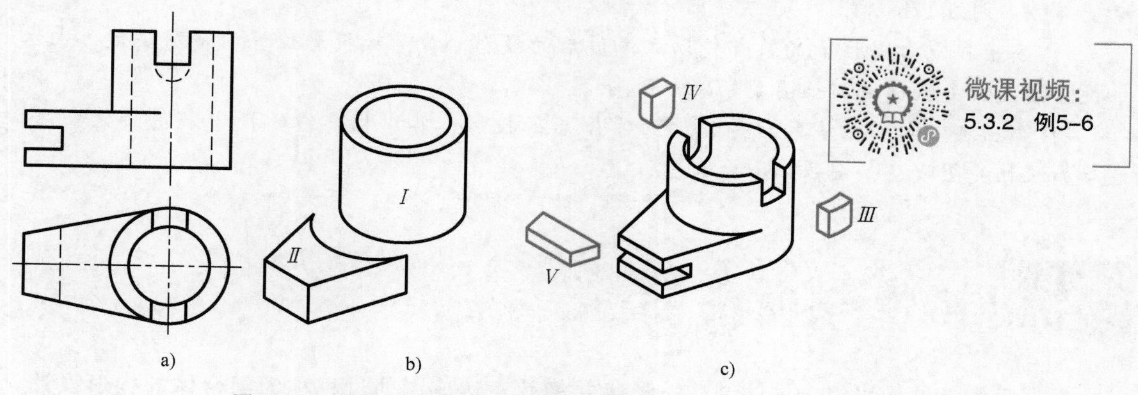

图 5-16　例 5-6 由两面投影补画侧面投影

分析与读图：对如图 5-16a 所示立体进行形体分析，可将其分成空心圆柱 *I*、底板 *II* 两部分，如图 5-16b 所示。进一步进行细节分析，在立体 *I* 上挖切立体 *III* 得前部方形槽，挖切立体 *IV* 得后部倒置的拱形槽。在底板 *II* 上挖切立体 *V* 得方形槽。如此分析，想象出立体的整体形状，如图 5-16c 所示。

作图：

1）画空心圆柱 *I* 和与其相切的底板 *II* 的投影，并运用线面分析法找准切点的投影位置，如图 5-17a 所示。

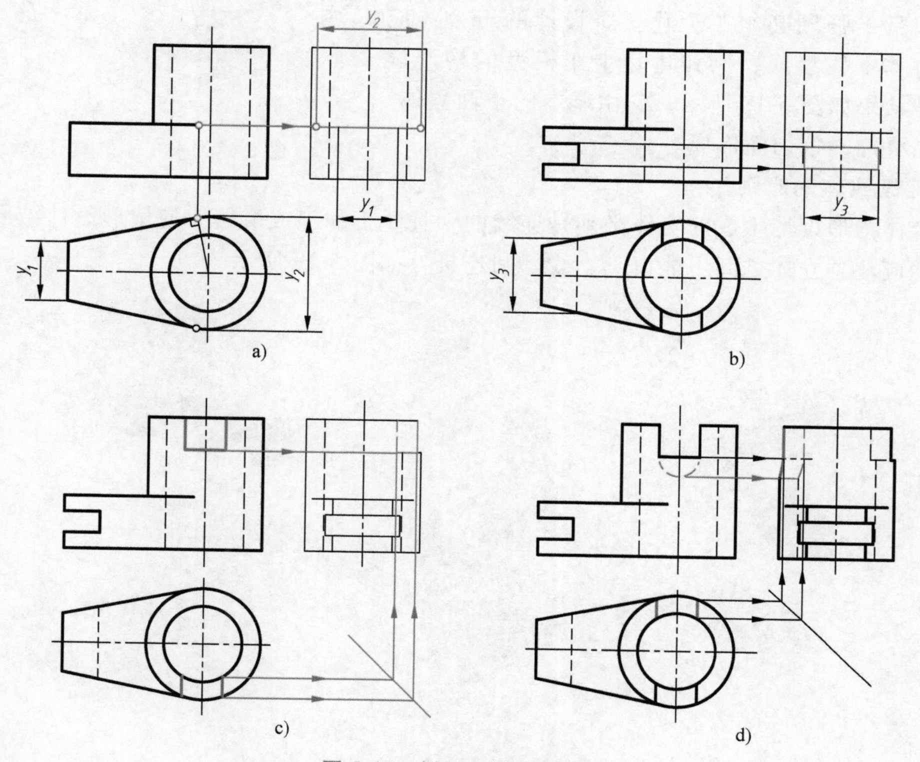

图 5-17　例 5-6 画图步骤

2）画出底板Ⅱ上挖切立体Ⅴ后的投影，其侧面投影的宽度应从水平投影上度量虚线长度获得，如图5-17b所示。

3）画出在空心圆柱Ⅰ的前部挖切立体Ⅲ后的投影，截交线投影位置由槽宽决定，由水平投影按投影关系确定，如图5-17c所示。

4）画出在空心圆柱Ⅰ的后部挖切立体Ⅳ后的投影，其中相贯线的投影采用简化画法。最后加深相关图线，如图5-17d所示。

5.4 组合体构形设计

根据已知条件构思组合体的结构、形状并将其表达成图的过程称为**组合体的构形设计**。组合体的构形设计能把空间想象、构思形体和表达三者结合起来。这不仅能促进画图、读图能力的提高，还能发展空间想象能力，同时有利于激发创造性。

5.4.1 构形设计的原则

1. 以基本体为主的原则

组合体构形设计应尽可能地体现工程产品或零部件的结构形状和功能，以培养观察、分析和综合能力，但又不强调必须工程化。所设计的组合体应尽可能由基本体组成，例如进行卡车模型的构形设计，一种结果如图5-18所示，它由基本的平面立体、回转体经叠加、挖切而形成。

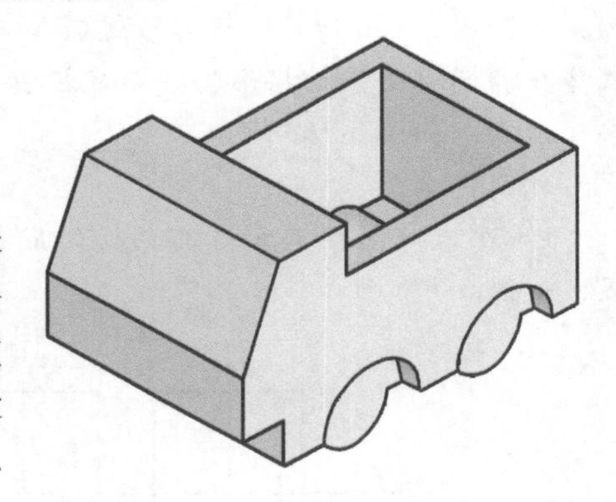

图5-18　卡车模型构形设计

2. 连续实体的原则

组合体构形设计生成的实体必须是连续的，且便于加工成形。为使构形设计结果符合工程实际，应注意立体之间不能以点、线、圆连接，如图5-19所示。

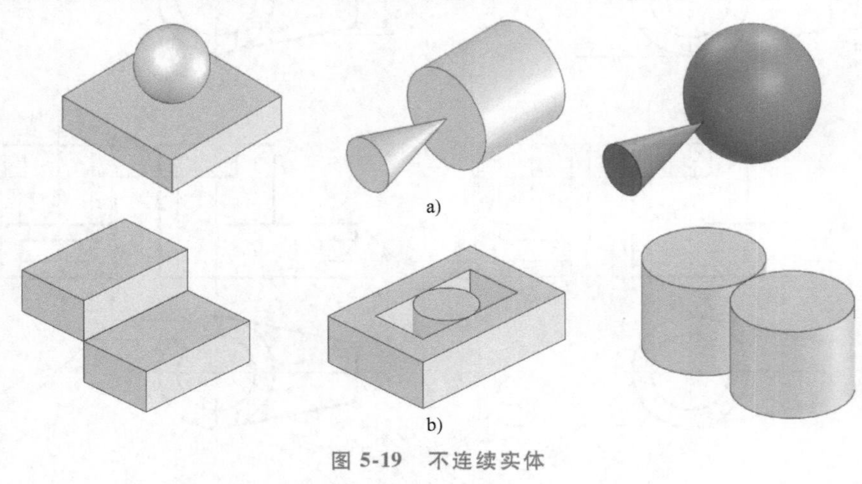

图5-19　不连续实体

a）点连接　b）线连接

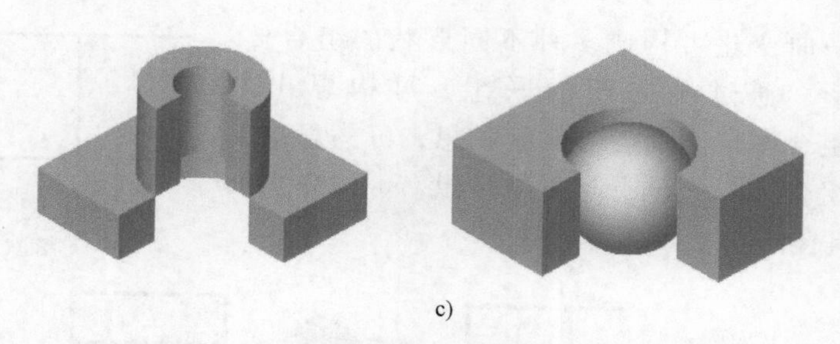

c)

图 5-19　不连续实体（续）
c）圆连接

3. 设计实用、美观的原则

组合体构形设计除了要体现产品的功能要求之外，还要考虑美学和工艺要求，即综合地体现实用、美观的构形设计原则。形体均衡和对称的组合体给人稳定和平衡感，如图 5-20 所示。

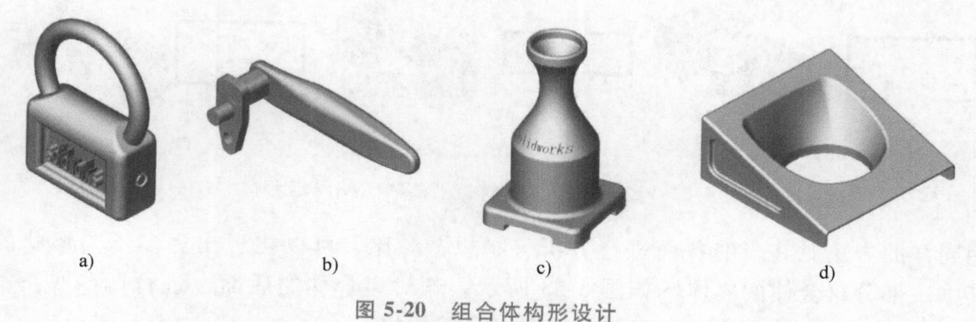

a)　b)　c)　d)

图 5-20　组合体构形设计
a）门锁模型　b）门把手模型　c）瓶模型　d）炉盘模型

在三维设计的基础上可以进行装配模拟、工作过程模拟等，扫描右侧二维码了解亚洲最大的重型自航绞吸船——天鲲号的研制过程，注意观看其中的钢桩台车系统运动三维模拟动画，理解其运动原理，体会三维设计的作用与意义。

中国创造：天鲲号

5.4.2　组合体构形设计的方法

组合体构形设计的主要方式之一是根据组合体的某个投影图，构思出各种不同形状的组合体。这种由不充分的条件构思出多种组合体的过程，不仅要求熟悉组合体画图、读图的相关知识，还要自觉运用空间想象能力，培养创新思维方式。

1. 通过表面的凹凸、正斜、平曲的联想构思组合体

根据如图 5-21 所示的正面投影，构思不同形状的组合体。

假定该组合体的原形是一块长方板，板的前面有三个彼此不同位置的可见面。这三个表面的凹凸、正斜、平曲变化可构成多种不同形状的组合体。先分析中间的面形，通过凸与凹的联想，可构思出如图5-22a、b所示的组合体；通过正与斜的联想，可构思出如图5-22c、d所示的组合体；通过平与曲的联想，可构思出如图5-22e、f所示的组合体。

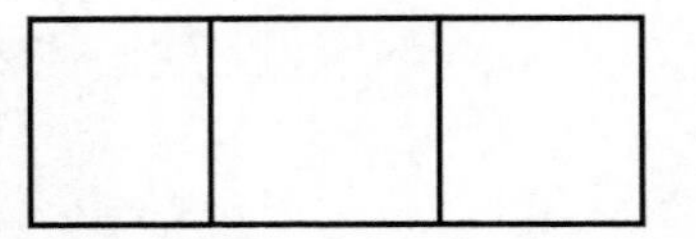

图5-21　由正面投影构思不同形状的组合体

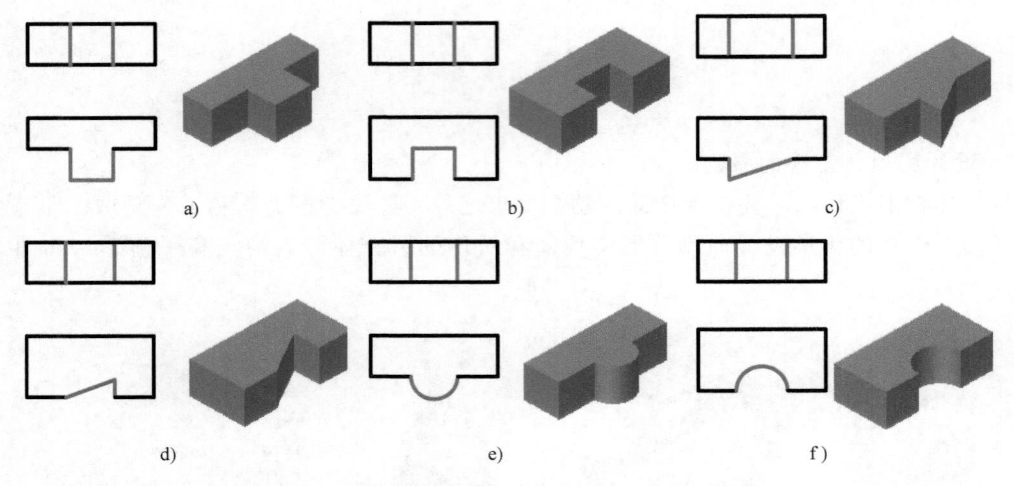

图5-22　通过凹凸、正斜、平曲联想构思组合体

用同样的方法对其余的各面进行分析、联想、对比，可以构思出更多不同形状的组合体，其中一部分组合体的立体图如图5-23所示。若对组合体的后面也进行凹凸、正斜、平曲的联想，则可构思出更多的组合体，读者可自行构想。

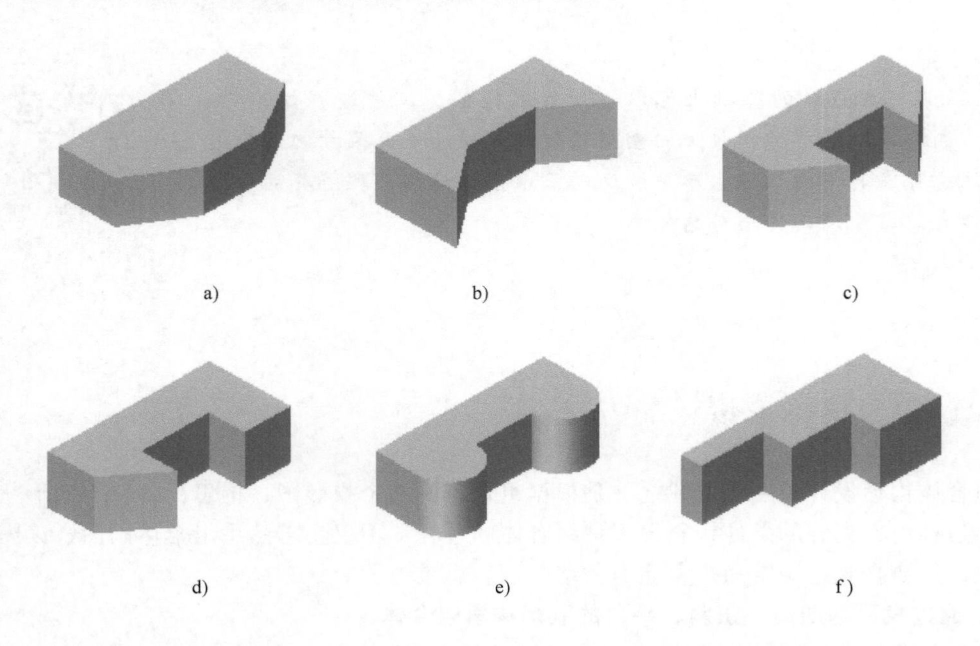

图5-23　组合体的立体图

必须指出，上述方法不仅对构思组合体有效，在读图中遇到难点时，进行“先假定、后验证”也是不可少的。这种联想方法可以使人思维灵活、思路畅通。

2. 通过基本体之间组合方式的联想构思组合体

根据如图 5-24 所示组合体的正面投影，构思不同结构的组合体。

将所给投影视为两基本体简单叠加或挖切所得立体的投影，可构思出如图 5-25 所示的组合体。

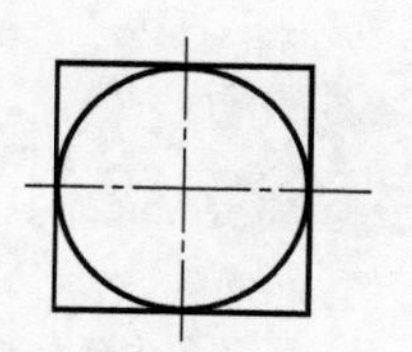

图 5-24　由正面投影构思不同结构的组合体

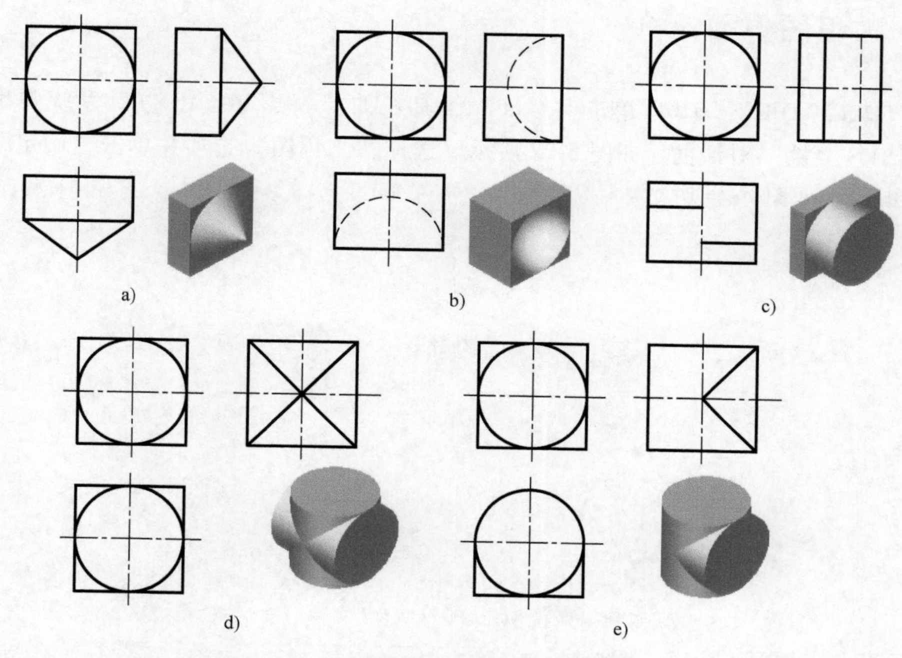

图 5-25　基本体简单叠加或挖切的组合体构形

将所给投影视为基本体被截切所得立体的投影，可构思出如图 5-26 所示的组合体。

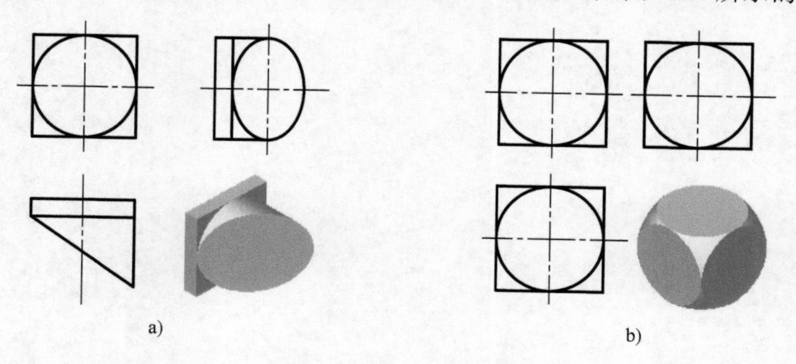

图 5-26　基本体被截切的组合体构形

符合所给投影的组合体构形远不止以上几种，读者可自行通过对基本体及其组合方式的联想构思出更多的组合体。

5.5 用计算机生成投影图

由零件模型创建工程图是 SOLIDWORKS 软件的主要功能之一，所生成的投影图与零件模型是关联的，即对零件模型的任何修改都会自动反映到投影图中。本节主要介绍利用“标准三视图”“模型视图”“投影视图”命令生成组合体投影图的方法。

5.5.1 工程图界面简介

运行 SOLIDWORKS 2020，单击“标准”工具栏的“新建”按钮，系统弹出“新建 SOLIDWORKS 文件”对话框，如图 5-27 所示。选择“工程图”选项并单击“确定”按钮进入工程图窗口，如图 5-28 所示。

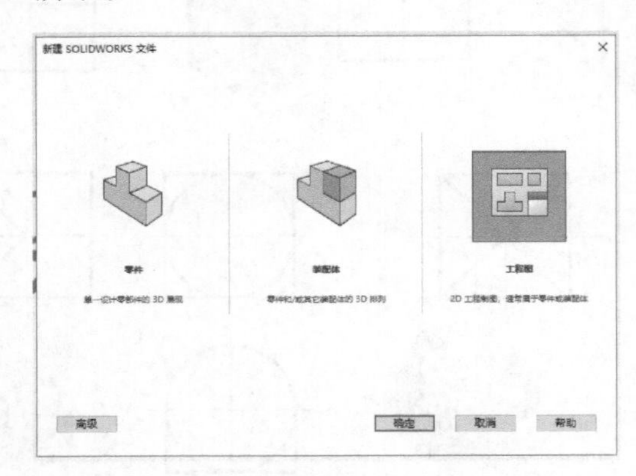

图 5-27 “新建 SOLIDWORKS 文件”对话框

图 5-28 工程图窗口

功能区“工程图”选项卡的按钮功能如图 5-29 所示。也可以通过菜单栏“插入”→“工程视图”子菜单选择相关菜单命令，如图 5-30 所示。

通常利用“标准三视图”命令开始生成工程图，再利用其他命令由标准三视图派生出其他视图。

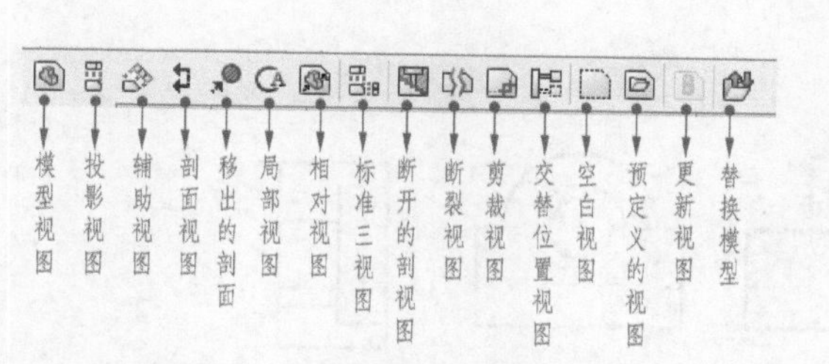

图 5-29　功能区“工程图”选项卡

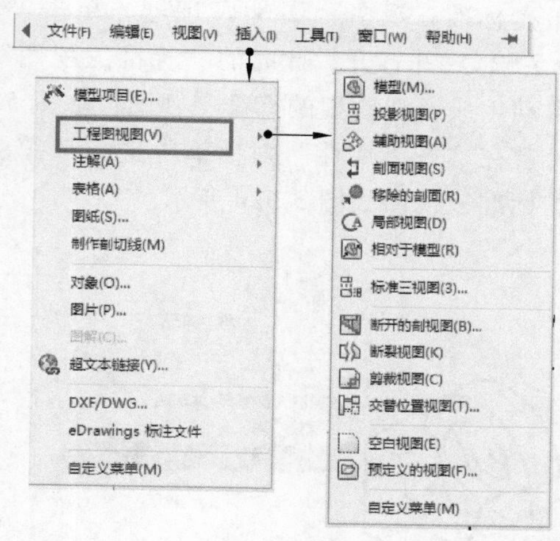

图 5-30　菜单命令

5.5.2　生成标准三视图

在 SOLIDWORKS 软件中创建标准三视图，通常采用“标准三视图”命令 来从模型自动生成标准三视图。SOLIDWORKS 软件系统设置有第一角投影及第三角投影，因此创建标准三视图前，需先进行设置。在“工程图”特征管理器设计树中，选择“图纸”文件夹并单击鼠标右键，在弹出的快捷菜单中选择“属性”命令，如图 5-31a 所示。在“图纸属性”

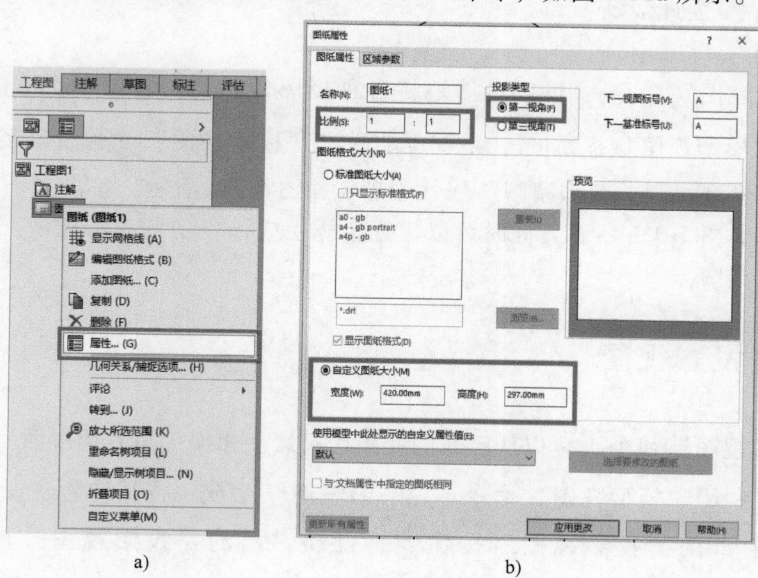

a)　　　　b)

图 5-31　设置图纸属性

对话框中，设置图纸比例为1：1，图幅为420×297，并选择“第一视角”单选项，即生成第一角投影，如图5-31b所示。

在工程图界面中，单击功能区“视图”选项卡的“标准三视图”按钮，系统自动弹出“标准三视图”属性管理器，单击“浏览”按钮，找到例2-6所创建的组合体模型（图5-32a）并打开，此时的“标准三视图”属性管理器如图5-32b所示，单击✓按钮，系统自动生成所选模型的标准三视图，如图5-32c所示。

若在“图纸属性”对话框中选择“第三视角”单选项，则投影类型为第三角投影，生成的标准三视图如图5-32d所示。

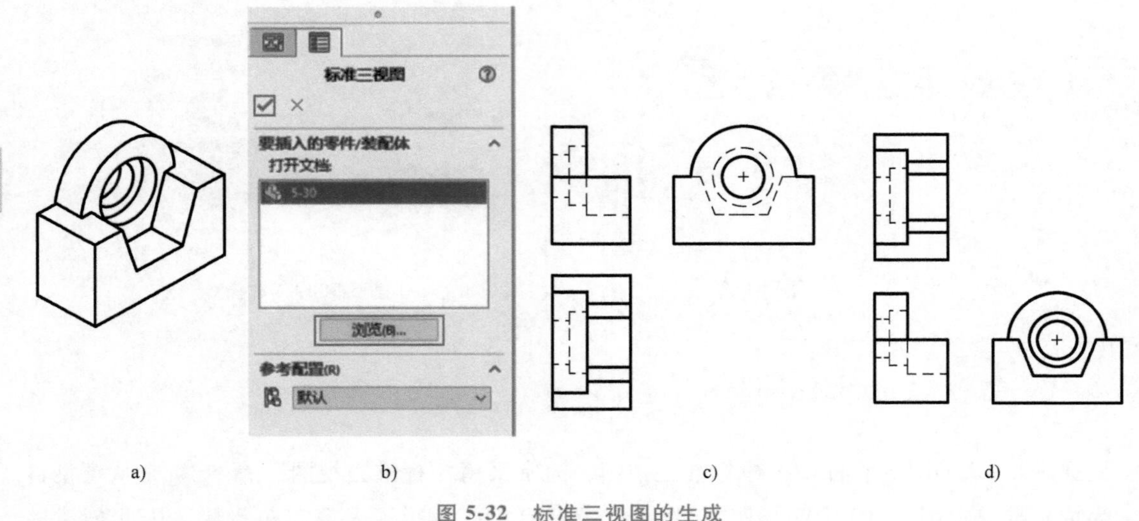

图5-32 标准三视图的生成

5.5.3 生成模型视图

利用“模型视图”命令可以灵活地将各种视图插入到工程图中。单击功能区“视图”选项卡的“模型视图”按钮，系统自动弹出“模型视图”属性管理器，打开例2-6所创建的组合体模型，则“模型视图”属性管理器如图5-33a所示。单击“下一步”按钮后，属性管理器如图5-33b所示，此时可以任意选择生成该模型的各种视图。图5-33c所示为模型的正等轴测图。

5.5.4 生成投影视图

利用“投影视图”命令可以从已有的视图按投影规律派生出其他视图。如图5-34a所示，该已知视图利用“模型视图”命令选择“右视图”生成，将其作为主视图。单击功能区“视图”选项卡的“投影视图”按钮，自动弹出的“投影视图”属性管理器如图5-34b所示，移动鼠标到已知视图的下方，即自动生成与其投影关系相对应的俯视图。同

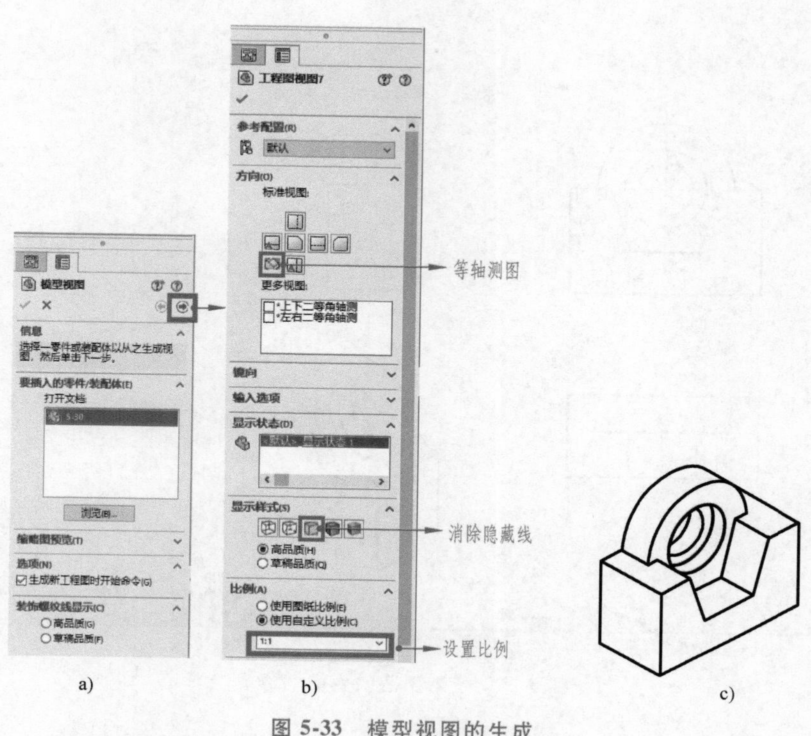

图 5-33　模型视图的生成

理，也可用投影视图生成左视图，如图 5-34c 所示。最后完成例 2-6 所创建模型的三视图和轴测图投影，如图 5-34d 所示。

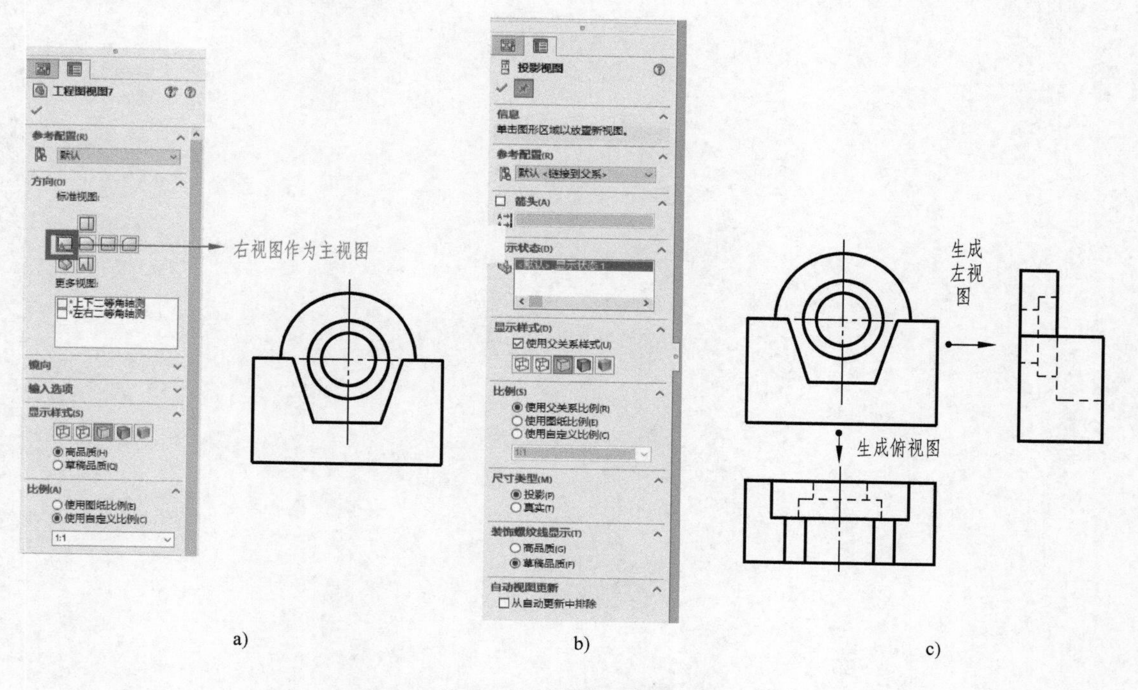

图 5-34　投影视图的生成

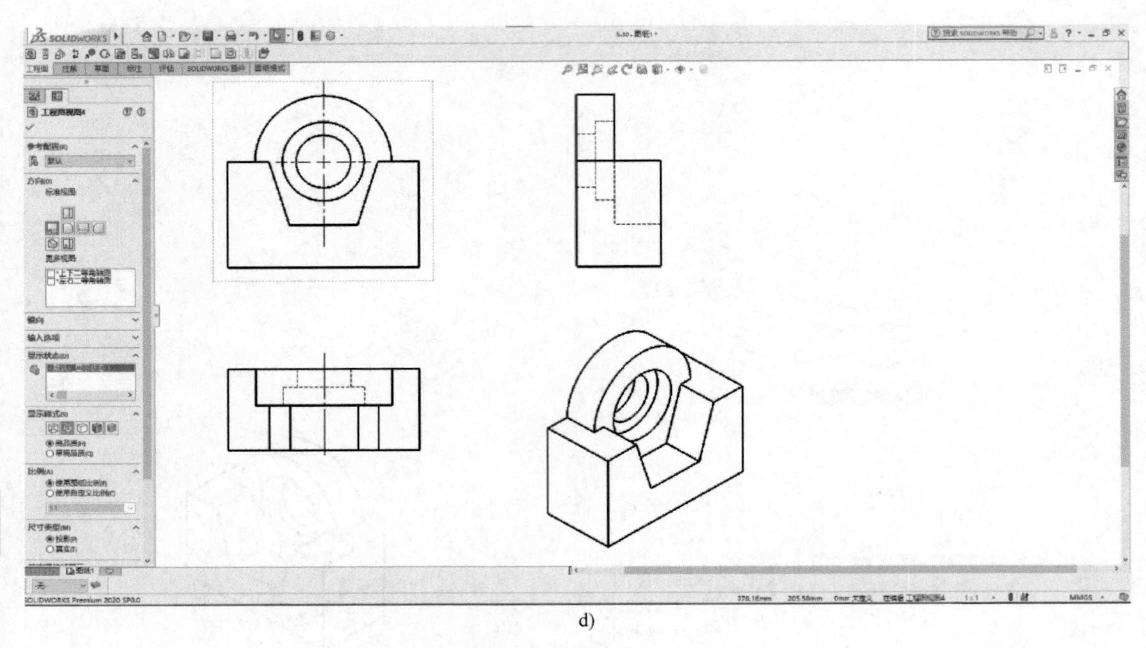

d)

图 5-34　投影视图的生成（续）

第 6 章　图样的基本表达方法

工程实际中，机件的形状是千变万化的，有些机件的外部和内部形状都较复杂，仅用三面投影图不可能完整、清晰地表达机件各部分的结构形状。《机械制图》与《技术制图》国家标准规定了绘制图样的各种基本表达方法，包括视图、剖视图、断面图、局部放大图和简化画法等。本章主要介绍其中一些常用的表达方法。

6.1 视图

视图主要用于表达机件的外部结构和形状。国家标准《技术制图　图样画法　视图》（GB/T 17451—1998）中规定，视图可分为基本视图、向视图、局部视图和斜视图四种。

6.1.1 基本视图

微课视频：
6.1.1 基本视图

正投影法中，设置了六个基本投影面。将机件分别向六个基本投影面投射所得到的视图称为基本视图。这六个基本视图是由前向后、由上向下、由左向右投射所得的主视图、俯视图和左视图，以及由右向左、由下向上、由后向前投射所得的右视图、仰视图和后视图。六个基本投影面展开在同一平面内的方法如图 6-1 所示，展开后各

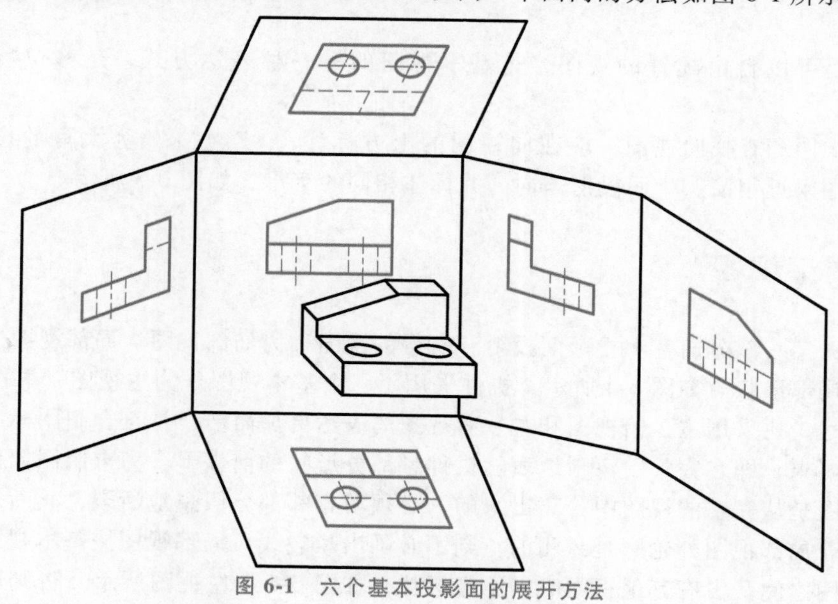

图 6-1　六个基本投影面的展开方法

视图的配置关系如图 6-2 所示。

展开后的基本视图仍满足长对正、宽相等、高平齐的投影规律，即主视图、俯视图和仰视图长对正，左视图、右视图与俯视图、仰视图的宽相等，主视图、左视图、右视图和后视图高平齐。六个基本视图的配置反映了机件的上下、左右和前后的位置关系。左、右视图和俯、仰视图靠近主视图的一侧反映机件的后面，而远离主视图的一侧反映机件的前面。

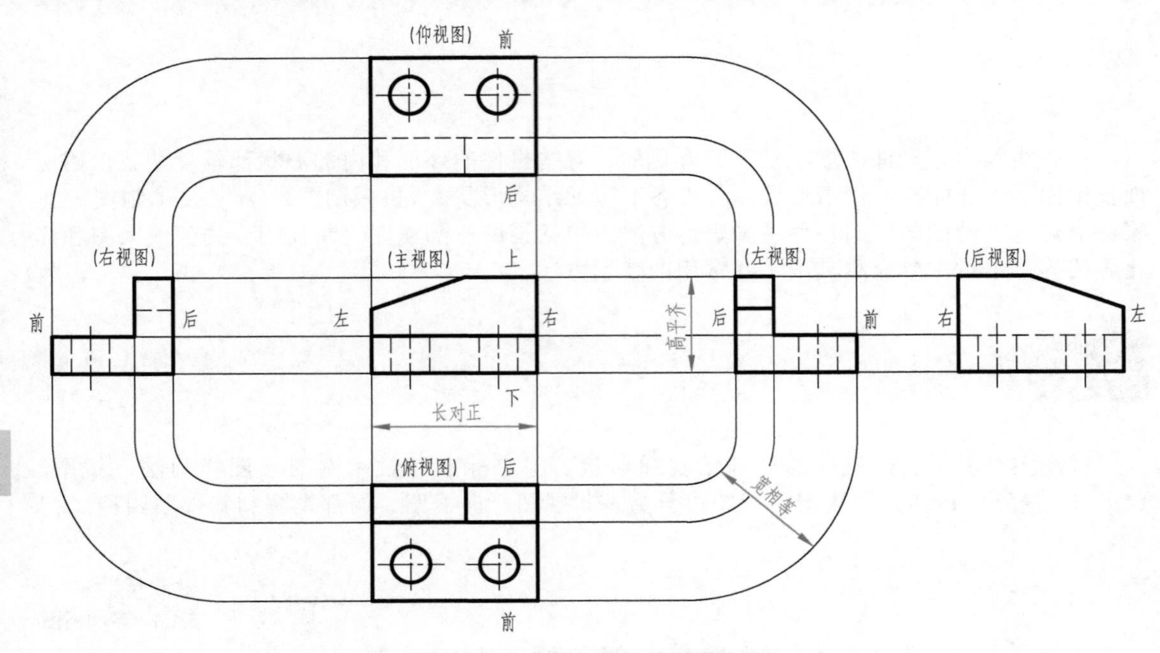

图 6-2　六个基本视图的配置关系

6.1.2　向视图

向视图是可以自由配置的视图，是基本视图的另一种表达方式，是移位配置的基本视图。

为便于识图和查找向视图，应在向视图的上方标注“×”（“×”为大写的拉丁字母），在相应的视图附近用箭头指明投射方向，并标注相同的字母，如图 6-3 所示。

6.1.3　局部视图

将机件的某一部分向基本投影面投射，所得的视图称为局部视图。局部视图通常被用来表达机件的局部形状。如图 6-4 所示，机件采用了一个基本视图作为主视图，并配合 *A* 向局部视图等表达，比采用主、俯视图和左、右视图的表达更加简洁，且符合制图标准提出的对视图选择的要求，即在完整、清晰地表达机件各部分形状的前提下，力求制图简便。

局部视图是从完整的视图中分离出来的，必须与相邻部分假想地断裂，其断裂边界用波浪线绘制。若局部视图外轮廓是封闭的，则不必画出断裂线。局部视图按基本视图的配置形式配置，视图之间又没有其他视图时，不必标注，如图 6-4 中左视图所示。否则应按向视图

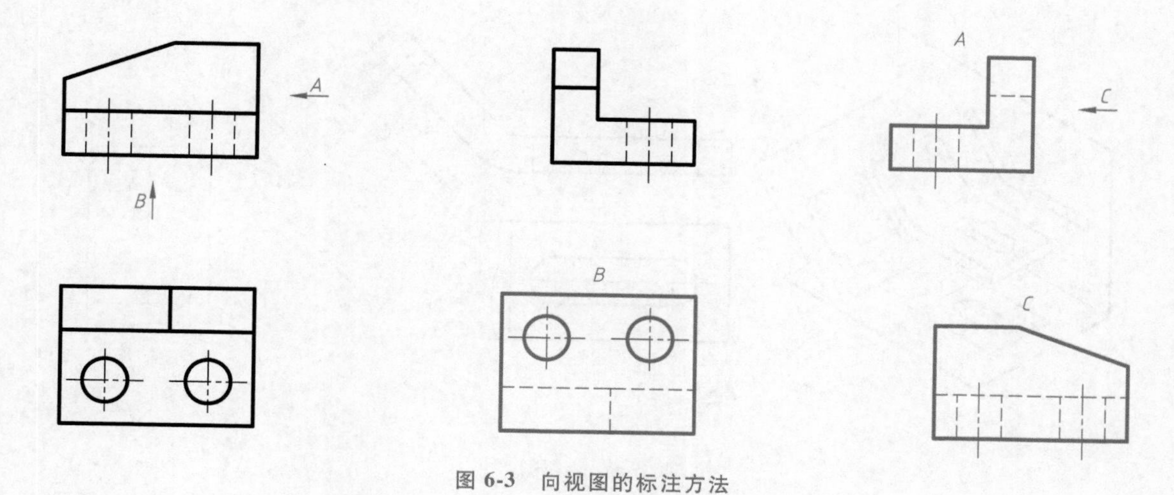

图 6-3　向视图的标注方法

的规定进行标注，如图 6-4 中 *A*、*C* 视图所示。

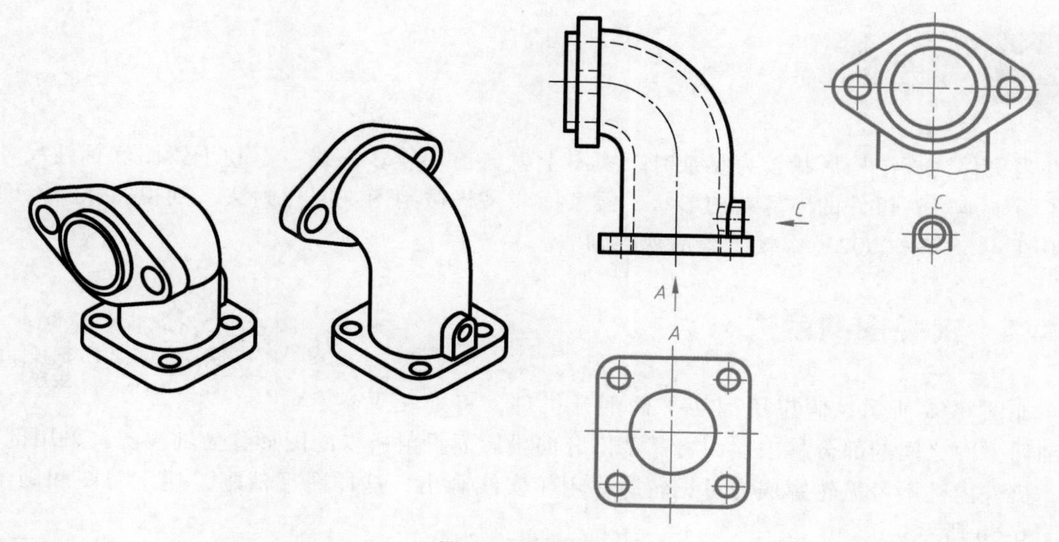

图 6-4　局部视图

6.1.4　斜视图

如图 6-5a 所示，为了表示机件倾斜表面的真实形状，用变换投影面的原理建立与倾斜结构平行的辅助投影面，则可获得反映倾斜结构实形的辅助投影。这样将机件向不平行于任何基本投影面的辅助投影面投射所得的视图称为斜视图。

斜视图通常按向视图的配置形式配置与标注，如图 6-5b 所示。必要时允许将斜视图旋转配置，这时表示该视图名称的大写拉丁字母应靠近旋转符号的箭头端，也允许将旋转角度标注在字母之后，如图 6-5c 所示。斜视图一般只要求表达出倾斜表面的形状，因此，可将其与机件上其他部分的投影用波浪线断开。当机件上的倾斜表面具有完整轮廓时，直接表达

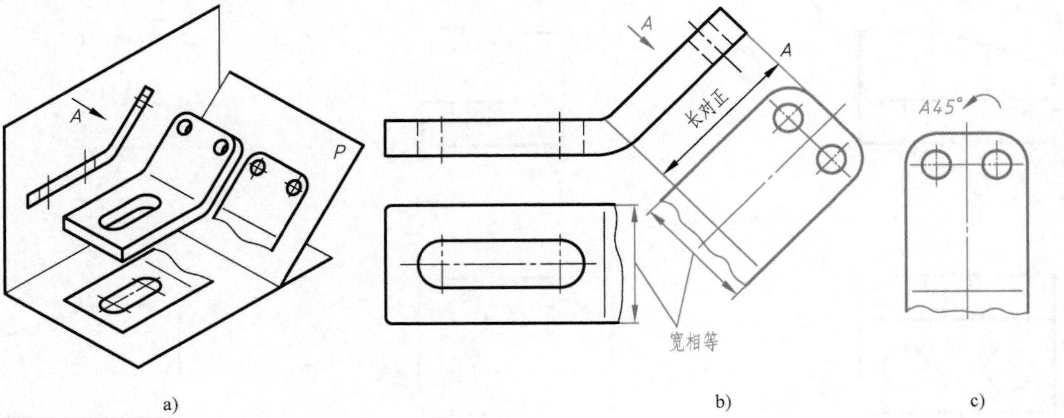

a)　　b)　　c)

图 6-5　斜视图

出其倾斜部分的完整轮廓投影，不必加断裂波浪线。

6.2 剖视图

当机件内部结构形状较为复杂时，视图上就会出现较多虚线，不利于读图和标注尺寸。为了清晰地表达机件的内部结构形状，国家标准《机械制图　图样画法　剖视图和断面图》（GB/T 4458.6—2002）中规定了剖视的画法。

6.2.1　剖视图的生成

微课视频：
6.2.1　剖视图的生成

如图6-6a所示，假想用剖切平面剖开机件，将处在观察者和剖切平面之间的部分移去，而将其余部分向投影面投射所得的图形称为剖视图。采用剖视后，机件内部不可见轮廓成为可见轮廓，用粗实线画出，这样图形清晰，便于看图和画图，如图6-6b所示。

1. 剖视图画法

为了清晰地表示机件内部的真实形状，剖切平面一般应平行于相应的投影面，并通过机件内部结构的对称平面或回转体轴线。由于剖视图是假想的，当一个视图取剖视后，其他视图不受影响，仍按完整的机件画出。

用粗实线画出机件被剖切平面剖切后的断面轮廓和剖切平面后方的可见轮廓。注意不应漏画剖切平面后方可见部分的投影，如图6-7所示。

剖视图应省略不必要的虚线，只有对尚未表示清楚的机件结构形状才画出虚线，如图6-8所示。

剖视图中，剖切平面与机件接触的部分称为剖面区域。在断面上需按规定画出表示材料类别的剖面符号。国家标准《机械制图　剖面区域的表示法》（GB/T 4457.5—2013）规定的常用剖面符号见表6-1。

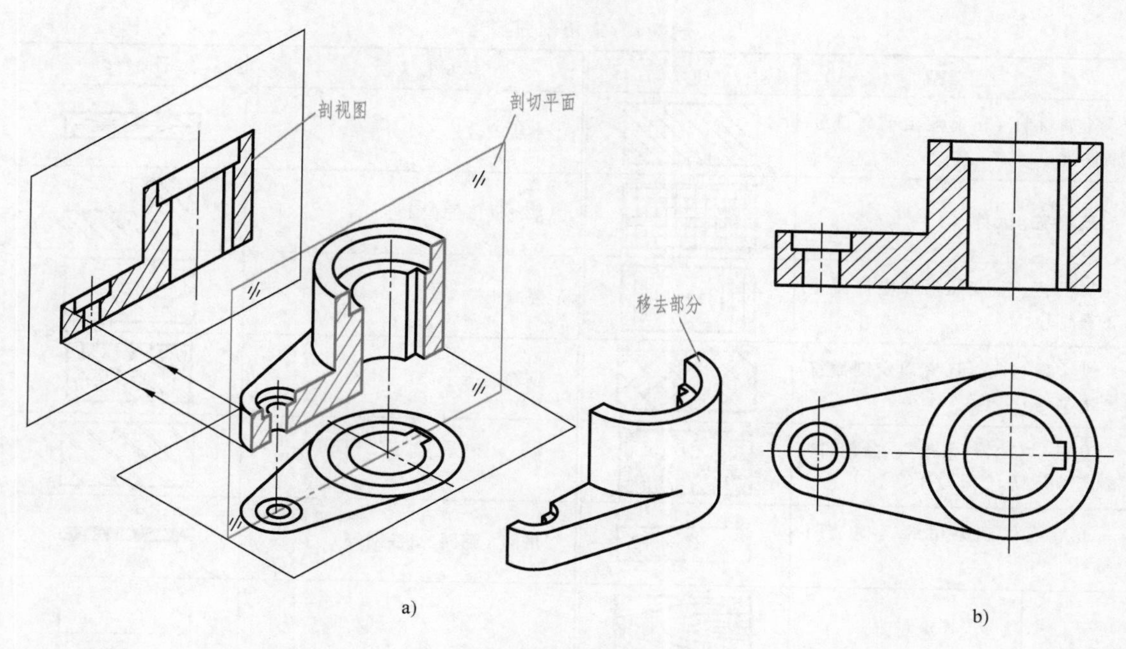

图 6-6　剖视图的生成

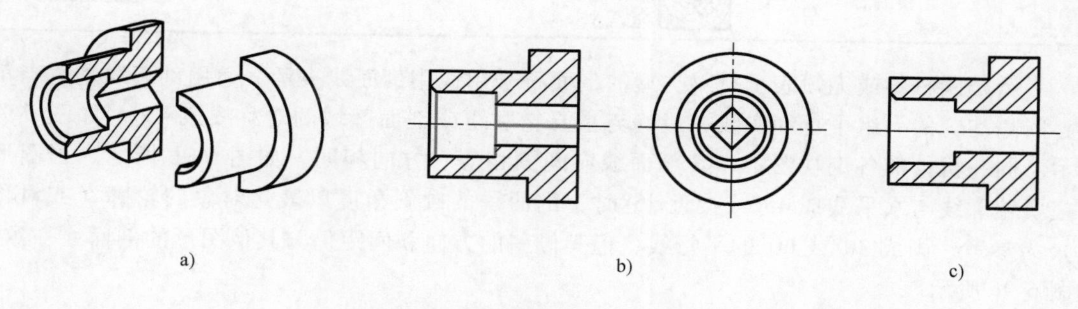

图 6-7　剖视图的画法（一）
a）立体图　b）正确画法　c）错误画法

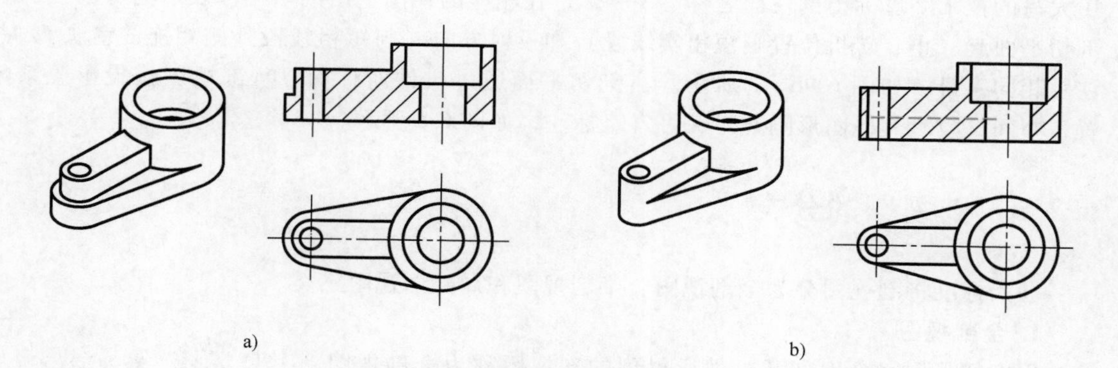

图 6-8　剖视图的画法（二）
a）省去虚线　b）保留必要虚线

表 6-1 常用剖面符号

材料类型	剖面符号	材料类型	剖面符号
金属材料（已有规定剖面符号者除外）		木质胶合板（不分层数）	
线圈绕组元件		基础周围的泥土	
转子、电枢、变压器和电抗器等的叠钢片		混凝土	
非金属材料（已有规定剖面符号者除外）		钢筋混凝土	
型砂、填砂、粉末冶金、砂轮、陶瓷刀片、硬质合金刀片等		砖	
玻璃及供观察用的其他透明材料		格网（筛网、过滤网等）	
木材 纵断面		液体	
木材 横断面			

表示金属材料或无须表示材料类型的剖面符号用通用剖面线表示。通用剖面线是适当角度、间隔均匀的一组平行细实线，最好与主要轮廓线或剖面区域的对称线成45°，如图6-9a所示。同一机件的各剖视图中，其剖面线应间隔相等、方向相同，如图6-9b所示。当图形的主要轮廓线与水平线成45°或接近45°时，剖面线的倾斜角度以表达对象的轮廓（或对称线）为参考，画成30°或60°的平行线，但其倾斜的方向和间距仍与其他图形的剖面线一致，如图6-9c所示。

2. 剖视图的标注

剖视图一般应进行标注，以指明剖切位置及视图间的投影关系。标注时，在剖视图上方用大写的拉丁字母标出剖视图名称“×—×”，在相应的视图上用剖切符号表示剖切位置（在剖切平面起、止、转折位置画短粗实线段）和投射方向（与短粗线段外侧相连的箭头），并注写相同字母，如图6-9b、c所示。当剖切平面通过机件对称面，且剖视图按投影关系配置，中间又没有其他图形隔开时，可省略标注，如图6-8所示。

6.2.2 剖视图的分类

国家标准将剖视图分为全剖视图、半剖视图和局部剖视图三类。

1. 全剖视图

用剖切平面完全地剖开机件所得到的剖视图称为全剖视图，如图6-6~图6-8所示。全剖视图主要用于外形简单、内形复杂的不对称机件或不需表达外形的对称机件。

微课视频：
6.2.2 剖视图的分类

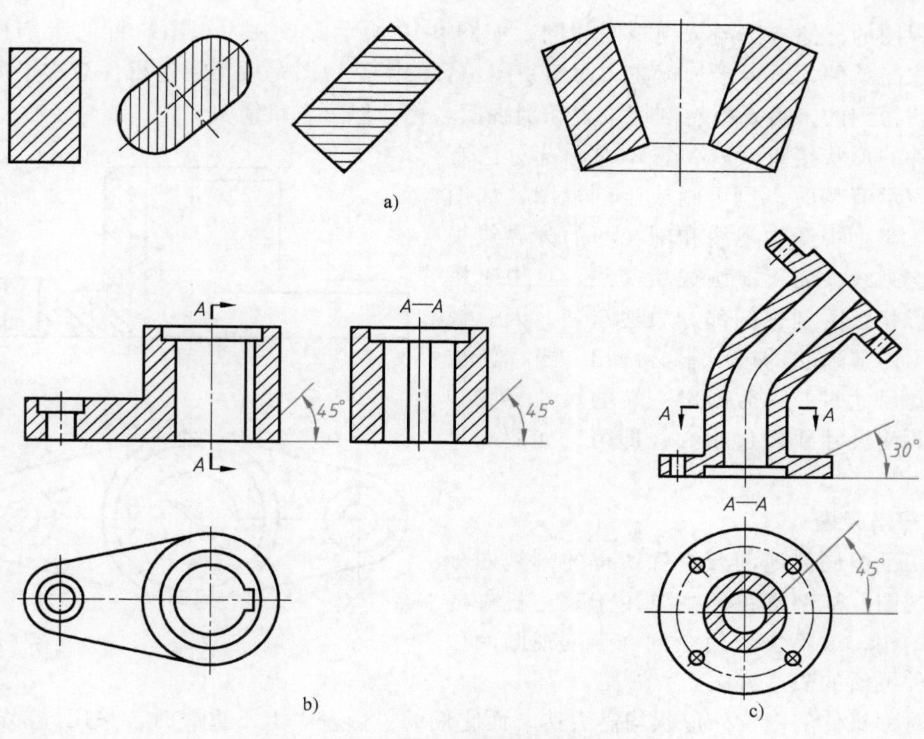

图 6-9　剖面线的画法

2. 半剖视图

当机件具有对称平面，在垂直于对称平面的投影面上的投影可以以对称中心线为界，一半画成剖视图，另一半画成视图，这种剖视图称为半剖视图。半剖视图适用于内、外形状都需要表达，且具有对称平面的机件。半剖视图的剖切方法与全剖视图相同，如图 6-10 所示，主视图和俯视图都是半剖视图。

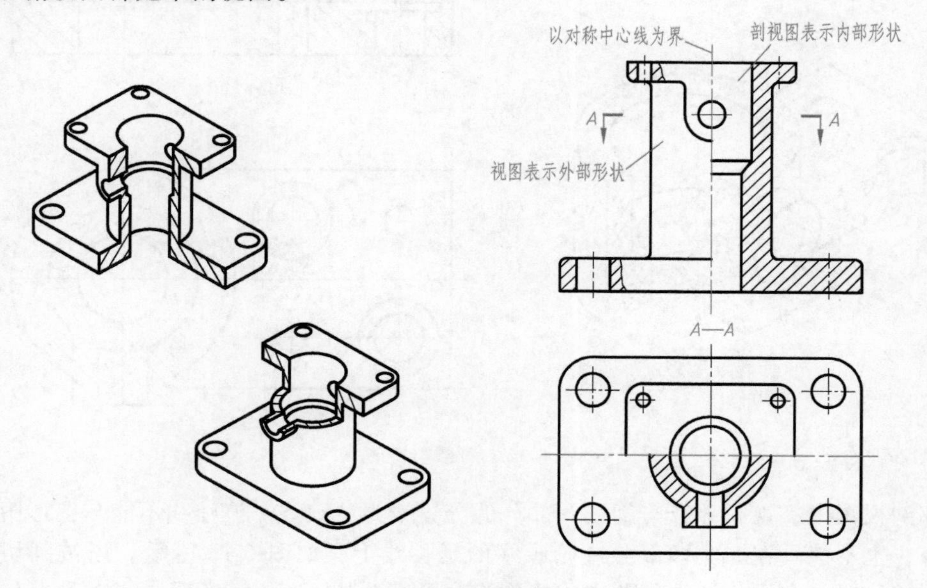

图 6-10　半剖视图

半剖视图的标注方法与全剖视图相同，如图 6-10 所示配置在主视图位置的半剖视图符合省略标注的条件，所以未加标注，而俯视图位置的半剖视图是用不通过机件对称平面的剖切平面剖切得到的，需要标注剖切位置和剖视图名称，但可省略箭头。

在机件的形状接近对称，且不对称部分已有其他视图表示清楚时，也可画成半剖视图，如图 6-11 所示。半剖视图中视图和剖视图的分界线规定画成细点画线，而不能画成粗实线。且由于机件的内部形状已由剖视图部分表达清楚，因此视图部分表示内部形状的虚线不必画出。当标注被剖切的内孔尺寸时，只需画出一端的尺寸界线和尺寸线，并使尺寸线超过中心线即可，如图 6-11 所示。

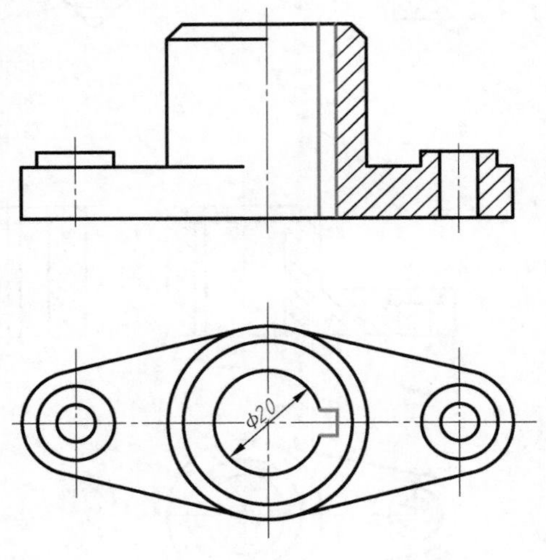

图 6-11 接近对称的半剖视图

3. 局部剖视图

用剖切平面局部地剖开机件所得的剖视图称为局部剖视图。局部剖视图主要用于表达机件局部的内部结构，或不宜选用全剖、半剖视图的位置，是一种灵活的表达方法。

当不对称机件的内、外形状均需表达，而它们的投影基本上不重叠时，采用局部剖视图可把机件的内、外形状都表达清楚。如图 6-12 所示，局部剖视图表达了机件底板、凸缘上的孔结构。

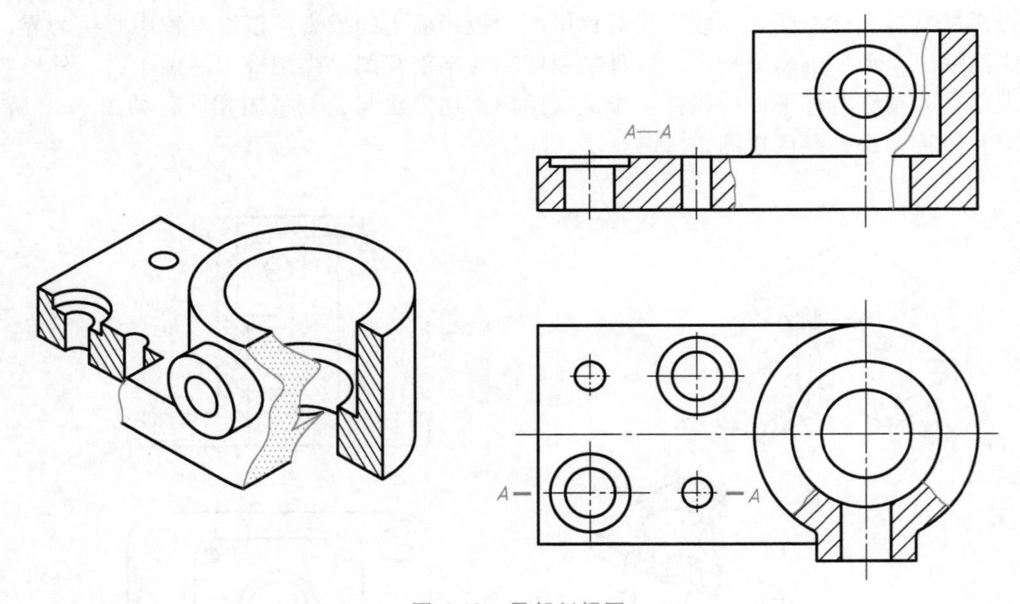

图 6-12 局部剖视图

局部剖视图中，视图部分与剖视图部分的分界线为波浪线。波浪线不能与图形中的其他图线重合，也不能画在非实体部分或轮廓线的延长线上，如图 6-13 所示。当被剖切的局部结构为回转体时，允许将该结构的中心线作为分界线，如图 6-14a 所示。当对称机件在对称中心线位置有内（外）轮廓线时，局部剖视图的波浪线不能与其重合，如图 6-14b 所示。

局部剖视图一般不标注，仅当剖切位置不明显或在基本视图外单独画出局部视图才需加标注。

局部剖视图应用较广，但在同一视图中，过多采用局部剖视图会使图形显得凌乱。

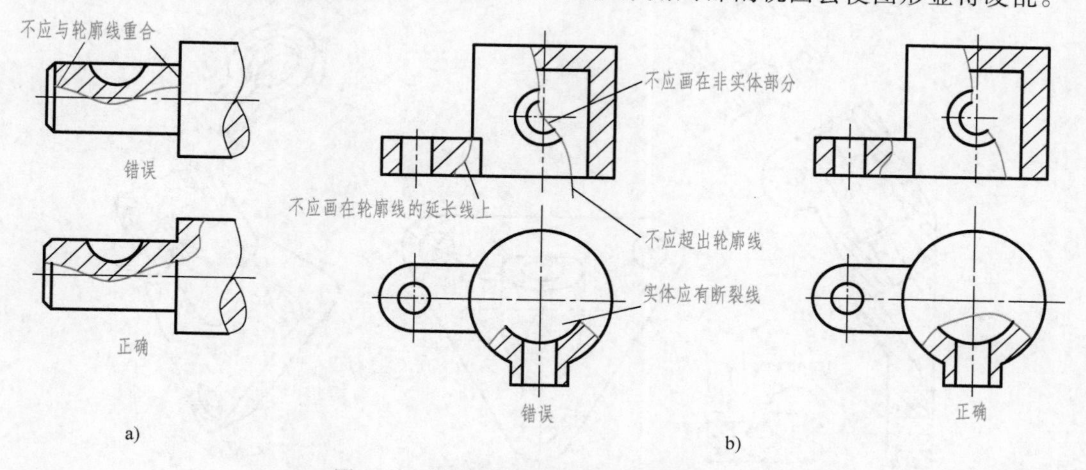

图 6-13　局部剖视图中波浪线的画法（一）

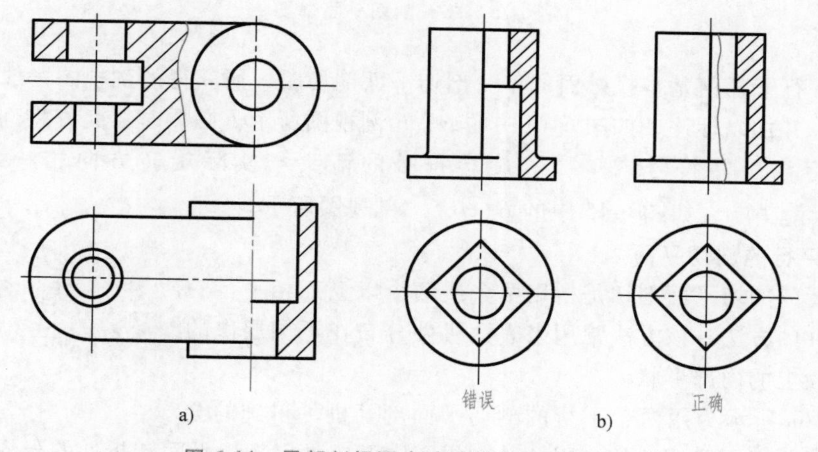

图 6-14　局部剖视图中波浪线的画法（二）

6.2.3　剖切面的分类

根据剖切面相对于投影面的位置及剖切面组合数量的不同，国家标准将剖切面体系分为三类：单一剖切平面、几个平行的剖切平面和几个相交的剖切平面（交线垂直于某一投影面）。无论选用哪一种类型的剖切面，均能生成全剖视图、半剖视图和局部剖视图。

1. 单一剖切平面

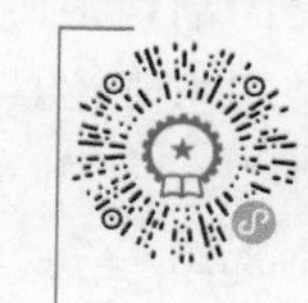

微课视频：
6.2.3　1.单一剖切平面（斜剖）

单一剖切平面剖切是指仅用一个剖切平面剖开机件的方法。根据剖切面的位置还可分为以下两种情况：一种情况是用平行于基本投影面的单一剖切平面进行剖切，前述剖视图图例均属此种情况；另一种情况是用不平行于任何基本投影面的单一剖切平面进行剖切，如图 6-15 所示，此种方法主要用来表达机件上倾斜部分的内部结构。

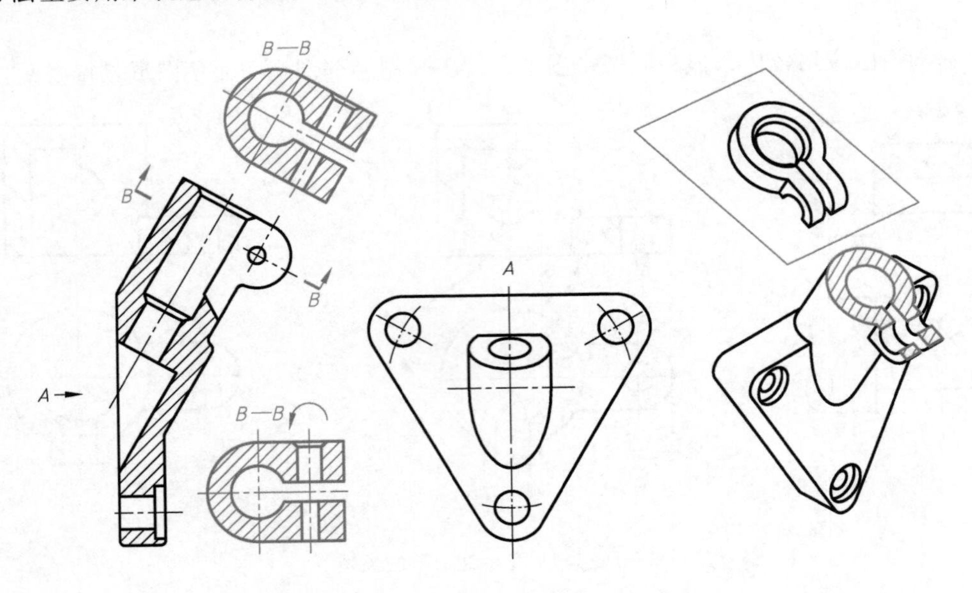

图 6-15 单一剖切平面剖切

当用不平行于任何基本投影面的单一剖切平面剖切时，所获得的剖视图一般应按辅助投影关系配置，并加以标注，如图 6-15 中的 *B—B* 剖视图所示。必要时，允许将剖视图旋转放正，此时应标注旋转符号“↶”，旋转符号的箭头与实际旋转方向相一致，且字母“×—×”靠近箭头端，如图 6-15 中的 *B—B* ↶剖视图所示。

2. 几个平行的剖切平面

几个平行的剖切平面剖切是指用两个或两个以上互相平行的平面剖开机件的方法。该方法常用来表达机件分布在不同层次的几个平行平面上的内部形状。

微课视频：
6.2.3 2.几个平行的剖切平面

如图 6-16a 所示为用两个平行的剖切平面剖开机件得到的全剖视图。由于剖视图是假想的，因此，剖视图中不应画出剖切平面转折处的分界线。在剖切平面的起、止和转折处画上剖切符号（转折处为直角），并标注相同的拉丁字母，当转折处空间狭小时，可省略标注。在剖视图的上方标注剖视图名称“×—×”。

一般情况下，不允许剖切平面的转折处与机件上的轮廓线重合，也不允许在图形内出现不完整的结构要素（如半个孔、不完整肋板等）。仅当两个结构要素具有公共的对称中心线或轴线时，允许以对称中心线或轴线为界，各画一半，如图 6-16b 所示。

3. 几个相交的剖切平面

用几个相交的剖切平面剖切时，交线必须垂直于某一基本投影面。该方法常用来表达具有明显回转轴线、分布在相交平面上的结构的内部形状。如图 6-17 所示为用两个相交的剖切平面剖切所得到的全剖视图。

微课视频：
6.2.3 3.几个相交的剖切平面

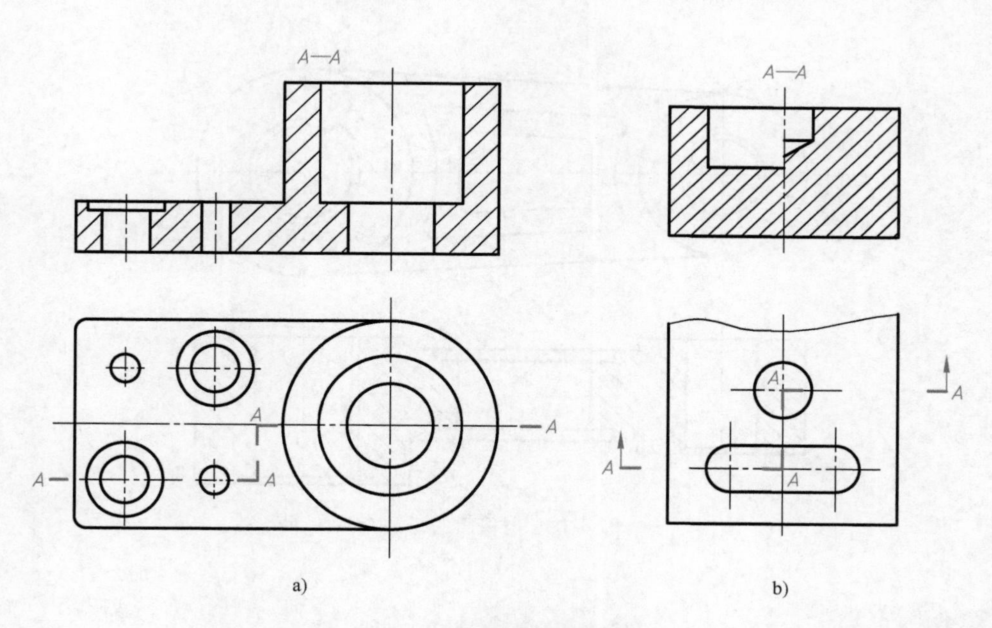

a)　　b)

图 6-16　几个平行的剖切平面剖切

用这种方法画剖视图时，首先假想按剖切位置剖开机件，然后将被剖切平面剖开的结构及有关部分旋转到与选定的投影面（如图 6-17a 所示为水平面）平行后，一并进行投射。剖切平面后的其他结构仍按原来的位置投射，如图 6-17a 所示小圆孔的投影。

若剖切后产生不完整结构要素，则将此部分的投影按不剖处理，如图 6-17b 所示。

用几个相交的剖切平面剖切所得到的剖视图，必须加以标注，除了在起、止及转折处标上短粗实线以外，还应注上相同的字母，如图 6-18 所示。当转折处空间狭小时，可省略标注。

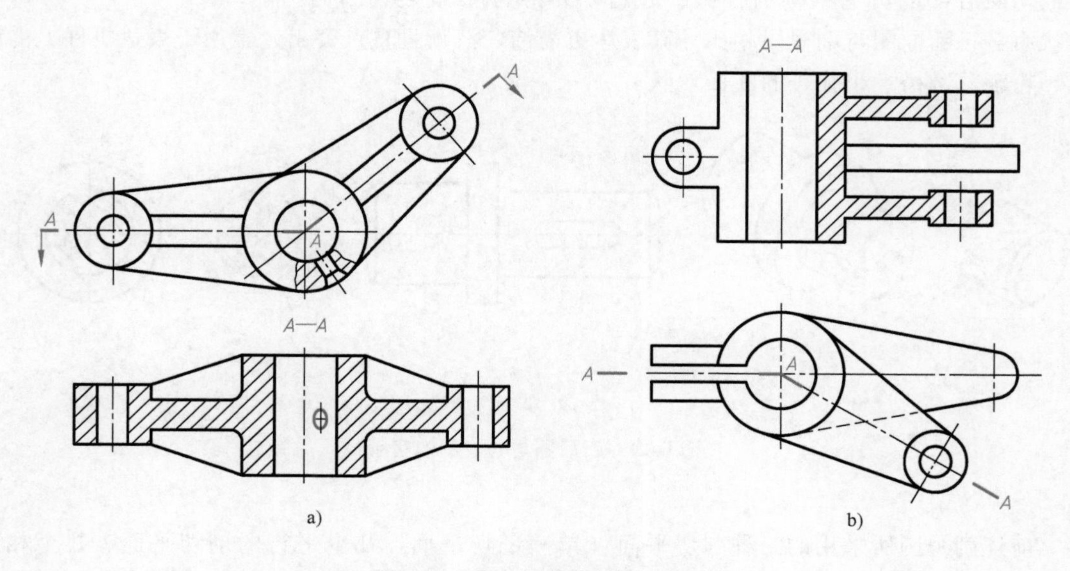

a)　　b)

图 6-17　几个相交的剖切平面

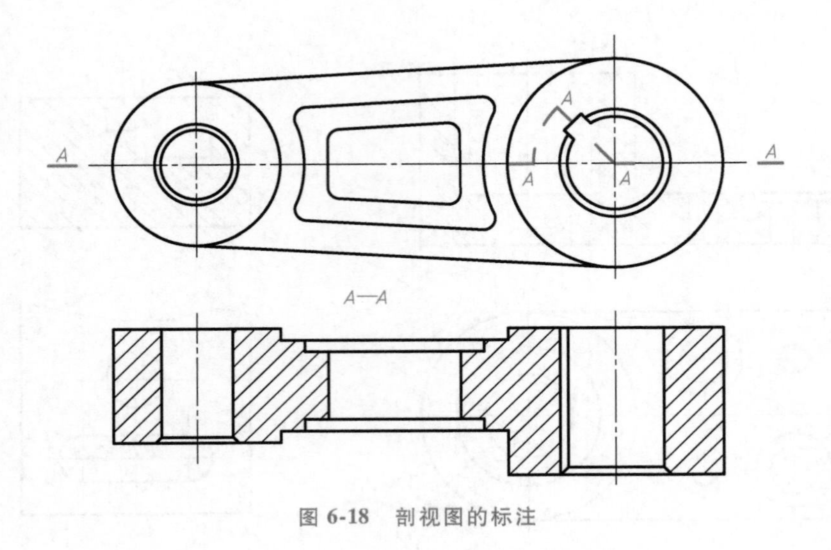

图 6-18　剖视图的标注

6.3 断面图

6.3.1 断面图的生成

表达机件断面形状的图形称为断面图，简称断面。断面图与剖视图的概念十分接近，都是假想地用剖切平面将机件剖开后画出的图形。所不同的是，剖视图除了画出断面形状以外，还需画出剖切面后部的可见结构的投影，如图 6-19 所示。就表达断面形状而言，断面图与剖视图相比，其表达更简洁、清晰且重点突出，常用于表达机件上的肋板、轮辐、键槽、小孔等的断面形状。

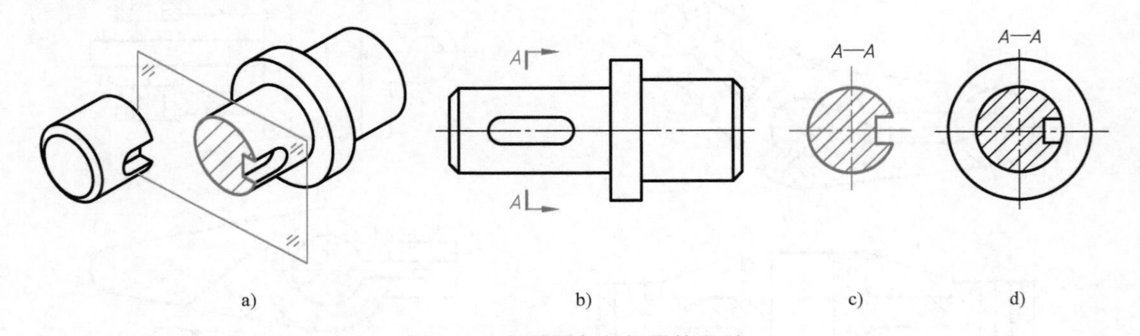

图 6-19　断面图与剖视图的区别

a）立体图　b）投影图　c）断面图　d）剖视图

前述剖视图所采用的三种剖切平面（单一剖切平面、几个平行的剖切平面、几个相交的剖切平面）均适用于断面图。

6.3.2　断面图的分类

根据断面图配置的位置，断面图分为移出断面图和重合断面图。

1. 移出断面图

画在机件视图之外的断面图称为移出断面图。移出断面图的轮廓线用粗实线绘制，应尽量配置在剖切符号或剖切线（指示剖切平面位置的细点画线）的延长线上。这样配置的断面图，剖切平面位置明显，断面图的名称可省略。如图 6-20a 所示，对于非对称断面图 *I*，必须画出剖切符号及表示投射方向的箭头；而对称断面图 *II* 则只需画出剖切线表示剖切位置；按投影关系配置的非对称断面图 *III*，可以省略箭头。对称的移出断面图也可画在视图的中断处且不必标注，如图 6-20b 所示。

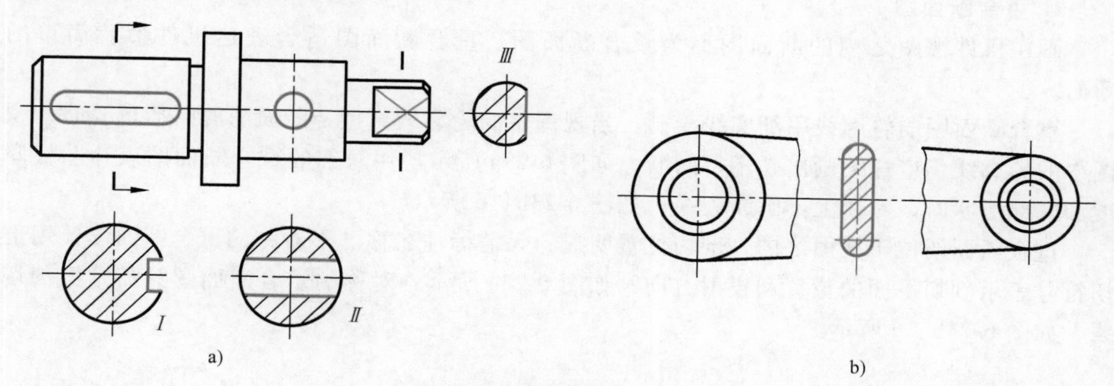

图 6-20　移出断面图（一）

由两个或多个相交剖切平面剖切得到的移出断面图，中间一般应断开，如图 6-21a 所示。必要时，也可将移出断面图配置在其他适当的位置，其标注方法与剖视图相同，如图 6-21b 所示。

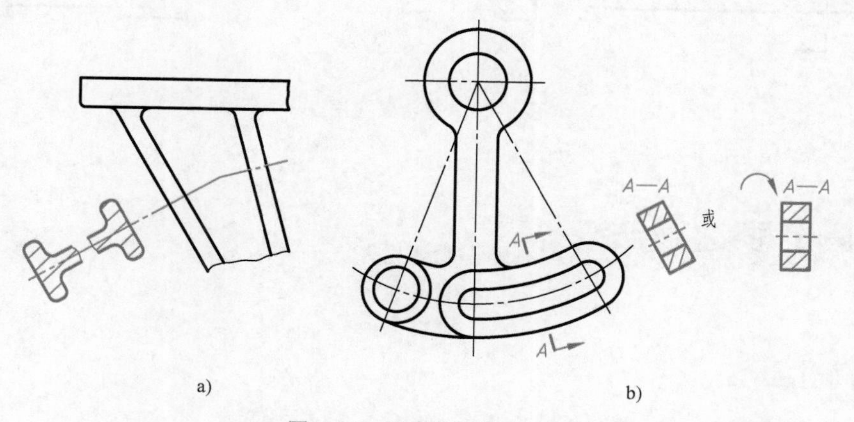

图 6-21　移出断面图（二）

当剖切平面通过回转面形成的孔或凹坑的轴线时，这些结构应按剖视图绘制，如图 6-22 所示的断面图 *I*。当剖切平面通过非回转结构，但剖切导致完全分离的断面时，此结构也按剖视图绘制，如图 6-22 所示的断面图 *II*。

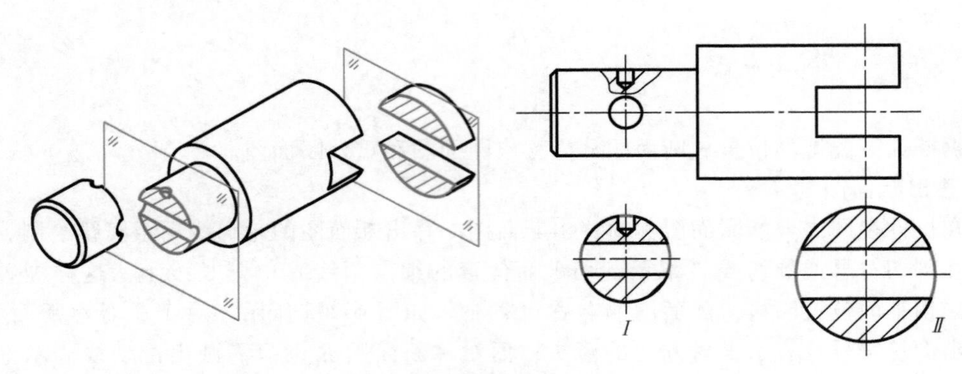

图 6-22　移出断面图（三）

2. 重合断面图

画在机件视图之内的断面图称为重合断面图。重合断面图适合表达机件形状简单的断面。

重合断面图的轮廓线用细实线绘制。当视图中的轮廓线与重合断面图的图形重叠时，视图中的轮廓线仍应连续画出，不可间断，如图 6-23a 所示。用局部的重合断面图表达肋板厚度和端部形状时，习惯上不画断裂线，如图 6-23b、c 所示。

重合断面图位于视图之内，剖切位置明显，无需标注名称。不对称的重合断面图要用剖切符号表示剖切平面的位置和投射方向，如图 6-23a 所示；对称的重合断面图只需画出剖切线，如图 6-23b、c 所示。

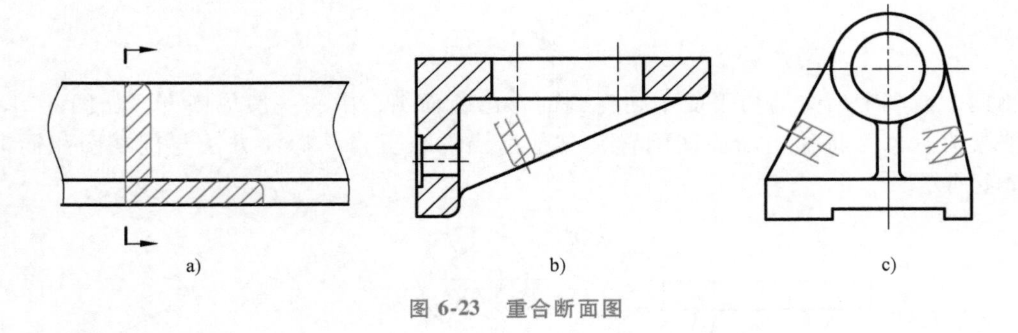

图 6-23　重合断面图

6.4　其他表达方法

6.4.1　简化画法

根据国家标准《技术制图　简化表示法　第 1 部分：图样画法》（GB/T 16675.1—2012）和国家标准《技术制图　简化表示法　第 2 部分：尺寸注法》（GB/T 16675.2—2012），简化技术图样的画法可以提高设计效率和图样的清晰度，其原则是在不致引起误解的前提下，力求制图简便。

1. 剖视图中的简化画法

对于机件上的肋板、轮辐及薄壁等结构，当剖切平面纵向剖切（通过其轴线或对称平面）时，这些结构的剖面区域内不画剖面符号，只用粗实线将其与邻接部分分开。当剖切平面横向剖切时，则必须画出剖面符号，如图 6-24 所示。

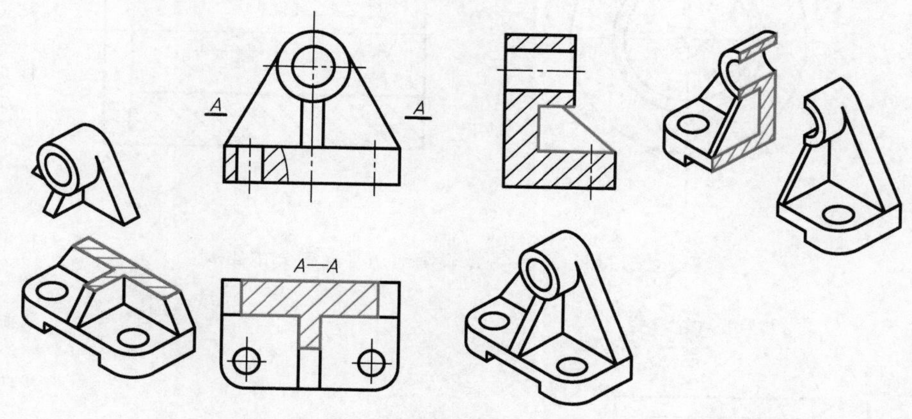

图 6-24　肋板剖切的规定画法

当回转体上均匀分布的肋板、轮辐、孔等结构不处于剖切平面上时，可将这些结构旋转到剖切平面上画出，不需加任何标注，如图 6-25 所示。

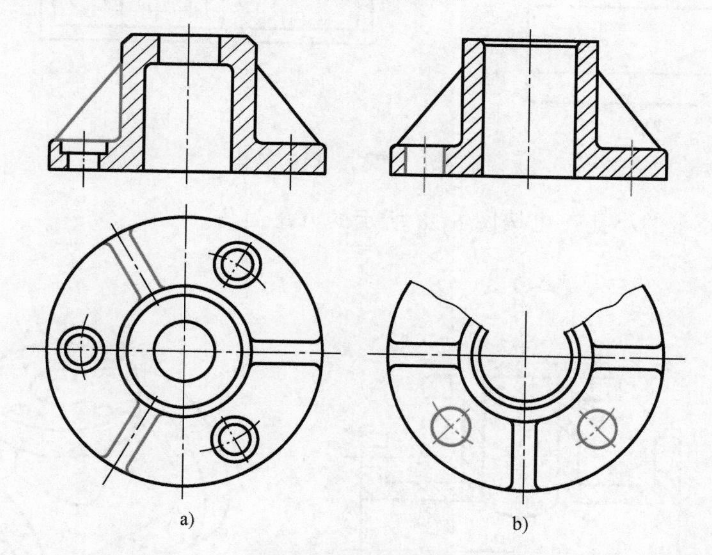

图 6-25　回转体上均匀分布结构的简化

在需要表示位于剖切平面前方的结构时，这些结构按假想投影的轮廓线绘制，用细双点画线画出，如图 6-26 所示。

2. 相同结构的简化画法

当机件上具有若干相同结构，如齿、槽、孔等，并且这些结构按一定规律分布时，只需画出几个完整的结构，其余的用细实线或细点画线表示位置即可。图样中省略相同结构后，必须注明该结构的总数，如图 6-27 所示。

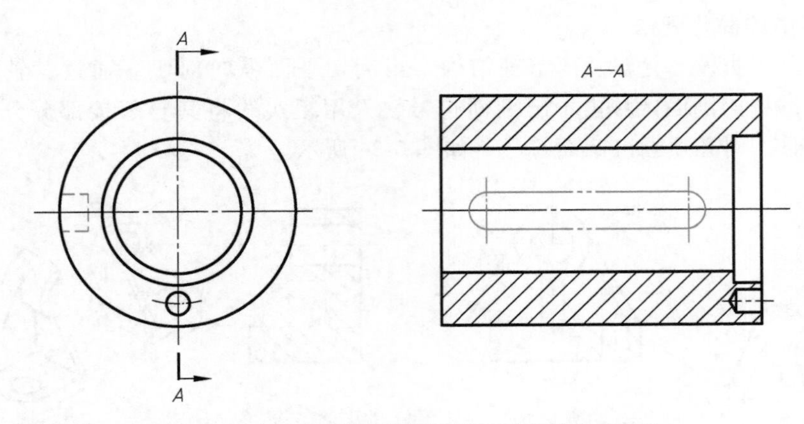

图 6-26　用细双点画线表示剖切平面前方的结构

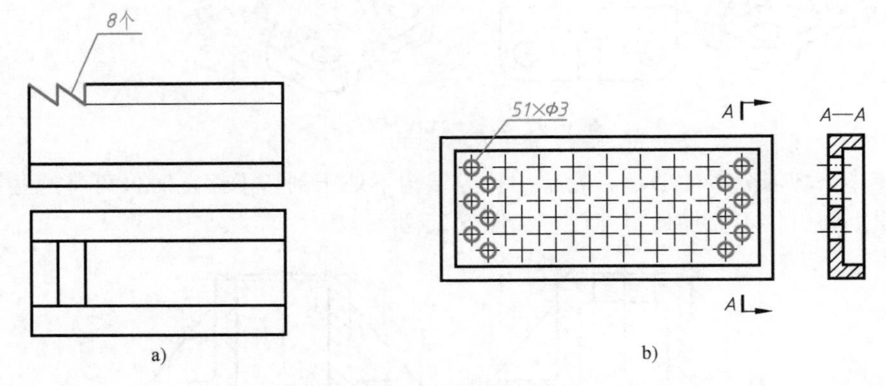

图 6-27　相同结构的简化

法兰上均匀分布的小孔，可按图 6-28 所示的方法简化。

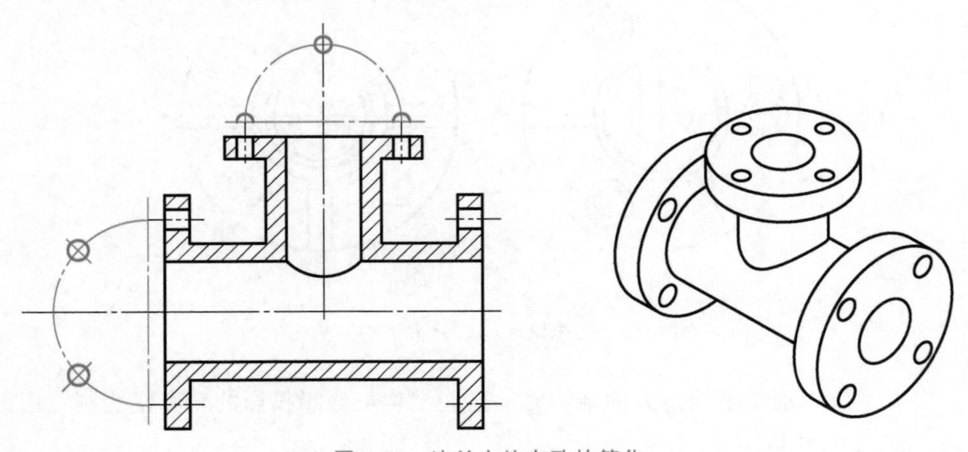

图 6-28　法兰上均布孔的简化

3. 投影的简化

机件上较小结构所产生的交线，如果在一个视图中已表达清楚，则在其他视图中可以简化，如图 6-29 所示。

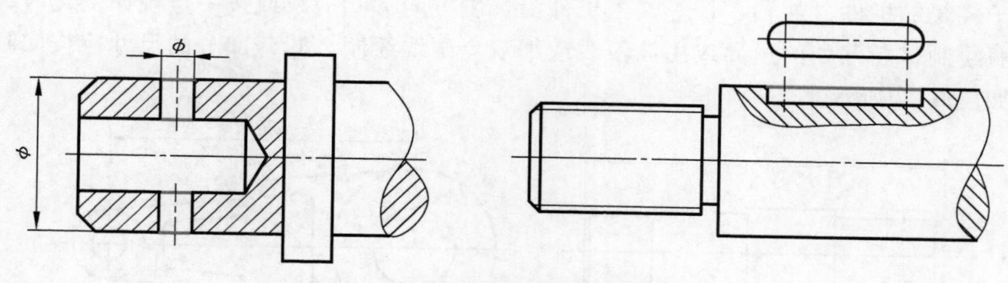

图 6-29　较小结构所产生交线的简化

零件图中小的倒角、圆角允许省略不画，但应注明尺寸或在技术要求中加以说明，如图 6-30 所示。

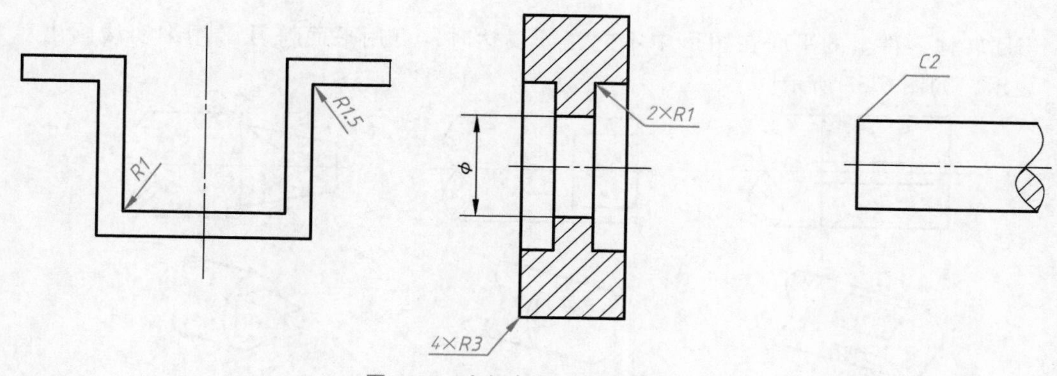

图 6-30　小倒角、小圆角的简化

4. 其他简化画法

对称及基本对称机件的视图可只画一半或四分之一，并在对称中心线的两端画出对称符号（两条垂直于中心线的平行细实线），如图 6-31 所示。

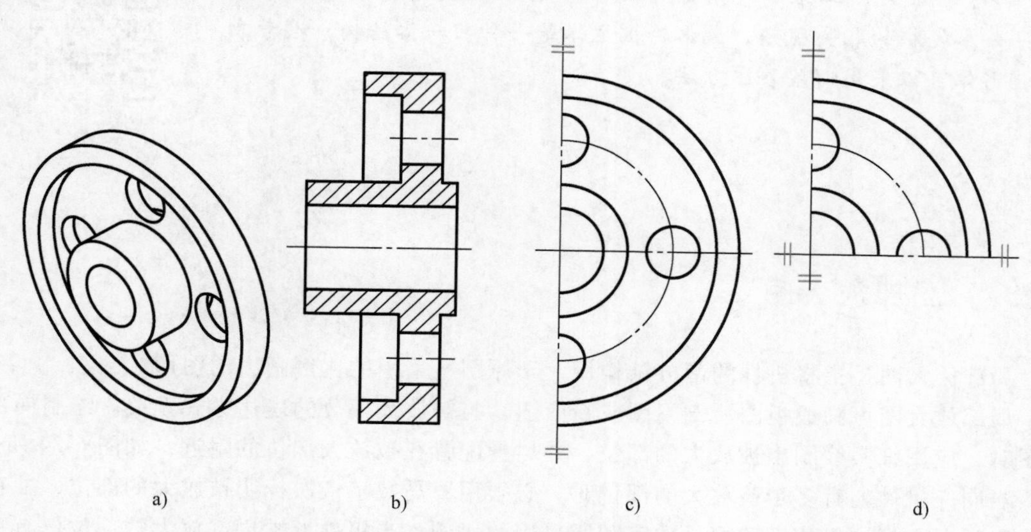

图 6-31　对称机件视图的简化

a）立体图　b）主视图　c）只画一半的左视图　d）只画四分之一的左视图

对于较长的机件，如轴、杆等，当机件沿长度方向形状一致或按一定规律变化时，可断开后缩短绘制，断开处的边界线用波浪线或细双点画线绘制。断开部分的尺寸应按实际长度标注，如图 6-32 所示。

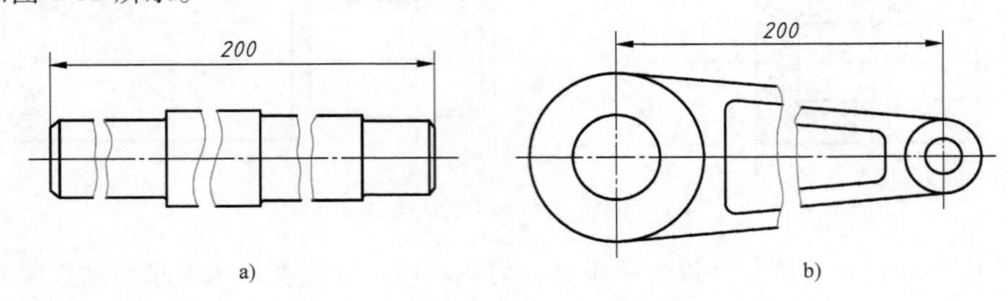

图 6-32 较长机件的缩短画法

当回转体零件上的平面在图形中不能充分表达时，可用平面符号（用细实线画出对角线）表示，如图 6-33 所示。

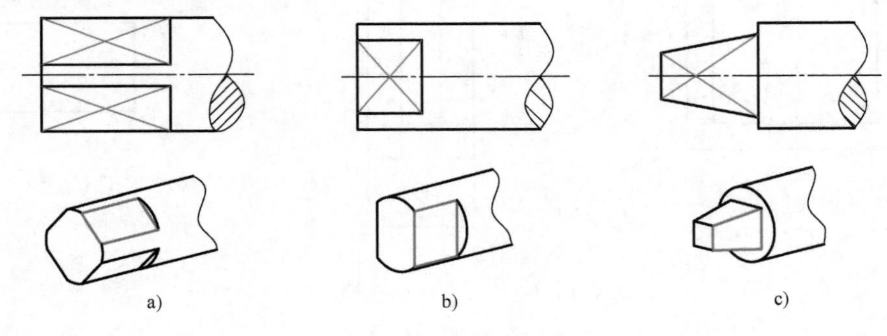

图 6-33 平面符号画法

扫描右侧二维码观看新中国第一台水轮发电机组的核心部分——水轮机的相关视频，该水轮机主体是一种回转体结构，思考表达其形体可以采用哪些表达方法。

6.4.2 局部放大图

局部放大图是指将机件的部分结构用大于原图所采用的比例画出的图形。

局部放大图可画成视图、剖视图或断面图，与被放大部分的表达方式无关。绘制局部放大图时，应用细实线圈出被放大的部位，并尽量配置在被放大部位的附近，如图 6-34 所示。

当同一机件上有多个被放大的部位时，必须用罗马数字依次标明被放大的部位，并在局部放大图上方标注出相应的罗马数字和所采用的比例。当机件上被局部放大的部位仅有一处时，仅标明所采用的比例即可。

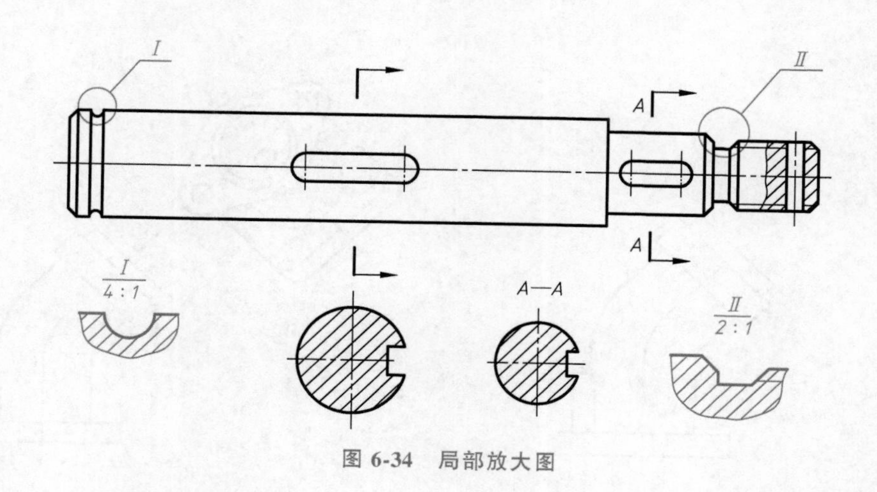

图 6-34　局部放大图

6.5　用计算机生成各种表达图

本节在5.5节的基础上进一步介绍用SOLIDWORKS软件生成各种表达图的方法。以如图6-35所示的弯管为例，说明弯管表达所需各种视图、剖视图的生成过程。本节所用命令均可在图5-29所示选项卡中单击命令按钮，或者在图5-30所示菜单中选择菜单命令进行调用。

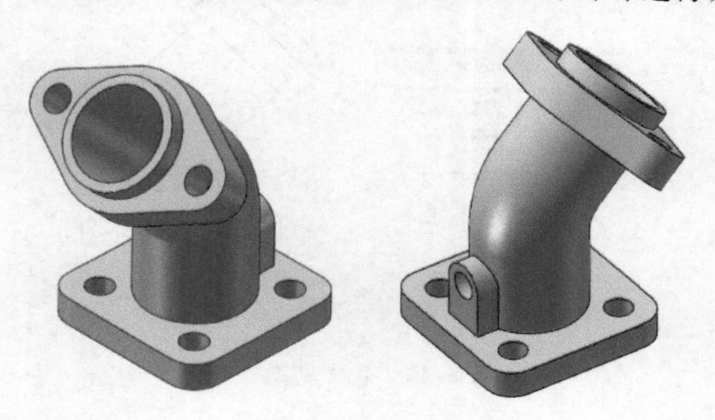

图 6-35　弯管

6.5.1　生成辅助视图

在SOLIDWORKS软件中表达倾斜结构的投影，可以利用“辅助视图”命令在已有视图的基础上生成斜视图。单击功能区“工程图”选项卡“辅助视图”按钮后，在已知投影视图上选择参考边线，如图6-36a所示。移动鼠标选择适当位置放置视图，生成如图6-36b所示的辅助视图A，自动生成的辅助视图与已知视图具有对齐的投影关系。为合理布图，可以解除辅助视图的对齐关系，独立移动视图，可以在视图边界内部（不是在模型上）单击鼠标右键，在弹出的快捷菜单中展开“视图对齐”子菜单并选择“解除对齐关系”命令，如图6-36c所示。独立移动辅助视图到适当的位置，如图6-36d所示。

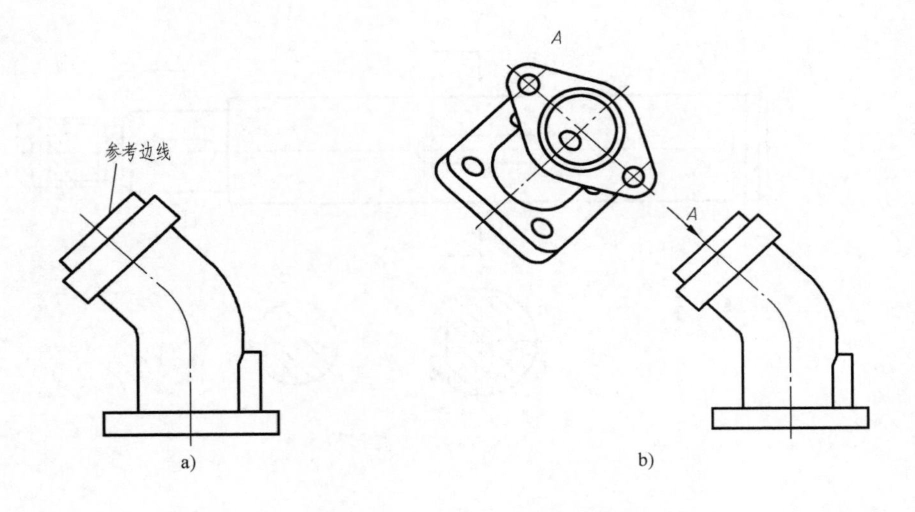

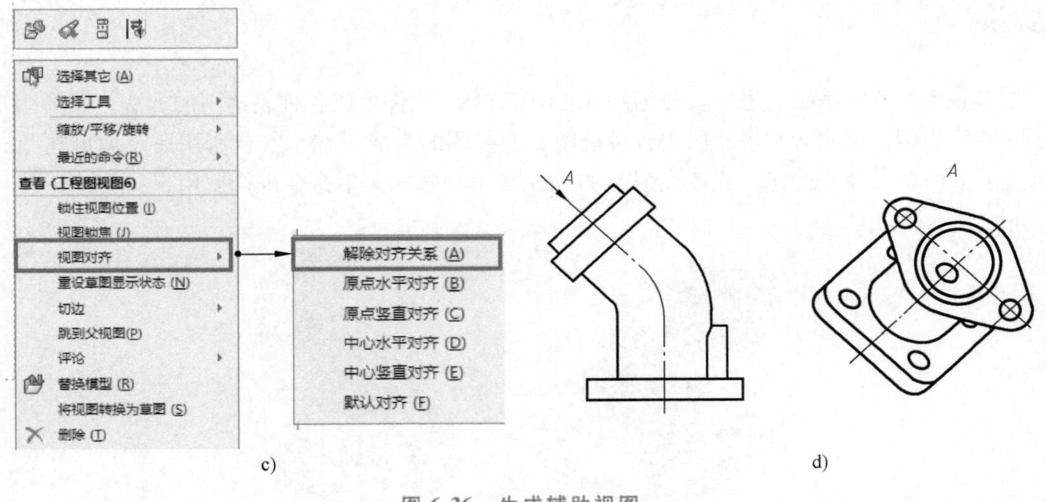

图 6-36　生成辅助视图

6.5.2　生成局部视图

在 SOLIDWORKS 软件中表达局部结构的投影，可以利用“局部视图”命令 来在已有视图基础上生成局部放大图。单击功能区“工程图”选项卡“局部视图”按钮 后，“局部视图”属性管理器中出现如图 6-37a 所示的提示，鼠标呈画圆状态。在现有视图需要局部放大的位置绘制一个圆，作为要放大部分的范围，如图 6-37b 所示。然后移动鼠标到适当位置单击，放置局部视图，如图 6-37c 所示。

局部放大图上的注释包括字母标号和比例。默认情况下，局部视图不与其他视图对齐，可以随意在工程图样上移动。放大的比例可以通过改变局部视图的自定义比例来修改。

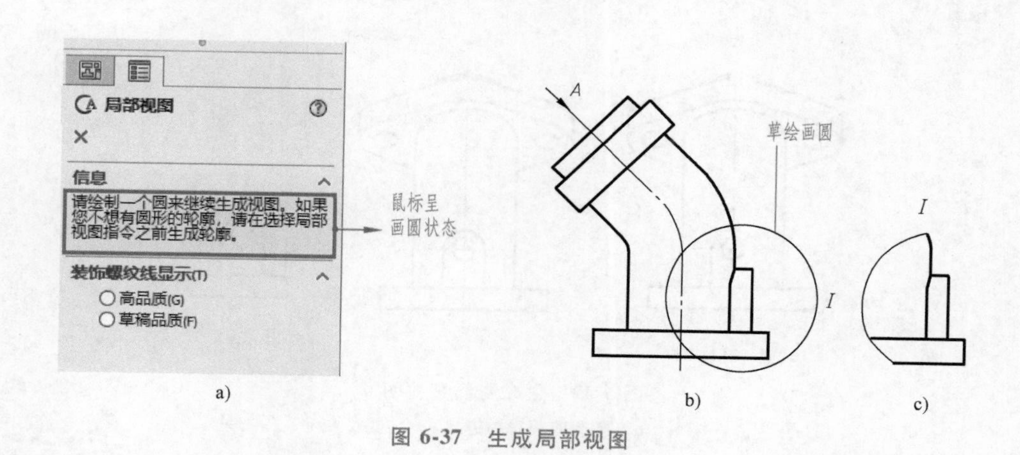

a) b) c)

图 6-37 生成局部视图

6.5.3 生成剪裁视图

对于在 SOLIDWORKS 软件中用“辅助视图”命令生成的斜视图，如图 6-36b 所示，可以利用“剪裁视图”命令进行剪裁以得到所需的局部斜视图。利用“样条曲线”命令在辅助视图上绘制封闭轮廓，如图 6-38a 所示。单击功能区“工程图”选项卡“剪裁视图”按钮，自动生成的剪裁视图如图 6-38b 所示，封闭轮廓外的部分消失。若在图 6-38b 所示剪裁视图内部单击鼠标右键，在弹出的快捷菜单中展开“剪裁视图”子菜单并选择“移除剪裁视图”命令，如图 6-38c 所示，则剪裁视图被移除，视图返回到其未剪裁的状态。如图 6-38d 所示，若对不必要的图线进行选择，单击鼠标右键并在弹出的快捷菜单中选择“隐藏边线”选项，再选择绘制的样条曲线，单击鼠标右键并在弹出的快捷菜单中选择“删除”选项，则可以得到图 6-38e 所示局部斜视图。

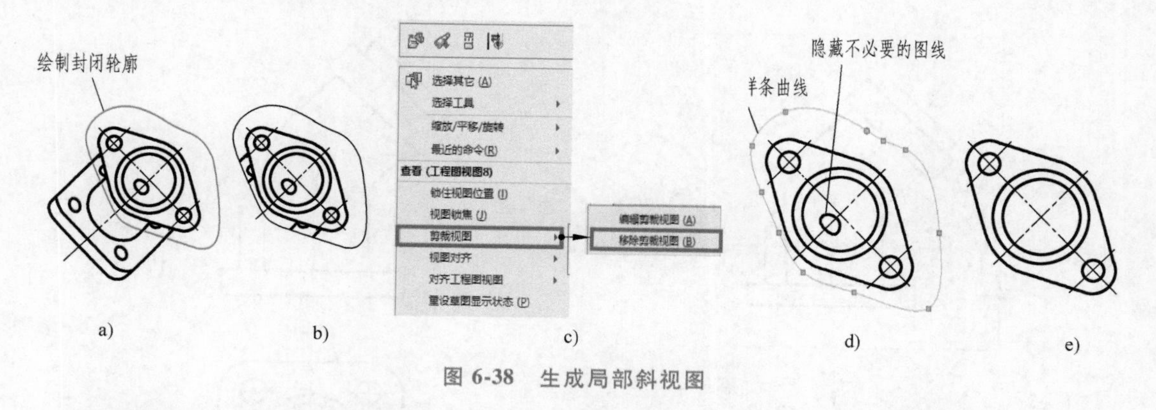

a) b) c) d) e)

图 6-38 生成局部斜视图

用同样的方法，可生成弯管的局部右视图来表达右侧凸台形状，如图 6-39 所示。

6.5.4 生成剖面视图

在 SOLIDWORKS 软件中利用“剖面视图”命令可以生成用单一剖切平面、几个相交

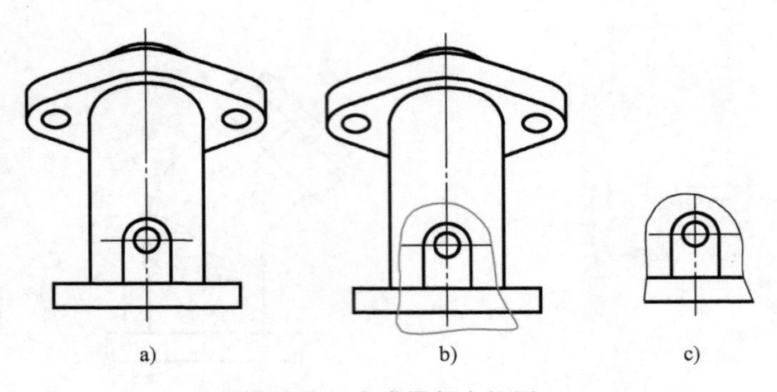

图 6-39 生成局部右视图

a）生成右视图 b）绘制剪裁视图边界 c）生成的局部右视图

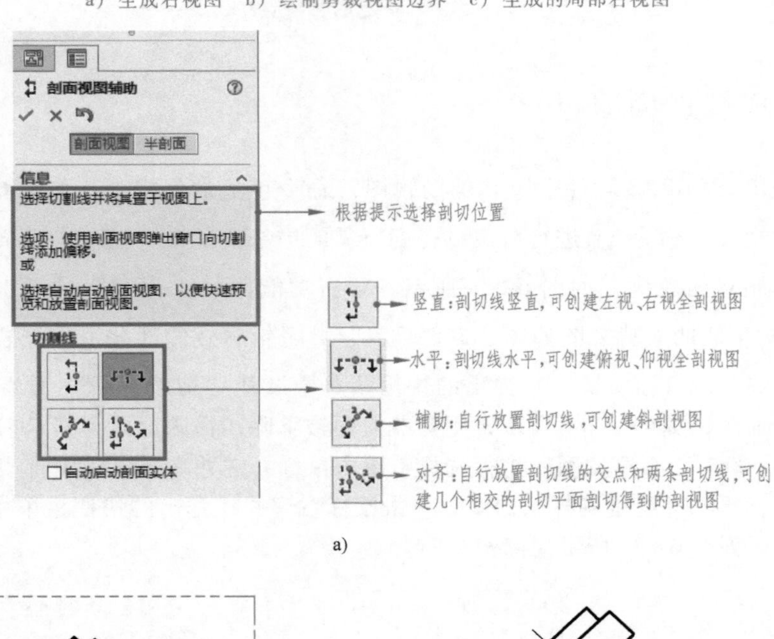

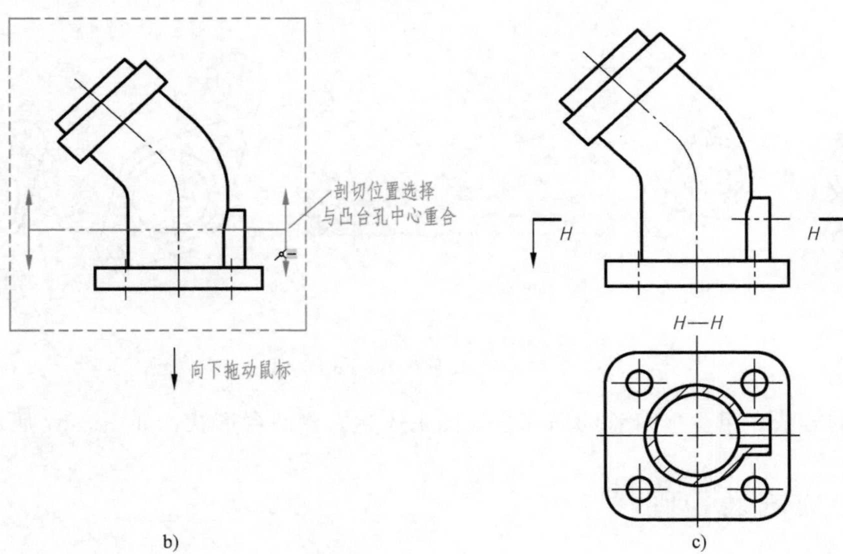

图 6-40 生成全剖视图

的剖切平面剖切得到的全剖视图及半剖视图。单击功能区“工程图”选项卡“剖面视图”按钮后，“剖面视图辅助”属性管理器如图 6-40a 所示。确定弯管俯视图剖切平面位置，如图 6-40b 所示，向下拖动鼠标生成全剖的俯视图，如图 6-40c 所示。

如果剖切位置不合适，可选择剖切线，然后单击鼠标右键并在弹出的快捷菜单中选择“编辑草图”命令，如图 6-41a 所示。对剖切线进行编辑，如图 6-41b 所示。单击快速访问工具栏“重建模型”按钮，即可生成改变剖切位置后的剖视图，如图 6-41c 所示。

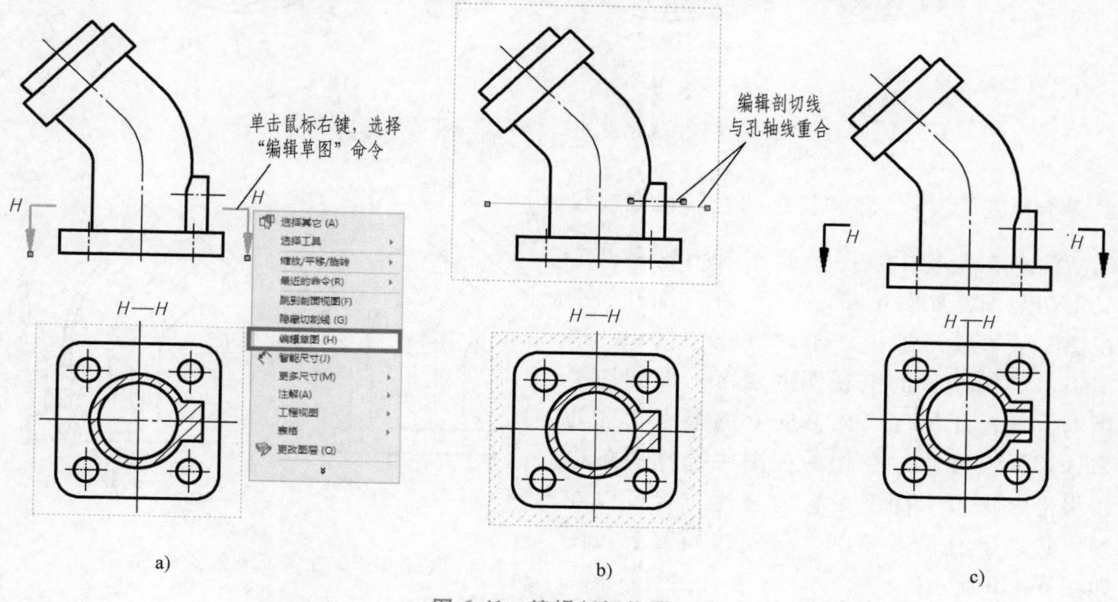

图 6-41　编辑剖切位置

6.5.5　生成相交的剖切平面剖切的剖视图

除了生成上述单一剖切平面剖切的全剖视图以外，SOLIDWORKS 软件中的“剖面视图”命令还提供了“对齐”选项，用以生成用相交的剖切平面剖切得到的全剖视图。

对如图 6-42a 所示的盘类零件，需用相交的剖切平面作剖视表达。首先载入模型并创建如图 6-42b 所示视图。接着单击功能区“工程图”选项卡“剖面视图”按钮，“剖面视图辅助”属性管理器如图 6-40a 所示，在“切割线”选项组选择“对齐”选项，绘制剖切位置，然后移动鼠标时会在相应的位置显示剖视图的预览，在所需的位置单击放置剖视图，如图 6-42c 所示。

6.5.6　生成断开的剖视图

在 SOLIDWORKS 软件中生成局部剖视图，可以利用“断开的剖视图”命令来在已有视图的基础上创建局部剖视图。单击功能区“工程图”选项卡“断开的剖视图”按钮

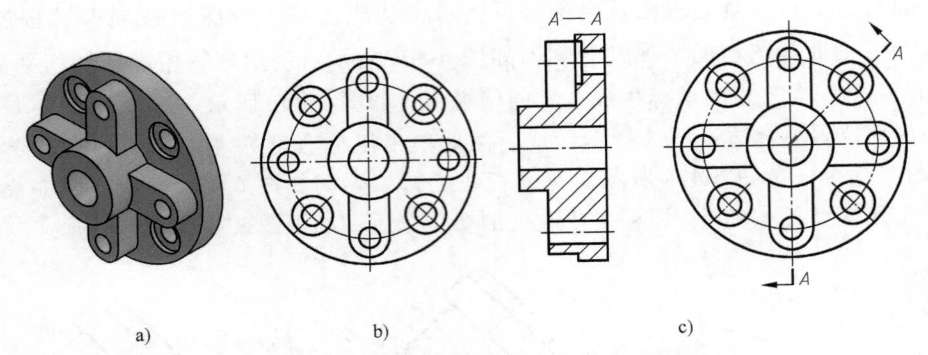

图 6-42　生成相交的剖切平面剖切的剖视图

后，指针变为 ，即“样条曲线”命令被自动激活。在弯管主视图上绘制封闭轮廓以定义剖切范围，如图 6-43a 所示。在“断开的剖视图”属性管理器中单击“预览”按钮，根据提示设置断开的剖视图的深度，即剖切平面的位置，此深度以该方向上的最大轮廓处来计算。也可通过在相关视图中选择一条边线来指定深度。深度设置的合适与否可以在预览状态下直接观察到。得到的局部剖视图如图 6-43b 所示。

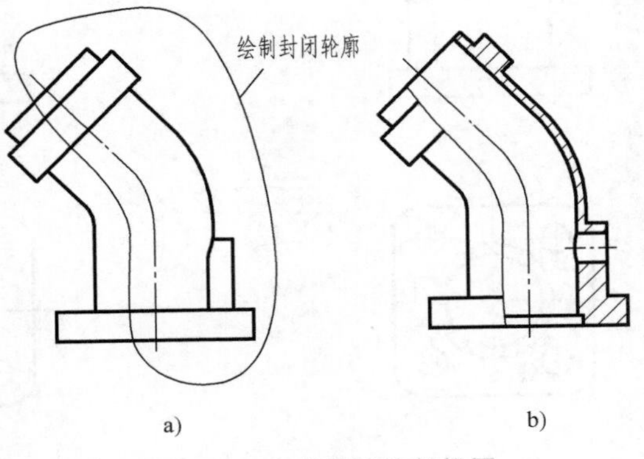

图 6-43　生成断开的剖视图

综上所述，利用 SOLIDWORKS 软件功能区“工程图”选项卡提供的各种命令，可以从三维实体模型直接生成各种视图及剖视图。综合各种表达方法得到的弯管工程图如图 6-44 所示。

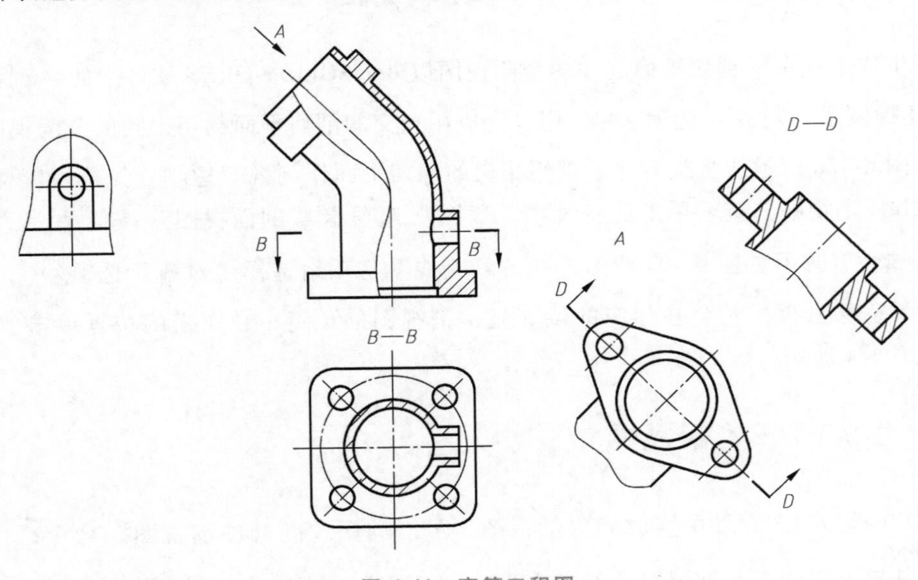

图 6-44　弯管工程图

第 7 章　零件建模

7.1　零件的结构分析

机械零件具有功能结构和工艺结构。功能结构取决于零件在机器中的功用，决定零件的主要结构形状。工艺结构取决于制造、加工、测量及装配的要求，决定零件的局部结构形状。

零件的结构分析就是从功能要求和工艺要求出发，对零件的各个结构进行分析，分析它们的作用。

7.1.1　常用加工方法

（1）铸造　指将金属熔化后注入型腔，凝固后形成与腔体同形的零件的加工方法。该方法能制造结构复杂的零件，应用范围广。常见的有砂型铸造、熔模铸造等。

（2）锻造　指金属坯料在压力的作用下产生塑性变形的加工方法。

（3）焊接　指通过局部加热并填充熔化金属，或用加压等方法使被连接件熔合而连接在一起的加工方法。焊接是一种常用的不可拆的连接方法，具有工艺简单、连接可靠、劳动强度低等优点。

（4）切削加工　指利用切削工具从毛坯上去除多余材料的加工方法。常用的切削加工方法有车、铣、刨、磨、钻、钳等。

（5）热处理　指将金属零件加热到一定温度，保温一段时间，然后以不同冷却速度冷却，获得不同的组织及材料性能的加工方法。

零件的功能不同，形状各异，加工方法也各不相同。对常见的零件，一般先铸造形成毛坯，再对其形状、尺寸及表面质量要求高的部位进行切削加工，并对零件进行热处理以保证其力学性能。零件设计时应考虑加工过程及方法，以使所设计的零件合理，便于加工制造。

7.1.2　铸造工艺结构

1. 起模斜度与铸造圆角

如图 7-1 所示，在铸造零件毛坯时，为了便于将木模从砂型中取出来，零件的内、外壁沿起模方向应有一定的斜度，称为起模斜度。为了防止铸件浇注时在转角处产生落砂，避免铸件冷却时产生缩孔或裂纹，在铸件各表面相交处都做成圆角，称为铸造圆角。

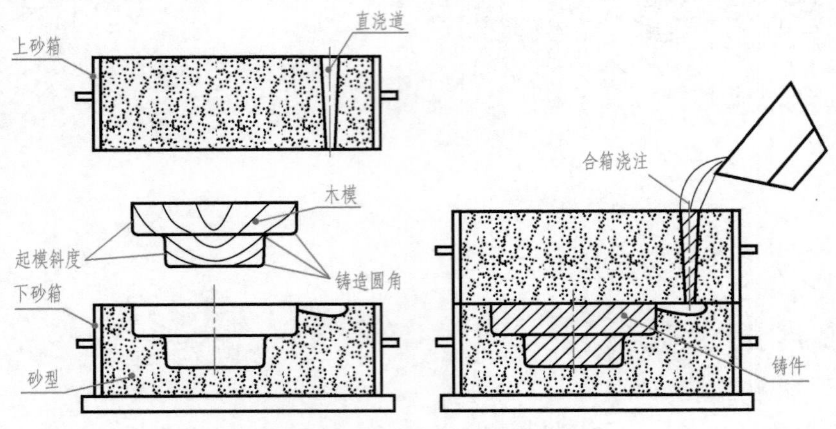

图 7-1　铸造铸型及工艺结构

2. 铸件壁厚

为防止铸件浇注时由于冷却速度不一致而产生裂纹和缩孔，如图 7-2a 所示，在设计铸件时，壁厚应尽量均匀或逐渐过渡，如图 7-2b、c 所示，避免壁厚突变或局部肥大现象。

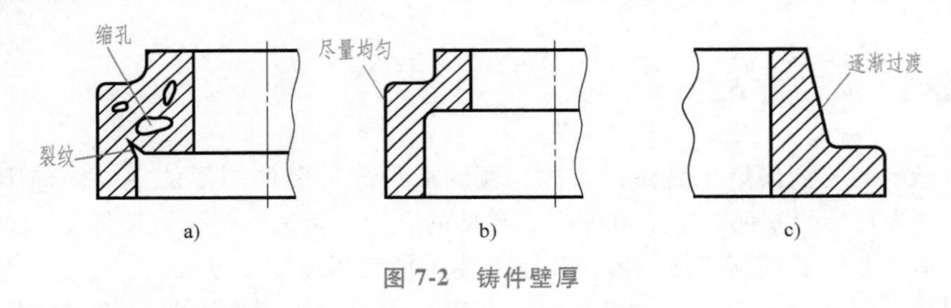

图 7-2　铸件壁厚

综上所述，由工艺特点所决定，铸造零件通常都带有一定的起模斜度（通常为 3°，画图时可以省略不画），面与面之间以圆角来过渡，且壁厚均匀，如图 7-3 所示。

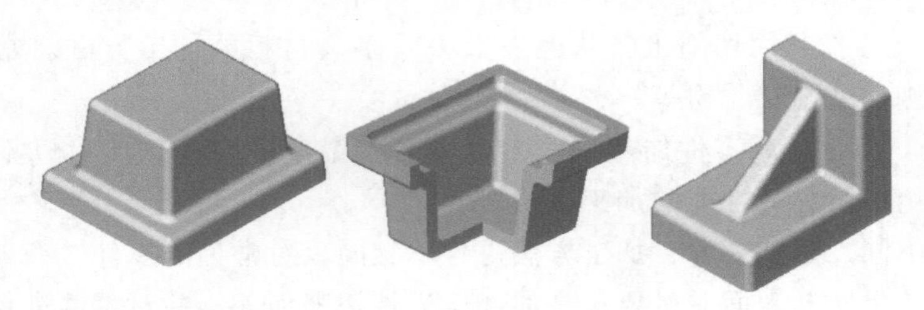

图 7-3　铸造零件建模

7.1.3　切削工艺结构

1. 倒角与倒圆

为了去除机械加工后的毛刺、锐边，便于装配及保证操作安全，在轴端、孔口做出圆锥台，即倒角；为了避免因应力集中而产生裂纹，在轴肩处往往用圆角过渡，即倒圆，如图 7-4a 所示。

2. 退刀槽和砂轮越程槽

为在切削加工时便于退刀，且在装配时保证与相邻零件的端面靠紧，在轴的根部和孔的底部做出的环形沟槽，即退刀槽和砂轮越程槽，如图 7-4b 所示。

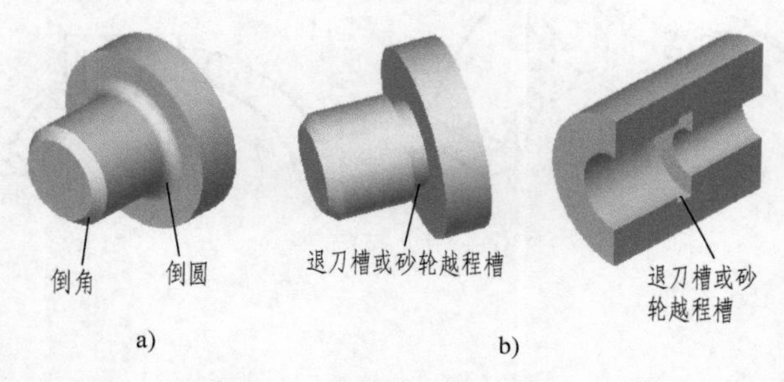

图 7-4　机械加工工艺结构

3. 凸台和沉孔

为保证装配时零件间的接触面接触良好，铸件与其他零件相接触的面都要进行切削加工。为减少加工面，降低制造成本，通常在零件上设计出凸台、沉孔、凹槽和凹腔等结构，如图 7-5 所示。

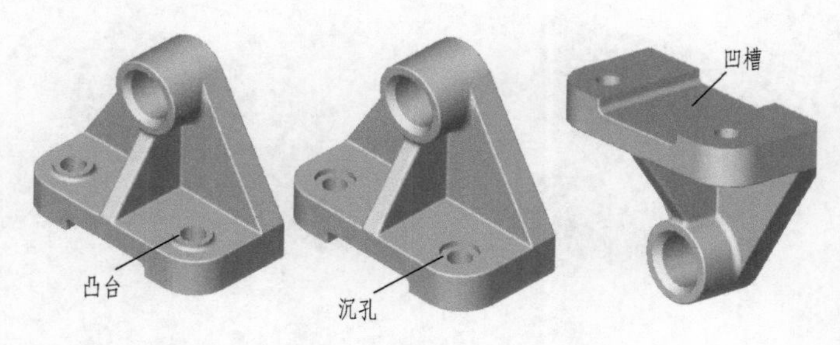

图 7-5　凸台和沉孔

4. 钻孔

用钻头钻孔时，为避免钻头折断，保证钻孔质量，应使钻头尽量垂直于零件被钻孔的表面。当在曲面、斜面上钻孔时，一般应做出凸台、凹坑平面作为钻孔平面，如图 7-6 所示。加工盲孔（或称为不通孔）时，末端应有 120°钻头角，钻孔深度为圆柱部分的深度，如图 7-7 所示。

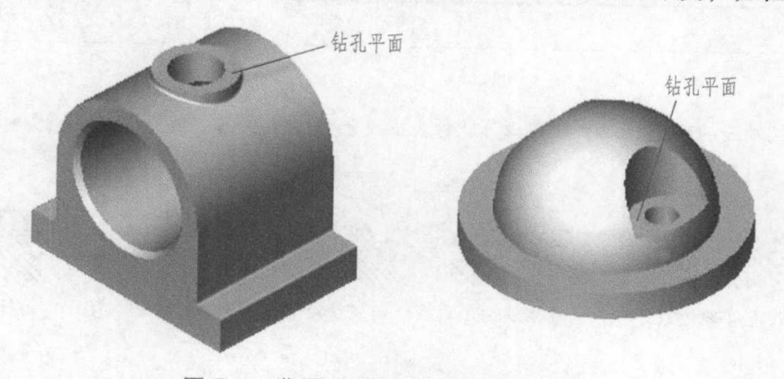

图 7-6　曲面上的凸台与凹坑钻孔平面

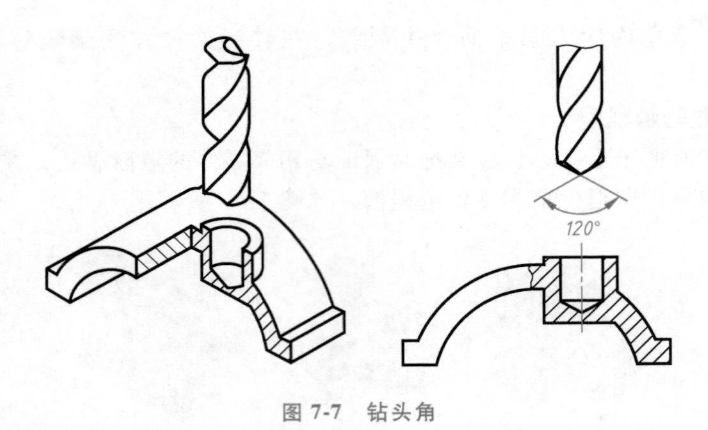

图 7-7　钻头角

7.1.4　常见功能结构

1. 螺纹

螺纹是零件上一种常见的功能结构，主要用于零件间的联接或动力传动，它分为内螺纹和外螺纹，如图 7-8 所示。

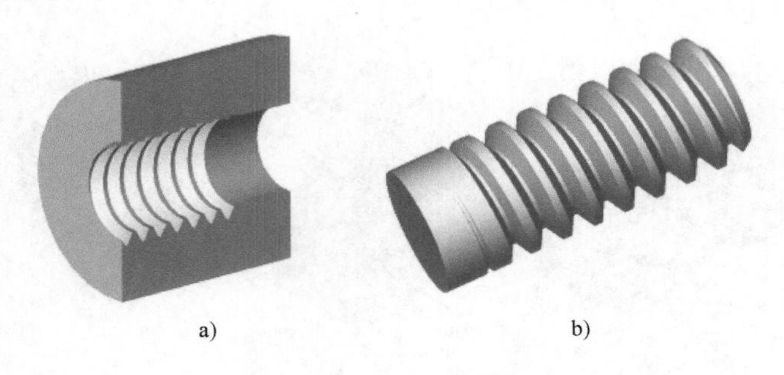

图 7-8　螺纹
a）内螺纹　b）外螺纹

螺纹要素有牙型、直径、线数、螺距和导程、旋向，见表 7-1。

表 7-1　螺纹要素

要素	图示与说明
牙型	在通过螺纹轴线的剖面上，螺纹的轮廓形状称为螺纹牙型，常见的有三角形、梯形、矩形等 60°　30°　55°　30°　3° a) 三角形螺纹(M)　b) 梯形螺纹(Tr)　c) 管螺纹(G)　d) 锯齿形螺纹(B)　e) 矩形螺纹

（续）

要素	图示与说明
直径	大径：与外螺纹牙顶或与内螺纹牙底重合的假想圆柱面的直径称为螺纹的大径。内、外螺纹的大径分别用 D、d 表示 小径：与外螺纹牙底或与内螺纹牙顶重合的假想圆柱面的直径称为螺纹的小径。内、外螺纹的小径分别用 D_1、d_1 表示 中径：是一个假想圆柱的直径，即在大径与小径之间，其母线上螺纹牙型上的沟槽和凸起宽度相等。内、外螺纹的中径分别用 D_2、d_2 表示 螺纹的公称直径指大径 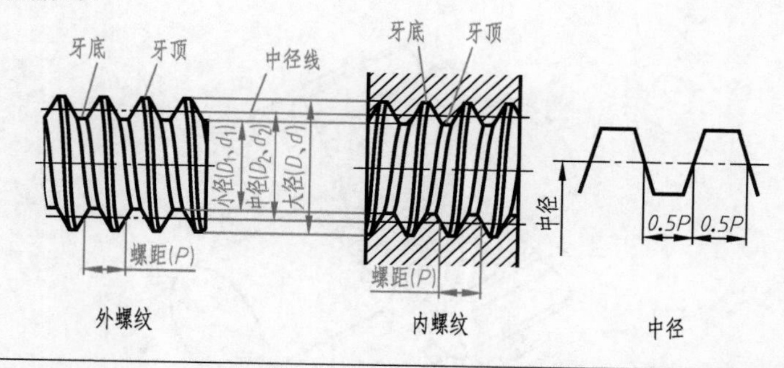 外螺纹　内螺纹　中径
线数	线数(n)指螺旋线的条数。沿一条螺旋线所形成的螺纹称为单线螺纹，普通螺纹、管螺纹多为单线螺纹；沿两条或两条以上在轴向等距分布的螺旋线所形成的螺纹称为双线螺纹或多线螺纹，由于其旋进速度较快，因此多用作传动螺纹  a) 单线螺纹　b) 双线螺纹
螺距和导程	螺纹上相邻两牙在中径线上对应两点之间的轴向距离称为螺距，用 P 表示。同一条螺旋线上相邻两牙在中径线上对应两点之间的轴向距离称为导程，用 P_h 表示 单线螺纹：$P_h=P$ 多线螺纹：$P_h=nP$
旋向	螺纹分右旋和左旋。内、外螺纹旋合时，顺时针旋转旋入的螺纹称为右旋螺纹；逆时针旋转旋入的螺纹称为左旋螺纹。工程上常用右旋螺纹

为了便于设计和加工，国家标准对螺纹的牙型、大径和螺距都做了规定。凡是这三项都符合标准的，称为标准螺纹；牙型符合标准，大径或螺距不符合标准的，称为特殊螺纹；牙型不符合标准的，称为非标准螺纹。内、外螺纹旋合的条件是五要素全部相同。

2. 键槽

工程上常用键将轴和轴上的零件（如齿轮、带轮等）联结起来，使它们和轴一起转动。因此，需要在轴和轮上加工出键槽。键槽加工如图 7-9 所示。装配时，键的一部分嵌在轴上键槽内，另一部分嵌在齿轮上键槽内，如图 7-10 所示。

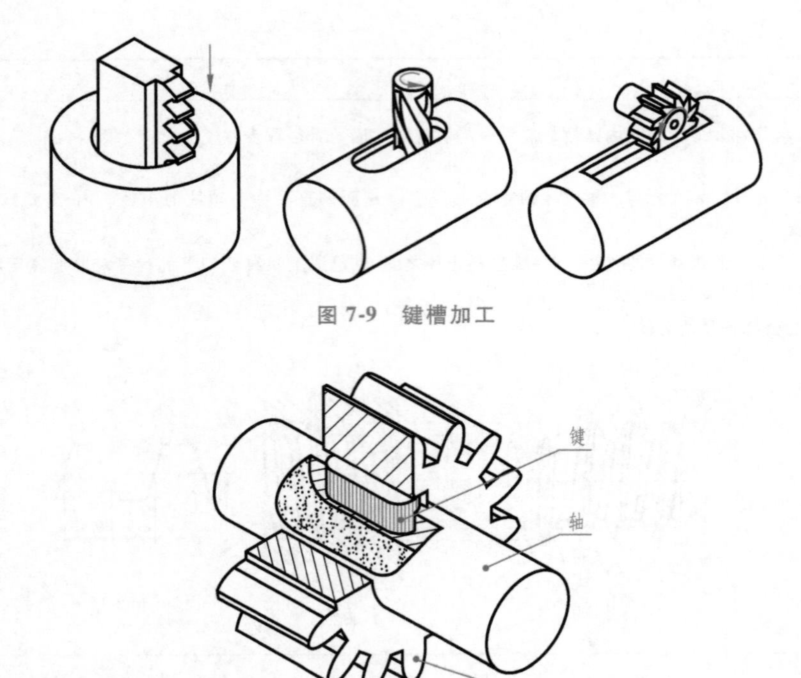

图 7-9　键槽加工

图 7-10　键联结

7.2 典型零件建模

零件建模在满足零件功能要求的同时，也要有必要的工艺结构。建模时应考虑到零件结构的特殊性，按照加工工艺过程进行，便于零件的制造、修改、检验及测量。下面利用SOLIDWORKS 软件进行零件的建模。

7.2.1 常见零件结构的建模

1. 拔模⊖

在利用“拉伸凸台/基体”“拉伸切除”等特征命令建模时，其属性管理器中均有“拔模开/关”按钮，单击“拔模开/关”按钮即可输入拔模角度，并设置方向，如图 7-11所示。如图 7-11a 所示为拉伸时，拔模方向为默认状态（向内）的情况；如图 7-11b 所示为拉伸切除时，勾选“向外拔模”复选框，拔模方向向外的情况。

2. 圆角

单击功能区“特征”选项卡中的“圆角”按钮，或者选择菜单栏“插入”→“特征”→“圆角”命令。

⊖ 按新的国家标准，“拔模”应改为“起模”，此处考虑软件对话框实际使用“拔模”，故保留原术语。

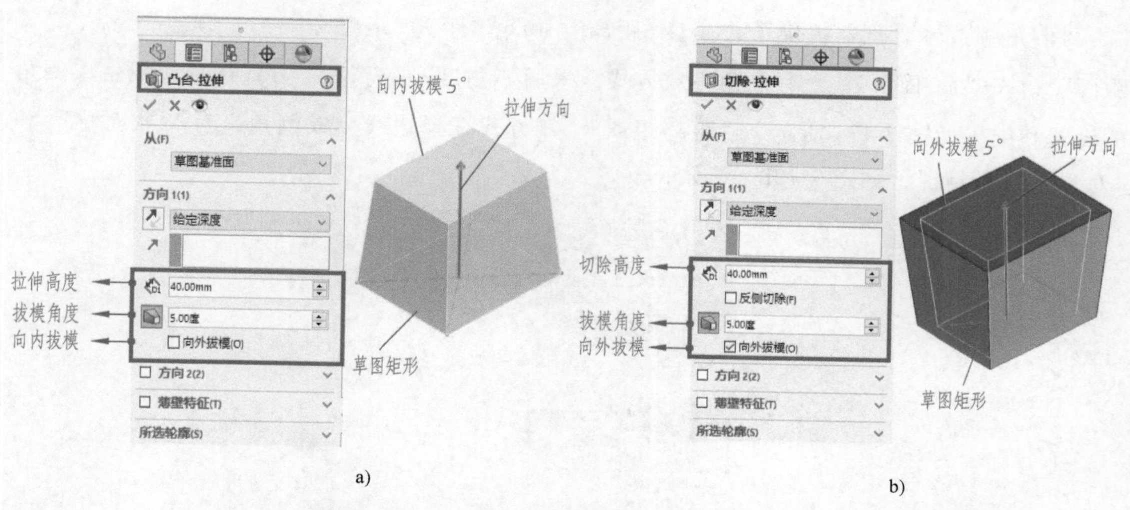

图 7-11　起模斜度
a）向内拔模　b）向外拔模

在生成圆角时，通常遵循以下规则：在添加小圆角之前添加较大圆角；当有多个圆角汇聚于一个顶点时，先生成较大的圆角；在生成圆角前先进行拔模；若要加快零件重建的速度，则可使用一个圆角命令来处理多条需要相同半径圆角的边线，当改变圆角的半径时，在同一操作中生成的所有圆角都会改变。常采用的圆角命令操作为在实体模型上选择边线或面来生成圆角，如图 7-12 所示。

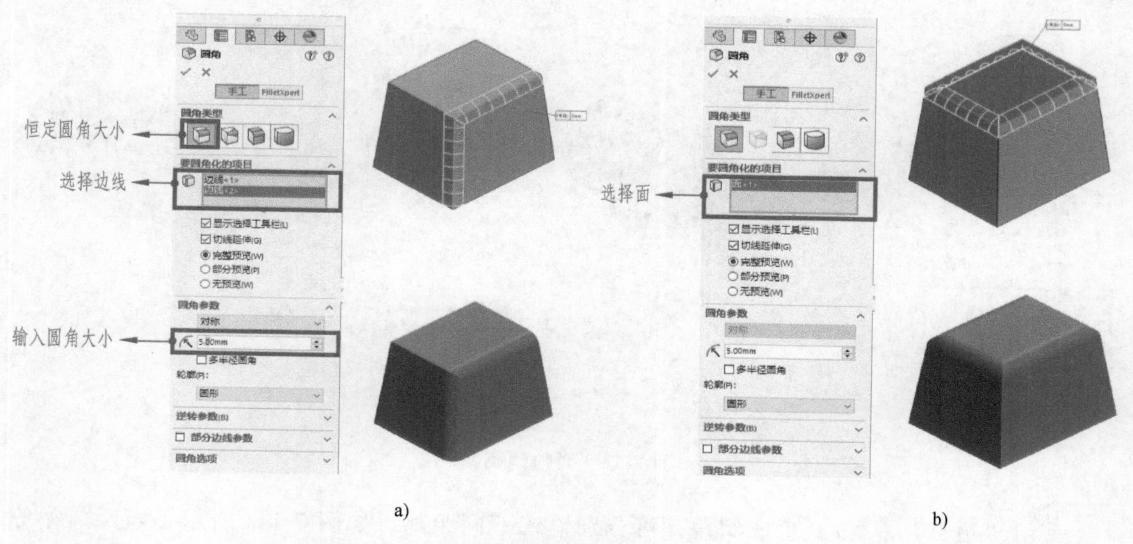

图 7-12　圆角
a）选择边线　b）选择面

3. 倒角

单击功能区“特征”选项卡上的“倒角”按钮，或者选择菜单栏“插入”→“特征”→“倒角”命令。

“倒角”属性管理器提供了“角度-距离”、“距离-距离”、“顶点”、“等距面”、“面-面”五种倒角生成方式。采用“角度-距离”方式选择边线生成倒角的设置和结果如图 7-13a 所示。“距离距离”方式选择边线生成倒角，有“非对称”和“对称”两种情况，如图 7-13b、c 所示。

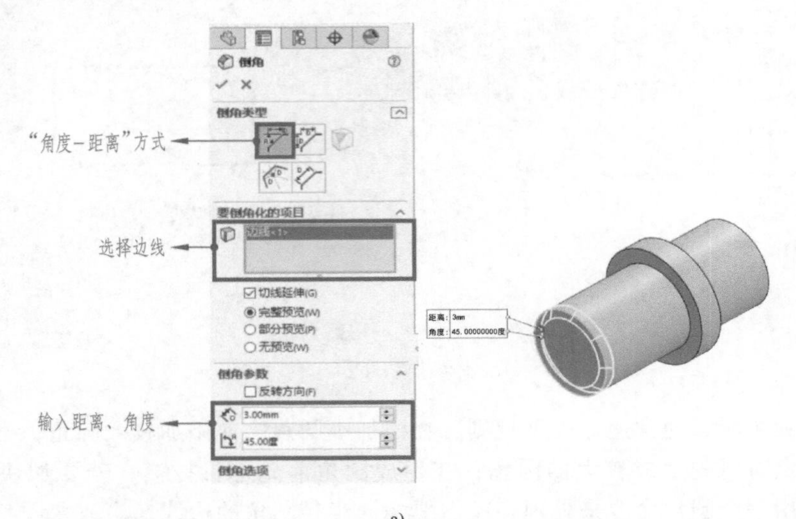

a)

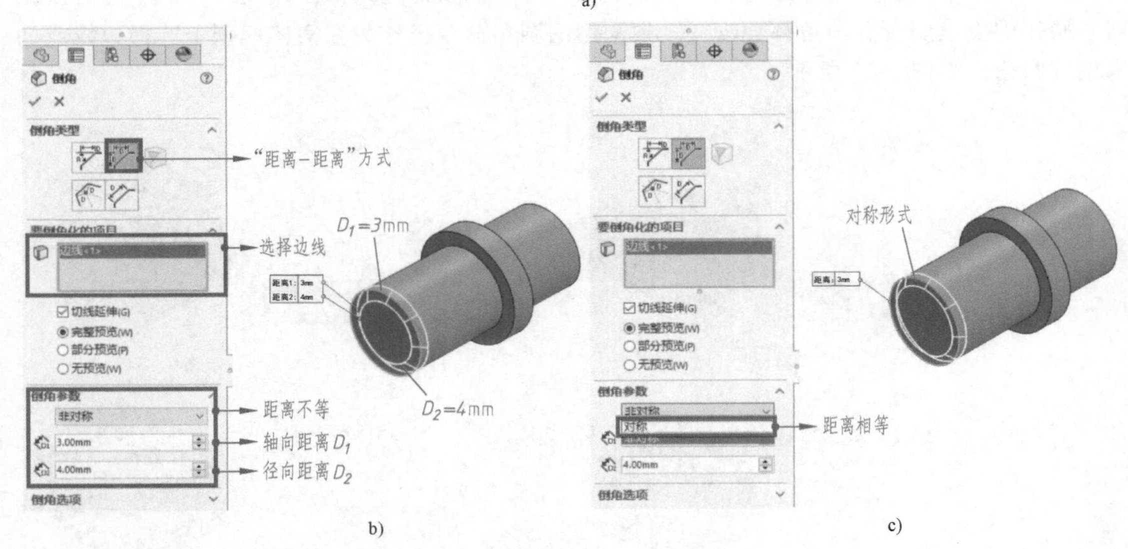

b)

c)

图 7-13 对边线倒角

采用“顶点”方式生成倒角，可分别输入不同距离，如图 7-14a 所示。当距离相等时，可勾选“相等距离”复选框来简化操作，如图 7-14b 所示。

4. 孔

功能区“特征”选项卡提供了“简单直孔”和“异型孔向导”两个孔的命令按钮，如图 7-15a 所示。一般最好在设计将近结束时生成孔，这样可以避免因疏忽而将材料添加到现有的孔内。此外，如果准备生成不需要其他参数的直孔，建议选择“简单直孔”命

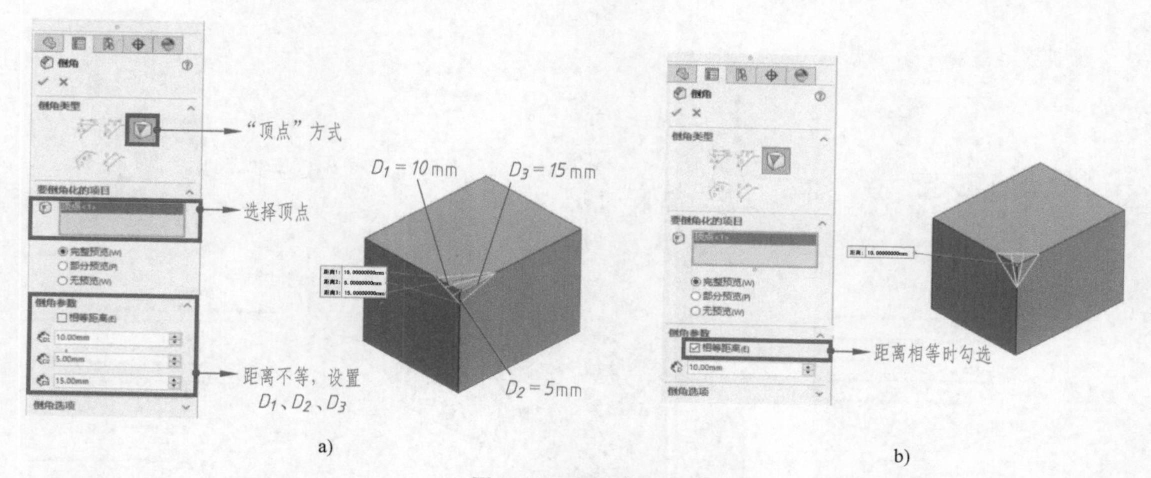

图 7-14　对顶点倒角

令。当需要生成带有多个参数的异型孔时，选择“异型孔向导”命令。

欲插入简单直孔，首先选择要生成孔的平面，单击“简单直孔”按钮，或者选择菜单栏“插入”→“特征”→“孔”→“简单直孔”命令，设置孔深值选项和孔直径值等，生成简单直孔，如图 7-15b 所示。在特征管理器设计树中，选中“孔”特征并单击鼠标右键，在弹出的快捷菜单中选择“编辑草图”命令，添加尺寸以定义孔的位置。若要改变孔的半径、深度或终止类型，在特征管理器设计树的此孔特征上单击鼠标右键，然后在弹出的快捷菜单中选择“编辑定义”命令进行必要的更改。

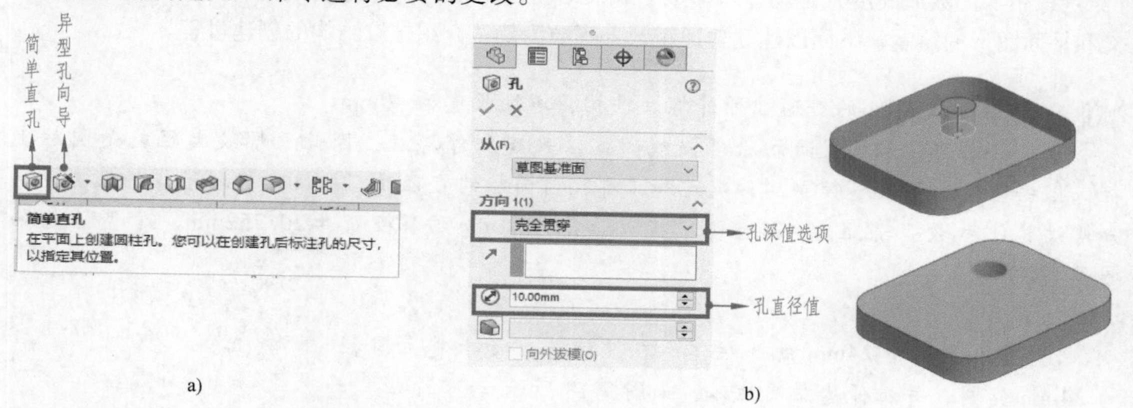

图 7-15　简单直孔

欲插入异型孔，单击“异型孔向导”按钮，或者选择菜单栏“插入”→“特征”→“孔”→“向导”命令，在弹出的“孔规格”属性管理器中包含“柱形沉头孔”、“锥形沉头孔”、“孔”、“直螺纹孔”、“锥形螺纹孔”、“旧制孔”、“柱形沉头孔槽口”、“锥形沉头孔槽口”、“槽口”等孔类型。单击选择“柱形沉头孔”孔类型，按如图 7-16a 所示进行参数设置，单击展开“位置”选项卡，根据提示在模型上选择打孔平面，即可自动生成相应的孔特征，如图 7-16b 所示。锥形沉头孔的参数设置如图 7-16c 所示。

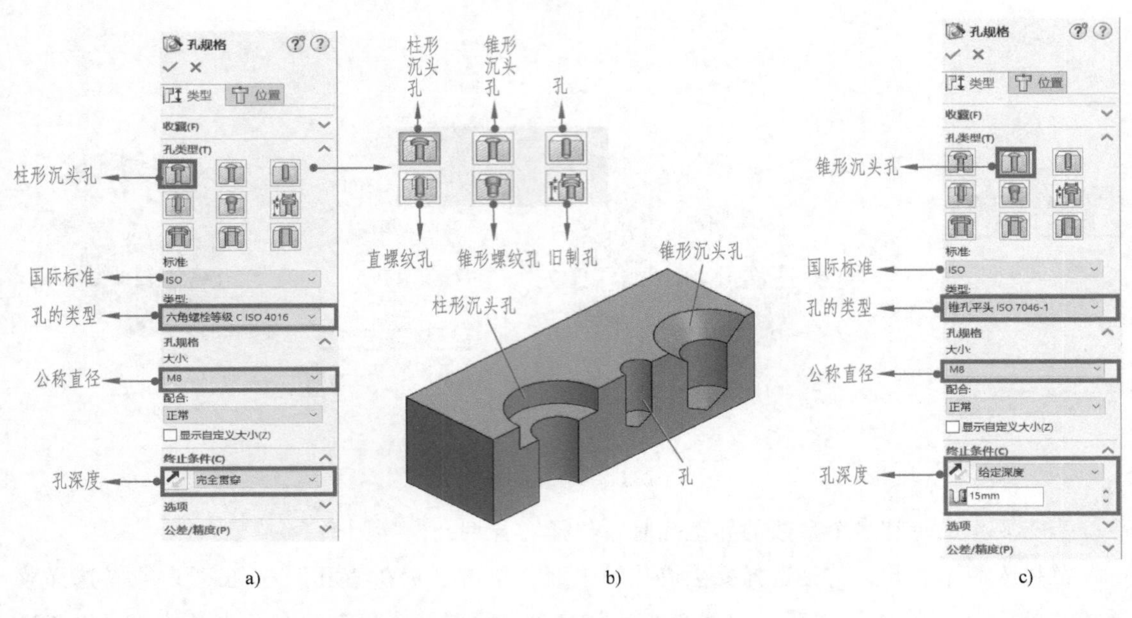

图 7-16 异型孔向导

5. 螺纹

螺纹建模需利用扫描或扫描切除特征。当一个平面图形（即牙型）沿着一条给定的螺旋线（给定螺距、圈数或高度）运动，就形成了螺纹结构。所以，创建螺纹结构的关键是螺旋线的定义和平面图形的绘制。下面以建立普通粗牙外螺纹为例，介绍螺纹结构的创建过程。

【例 7-1】 建立 M24 的普通粗牙外螺纹结构，螺纹长度为 40mm。

分析：采用在圆柱表面切除螺旋线的方法来建立外螺纹，因此，螺纹大径就是圆柱直径。根据给定的螺纹参数 M24，确定加工螺纹前圆柱的直径 $d=24$mm。查附录中的表 A-1 得知螺纹其他参数：螺距 $P=3$mm，中径 $d_2=22.051$mm，小径 $d_1=20.752$mm，牙型结构如图 7-17 所示。

微课视频：
7.2.1 例7-1

建模：

1）建立直径为 24mm 的圆柱体。在前视基准面上建立直径为 24mm 的圆，并拉伸建立圆柱体，如图 7-18 所示。

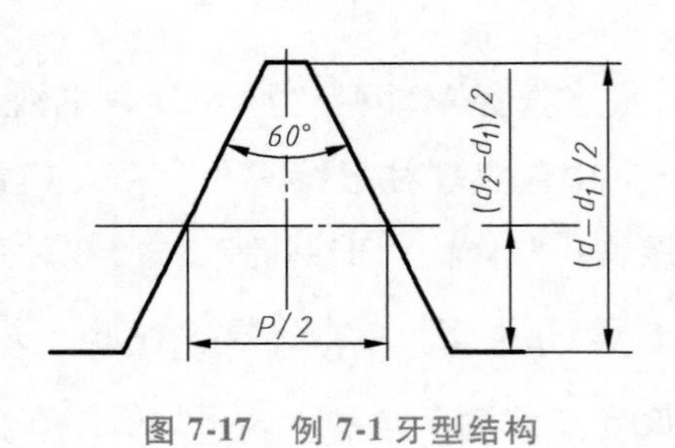

图 7-17 例 7-1 牙型结构

图 7-18 例 7-1 拉伸建立圆柱体

2）建立螺旋线。在圆柱体前视基准面的端面上，绘制与圆柱直径相等的圆。接着选择菜单栏“插入”→“曲线”→“螺旋线”命令，插入螺旋线。螺旋线的参数定义如图 7-19a 所示，其中顺时针代表右旋，得到如图 7-19b 所示的螺旋线。

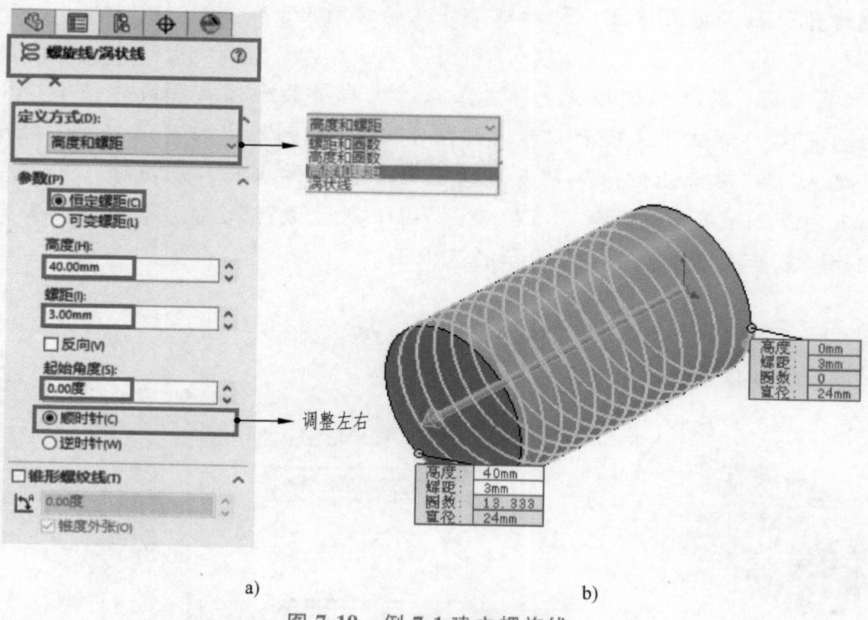

图 7-19　例 7-1 建立螺旋线

3）绘制牙型草图。在螺旋线起点处与螺旋线垂直的平面上绘制牙型草图，由于螺旋线的起始角度已经定义为 0°，因此，上视基准面即为牙型草图平面。牙型草图如图 7-20a 所示，添加草图端点与螺旋线的“穿透”关系。

4）建立扫描切除特征。以牙型草图为轮廓，以螺旋线为路径，建立扫描切除特征，得到如图 7-20b 所示的外螺纹。

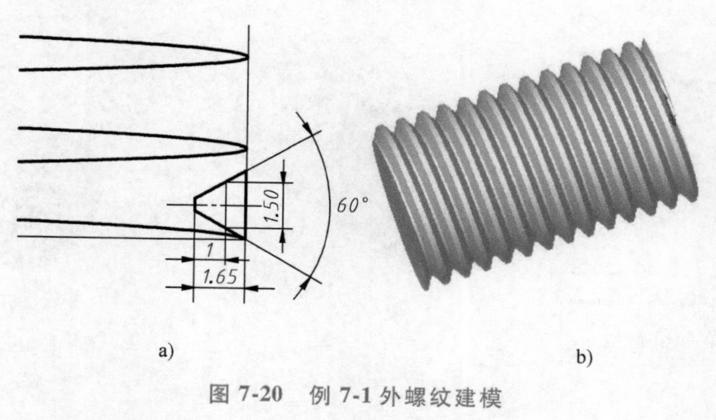

图 7-20　例 7-1 外螺纹建模

6. 键槽

下面以轴上的普通平键键槽为例，说明键槽的建模过程。

【例 7-2】 建立在轴径为 20mm 的轴段正中的普通平键键槽结构，键槽长 14mm、宽 6mm、深 3.5mm。

建模：

1）建立轴段模型。在前视基准面上建立直径为20mm的圆，选择“两侧对称”拉伸方式建立拉伸特征，并在轴端倒角，如图7-21a所示。

2）建立基准面。为保证键槽深度，建立与上视基准面平行且距离为轴半径10mm的基准面。单击功能区“特征”选项卡“参考几何体”下拉列表中的“基准面”按钮或者选择菜单栏“插入”→“参考几何体”→“基准面”命令，在弹出的“基准面1”属性管理器中输入参数，如图7-21b所示。参数选项按如图7-21c所示进行设置，即与上视基准面平行并与圆柱面相切，最后生成如图7-21d所示的基准面。

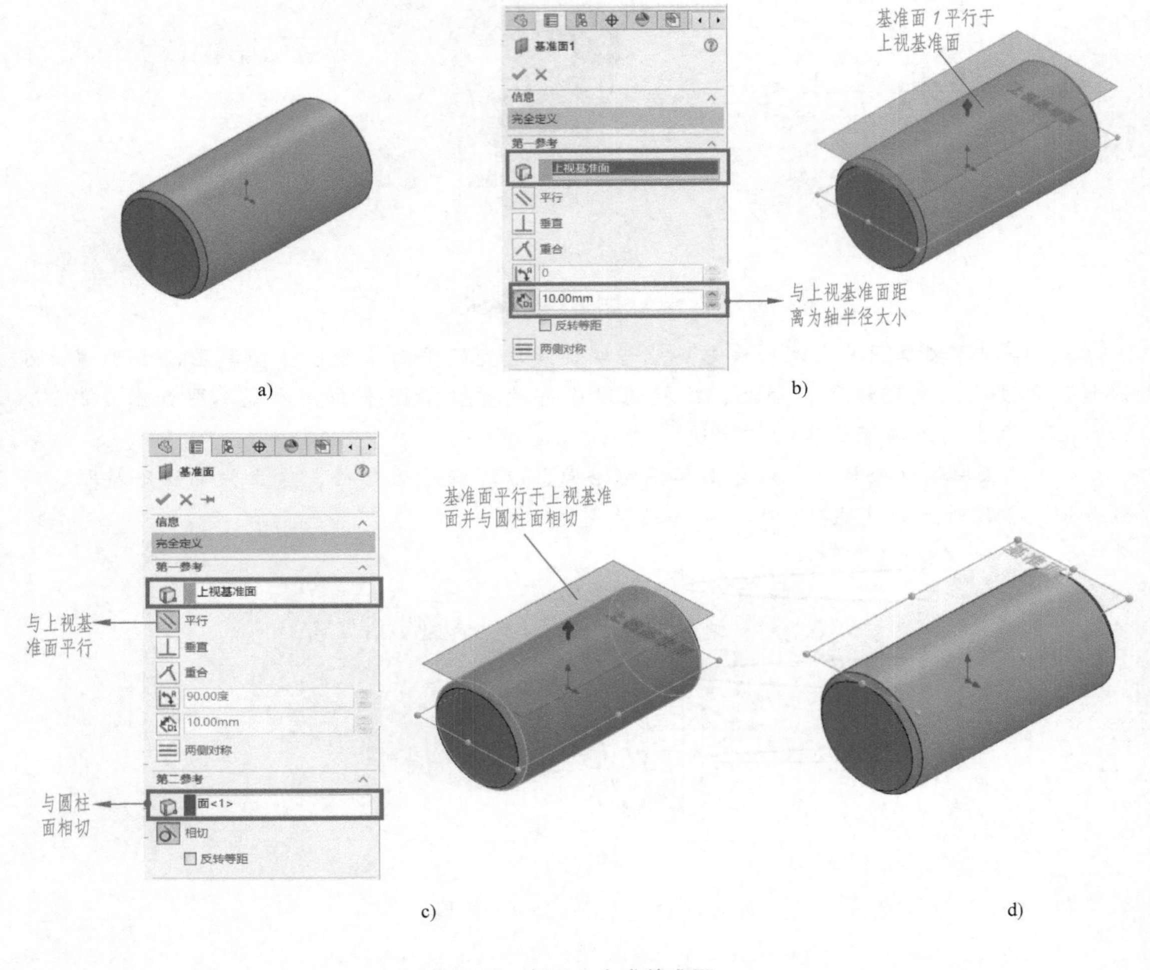

图7-21 例7-2生成基准面

3）建立键槽草图。在所建立的基准面上，绘制完全定义的键槽草图，如图7-22a所示。

4）切除键槽结构。选择“拉伸切除”命令，设置“给定深度”为键槽深度3.5mm，完成键槽建模，如图7-22b所示。

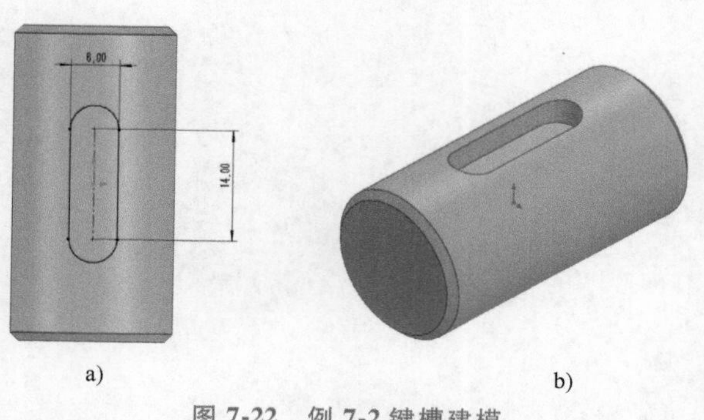

图 7-22　例 7-2 键槽建模

7.2.2　零件建模实例

【例 7-3】　完成如图 7-23 所示轮盘零件的建模。

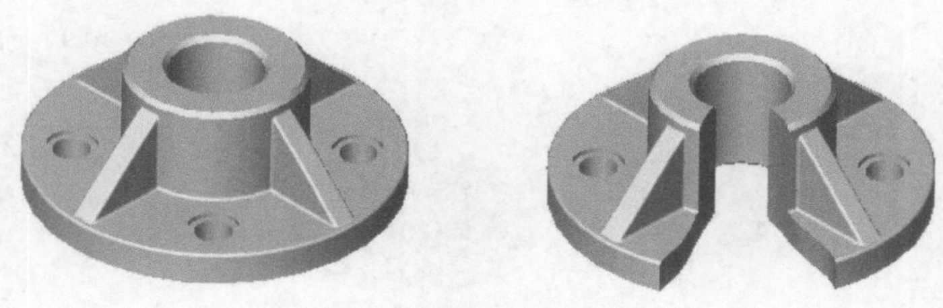

图 7-23　例 7-3 轮盘零件模型

分析：该零件基体为阶梯圆柱，宜采用拉伸方式首先建立基体模型。沉孔和肋板结构应在建模后采用圆周阵列方式形成。最后建立倒角、圆角等工艺特征。

建模：

1）基体建模。在上视基准面完成底座草图 1，如图 7-24a 所示，并退出草图编辑状态。在草图 1 显示状态下，在功能区“特征”选项卡中单击“拉伸凸台基体”按钮，在弹出的“凸台-拉伸”属性管理器中设置好拉伸距离参数，设置“给定深度”为 20mm，利用“所选轮廓”选项组选择草图 1 中的外圆环，然后进行拉伸，完成拉伸特征 1。在草图 1 显示状态下，再次单击“拉伸凸台/基体”按钮，重复创建特征 1 的操作过程，完成拉伸特征 2，如图 7-24b 所示。

2）插入异型孔。单击功能区“特征”选项卡上的“异型孔向导”按钮，以“柱形沉头孔”方式生成孔，选择大小为 M20，设置柱形沉头孔部分的直径为 30mm，深度为 3mm，在“位置”选项卡选择孔的生成面为底座上表面，如图 7-25a 所示。在特征管理器设计树中，选择定义柱形沉头孔生成位置的草图，利用右键快捷菜单单击“编辑草图”按钮，使其完全定义，如图 7-25b 所示，并退出草图编辑状态。

3）阵列柱形沉头孔。选择菜单栏“视图”→“临时轴”命令，使基体的轴线呈显示状态。单击功能区“特征”选项卡上的“圆周阵列”按钮，设置各参数，如图 7-26a 所示，

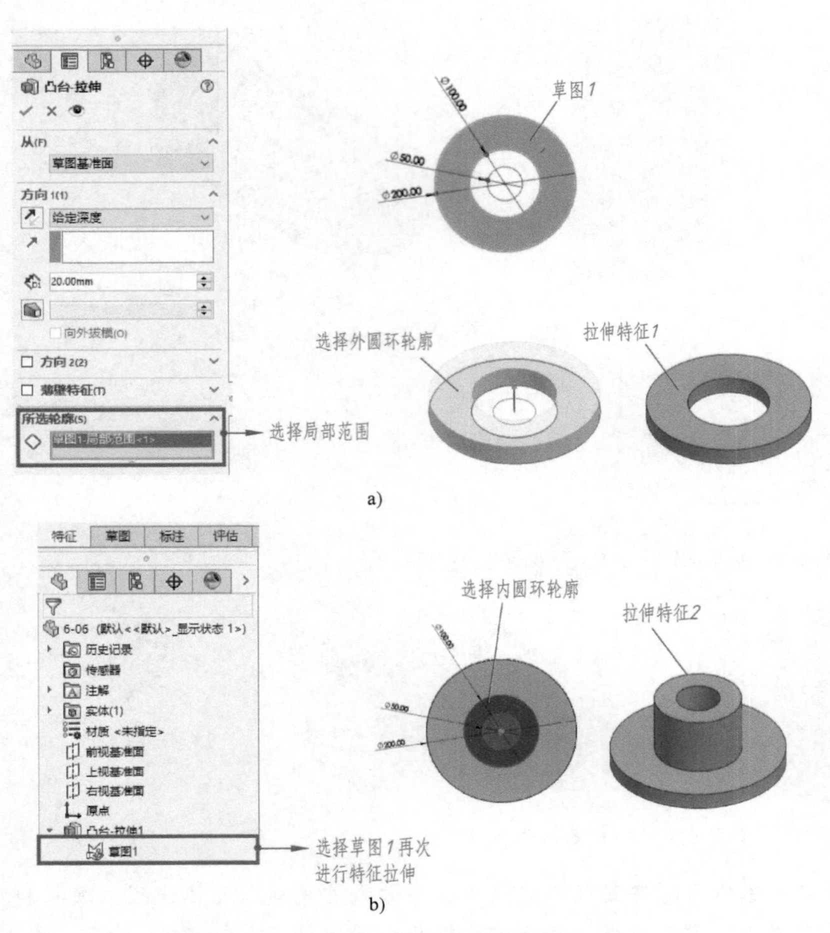

a)

b)

图 7-24 例 7-3 基体建模

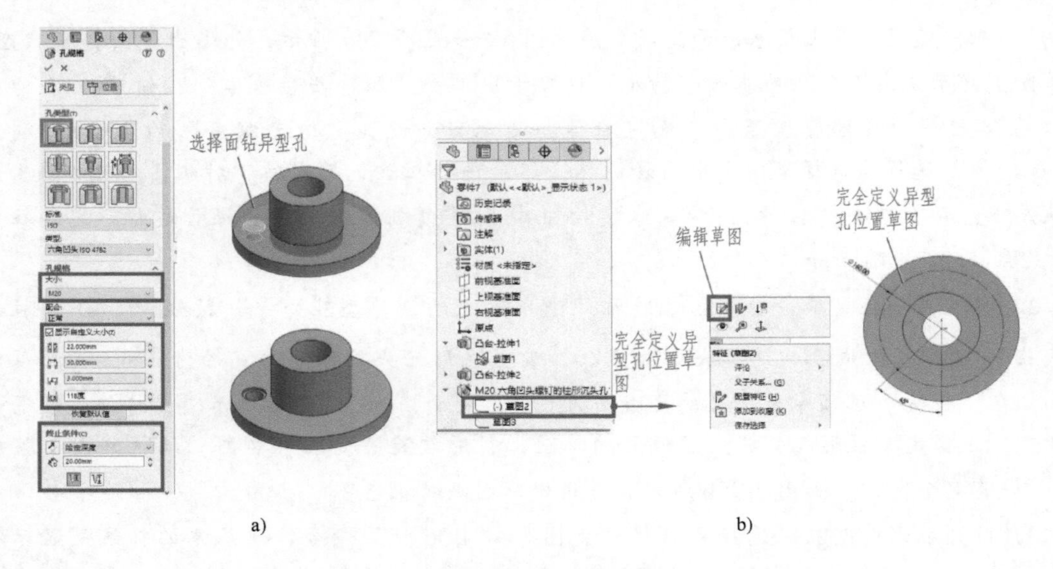

a)

b)

图 7-25 例 7-3 插入异型孔

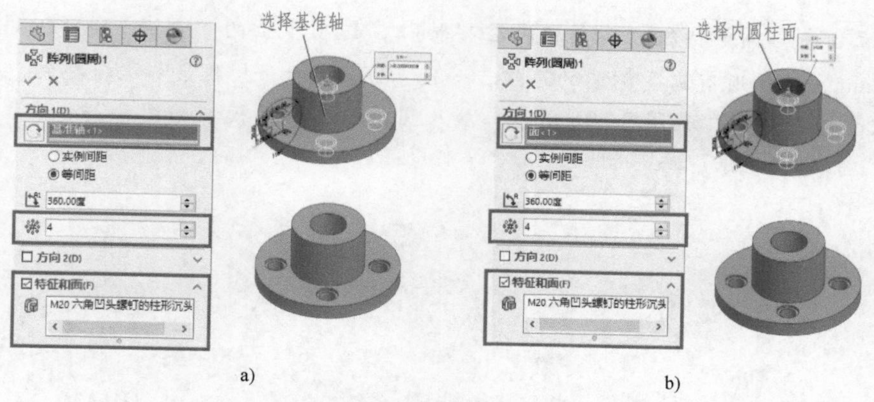

图 7-26　例 7-3 阵列柱形沉头孔

完成柱形沉头孔的阵列。也可按如图 7-26b 所示方式选择内圆柱面生成柱形沉头孔的阵列。

4）建立筋[㊀]特征。在右视基准面上，完成筋的草图，如图 7-27a 所示。单击功能区“特征”选项卡上的“筋”按钮，在弹出的“筋 1”属性管理器中设置各参数，如图 7-27b 所示。

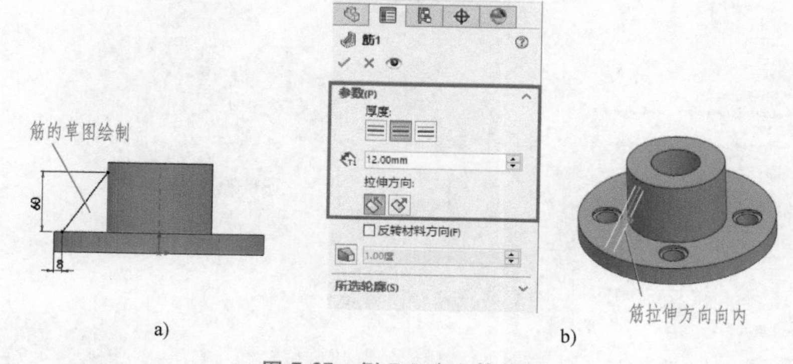

图 7-27　例 7-3 建立筋特征

5）阵列筋特征。单击功能区“特征”选项卡上的“圆周阵列”按钮，设置各参数，完成筋特征的阵列，同样有不止一种方式，如图 7-28 所示。

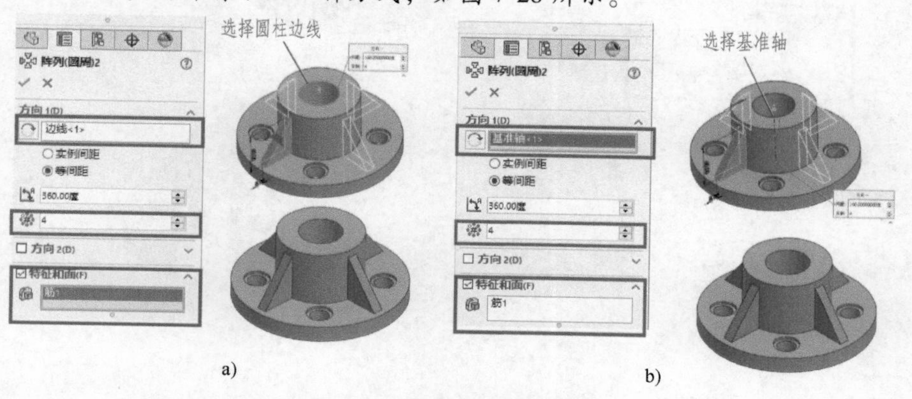

图 7-28　例 7-3 阵列筋特征

㊀ 按新的国家标准，“筋”应改为“肋”，此处为与软件对话框命令对应，保留“筋”。

6）建立圆角与倒角特征。单击功能区“特征”选项卡上的“圆角”按钮，设铸造圆角均为3mm，选择所有需要倒圆的边线，如图7-29a所示。按住鼠标滚轮拖动，可任意旋转模型，便于选择边线，如图7-29b所示。加入圆角特征后的模型如图7-29c所示。同理加入“倒角”特征，如图7-29d～f所示。

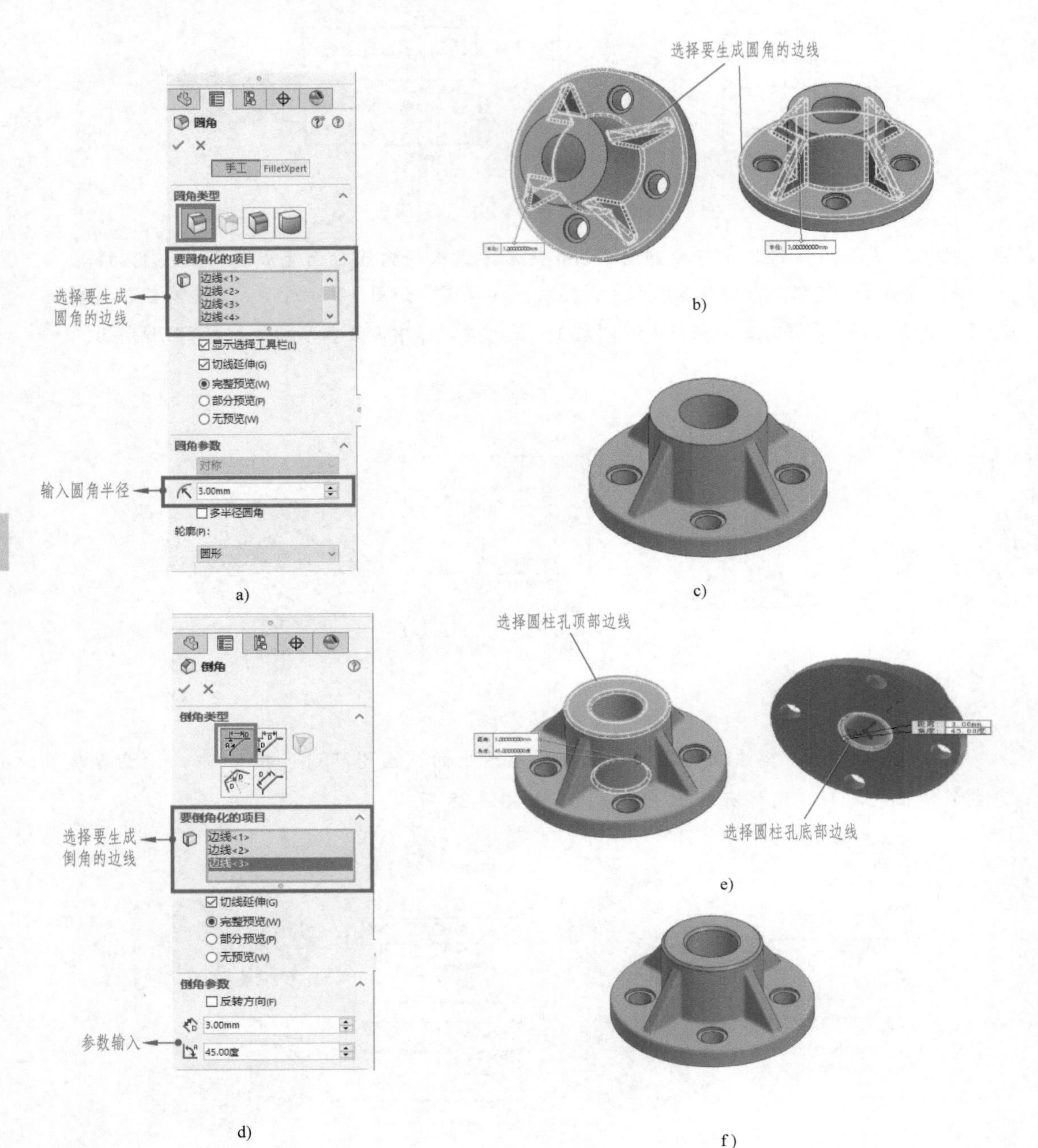

图7-29　例7-3建立圆角与倒角特征

【例 7-4】 完成图 7-30 所示叉架零件的建模。

分析：该零件由连接板、支杆、耳板、圆柱孔、槽及沉孔等主要结构组成。难点是支杆的建模，由于其为倾斜结构，故建模时需要建立辅助基准面，即支杆的上端面。在此辅助基准面上建立反映支杆直径的草图，拉伸成形到下一面，即可完成支杆建模。

建模：

1）连接板建模。在右视基准面上完成连接板草图，如图 7-31a 所示。建立“给定深度”为 20mm 的拉伸特征，如图 7-31b 所示。给连接板添加圆角特征，圆角半径为 10mm，完成连接板建模，如图 7-31c 所示。

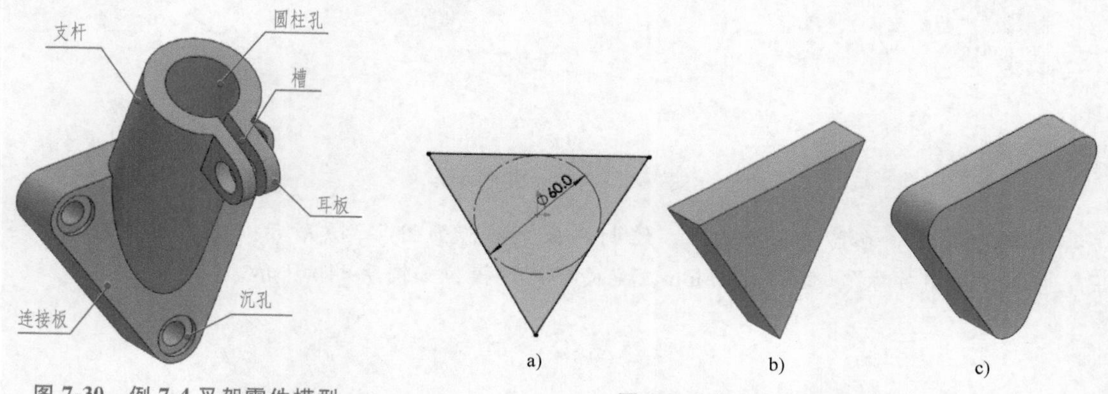

图 7-30　例 7-4 叉架零件模型

图 7-31　例 7-4 连接板建模

2）建立辅助基准面。首先在右视基准面上绘制草图中心线，如图 7-32a 所示。退出草图后建立过顶点并与草图中心线垂直的基准面 1，如图 7-32b～d 所示。

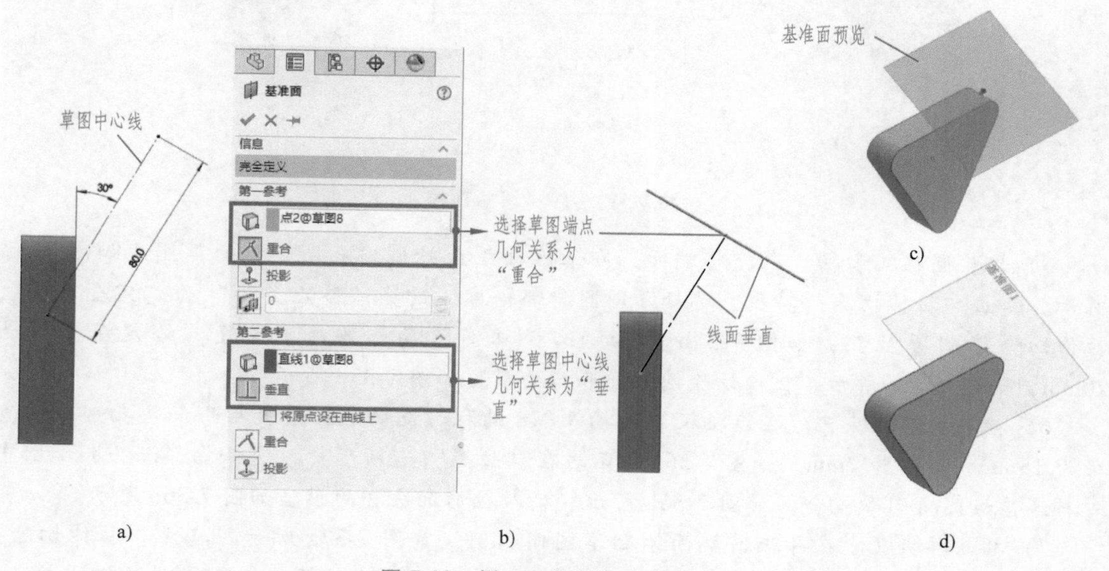

图 7-32　例 7-4 建立辅助基准面

3）支杆建模。在基准面1上绘制草图圆，使其圆心与基准面1的原点重合，直径为 ϕ40mm，如图7-33a所示。建立拉伸特征，终止条件为“成形到实体”，选择实体并勾选“合并结果”复选框，如图7-33b所示。完成支杆建模，如图7-33c所示。

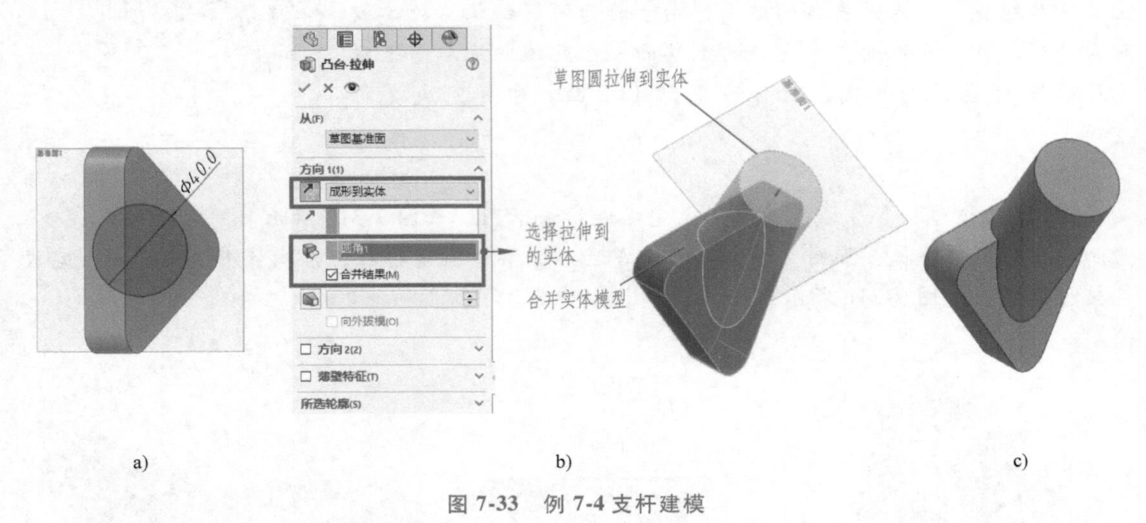

图7-33　例7-4支杆建模

4）耳板建模。在前视基准面上，绘制耳板草图，如图7-34a所示。建立拉伸特征，终止条件为“两侧对称”，距离为15mm，完成耳板建模，如图7-34b所示。

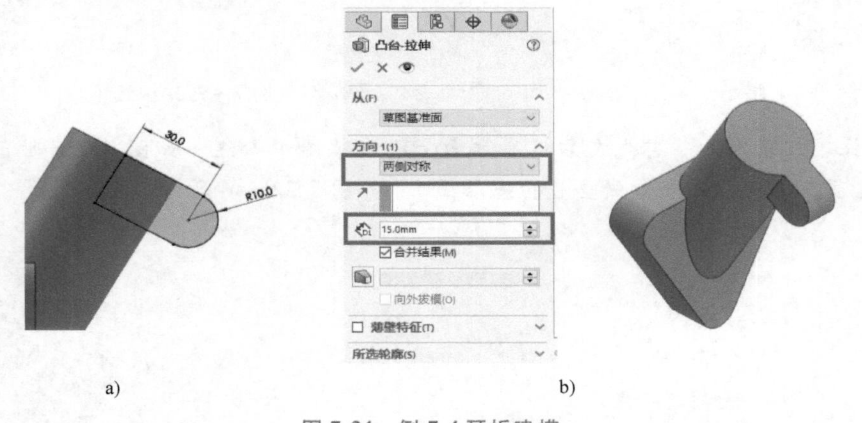

图7-34　例7-4耳板建模

5）切除圆柱孔和槽。在支杆端面，即基准面1上绘制内孔圆、槽的草图，如图7-35a所示。建立“拉伸切除”特征，选择草图圆局部轮廓，设置“终止条件”为“完全贯穿”，拉伸切除得到圆柱孔，如图7-35b所示。选择草图槽局部轮廓，设置“给定深度”为20mm，如图7-35c所示。拉伸切除圆柱孔和槽的模型如图7-35d所示。

6）插入柱形沉头孔。在连接板表面插入M8的柱形沉头孔，设置柱形沉头孔部分的直径为15mm，深度为2mm，如图7-36a所示。在“位置”选项卡中，选择柱形沉头孔草图中心与连接板圆角圆心重合，如图7-36b所示。插入柱形沉头孔的模型如图7-36c所示。

7）插入耳板孔。在耳板前端面绘制草图同心圆，如图7-37a所示。建立“拉伸切除”特征，选择 ϕ8mm 草图圆，设置“终止条件”为“完全贯穿”，拉伸切除得到两侧圆柱孔，

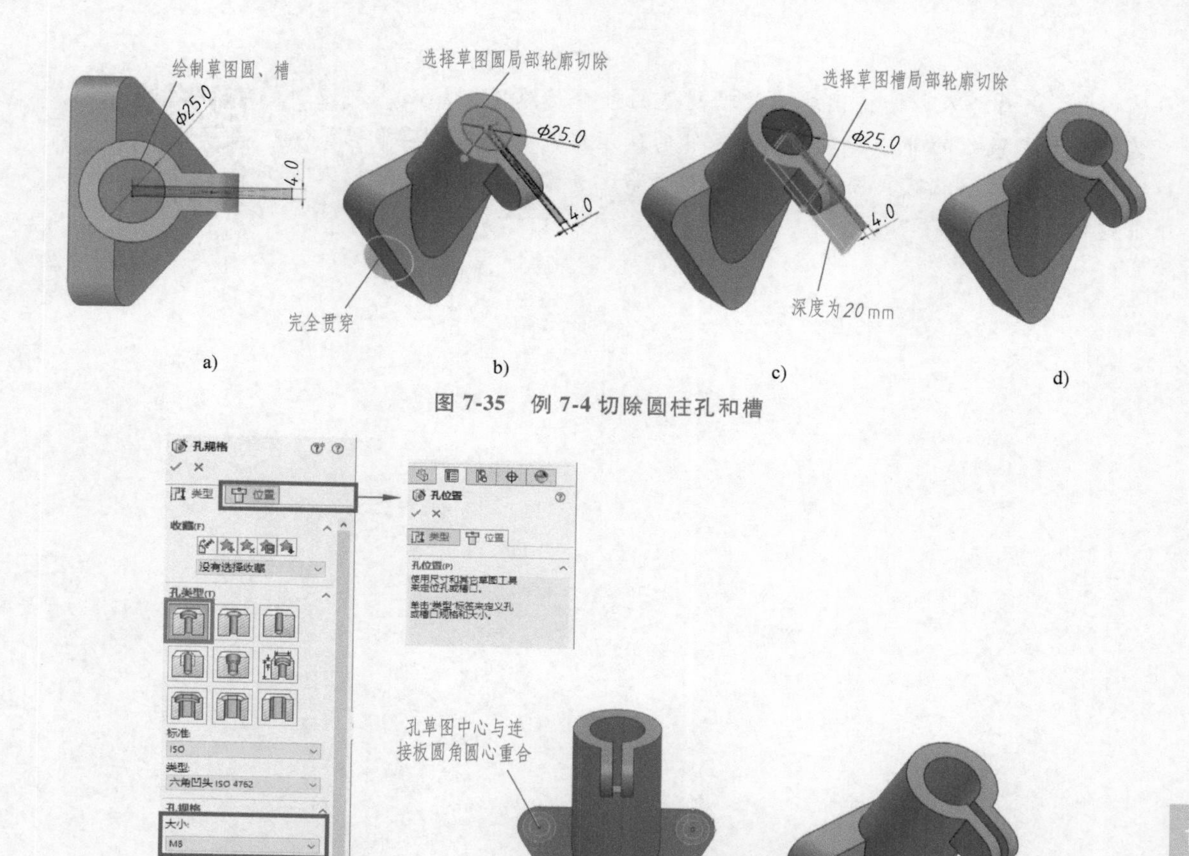

图 7-35　例 7-4 切除圆柱孔和槽

图 7-36　例 7-4 插入柱形沉头孔

如图 7-37b 所示。选择 ϕ12mm 草图圆，设置“终止条件”为“成形到下一面”，拉伸切除得到左侧较大圆柱孔，如图 7-37c 所示。完成零件建模，如图 7-37d 所示。

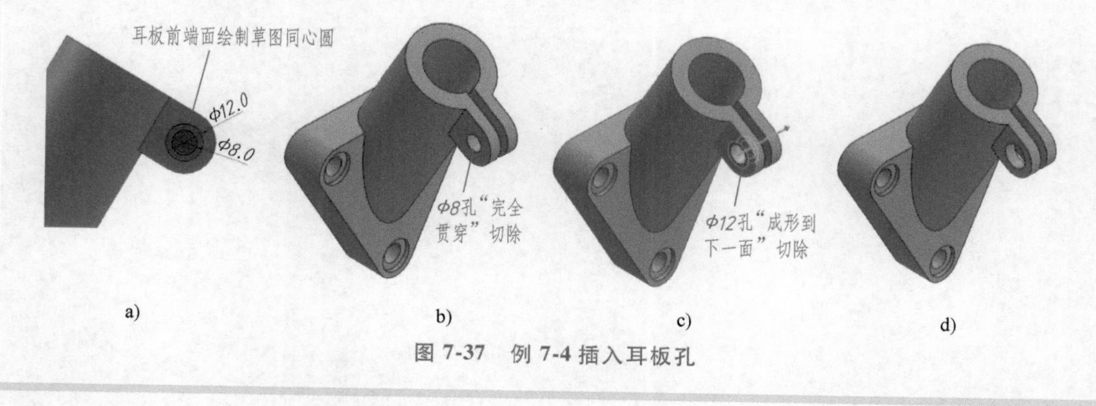

图 7-37　例 7-4 插入耳板孔

大部分人以为，圆珠笔最难制造的部分是球珠，然而，制造笔头最贵、最难的部分其实是容纳球珠的球座体，扫描右侧二维码了解笔头的技术难点及我国自主研发创新之路，并尝试对球座体进行零件建模。

第 8 章　零件图

用来表达零件的形状、结构、大小及技术要求的图样称为零件图。零件图是零件生产过程中的重要技术文件，其反映出设计者的设计意图，即零件的结构既要满足功能方面的要求，又要充分考虑到结构和制造的可能性与合理性，即满足加工工艺要求。零件图应该包含制造和检验该零件所需要的全部技术资料，是加工制造及检验零件的依据。

8.1 零件图的内容

如图 8-1 所示为阀体零件图。一张完整的零件图应包括一组视图、完整的尺寸、技术要求、标题栏四部分内容。

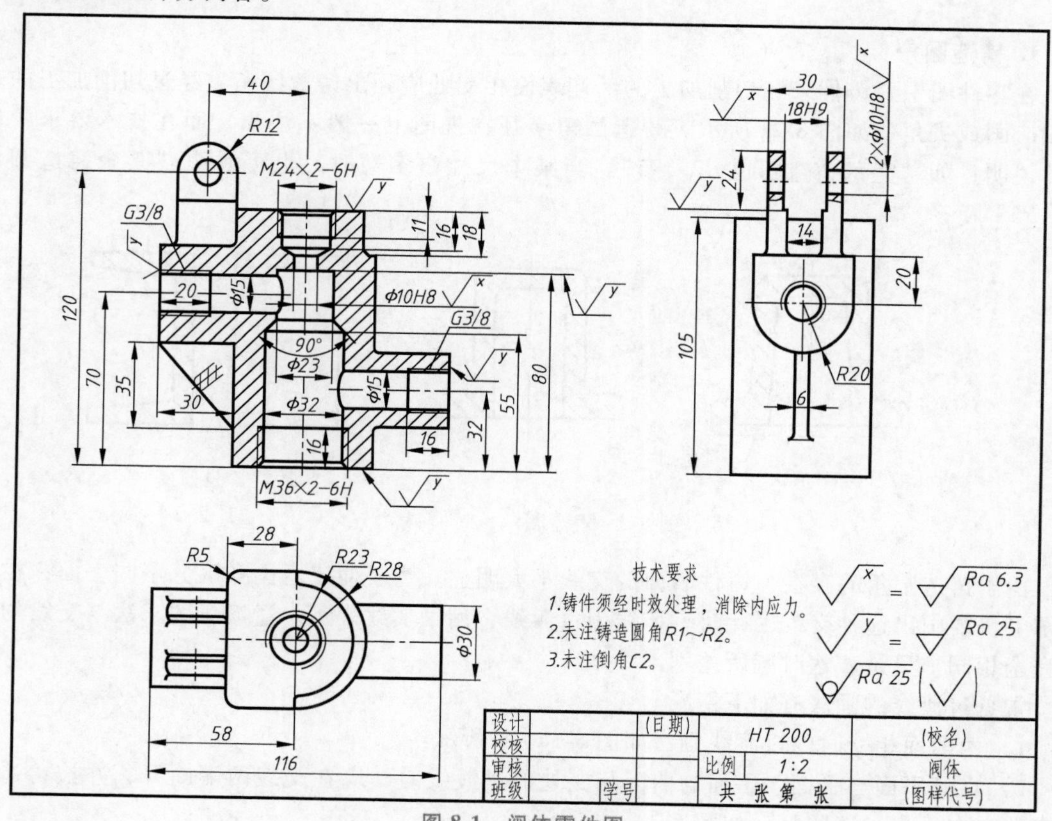

图 8-1　阀体零件图

1. 一组视图

用一组视图，包括基本视图、剖视图、断面图及其他规定画法等各种国家标准规定的表达方法，正确、完整、清晰、简洁地表达出零件的结构形状。

2. 完整的尺寸

零件图中必须标注能够正确、完整、清晰、合理地表达零件制造和检验时所需要的全部尺寸。

3. 技术要求

用规定的符号、数字、字母和文字注解，简明、准确地表示出零件在制造、检验或装配时所应达到的各项要求，如表面结构、尺寸公差、几何公差及材料热处理要求等。

4. 标题栏

注明零件的名称、数量、材料、绘图比例、图样编号、设计者姓名等内容，由于国家标准提供的标题栏中的内容较多，本书采用简易的标题栏形式。

8.2 零件的表达

8.2.1 铸造工艺结构的表达

1. 铸造圆角

在零件图中，铸件未经切削加工的毛坯表面相交处应画出铸造圆角，经过切削加工的表面则应画成尖角，如图 8-2a 所示。铸造圆角半径在视图上一般不注出，而在技术要求中做总体说明，如“全部铸造圆角 $R2\sim R5$”。当某个尺寸占多数时，也可注明“其余铸造圆角 $R2\sim R5$” 等。

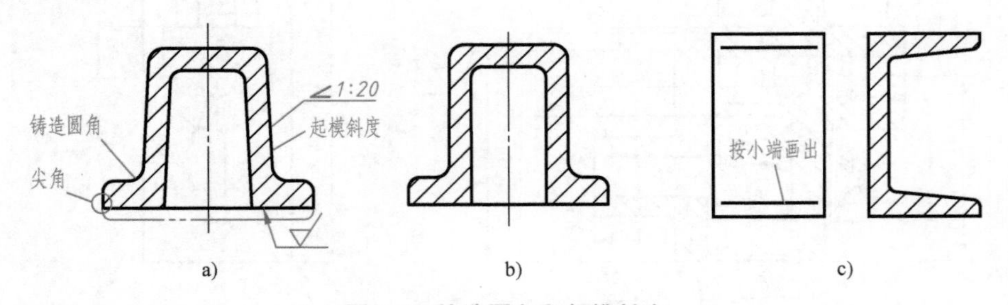

图 8-2 铸造圆角和起模斜度

由于铸造圆角的存在，铸件表面的交线不太明显。为了便于看图和区分不同表面，在零件图上仍要画出这种交线，此时称该线为过渡线，用细实线表示。过渡线的求法与交线的求法完全相同，只是表达时有所差别。

常见过渡线的画法有如下情况。

1）两曲面相交时的过渡线画法如图 8-3a、b 所示。

2）在画平面与平面、平面与曲面相交处的过渡线时，应在交线两端断开，并按铸造圆角弯曲方向画出过渡圆弧，如图 8-3c、d 所示。

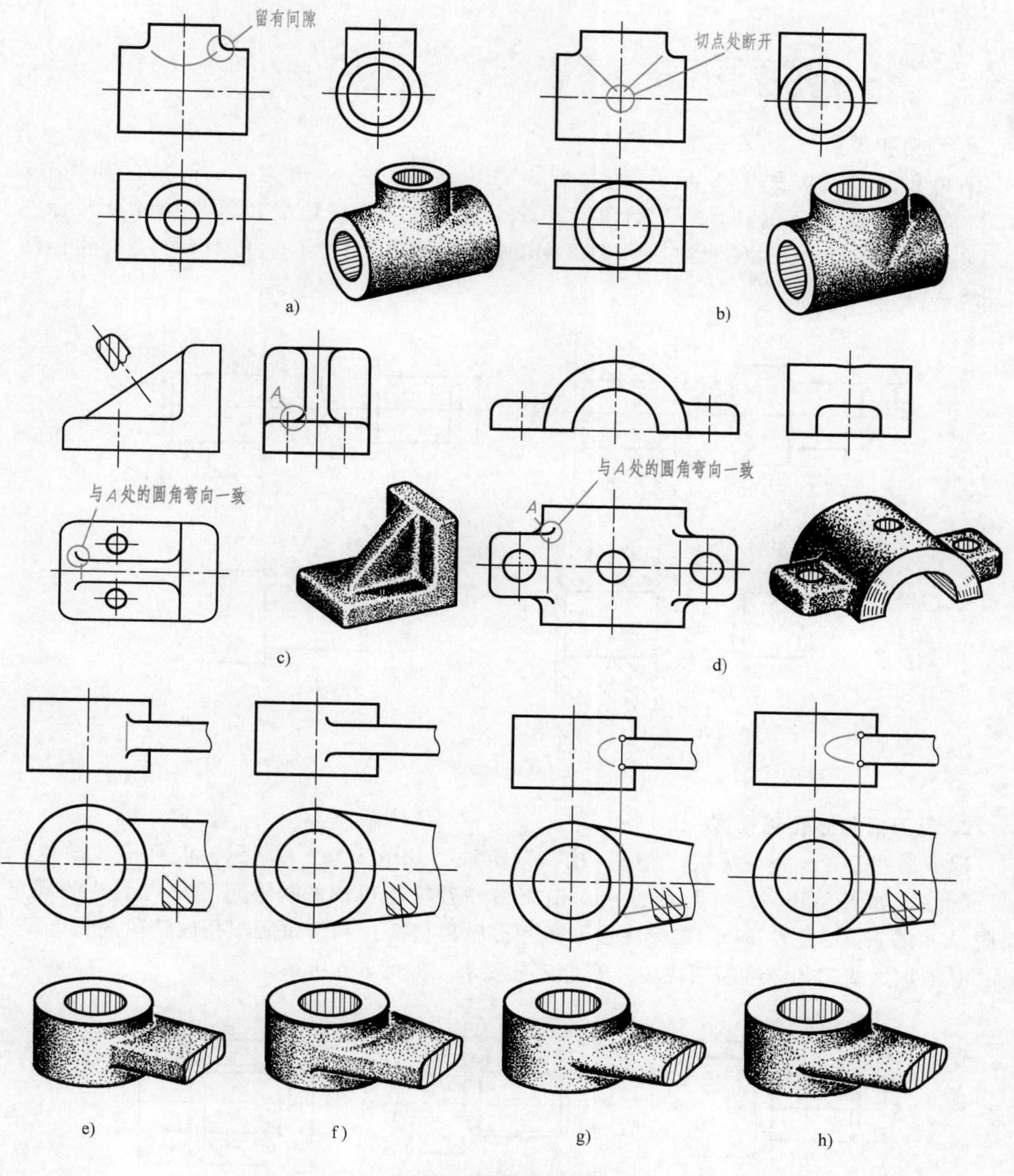

图 8-3 过渡线的画法

3）不同形状的肋板与圆柱组合，视其相切、相交关系的不同，其过渡线画法如图 8-3e～h 所示。

2. 起模斜度

起模斜度较小时，通常在零件图中不必画出，如图 8-2b 所示；若斜度较大或有特殊结构要求，则应如图 8-2a 所示画出并标注。当起模斜度在一个视图中已表达清楚时，其他视图中允许只按小端画出，如图 8-2c 所示。

8.2.2　常见切削工艺结构的表达

1. 倒角和倒圆

倒角和倒圆可按如图 8-4a 所示的方式表达。常见的倒角为 45°倒角，其代号为“*C*”，如图 8-4b 所示的“*C*2”；倒角不是 45°倒角时，要将角度和倒角深度分开标注，如图 8-4c 所示。倒圆的尺寸注法如图 8-4b 所示。倒角和倒圆也可以简化绘制和标注，如图 8-4d 所示。

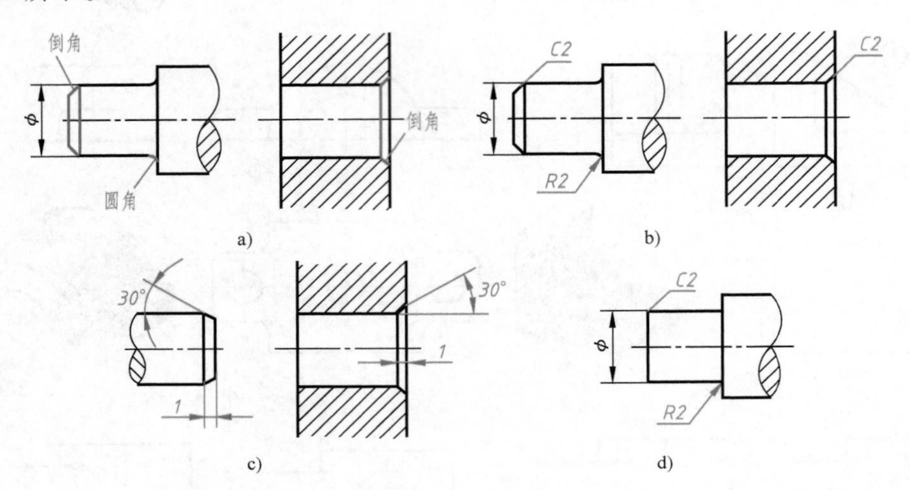

图 8-4　倒角和倒圆

2. 退刀槽和砂轮越程槽

退刀槽和砂轮越程槽可按“槽宽×槽深”标注，如图 8-5a、c 所示，也可按“槽宽×直径”标注，如图 8-5b 所示。国家标准对退刀槽和砂轮越程槽的规格尺寸都有明确的规定，见附录 A 的表 A-5、表 A-6。在标注退刀槽（砂轮越程槽）和倒角所在孔或轴段的长度尺寸时，必须把这些工艺结构包括在内才符合工艺要求，如图 8-5 所示。

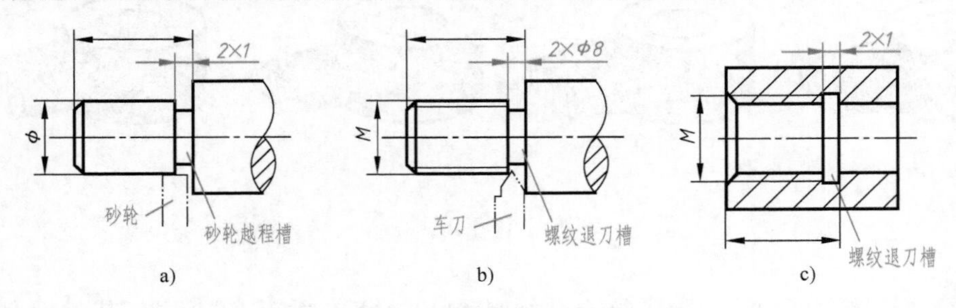

图 8-5　退刀槽和砂轮越程槽

a）砂轮越程槽　b）外螺纹退刀槽　c）内螺纹退刀槽

3. 钻孔

用钻头加工的盲孔（不通孔）底部形成锥面，因钻头端部的锥顶角约为 118°，画图时锥面的顶角（简称钻头角）可简化为 120°（视图中不必注明角度），钻孔深度不包括钻头角，其画法如图 8-6a 所示。用两个不同直径的钻头钻台阶孔的画法如图 8-6b 所示。

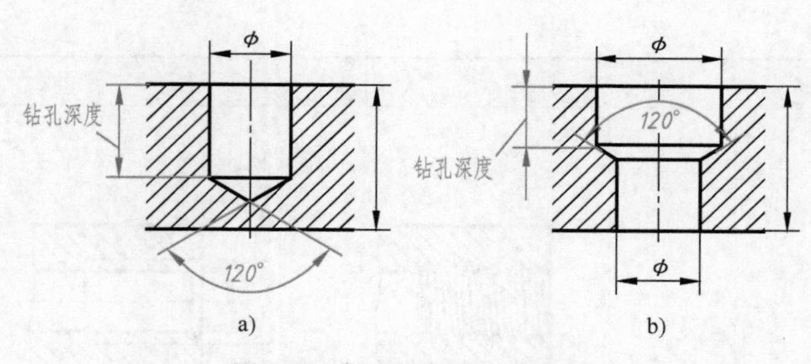

图 8-6　盲孔和台阶孔的画法

4. 凸台和凹坑

零件之间的接触面一般都需要加工。为了减少加工面积和接触面积，一般将零件的表面制出凸台和凹坑等结构，如图 8-7 所示。

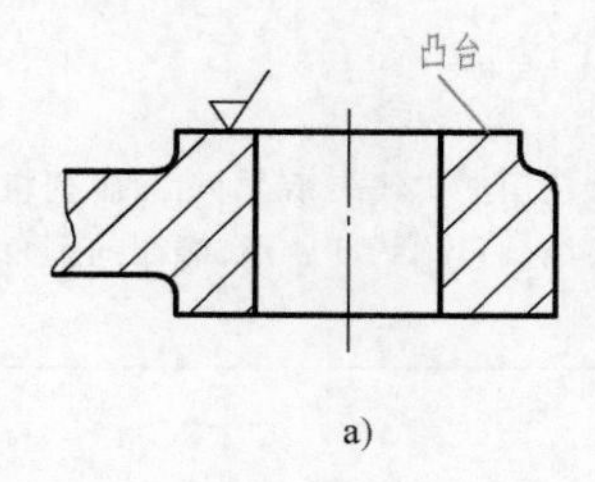

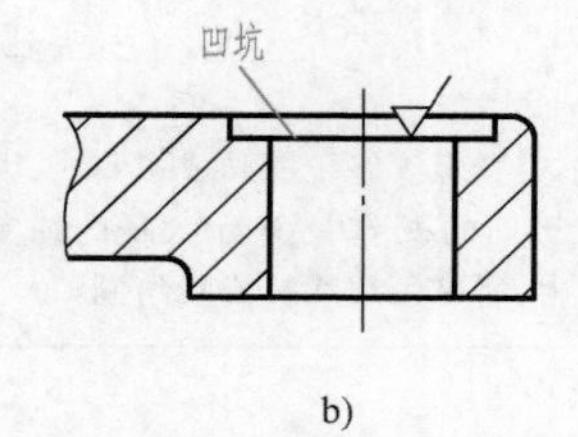

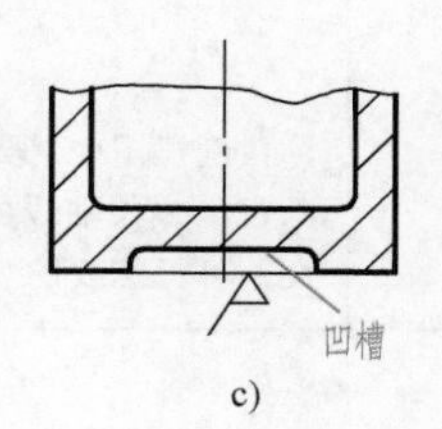

图 8-7　凸台和凹坑

8.2.3　常见功能结构的表达

1. 螺纹

（1）螺纹的规定画法　由于螺纹的真实投影很复杂，为简化作图，国家标准《机械制图　螺纹及螺纹紧固件表示法》（GB/T 4459.1—1995）规定了螺纹的表示法，见表 8-1。

表 8-1　螺纹的规定画法

类型	规定画法与说明
外螺纹	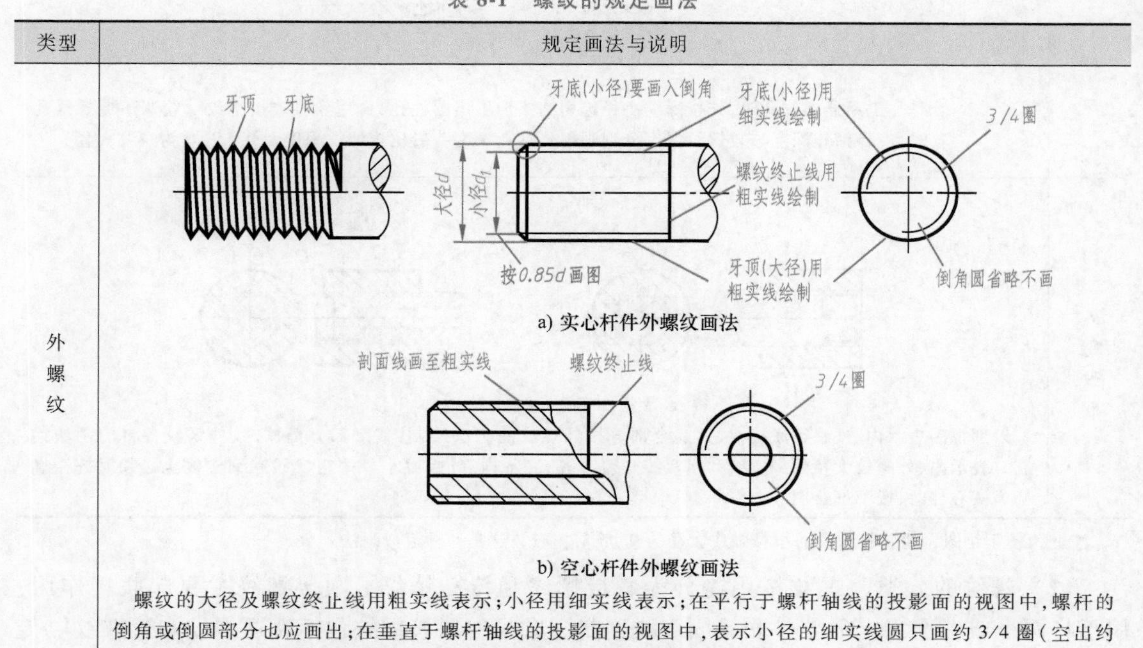 a) 实心杆件外螺纹画法 b) 空心杆件外螺纹画法 螺纹的大径及螺纹终止线用粗实线表示；小径用细实线表示；在平行于螺杆轴线的投影面的视图中，螺杆的倒角或倒圆部分也应画出；在垂直于螺杆轴线的投影面的视图中，表示小径的细实线圆只画约 3/4 圈（空出约 1/4 圈的位置），螺纹的倒角圆省略不画；在剖视图中，螺纹的剖面线画到大径处

(续)

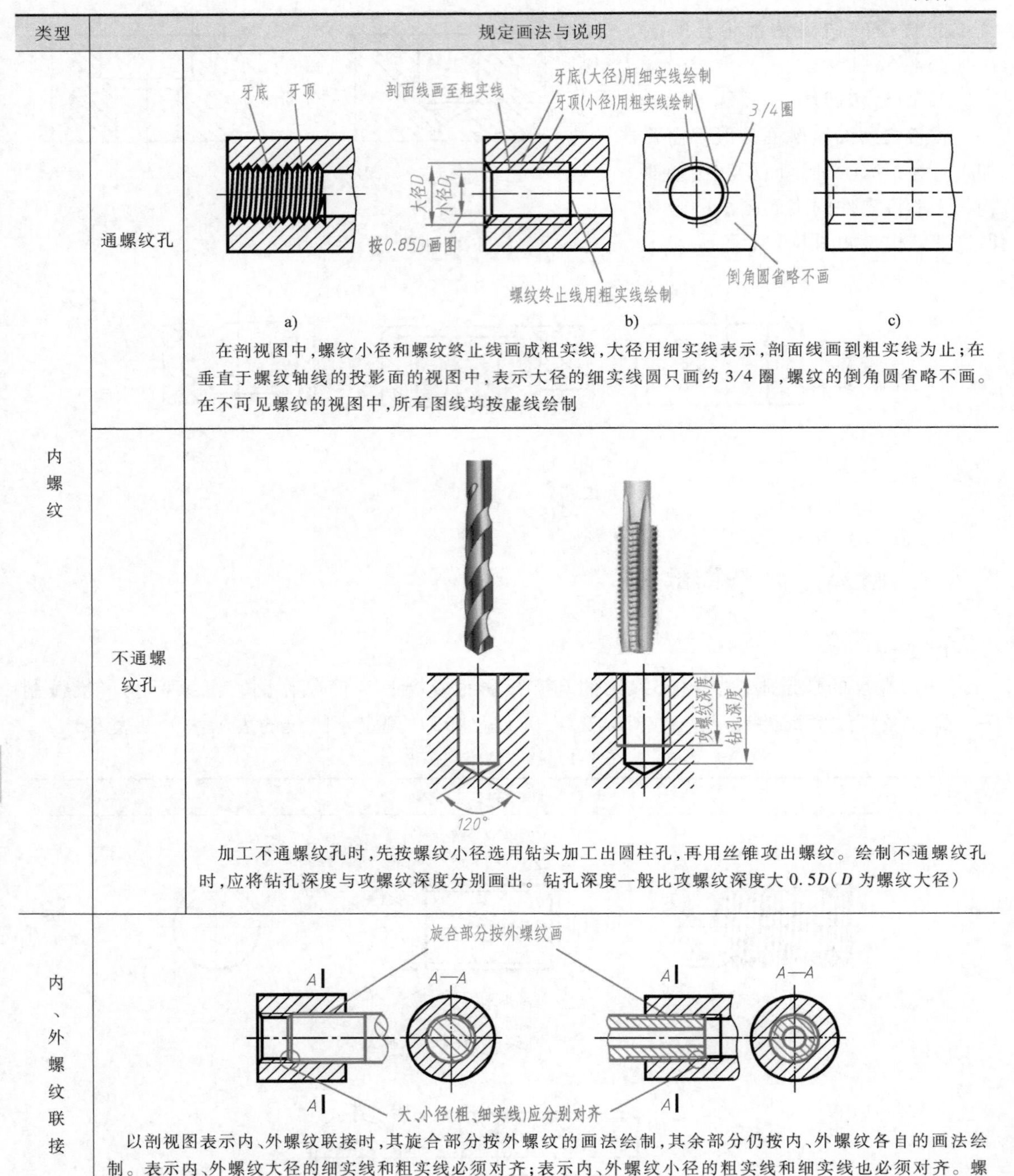

类型		规定画法与说明
内螺纹	通螺纹孔	在剖视图中，螺纹小径和螺纹终止线画成粗实线，大径用细实线表示，剖面线画到粗实线为止；在垂直于螺纹轴线的投影面的视图中，表示大径的细实线圆只画约3/4圈，螺纹的倒角圆省略不画。在不可见螺纹的视图中，所有图线均按虚线绘制
	不通螺纹孔	加工不通螺纹孔时，先按螺纹小径选用钻头加工出圆柱孔，再用丝锥攻出螺纹。绘制不通螺纹孔时，应将钻孔深度与攻螺纹深度分别画出。钻孔深度一般比攻螺纹深度大0.5*D*(*D*为螺纹大径)
内、外螺纹联接		以剖视图表示内、外螺纹联接时，其旋合部分按外螺纹的画法绘制，其余部分仍按内、外螺纹各自的画法绘制。表示内、外螺纹大径的细实线和粗实线必须对齐；表示内、外螺纹小径的粗实线和细实线也必须对齐。螺杆为实心件时，按不剖绘制

注：为便于绘图，通常将螺纹的小径画成大径的0.85倍左右，这是一种近似画法。

（2）螺纹的分类　螺纹按用途分为联接螺纹和传动螺纹。联接螺纹主要起联接作用，用于将两个或两个以上的零件联接固定或密封。常见的联接螺纹包括普通螺纹和管螺纹。传动螺纹主要用于传递动力和运动。常见的传动螺纹包括梯形螺纹和锯齿形螺纹。

管螺纹一般分为非螺纹密封的管螺纹和螺纹密封的管螺纹。非螺纹密封的管螺纹是指螺纹副本身不具有密封性的圆柱管螺纹，其内、外螺纹都是圆柱管螺纹。非螺纹密封的管螺纹多用于压力为 1.58MPa 以下的水煤气、润滑和电线管道系统。螺纹密封的管螺纹是指螺纹副本身具有密封性的管螺纹。螺纹密封的管螺纹多用于高温、高压系统和润滑系统。螺纹密封的管螺纹有圆锥外螺纹、圆锥内螺纹和圆柱内螺纹，联接形式有两种，即圆锥内螺纹与圆锥外螺纹联接和圆柱内螺纹与圆锥外螺纹联接。

（3）螺纹的标注　由于螺纹采用了规定画法，图样无法反映出螺纹要素及制造精度等，因此，国家标准规定用某些代号、标记标注在图样上加以说明。

1）标准螺纹的标注。普通螺纹、梯形螺纹和锯齿形螺纹等米制螺纹的标记注法与一般线性尺寸注法相同，必须注在螺纹大径的尺寸线或其引出线上。英制管螺纹、60°圆锥管螺纹及锥螺纹的标记必须注在引出线上，指引线一般指向大径。

完整的螺纹标记由螺纹特征代号、尺寸代号、公差带代号及其他有必要做进一步说明的个别信息组成。常用标准螺纹的标注示例见表 8-2。

表 8-2　常用标准螺纹的标注示例

螺纹类型			标注示例	标注含义	说　明
联接螺纹	普通螺纹	粗牙	M20-5g6g-S-LH	普通粗牙螺纹，公称直径为 20mm，单线，中径、顶径公差带代号为 5g、6g，短旋合长度，左旋外螺纹	①单线螺纹标记格式：螺纹特征代号 公称直径×螺距-中径、顶径公差带代号-旋合长度代号-旋向代号 ②多线螺纹标记格式：螺纹特征代号 公称直径×Ph 导程 P 螺距-中、顶径公差带代号-旋合长度代号-旋向代号 ③粗牙螺纹不标注螺距，细牙螺纹必须标注螺距 ④中径、顶径公差带代号相同时，只标注一个公差带代号（内螺纹用大写字母，外螺纹用小写字母） ⑤对短旋合长度组和长旋合长度组的螺纹，分别标注“S”和“L”代号。中等旋合长度组螺纹不标注旋合长度代号 N ⑥右旋螺纹不标注旋向，左旋螺纹标注“LH”
		细牙	M16×Ph3P1.5-6H	细牙普通螺纹，公称直径为 16mm，螺距为 1.5mm，导程为 3mm，双线，中径、顶径公差带代号为 6H，中等旋合长度，右旋内螺纹	
	管螺纹	55°非密封管螺纹	G1/2A	非螺纹密封的管螺纹，尺寸代号为 1/2，公差等级为 A 级，右旋	①标记格式：螺纹特征代号 尺寸代号 公差等级代号-旋向代号（右旋不标记） ②管螺纹的尺寸代号并不是螺纹的大径，因而这类螺纹需要用指引线自螺纹大径引出标注。作图时可根据尺寸代号查出螺纹的大径 ③非螺纹密封的管螺纹，其内、外螺纹都是圆柱管螺纹 ④外螺纹的公差等级代号分 A、B 两级进行标记，内螺纹不标记公差等级代号
			G1/2-LH	非螺纹密封的管螺纹，尺寸代号为 1/2，左旋	

（续）

螺纹类型			标注示例	标注含义	说明
联接螺纹	管螺纹	55°密封管螺纹	Rp1/2	圆柱内螺纹，尺寸代号为1/2，右旋	①标记格式：螺纹特征代号 尺寸代号 旋向代号（右旋不标记） ②Rp、Rc、R_1、R_2 分别表示圆柱内螺纹、圆锥内螺纹、与圆柱内螺纹相配合的圆锥外螺纹、与圆锥内螺纹相配合的圆锥外螺纹
			$R_1$1/2LH	与圆柱内螺纹相配合的圆锥外螺纹，尺寸代号为1/2，左旋	
			Rc1/2	圆锥内螺纹，尺寸代号为1/2，右旋	
传动螺纹	梯形螺纹		Tr36×12P6−7H	梯形螺纹，公称直径为36mm，双线，导程为12mm，螺距为6mm，中径公差带代号为7H，中等旋合长度，右旋	①梯形螺纹标记格式：螺纹特征代号 公称直径×导程 P 螺距-中径公差带代号-旋合长度代号-旋向 ②锯齿形螺纹标记格式：螺纹特征代号 公称直径×导程（P 螺距）旋向-中径公差带代号-旋合长度代号 ③只标注中径公差带代号 ④旋合长度只有中等旋合长度组 N 和长旋合长度组 L 两种，中等旋合长度组不标注
	锯齿形螺纹		B40×7LH−7e	锯齿形螺纹，公称直径为40mm，单线，螺距为7mm，左旋，中径公差带代号为7e，中等旋合长度	

2）非标准螺纹的标注。对于非标准螺纹，应画出螺纹的牙型，在图样注出完整的尺寸及有关要求。当线数为多线、旋向为左旋时，应在图样的适当位置注明。如图8-8所示为单线右旋矩形螺纹（非标准螺纹）的两种画法及尺寸标注方法。

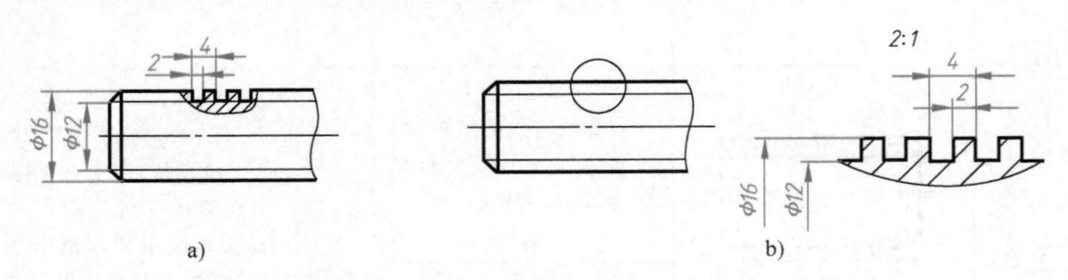

图8-8　单线右旋矩形螺纹的两种画法及尺寸标注方法

3）螺纹副的标注。螺纹副是内、外螺纹相互旋合形成的联接。因此，它的标记就应该包括内、外螺纹的标记。

普通螺纹、梯形螺纹等在旋合联接的装配图中用一个螺纹特征代号标出（因为内、外螺纹的公称直径相同）。但内、外螺纹的公差带代号必须分别注出，用斜线分开，内螺纹公差带代号在前，外螺纹公差带代号在后，在图样上的标注形式如图 8-9a 所示。

非螺纹密封的管螺纹表示螺纹副时，由于内螺纹不注公差等级代号，因此螺纹副的标记仅需标注外螺纹的公差等级代号，如 G1/2A。

螺纹密封的管螺纹表示螺纹副时，由于内、外螺纹的标记只是螺纹特征代号不同，因此标记时把内、外螺纹特征代号都写上，内螺纹的特征代号在前，外螺纹的特征代号在后，中间用斜线分开。标记示例：由尺寸代号为 1/2 的右旋圆锥内螺纹与圆锥外螺纹所组成的螺纹副的标记为 Rc/R_2 1/2，如图 8-9b 所示。

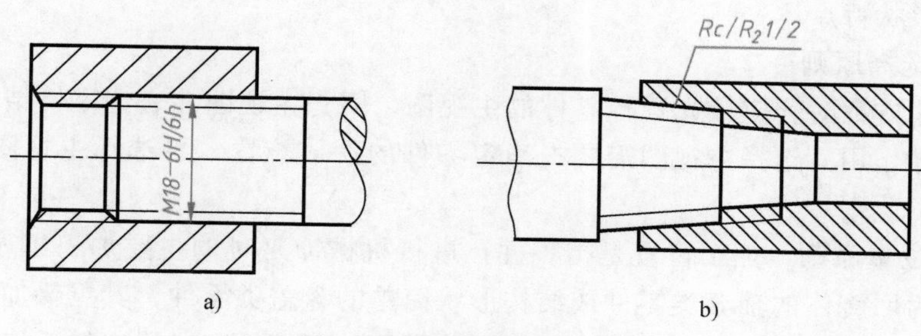

图 8-9　螺纹副的标注方法

a）普通螺纹副的标注　b）螺纹密封管螺纹副的标注

2. 键槽

键的形式有多种，因此键槽的形式也随之发生变化。如图 8-10 所示为轴和轮毂上的普通平键键槽的表示方法和尺寸注法。具体代号的含义及数值见附录 B 中的表 B-9。

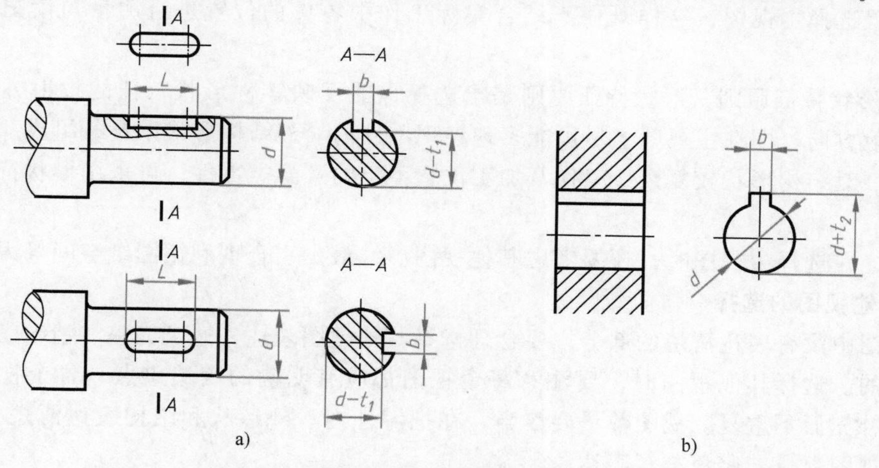

图 8-10　普通平键键槽的表示方法和尺寸注法

a）轴上的键槽　b）轮毂上的键槽

8.3　零件图的视图表达

零件的视图选择，不但要将零件的内、外部结构形状正确地用一组视图完整、清晰地表达清楚，还要考虑读图和画图的方便。要详细分析零件的结构特点，选择好主视图的投射方向，选用适当的表达方法。在完整、清晰地表示零件结构形状的前提下，尽量减少视图的数量，力求制图简便。

8.3.1 视图选择的方法

选择视图前，首先对零件进行形体分析和功用分析，即分析零件的结构、功能，零件在部件中的安装位置、工作状态、加工方法，以及零件各组成部分的形状及功用等，确定零件的主要结构和形状特点。

1. 主视图选择原则

在拟订表达方案时，应最先选择零件的主视图，因为主视图在表达零件结构形状、画图和读图中起主导作用。选择主视图需要先确定零件的摆放位置，再选择主视图的投射方向，一般应遵循以下原则。

（1）**加工位置原则**　加工位置是指零件在进行机械加工时的主要加工工序的装夹位置。对于主要结构为回转体的轴套类零件或结构形状简单的盘盖类零件，其主要加工工序是在车床上完成的，装夹时零件轴线水平放置，所以这类零件不管它在机器中的工作位置如何，主视图的选择都应按照加工位置原则，使其轴线水平放置，以便于加工和测量。

（2）**工作位置原则**　工作位置是指零件在机器或部件中安装和工作时所处的位置。结构形状较复杂的叉架类零件和箱体类零件都有较大的安装面且加工工序繁多，需要在不同的机床上加工且加工面多，加工时的装夹位置又各不相同，这些零件一般需按零件在部件中工作时的位置选择主视图，这样既便于结合实际工作中零件的位置进行测量与读图，又便于安装。

（3）**形状特征原则**　形状特征原则是指选择最能反映零件形状特征的投射方向作为主视图的投射方向，即在主视图上尽可能多地展现零件内、外结构形状以及各组成部分之间的相对位置。对结构形状较复杂、工作及加工位置不定的叉架类零件，可采用形状特征原则选择主视图。

此外，在选择主视图时，还要考虑其他视图虚线最少、合理利用图纸空间等因素。

2. 其他视图的选择

主视图中没有表达清楚的部分，要合理选择其他视图表达，达到完整、清晰表达出零件形状的目的。选择其他视图时，要注意每个视图都应有明确的表达重点，各个视图互相配合，互相补充而不重复。视图数量要恰当，在把零件内、外形状和结构表达清楚的前提下，尽量减少视图数量，避免重复表达。

8.3.2 典型零件表达举例

2.1.2小节已经提到，一般零件按其结构特点的不同可分为轴套类、盘盖类、叉架类和箱体类四大类，每类零件均应根据其自身结构特点和加工工艺确定表达方案。

1. 轴套类零件

轴套类零件包括各种轴、丝杠、套筒等，轴的主要功能是支承传动零件（如带轮、齿轮等）和传递运动和动力；套一般装在轴上，起轴向定位、传动或连接等作用。

轴套类零件的结构特点是一般由若干个直径和长度不同的回转体同轴叠加组成，且轴向尺寸比径向尺寸大得多。轴套类零件的主要加工方法是车削和磨削。常见的轴一般为实心的，也有空心的，有的轴细长，有的轴偏心，有的轴带有锥面。根据设计和工艺要求，轴上常带有键槽、螺纹、孔等功能结构，以及倒角、圆角、中心孔、螺纹退刀槽、砂轮越程槽等工艺结构，如图 8-11 所示。

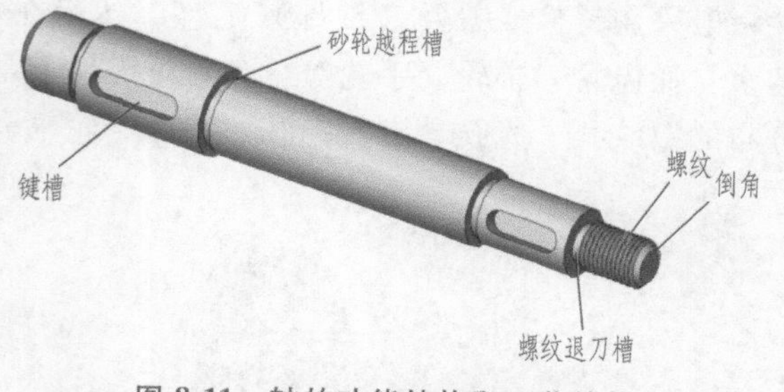

图 8-11　轴的功能结构和工艺结构

轴套类零件主要在车床上加工，加工时零件水平放置。一般只用一个主视图来表示轴上各轴段的长度、直径及各种结构的轴向位置。主视图按加工位置原则选择，即轴线水平放置，选择能看到槽或孔的方向作为主视图投射方向，以便于加工者读图。用断面图、局部视图、局部剖视图或局部放大图等表达轴上的局部结构。实心轴以显示外形为主，空心轴套可用剖视图表示内部结构。典型轴类零件图如图 8-12 所示。

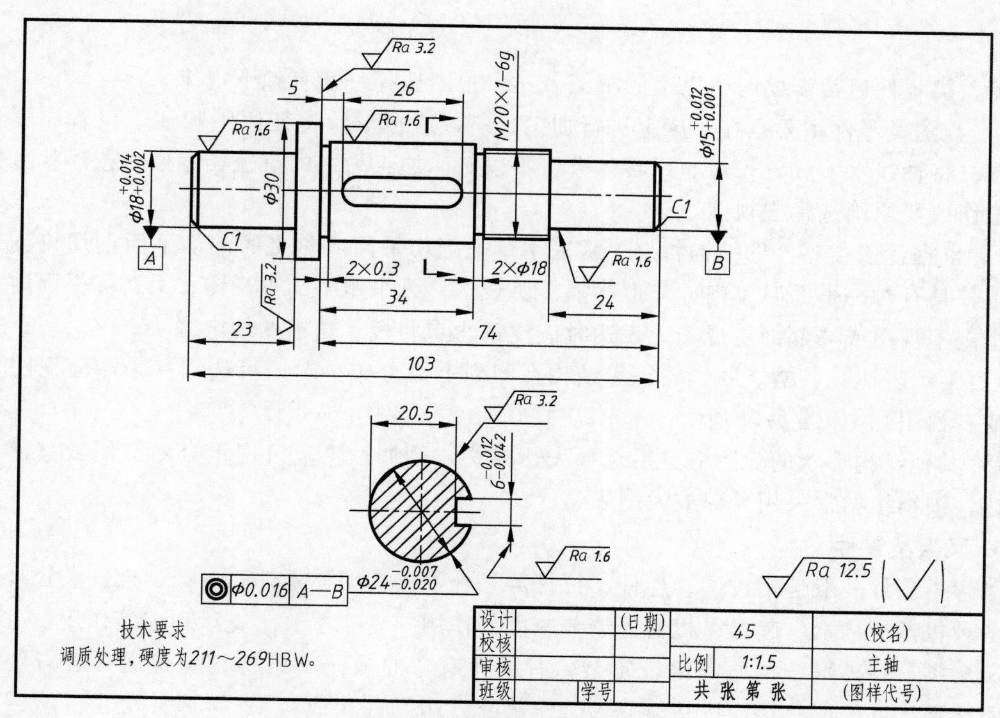

图 8-12　典型轴类零件图

2. 盘盖类零件

盘盖类零件包括轴承端盖、泵盖、齿轮、蜗轮、链轮、带轮、手轮等形状扁平的盘状零件。盘盖类零件主要分成两类，一类主要用来传递运动和动力，如齿轮、蜗轮、链轮、带轮、手轮等；另一类主要起支承、轴向定位或密封等作用，如轴承端盖、泵盖等盘盖类零件。

盘盖类零件结构特点是一般由同轴线回转体组成，且轴向尺寸小于径向尺寸。盘盖类零件一般采用铸件或锻件（钢件）毛坯，然后在车床上加工，塑料制的各种轮盘零件也越来越多，如齿轮、带轮、手轮等。盘盖类零件上常带有铸造圆角、倒角、轴孔、键槽、沿圆周分布的螺纹孔、光孔、定位销孔、法兰、轮辐和肋板等局部结构，如图8-13所示。

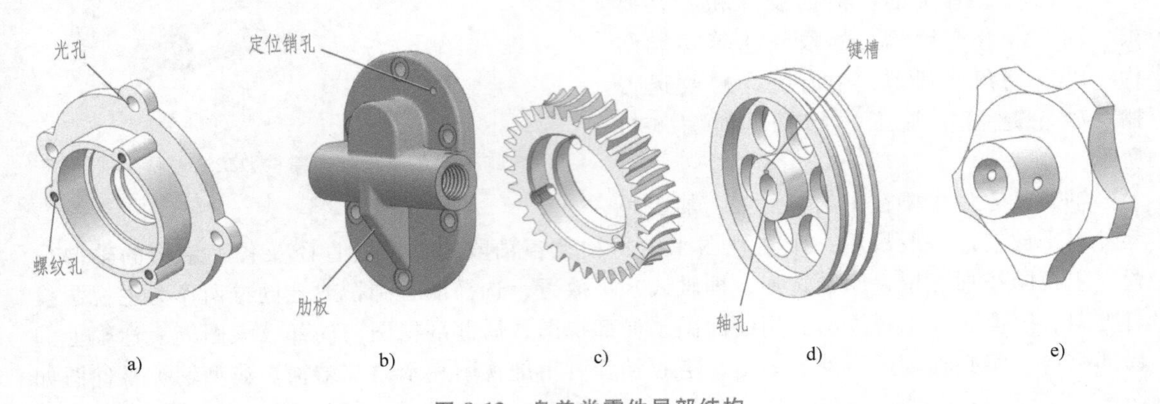

图8-13 盘盖类零件局部结构
a）轴承端盖 b）泵盖 c）齿轮 d）带轮 e）手轮

盘盖类零件通常需要两个以上的视图表达，视图选择一般有如下规律。

1）盘盖类零件主要是在车床上进行加工，所以应按形状特征原则和加工位置原则选择主视图，将轴线水平放置；对非回转体类、不以车床加工为主的盘盖类零件可按形状特征原则和工作位置原则选择主视图。

2）根据盘盖类零件的结构特点，常采用单一剖切平面或相交的剖切平面剖切得到剖视图。零件具有对称平面时，内、外形状都需要表达，可采用半剖主视图；无对称平面时，可采用全剖主视图或局部剖主视图。表达时应注意均布肋板、轮辐的规定画法。

3）为了表达孔、槽、肋、轮辐等结构在圆周上的分布情况，可选用一个端面视图（左视图或右视图），如图8-14所示。

4）其他结构形状的表达应灵活选择表达方法，例如，轮辐可用重合断面图或移出断面图表达，细小结构常采用局部放大图表达。

3. 叉架类零件

叉架类零件一般包括拨叉、连杆、拉杆等叉杆类和支架类零件。拨叉、连杆、拉杆主要用于各种机器机构上，起操纵机器、调节速度的作用。支架主要起支承和连接作用。

叉架类零件外形结构通常比较复杂，有的还有弯曲或倾斜结构，而且通常含有肋板结构。叉架类零件的形状结构按功能分为工作部分（由圆柱构成）、连接部分（由连板或肋板构成）和安装固定部分（由板构成），如图8-15所示。

叉架类零件单件生产多用焊件，批量生产常用铸件或锻件，然后再进行机械加工，其加工方法多样，加工位置经常发生变化，很难分出主次。铸件具有铸造圆角、凸台、凹坑等常见结构。

叉架类零件的表达使用的视图数量与零件的复杂程度有关，在选择主视图时，一般按工作位置原则或形状特征原则确定，不能选择不反映实形的平面作为主视图的投影面。主视图

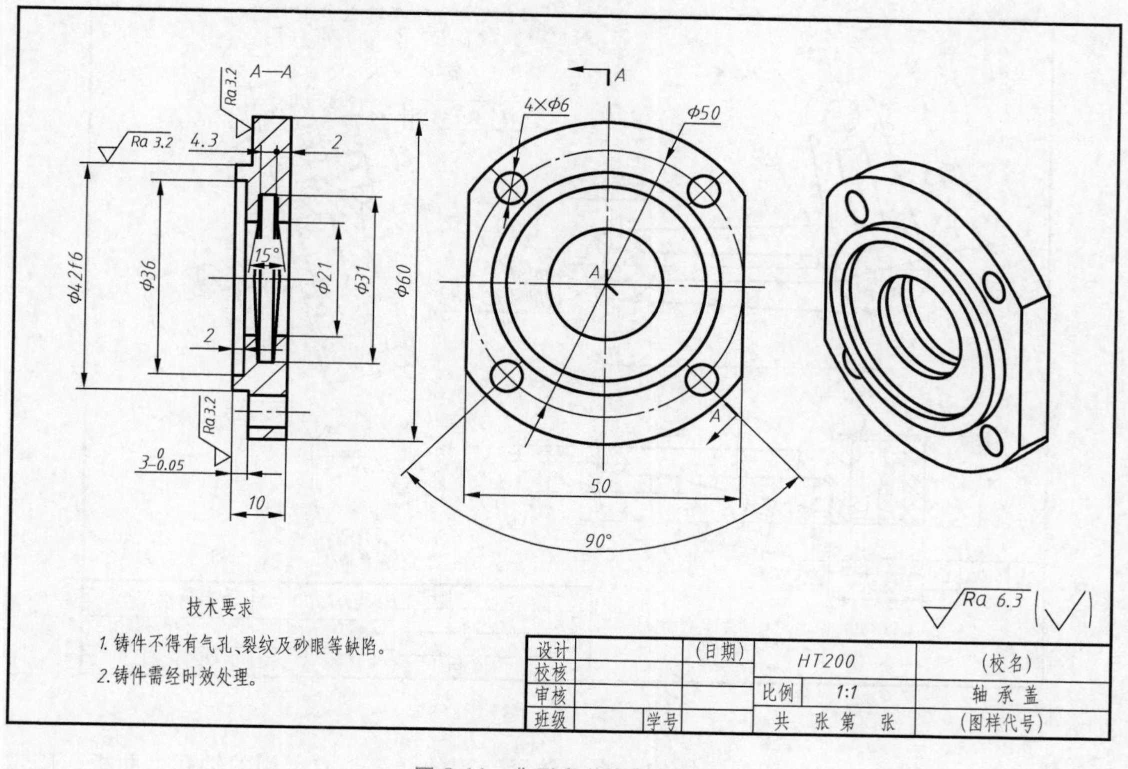

图 8-14　典型盘盖类零件图

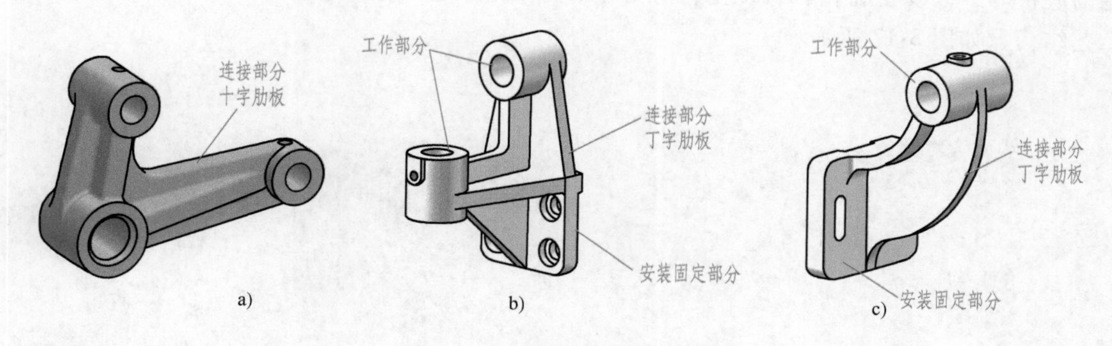

图 8-15　叉架类零件结构特点

常采用全剖视图或局部剖视图。

因为常有起支承、连接作用的倾斜结构，所以除采用基本视图表达外，常采用斜视图、局部视图、断面图，以及用不平行于任何基本投影面的剖切平面剖切形成的剖视图来表达局部或内部结构。如图 8-16 所示为连杆零件图。

4. 箱体类零件

箱体类零件是组成机器或部件的主体零件，包括各种机体（座）、泵体、阀体、箱体、壳体、底座等，主要用来支承、容纳和保护运动零件或其他零件。

箱体类零件结构形状复杂，多由铸件经过必要的机械加工而形成。箱体类零件通常是中

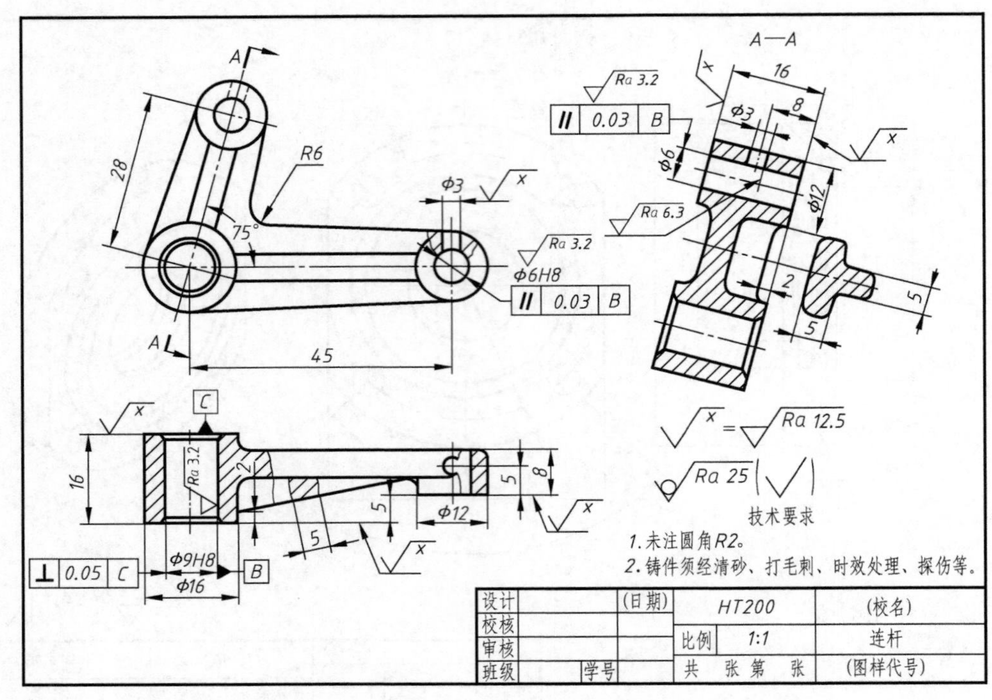

图 8-16　连杆零件图

空的壳或箱，有辅助的内腔和外形结构，有连接固定用的凸缘，支承用的轴孔、肋板，固定用的底板等，以及安装孔、螺纹孔、销孔等结构；此外还常有铸造圆角、起模斜度、倒角等工艺结构，如图 8-17 所示。

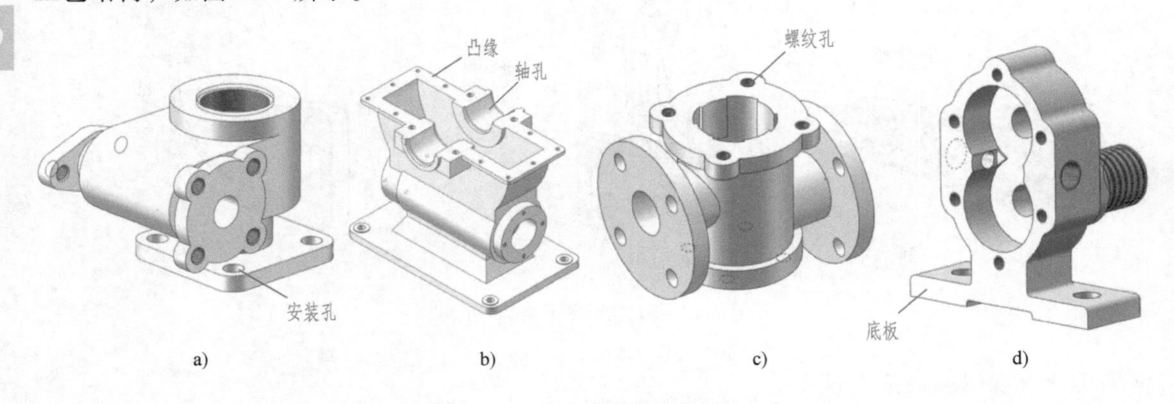

图 8-17　箱体类零件结构特点

a）机件　b）泵体　c）阀体　d）箱体

箱体类零件加工工序多，加工位置多变，所以选择主视图时，主要考虑形状特征原则或工作位置原则。由于其主要结构在内腔，故主视图常选用全剖视图、半剖视图或较大面积的局部剖视图等表达方法，且由于内、外部形状复杂，常采用多个视图或剖视图。为了在表达完整的同时尽量减少视图的数量，可以适当地保留必要的虚线。细小结构可用局部视图或局部放大图来补充表示。如图 8-18 所示为泵体零件图。

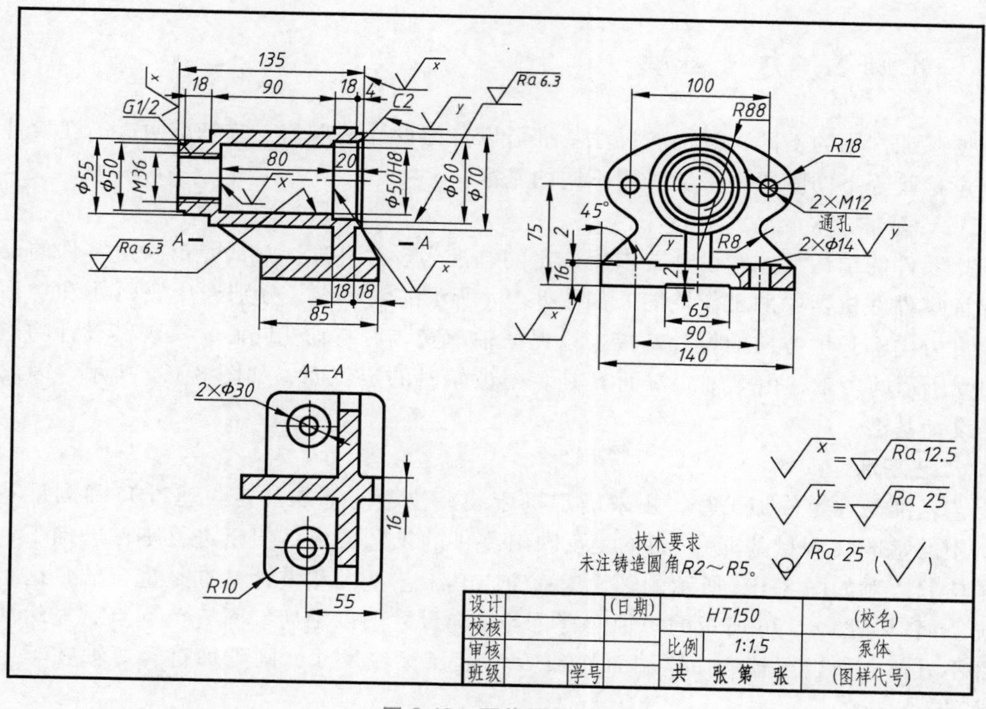

图 8-18　泵体零件图

扫描右侧二维码观看我国自主研制的 30 万千瓦汽轮机上最精细、最重要的零件之一——末级叶片的相关视频，查阅相关资料了解该类型的零件如何用零件图合理表达。

8.4 零件图的尺寸标注

与组合体尺寸标注相比，零件图中的尺寸标注不但要符合正确、完整、清晰的要求，还要考虑其合理性，要从设计要求和工艺要求出发，综合考虑设计、加工、测量等多方面因素，这需要有较多的生产实践经验和有关的专业知识。本节着重介绍合理标注零件图尺寸的初步知识。

尺寸标注的合理性是指正确的选择尺寸基准，使标注出的尺寸既要满足设计要求，又要满足工艺要求，便于加工与测量。

8.4.1　正确选择尺寸基准

根据基准作用的不同，零件的尺寸基准可以分为设计基准和工艺基准两类。在设计、制造和测量检验等不同阶段，常会采用不同的基准。

1. 设计基准

根据零件的结构特点和设计要求所选定的基准为设计基准。目的是反映对零件的设计要求，保证零件在机器中的工作性能。如图8-19a所示的轴承座，分别选用底面 *A* 和对称平面作为高度方向和长度方向的设计基准，以保证轴承安装后与轴孔同心，实现其设计功能。对图8-19b所示的短轴，由于轴肩端面 *B* 是装配齿轮时的定位面，如图8-19c所示，因此端面 *B* 也是设计基准。

2. 工艺基准

工艺基准是在零件加工时，用来确定机床装夹位置的基准（定位基准）和测量零件尺寸时所用的基准（测量基准）。目的是反映对零件的工艺要求，便于进行零件的加工、制造和测量检验。对如图8-19a所示的轴承座而言，其工艺基准和设计基准是重合的，这是最佳的情况。而对如图8-19b所示的短轴而言，若轴向尺寸均以轴肩端面 *B* 为起点，显然加工和测量都不方便。而以短轴的一侧端面 *C* 或 *D* 为起点标注尺寸，则更加符合短轴在车床上加工的情况。

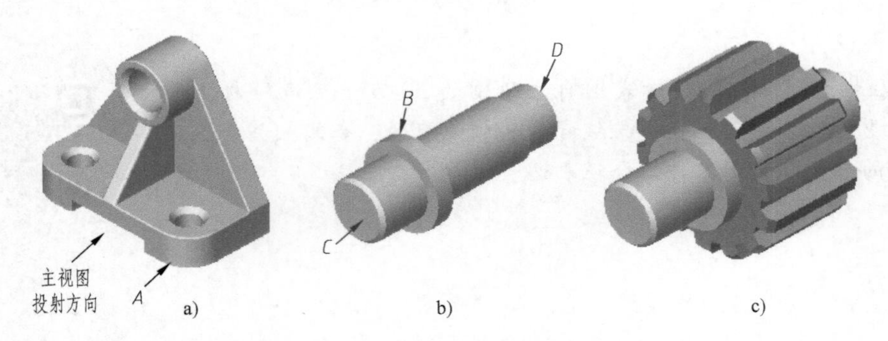

图8-19　尺寸基准

a）轴承座　b）短轴　c）齿轮与短轴装配

3. 主要基准和辅助基准

每个零件都有长、宽、高三个方向的尺寸，每个方向至少应有一个基准。当某个方向上有多个基准时，可以选择决定零件主要尺寸的设计基准为主要基准，其余的尺寸基准为辅助基准，主要基准与辅助基准之间应该有尺寸直接联系。如图8-20所示零件右侧圆筒上的小孔，确定其高度尺寸的尺寸基准为辅助基准，与主要基准有一尺寸直接联系。

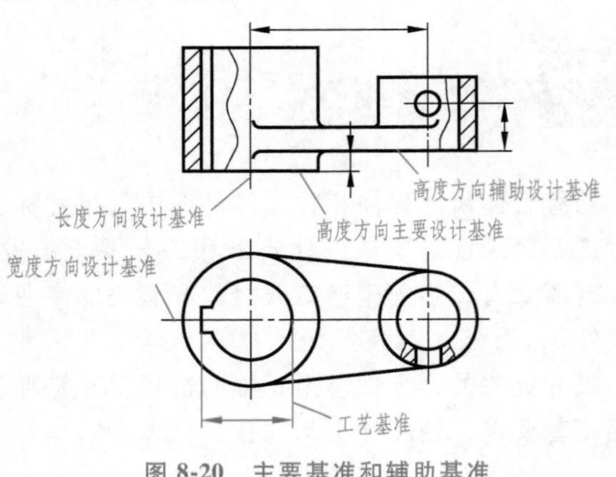

图8-20　主要基准和辅助基准

4. 基准的选择

从设计基准出发标注尺寸，可以直接反映设计要求，能保证所设计的零件在机器或部件中的位置和功能；从工艺基准出发标注尺寸，便于进行加工和测量操作，保证加工质量。在零件的尺寸标注中，为保证设计要求，尽量减少误差，应尽可能使设计基准与工艺基准重合。若两者不能统一，则应以保证设计要求为主。

8.4.2　尺寸标注的几种形式

由于零件的结构特点及其在机器或部件中的作用不同，尺寸基准的选择也不尽相同，在零件图上尺寸标注的形式可分为链状式、坐标式和综合式三种。

1. 链状式

零件图同一方向上的一组尺寸彼此首尾相接，各个尺寸的基准都不相同，前一个尺寸的终止处为后一个尺寸的基准。如图 8-21a 所示，轴的轴向尺寸分 4 段连续注出，各段尺寸偏差均为±0. 1mm。采用这种注法，任何一段尺寸的加工误差都被控制在±0. 1mm 内，不影响其他段尺寸的精度，但轴总长的误差则为各段误差的代数和，其误差范围可达±0. 4mm。因此，对零件上系列孔的中心距要求较为严格时，常采用这种标注方式。对零件上各段尺寸无特殊要求时，不宜采用此注法。

2. 坐标式

零件同一方向上的尺寸都从一个选定的基准注起，尺寸误差互不影响。如图 8-21b 所示，轴的轴向尺寸均以轴的左端面为基准注出，这样每一尺寸的加工精度只取决于这道工序的误差，不受其他尺寸误差的影响。轴总长的加工误差也能控制在±0. 1mm 内。但轴中段的尺寸精度受到尺寸 29±0. 1mm 和 14±0. 1mm 的影响，其误差范围可达±0. 2mm。因此，当零件上需要按选定的基准决定一组精确尺寸时，常采用这种注法。但要保证相邻几何要素间的尺寸精度时，不宜采用此法。

3. 综合式

零件同一方向上的尺寸标注形式既有链状式又有坐标式，是前两种的综合。标注时将精度要求高的尺寸直接注出，而次要尺寸不注，使误差累积在次要尺寸上。综合式在实际工作中应用最多。如图 8-21c 所示，轴采用综合式标注尺寸，这样不仅保证了轴左端第一轴段、第三轴段的加工误差在±0. 1mm 内，还保证了第三轴段与右端面基准的距离的加工误差不超

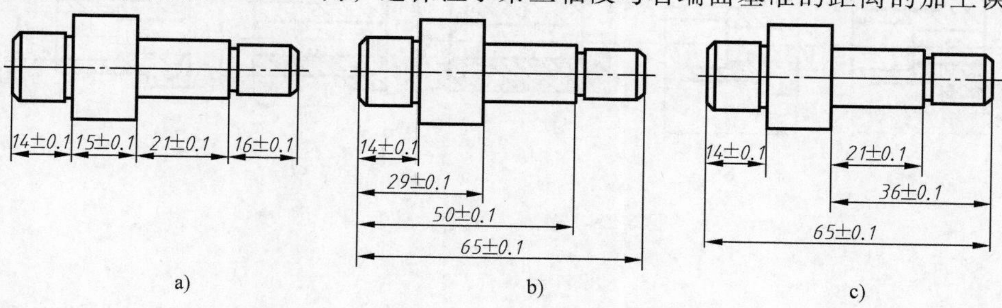

图 8-21　尺寸标注的几种形式

a）链状式　b）坐标式　c）综合式

过±0.1mm，同时总长的加工误差也被控制在±0.1mm内。因此，这种注法兼有上述两种注法的优点，得到广泛应用。

8.4.3 合理标注尺寸的要点

1. 功能尺寸必须直接注出

功能尺寸是指直接影响产品性能、装配精度等的尺寸，如配合表面的尺寸、重要的定位尺寸、重要的结构尺寸等。这些尺寸均应从设计基准出发直接注出，如图8-22所示的轴承座的轴心到底面的高度尺寸38（主视图），以及底座安装孔的圆心距尺寸38（俯视图）。

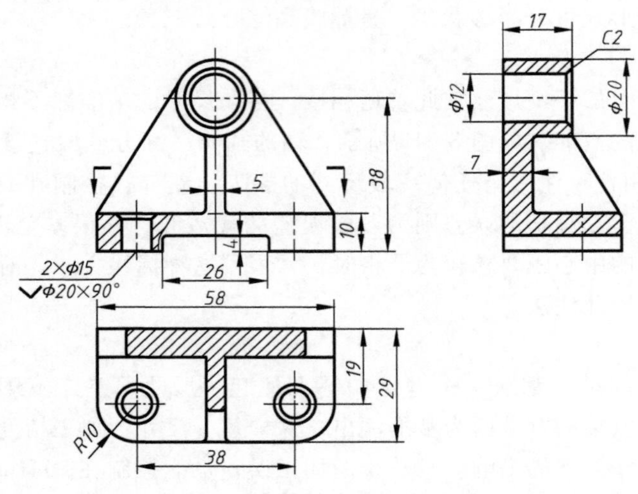

图8-22　轴承座的尺寸标注

2. 非功能尺寸的标注应符合制造工艺要求

（1）按加工顺序标注尺寸　在标注非功能尺寸时，应根据加工顺序和方法进行标注。按加工顺序标注的尺寸符合零件的加工过程，便于加工和测量。如图8-23a、b所示轴段，其加工顺序如图8-23c所示。可以看出，如图8-23a所示的长度尺寸标注方法与其加工顺序一一对应，而如图8-23b所示的长度尺寸标注不符合加工顺序。

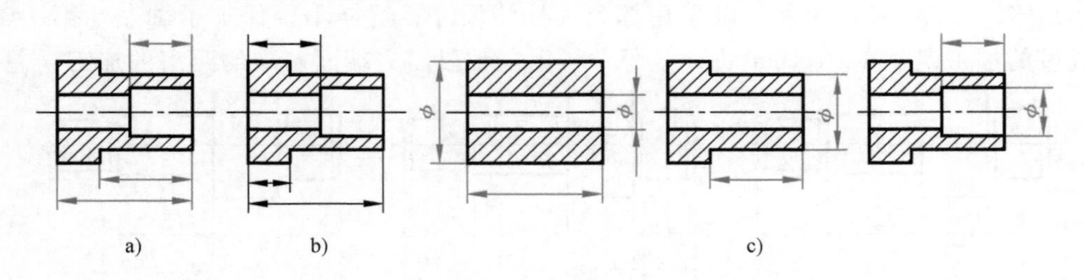

图8-23　按加工顺序标注尺寸
a）合理　b）不合理　c）加工顺序

（2）按加工面与非加工面标注尺寸　对铸件，同一方向上的加工面与非加工面之间只允许有一个尺寸相联系，该方向上的其余尺寸则应为加工面与加工面或非加工面与非加工面之间的尺寸联系。如图8-24所示，加工基准面与非加工基准面之间只用一个尺寸L相联系。

3. 避免出现封闭的尺寸链

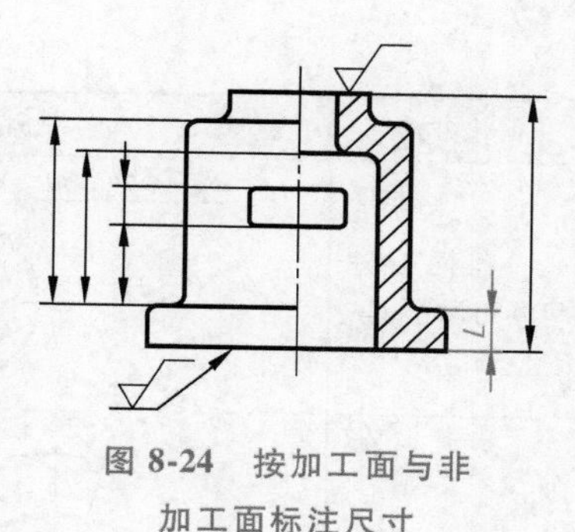

图 8-24　按加工面与非加工面标注尺寸

封闭尺寸链是首尾相接而绕成一整圈的一组尺寸。如图 8-25b 所示的轴的尺寸标注，除了标注了全长尺寸，又对轴上各段的长度一个不漏地进行了标注，这就形成了封闭的尺寸链。按这种方式标注尺寸，意味着轴上各段尺寸都要控制误差范围，而误差累积导致总长尺寸可能难以保证，即各轴段尺寸的误差累积起来最后都集中反映到总长尺寸上。因此，当几个尺寸构成封闭尺寸链时，应在尺寸链中挑选一个不重要的尺寸（一般为不要求检验的尺寸）不标注，标注成开口环，如图 8-25a 所示。这样，其他各段的加工误差都累积至这个不要求检验的尺寸上，而全长及主要轴段的尺寸则因此得到保证。

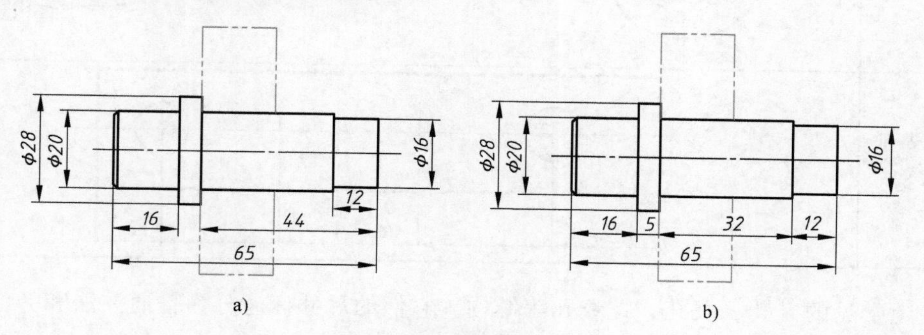

图 8-25　轴的尺寸标注

a）正确　b）错误

8.4.4　常用简化标注

为了简化绘图工作、提高效率、提高图面清晰度，国家标准《技术制图　简化表示法　第 2 部分：尺寸注法》（GB/T 16675. 2—2012）规定了技术图样中使用的简化注法。常用简化原则如下。

1）简化必须保证不致引起误解和不会产生理解的多义性。在此前提下，力求制图简便。

2）便于识图和绘制，注重简化的综合效果。

常用的简化注法见表 8-3。

表 8-3　常用的简化注法

简化方式	图例	简化方式	图例
可使用单边箭头	30	一组同心圆弧或圆心位于一条直线上的多个不同心圆弧的尺寸，可用共用的尺寸线和箭头依次表示	R10, R15, R25, R30　R10, R15, R25, R30

（续）

简化方式	图例	简化方式	图例
一组同心圆可共用尺寸线	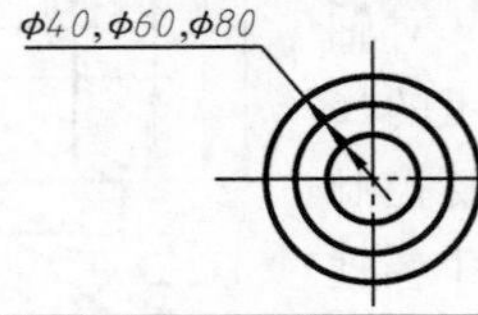	可采用带箭头的指引线	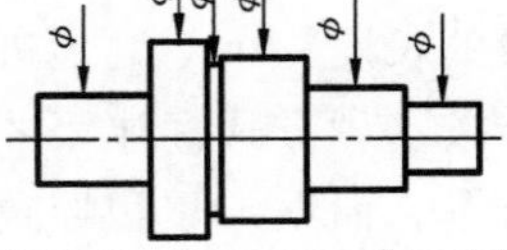
EQS 表示均布	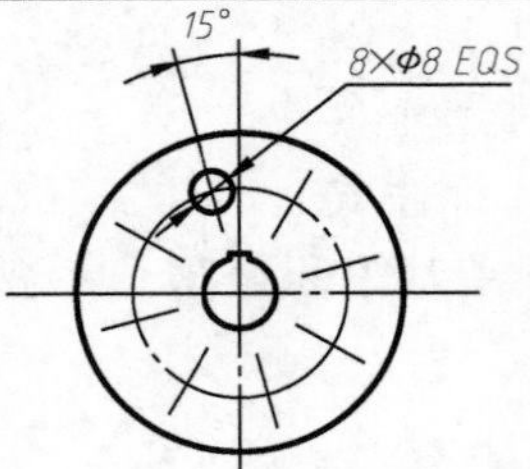	从同一基准出发的角度尺寸	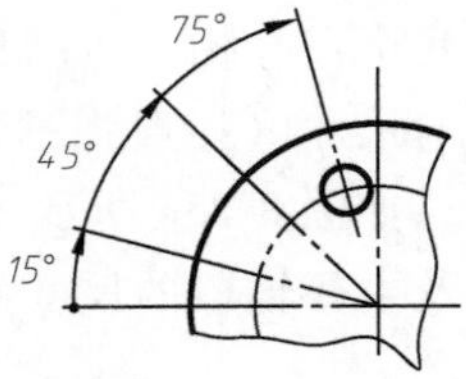
从同一基准出发的线性尺寸	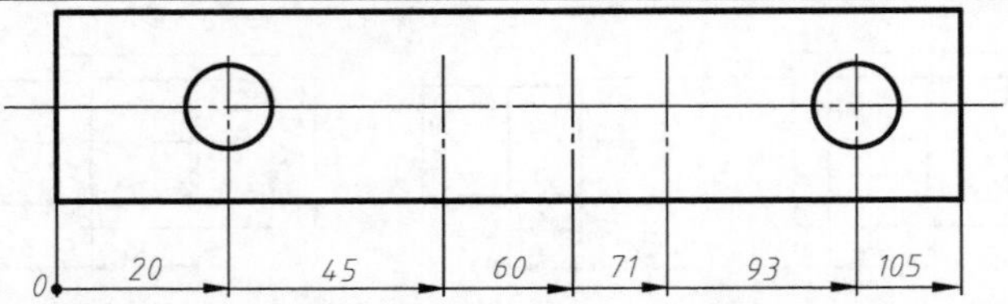		

零件上常见的光孔、沉孔、螺纹孔等结构，它们的尺寸标注分为普通注法和旁注法，具体见表 8-4。

表 8-4　零件上常见孔的尺寸注法

结构类型		旁注法		普通注法	说明
一般光孔		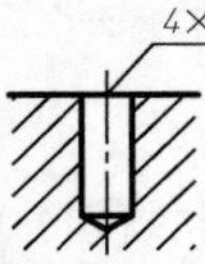	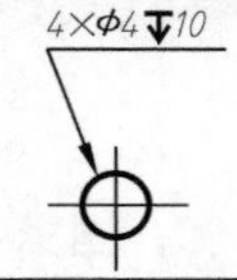	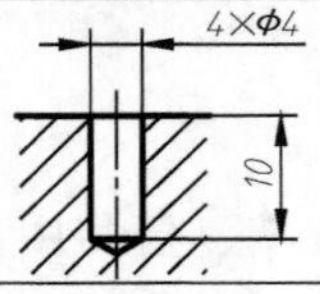	4 个均匀分布的直径为 4mm 的光孔，孔深度为 10mm
沉孔	锥形沉孔	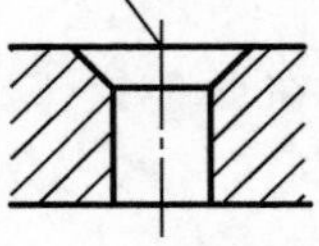	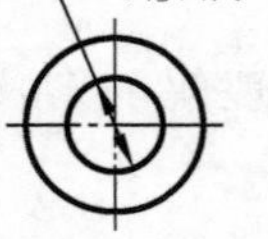	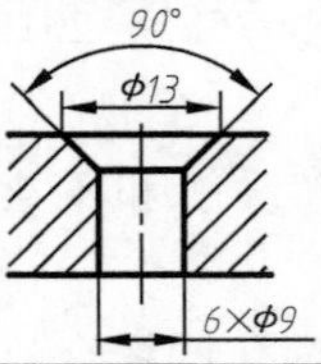	6 个直径为 9mm 的锥形沉孔，锥台大头直径为 13mm，圆锥面顶角为 90°
	柱形沉孔	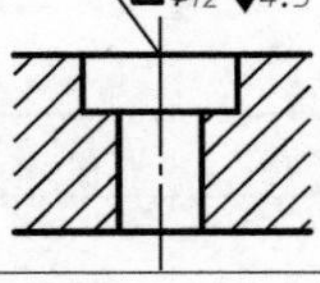		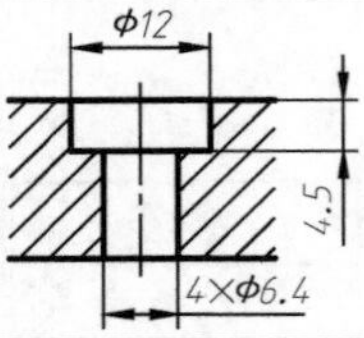	4 个直径为 6.4mm 的柱形沉孔，沉孔直径为 12mm，沉孔深度为 4.5mm
	锪平面沉孔	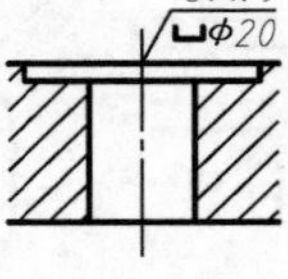	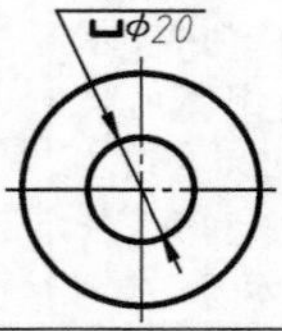	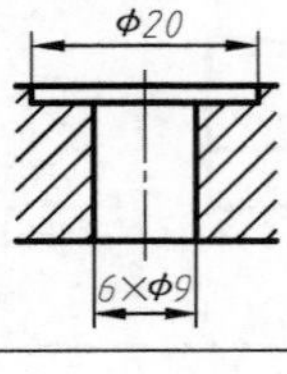	6 个直径为 9mm 的光孔，锪平圆直径为 20mm，锪平面深度不需标注，一般锪削到不出现毛面为止

（续）

结构类型		旁注法		普通注法	说明
螺纹孔	通螺纹孔	3×M6-6H	3×M6-6H	3×M6-6H	3个公称直径为M6的螺纹孔
	不通螺纹孔	3×M6-6H↧10 孔↧12	3×M6-6H↧10 孔↧12	3×M6-6H 10 12	3个公称直径为M6的螺纹孔，攻螺纹深度为10mm，钻孔深度为12mm

若图样中的尺寸和公差全部相同，或者某个尺寸和公差占多数时，可在图样空白处做总的说明，如“全部倒角 *C*1.5”“其余圆角 *R*4”等。

8.5 零件图的技术要求

零件图的技术要求用来说明制造零件时应该达到的质量要求。技术要求主要包括表面结构、极限与配合、几何公差、热处理及表面处理、零件的特殊加工和检验的要求等。

8.5.1 零件的表面结构

1. 基本概念

零件的实际表面都是按一定的工序加工形成的，看起来很光滑，但借助放大装置便会看到高低不平的状况，零件的表面轮廓是指一个指定平面与实际表面相交所得的轮廓，如图8-26所示。表面轮廓是由粗糙度轮廓（*R*轮廓）、波纹度轮廓（*W*轮廓）和原始轮廓（*P*轮廓）构成的。各种轮廓所具有的特性都与零件的表面功能密切相关。

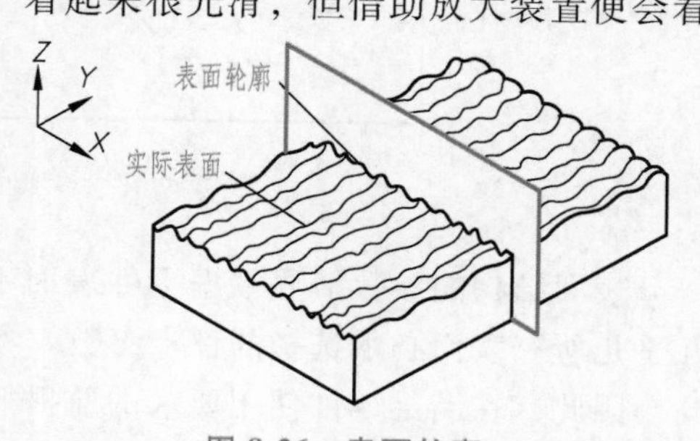

图8-26　表面轮廓

（1）**粗糙度轮廓**（Roughness Profile）　粗糙度轮廓是指表面轮廓中具有较小间距和微小峰谷的那部分。粗糙度轮廓是评定粗糙度轮廓参数的基础，评定所得轮廓参数对应称为*R*参数。它所具有的微观几何特性称为**表面粗糙度，即加工表面具有的较小间距和微小峰谷的不平度**。表面粗糙度主要是由于加工过程中刀具和零件表面之间的摩擦、切屑分离时的塑性变形以及工艺系统中存在的高频振动等原因而形成，属于微观几何误差。

（2）**波纹度轮廓**（Waviness Profile）　波纹度轮廓是表面轮廓中不平度的间距比粗糙度

轮廓大得多的那部分。波纹度轮廓是评定波纹度轮廓参数的基础，评定所得轮廓参数对应称为 W 参数。这种间距较大的、随机的或接近周期形式的成分构成的表面不平度称为**表面波纹度**。表面波纹度主要是由于加工过程中加工系统的振动、发热以及回转过程中的质量不均衡等原因而形成，具有较强的周期性，属于微观和宏观之间的几何误差。

(3) **原始轮廓**（Primary Profile） 原始轮廓是忽略了粗糙度轮廓和波纹度轮廓之后的总的轮廓。原始轮廓是评定原始轮廓参数的基础，评定所得轮廓参数对应称为 P 参数。它主要受机床、夹具本身所具有的形状误差影响。它具有宏观几何形状特性，如工件的平面不平、圆截面不圆等。

零件的表面结构特性是表面粗糙度、表面波纹度和原始轮廓特性的统称，是评定零件表面质量和保证其表面功能的重要技术指标。

2. 表面结构参数

国家标准《产品几何技术规范（GPS） 技术产品文件中表面结构的表示法》（GB/T 131—2006）规定了评定表面结构的参数主要有三组：轮廓参数（GB/T 3505）、图形参数（GB/T 18618）和基于支承率曲线的参数（GB/T 18778.2 和 GB/T 18778.3）。这三个参数组已经标准化并与完整符号一起使用。下面主要介绍常用的评定粗糙度轮廓的参数。

根据国家标准《产品几何技术规范（GPS） 表面结构 轮廓法 术语、定义及表面结构参数》（GB/T 3505—2009），表面粗糙度的主要评定参数有轮廓算术平均偏差（*Ra*）及轮廓最大高度（*Rz*）。

轮廓算术平均偏差（*Ra*）是指在一个取样长度内纵坐标值 $Z(X)$ 绝对值的算术平均值；轮廓最大高度（*Rz*）是指在一个取样长度内，最大轮廓峰高和最大轮廓谷深之和，如图 8-27 所示。

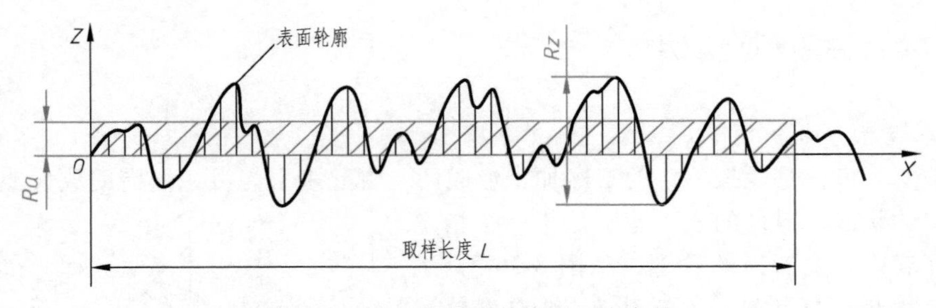

图 8-27 表面粗糙度的主要评定参数

表面结构的参数值要根据零件表面不同功能的要求分别选用。表面粗糙度轮廓参数 *Ra* 几乎是所有表面必须选择的评定参数。参数值越小，零件被加工表面越光滑，但加工成本越高。因此，在满足零件使用要求的前提下，应合理选用参数值。

《产品几何技术规范（GPS） 表面结构 轮廓法 表面粗糙度参数及其数值》（GB/T 1031—2009）规定了轮廓算术平均偏差（*Ra*）和轮廓最大高度（*Rz*）的数值系列，见表 8-5。

表 8-5 表面粗糙度参数数值 （单位：μm）

表面粗糙度参数	数值系列
Ra	0.012、0.025、0.05、0.1、0.2、0.4、0.8、1.6、3.2、6.3、12.5、25、50、100
Rz	0.025、0.05、0.1、0.2、0.4、0.8、1.6、3.2、6.3、12.5、25、50、100、200、400、800、1600

3. 表面结构的图形符号、代号

（1）表面结构图形符号　根据国家标准《产品几何技术规范（GPS）技术产品文件中表面结构的表示法》（GB/T 131—2006），表面结构图形符号及其含义见表 8-6，其中表面结构基本图形符号的画法如图 8-28 所示，尺寸见表 8-7。

表 8-6　表面结构图形符号及其含义

分　类	图形符号	含　义
基本图形符号		基本图形符号由两条不等长的细直线组成，仅适用于简化代号标注，没有补充说明时不能单独使用。与补充的或辅助的说明一起使用则不需要进一步说明为了获得指定的表面是否应去除材料或不去除材料
扩展图形符号		基本图形符号加一短横，表示指定表面是用去除材料的方法获得，如通过机械加工获得的表面
		基本图形符号加一圆圈，表示指定表面是用不去除材料的方法获得
完整图形符号		当要求标注表面结构特征的补充信息时，应在上述三个符号的长边上加一横线
工件轮廓各表面的图形符号		当在图样某个视图上构成封闭轮廓的各表面具有相同的表面结构要求时，应在上述完整图形符号上加一圆圈，标注在图样中工件的封闭轮廓线上

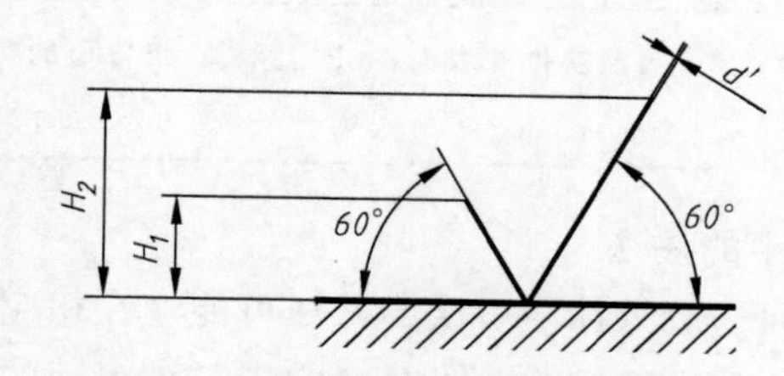

图 8-28　表面结构基本图形符号的画法

表 8-7　表面结构基本图形符号的尺寸　（单位：mm）

数字和字母高度 h	2.5	3.5	5	7	10	14	20
符号线宽 d'	0.25	0.35	0.5	0.7	1	1.4	2
高度 H_1	3.5	5	7	10	14	20	28
高度 H_2（最小值）	7.5	10.5	15	21	30	42	60

注：H_2 和图形符号长边横线的长度取决于标注的内容。

（2）表面结构完整图形符号的组成　为了明确表面结构要求，除了标注表面结构参数和数值外，必要时应标注补充要求。

在完整符号中，对表面结构的单一要求和补充要求应注写在指定位置，如图 8-29 所示。位置 a 注写表面结构的单一要求；位置 a 和 b 注写两个或多个表面结构要求；位置 c 注写加工方法；位置 d 注写表面纹理和方向；位置 e 注写加工余量。

在图样上标注时，若采用默认定义，且对其他方面无要求时，可采用如图 8-30 所示注法，将表面结构参数及其数值注写在 a 处。为避免误解，在参数代号和极限值间应插入空格。

表8-8给出了部分采用默认定义的表面结构（表面粗糙度）完整图形符号及其含义。

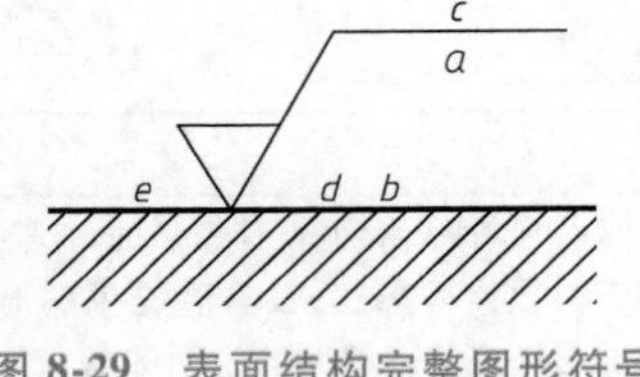

图8-29　表面结构完整图形符号

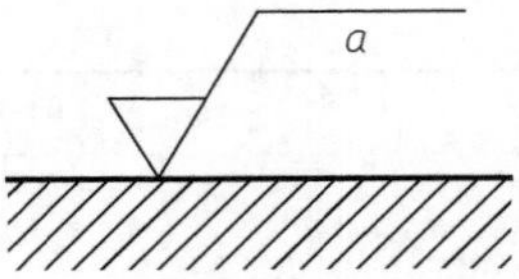

图8-30　表面结构要求采用默认定义的注法

表8-8　采用默认定义的表面结构（表面粗糙度）完整图形符号及其含义

完整图形符号示例	含　义
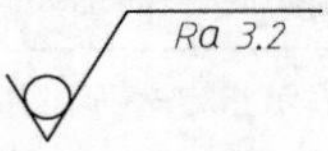 Ra 3.2	用不去除材料的方法获得的表面，单向上限值，极限值的判断采用16%原则，Ra的上限值为3.2μm
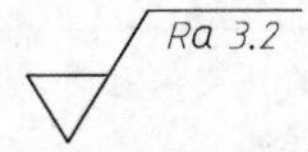 Ra 3.2	用去除材料的方法获得的表面，单向上限值，极限值的判断采用16%原则，Ra的上限值为3.2μm
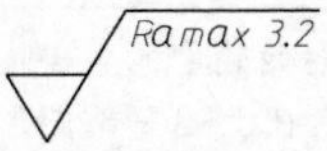 Ramax 3.2	用去除材料的方法获得的表面，单向上限值，极限值的判断采用最大规则，Ra的最大值为3.2μm
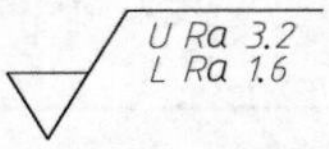 U Ra 3.2 L Ra 1.6	用去除材料的方法获得的表面，双向极限值，极限值的判断采用16%原则，Ra的上限值为3.2μm，Ra的下限值为1.6μm
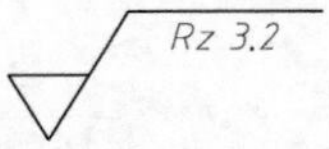 Rz 3.2	用去除材料的方法获得的表面，单向上限值，极限值的判断采用16%原则，Rz的上限值为3.2μm

4. 表面结构要求在图样中的注法

表面结构要求对每一表面一般只标注一次，并尽可能注在相应的尺寸及其公差的同一视图上。除非另有说明，所标注的表面结构要求是对完工零件表面的要求。

总的原则是根据国家标准《机械制图　尺寸注法》（GB/T 4458.4—2003）的规定，使表面结构要求的注写和读取方向与尺寸的注写和读取方向一致。

（1）标注在轮廓线、延长线或指引线上　表面结构要求可直接标注在图样的可见轮廓线或其延长线上，其符号尖端必须从材料外指向并接触被加工表面；必要时，表面结构图形符号也可用带箭头或黑点的指引线引出标注，如图8-31所示。

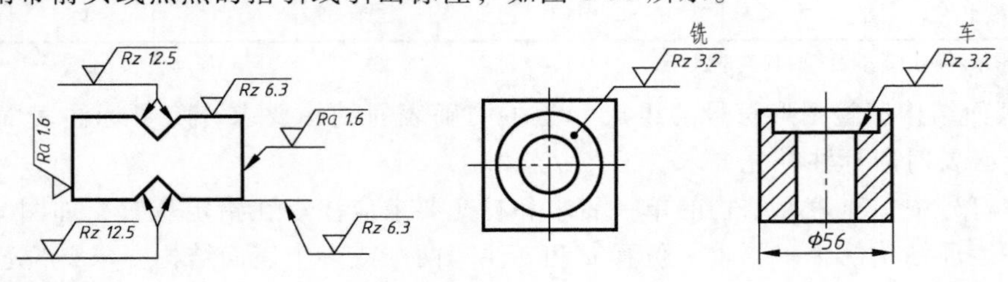

图8-31　表面结构要求标注在轮廓线、延长线或指引线上

（2）标注在特征尺寸的尺寸线上　在不致引起误解时，表面结构要求可以标注在给定的尺寸线上，如图 8-32 所示。

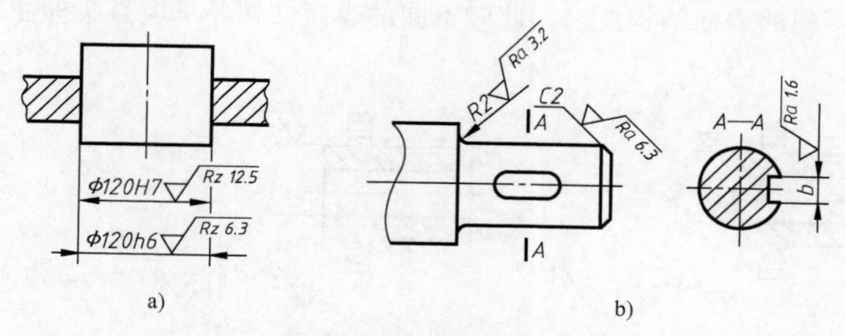

图 8-32　表面结构要求标注在尺寸线上

（3）标注在几何公差的框格上　表面结构要求可标注在几何公差框格的上方，如图 8-33 所示。

（4）标注在圆柱和棱柱表面上　圆柱和棱柱表面的表面结构要求只标注一次，如图 8-34a 所示。如果棱柱每个表面有不同的表面结构要求，则应分别单独标注，如图 8-34b 所示右端棱柱的上、下两个平面分别标注了 *Ra* 值。

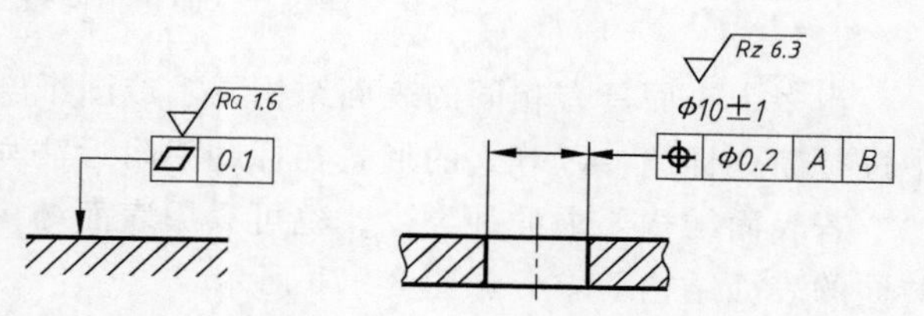

图 8-33　表面结构要求标注在几何公差框格的上方

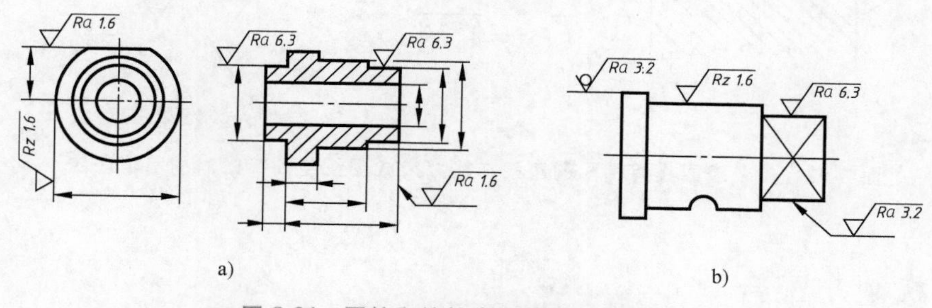

图 8-34　圆柱和棱柱表面结构要求的注法

（5）对周边各面有相同的表面结构要求的注法　当在图样某个视图上构成封闭轮廓的各表面有相同的表面结构要求时，应在完整图形符号上加一圆圈，标注在图样中工件的封闭轮廓线上，如图 8-35 所示，不包括前、后表面。

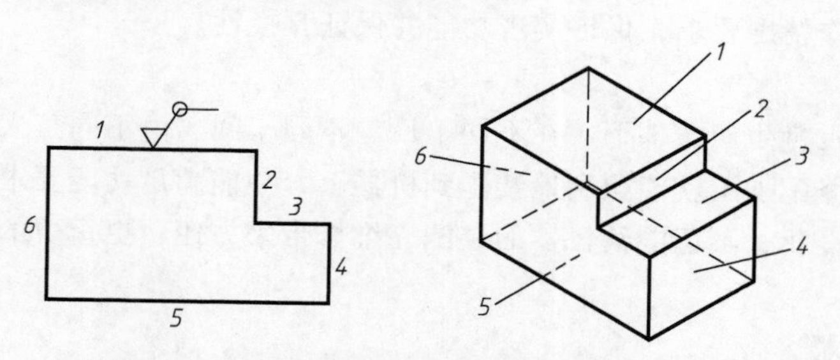

图 8-35　对周边各面有相同的表面结构要求的注法

（6）简化注法　如果工件的多数或全部表面具有相同的表面结构要求，则其表面结构要求可统一标注在图样的标题栏附近。此时（除全部表面有相同要求的情况外），在表面结构要求的符号后面，应在圆括号内给出无任何其他标注的基本符号，如图 8-36a 所示，或者在圆括号内给出不同的表面结构要求，此时不同的表面结构要求应直接标注在图形中，如图 8-36b 所示。

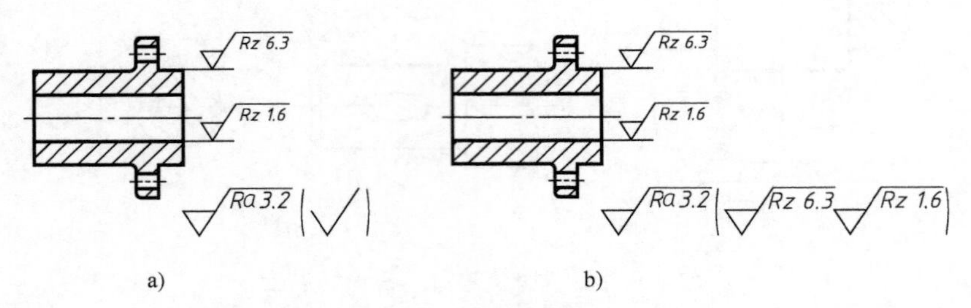

图 8-36　大多数表面有相同表面结构要求的简化标注

当多个表面具有相同的表面结构要求或图纸空间有限时，可用带字母的完整符号在图样中进行简化标注，以等式的形式在标题栏附近注写具体要求，如图 8-37a 所示。

若表面结构要求的种类少，也可只用表面结构图形符号，以等式的形式给出对多个表面共同的表面结构要求，如图 8-37b 所示。

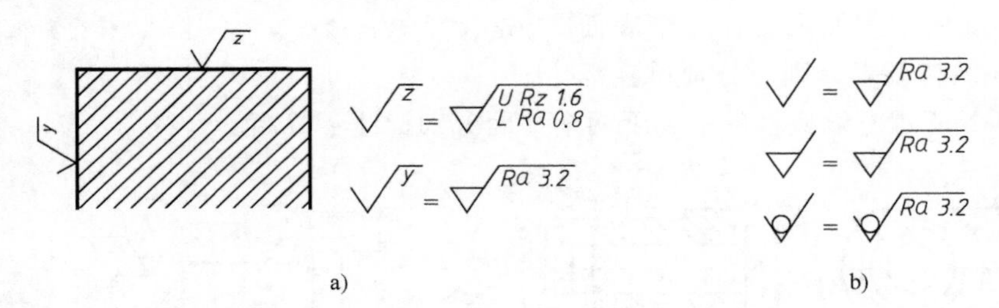

图 8-37　多个表面具有相同的表面结构要求或图纸空间有限时的简化注法

8.5.2　极限与配合

极限与配合是检验产品质量的重要技术指标，是保证使用性能及互换性的前提，是零件图、装配图中的重要技术要求。控制的办法是限制零件功能尺寸不超过设定的上极限尺寸和下极限尺寸，相配合的零件（如轴和孔）各自达到技术要求后，装配在一起就能满足所设计的松紧程度和工作精度要求，保证实现功能并保证互换性。

1. 互换性

互换性是指在批量生产条件下，在不同工厂、不同车间、由不同工人生产的相同规格的零件，不经挑选或修配加工就能顺利地装配到机器上，并能满足功能要求的特性。零件的互换性促进产品的标准化，不但能给机器的装配、维修带来方便，更重要的是为现代化大批量生产提供了可能性。

2. 极限的基本概念

保证零件的互换性并不是要求每个零件都做得绝对一样。由于零件在实际生产过程中受到机床、刀具、加工、测量诸多因素的影响，加工完的零件实际尺寸总是存在一定的误差，绝对精确是不可能的，从经济角度考虑也是不必要的。设计时，为保证零件具有互换性，必须根据零件的功能要求，对零件尺寸规定一个允许的变动量，这个允许的尺寸变动量即为尺寸公差。一个零件只有其实际尺寸的误差在这个允许的变动量之内才是合格产品。

根据国家标准《产品几何技术规范（GPS）　线性尺寸公差ISO代号体系　第1部分：公差、偏差和配合的基础》（GB/T 1800.1—2020），下面以如图8-38和图8-39所示为例，介绍有关术语。

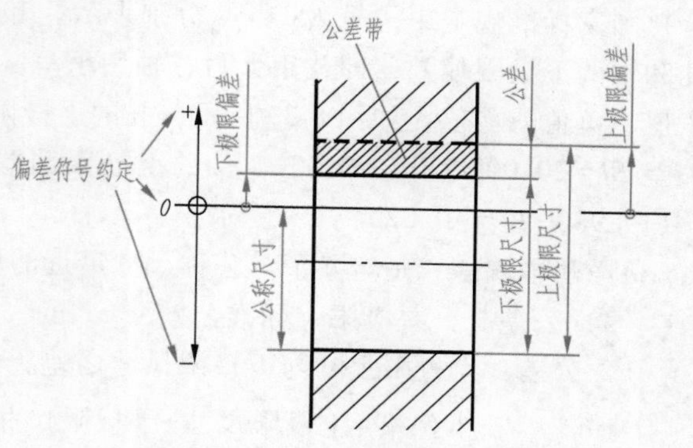

图 8-38　定义说明（以孔为例）

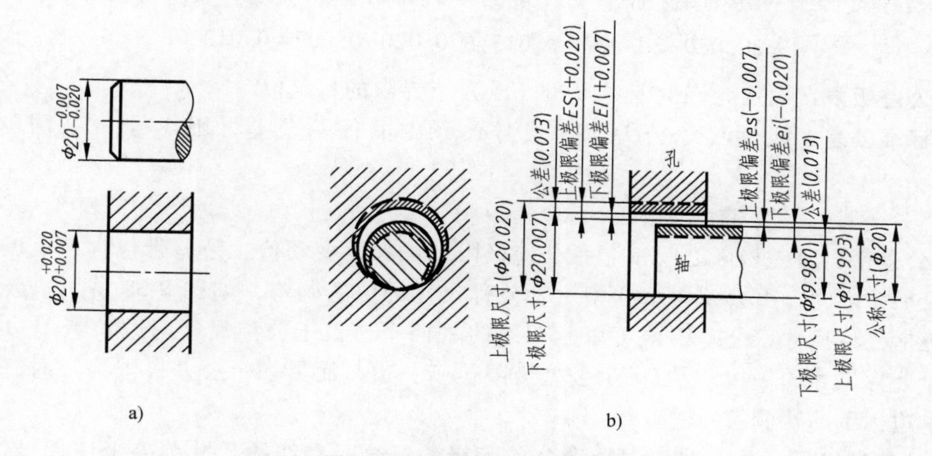

图 8-39　极限与配合示意图

（1）公称尺寸、实际尺寸、极限尺寸

1）**公称尺寸**：由图样规范定义的理想形状要素的尺寸（$\phi20$）。零件的公称尺寸是根据使用要求，通过计算或根据试验和经验来确定的，一般应尽量选用标准直径或标准长度。

2）**实际尺寸**：拟合组成要素的尺寸，组成要素是指属于工件的实际表面或表面模型的几何要素。实际尺寸通过测量得到。

3）**极限尺寸**：尺寸要素的尺寸所允许的极限值，包括上极限尺寸和下极限尺寸。**上极限尺寸**是尺寸要素允许的最大尺寸，如图8-39所示的孔的上极限尺寸为$\phi20.020$，轴的上极限尺寸为$\phi19.993$。**下极限尺寸**是尺寸要素允许的最小尺寸，如图8-39所示的孔的下极限尺寸为$\phi20.007$，轴的下极限尺寸为$\phi19.980$。

（2）偏差、极限偏差、基本偏差

1）**偏差**：某值与其参考值之差。对于尺寸偏差，参考值是公称尺寸，某值是实际尺寸。

2）**极限偏差**：相对于公称尺寸的**上极限偏差**和**下极限偏差**。有

极限偏差=极限尺寸−公称尺寸

上极限偏差=上极限尺寸−公称尺寸

下极限偏差=下极限尺寸-公称尺寸

国家标准规定用代号 *ES* 和 *es* 分别表示孔和轴的上极限偏差，用代号 *EI* 和 *ei* 分别表示孔和轴的下极限偏差，即孔用大写，轴用小写。上、下极限偏差是一个带符号的值，可以为正值、负值或零值。如图 8-39 所示，孔的上极限偏差 $ES=20.020-20=+0.020$，孔的下极限偏差 $EI=20.007-20=+0.007$，轴的上极限偏差 $es=19.993-20=-0.007$，轴的下极限偏差 $ei=19.980-20=-0.020$。

3）**基本偏差**：是定义了与公称尺寸最近的极限尺寸的那个极限偏差。

（3）公差、公差极限、标准公差

1）**公差**：上极限尺寸与下极限尺寸之差。公差是允许尺寸的变动量。有

公差=上极限尺寸-下极限尺寸=上极限偏差-下极限偏差

公差是一个没有符号的绝对值，且不能为零。如图 8-39 所示，孔的公差为

$20.020-20.007=0.013$ 或 $0.020-0.007=0.013$。

2）**公差极限**：确定允许值上界限和（或）下界限的特定值。

3）**标准公差**：线性尺寸公差 ISO 代号体系中的任一公差，用代号 IT（国际公差）表示。

（4）公差带、公差带代号

1）**公差带**：公差极限之间（包括公差极限）的尺寸变动值，公差带包含在上极限尺寸和下极限尺寸之间，由公差大小和相对于公称尺寸的位置确定，如图 8-38 所示。公差带不是必须包括公称尺寸，公差极限可以是双边的（两个值位于公称尺寸两边）或单边的（两个值位于公称尺寸的一边），当一个公差极限位于一边，而另一个公差极限为零时，这种情况则是单边标示的特例。

2）**公差带代号**：基本偏差和标准公差等级的组合。在线性尺寸公差 ISO 代号体系中，公差带代号由基本偏差标示符与公差等级组成（如 D13、h9 等），包含公差大小和相对于尺寸要素的公称尺寸的公差带位置的信息。

3）**公差大小**：公差带代号示出了公差大小。公差大小是一个标准公差等级与被测要素的公称尺寸的函数。

4）**公差带的位置**：公差带是上极限尺寸和下极限尺寸间的变动值，公差带代号用基本偏差表示公差带相对于公称尺寸的位置。关于公差带的位置，即，基本偏差的信息由一个或多个字母标示，称为基本偏差标示符。

3. 线性尺寸公差 ISO 代号体系

（1）标准公差等级　标准公差等级用字符 IT 和等级数字表示，如 IT7。当标准公差等级与代表基本偏差的字母组合形成公差带代号时，IT 省略，如 H7。根据国家标准《产品几何技术规范（GPS） 线性尺寸公差 ISO 代号体系　第 1 部分：公差、偏差和配合的基础》（GB/T 1800.1—2020），公称尺寸在 500mm 内时，有 IT01、IT0、IT1、…、IT18 共 20 个标准公差等级；公称尺寸大于 500mm 而在 3150mm 内时，有 IT1～IT18 共 18 个标准公差等级。其中，数字 01、0、1、2、…、18 表示公差等级，其尺寸精确程度从 IT01 到 IT18 依次降低，相应的标准公差值（公差大小）依次加大。

标准公差值（公差大小）由标准公差等级和公称尺寸确定，见表 8-9。

表 8-9 公称尺寸至 3150mm 的标准公差值

公称尺寸/mm		标准公差等级																			
		IT01	IT0	IT1	IT2	IT3	IT4	IT5	IT6	IT7	IT8	IT9	IT10	IT11	IT12	IT13	IT14	IT15	IT16	IT17	IT18
大于	至	标准公差值																			
		μm													mm						
—	3	0.3	0.5	0.8	1.2	2	3	4	6	10	14	25	40	60	0.1	0.14	0.25	0.4	0.6	1	1.4
3	6	0.4	0.6	1	1.5	2.5	4	5	8	12	18	30	48	75	0.12	0.18	0.3	0.48	0.75	1.2	1.8
6	10	0.4	0.6	1	1.5	2.5	4	6	9	15	22	36	58	90	0.15	0.22	0.36	0.58	0.9	1.5	2.2
10	18	0.5	0.8	1.2	2	3	5	8	11	18	27	43	70	110	0.18	0.27	0.43	0.7	1.1	1.8	2.7
18	30	0.6	1	1.5	2.5	4	6	9	13	21	33	52	84	130	0.21	0.33	0.52	0.84	1.3	2.1	3.3
30	50	0.6	1	1.5	2.5	4	7	11	16	25	39	62	100	160	0.25	0.39	0.62	1	1.6	2.5	3.9
50	80	0.8	1.2	2	3	5	8	13	19	30	46	74	120	190	0.3	0.46	0.74	1.2	1.9	3	4.6
80	120	1	1.5	2.5	4	6	10	15	22	35	54	87	140	220	0.35	0.54	0.87	1.4	2.2	3.5	5.4
120	180	1.2	2	3.5	5	8	12	18	25	40	63	100	160	250	0.4	0.63	1	1.6	2.5	4	6.3
180	250	2	3	4.5	7	10	14	20	29	46	72	115	185	290	0.46	0.72	1.15	1.85	2.9	4.6	7.2
250	315	2.5	4	6	8	12	16	23	32	52	81	130	210	320	0.52	0.81	1.3	2.1	3.2	5.2	8.1
315	400	3	5	7	9	13	18	25	36	57	89	140	230	360	0.57	0.89	1.4	2.3	3.6	5.7	8.9
400	500	4	6	8	10	15	20	27	40	63	97	155	250	400	0.63	0.97	1.55	2.5	4	6.3	9.7
500	630			9	11	16	22	32	44	70	110	175	280	440	0.7	1.1	1.75	2.8	4.4	7	11
630	800			10	13	18	25	36	50	80	125	200	320	500	0.8	1.25	2	3.2	5	8	12.5
800	1000			11	15	21	28	40	56	90	140	230	360	560	0.9	1.4	2.3	3.6	5.6	9	14
1000	1250			13	18	24	33	47	66	105	165	260	420	660	1.05	1.65	2.6	4.2	6.6	10.5	16.5
1250	1600			15	21	29	39	55	78	125	195	310	500	780	1.25	1.95	3.1	5	7.8	12.5	19.5
1600	2000			18	25	35	46	65	92	150	230	370	600	920	1.5	2.3	3.7	6	9.2	15	23
2000	2500			22	30	41	55	78	110	175	280	440	700	1100	1.75	2.8	4.4	7	11	17.5	28
2500	3150			26	36	50	68	96	135	210	330	540	860	1350	2.1	3.3	5.4	8.6	13.5	21	33

（2）基本偏差　基本偏差是确定公差带相对公称尺寸位置的极限偏差，是指上、下极限偏差中最接近公称尺寸的极限偏差。当公差带位于公称尺寸线上方时，基本偏差为下极限偏差，当公差带位于公称尺寸线的下方时，基本偏差为上极限偏差。如图 8-39 所示孔的基本偏差为下极限偏差，轴的基本偏差为上极限偏差。

对于孔，基本偏差用大写字母 A、…、ZC 识别与控制。对于轴，基本偏差用小写字母 a、…、zc 识别与控制。国家标准分别对孔和轴各规定了 28 个不同的基本偏差，如图 8-40 所示。

如图 8-40 所示，轴的基本偏差为 a~h 时为上极限偏差，为 j~zc 时为下极限偏差。孔的基本偏差为 A~H 时为下极限偏差，为 J~ZC 时为上极限偏差。基本偏差的概念不适用于 js 和 JS，它们的公差极限相对于公称尺寸线是对称分布的。

图 8-40 所示示意图只表示了公差带相对于公称尺寸的位置，所以仅画出属于基本偏差的一端，另一端是开口的，即公差带的另一端取决于标准公差（IT）的大小。若要计算轴和孔的另一偏差，则可根据轴和孔的基本偏差和标准公差，按以下公式计算。

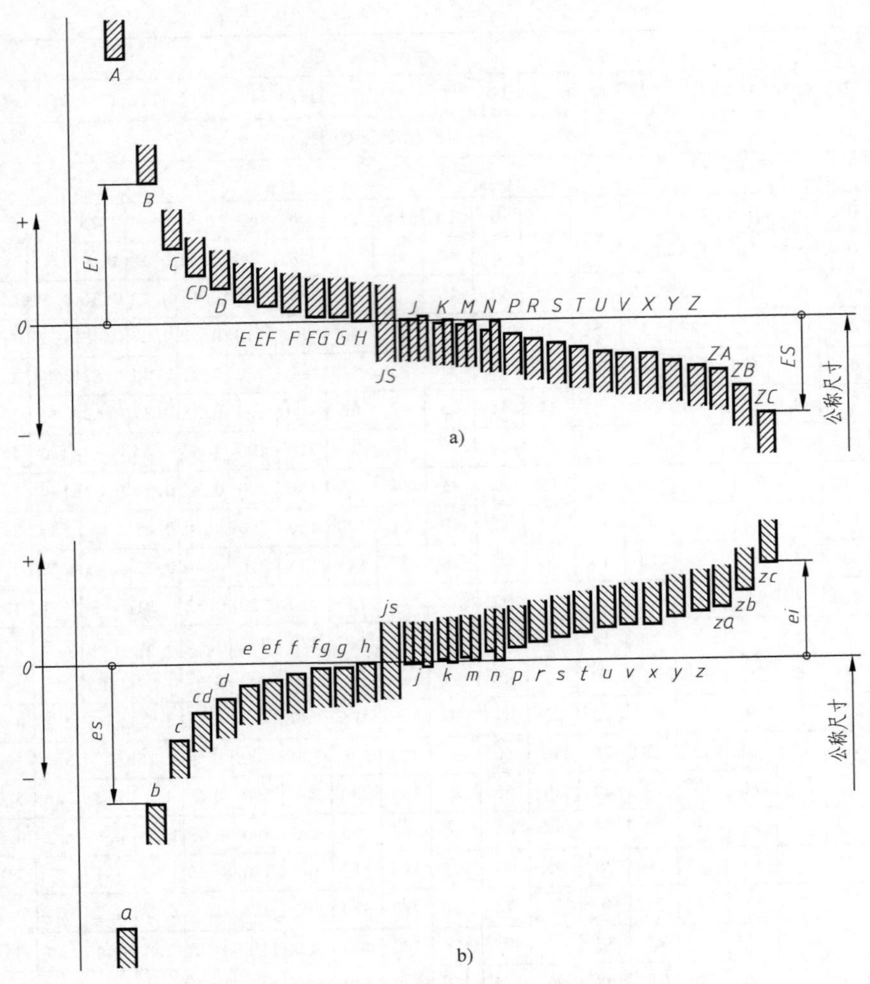

图 8-40　公差带（基本偏差）相对于公称尺寸位置的示意图

a）孔　b）轴

轴的另一偏差（上极限偏差或下极限偏差）为

$$es=ei+\mathrm{IT} \text{ 或 } ei=es-\mathrm{IT}$$

孔的另一偏差（上极限偏差或下极限偏差）为

$$ES=EI+\mathrm{IT} \text{ 或 } EI=ES-\mathrm{IT}$$

（3）公差带代号标注　孔和轴的公差带代号分别由代表孔的基本偏差的大写字母或轴的基本偏差的小写字母与代表标准公差等级数字的组合标示，如图 8-41 所示。尺寸及其公差由公称尺寸及所要求的公差带代号标示，或由公称尺寸及+和（或）-极限偏差标示。用

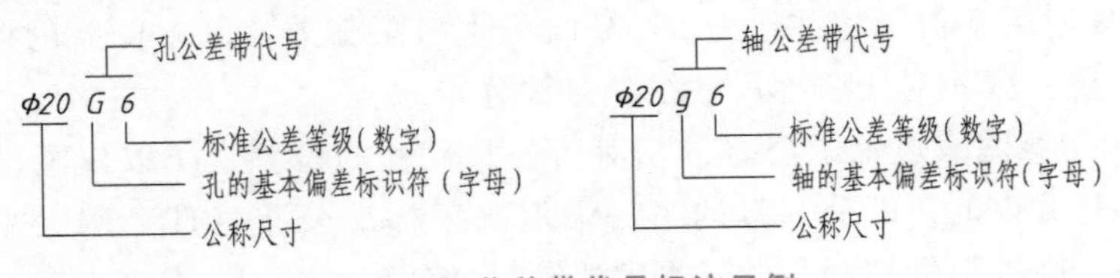

图 8-41　公差带代号标注示例

公差带代号标注与用极限偏差标注等同，例如，32H7 与 $32^{+0.025}_{0}$ 等同。

ϕ20g6 公差带的全称是：公称尺寸为 ϕ20，标准公差等级为 IT6，基本偏差为 g 的轴的公差带。

4. 配合的基本概念

（1）配合、间隙、过盈

1）**配合**：类型相同且待装配的外尺寸要素（轴）和内尺寸要素（孔）之间的关系。通俗地讲，配合就是孔和轴结合时的松紧程度。配合中可能会有间隙或过盈。

2）**间隙**：当轴的直径小于孔的直径时，相配孔和轴的尺寸之差。在间隙计算中，所得到的值是正值。相配合的两工件形成可动连接。

3）**过盈**：当轴的直径大于孔的直径时，相配孔和轴的尺寸之差。在过盈计算中，所得到的值是负值。相配合的两工件形成刚性结合。

（2）间隙配合、过盈配合、过渡配合

1）**间隙配合**：孔和轴装配时总是存在间隙的配合。此时，孔的下极限尺寸大于或在极端情况下等于轴的上极限尺寸，孔的公差带完全位于轴的公差带之上，如图 8-42a 所示。任取一对轴、孔配合时，孔的直径均大于轴的直径，形成具有间隙（包括最小间隙为零）的配合。当相互配合的两零件有相对运动时，采用间隙配合。

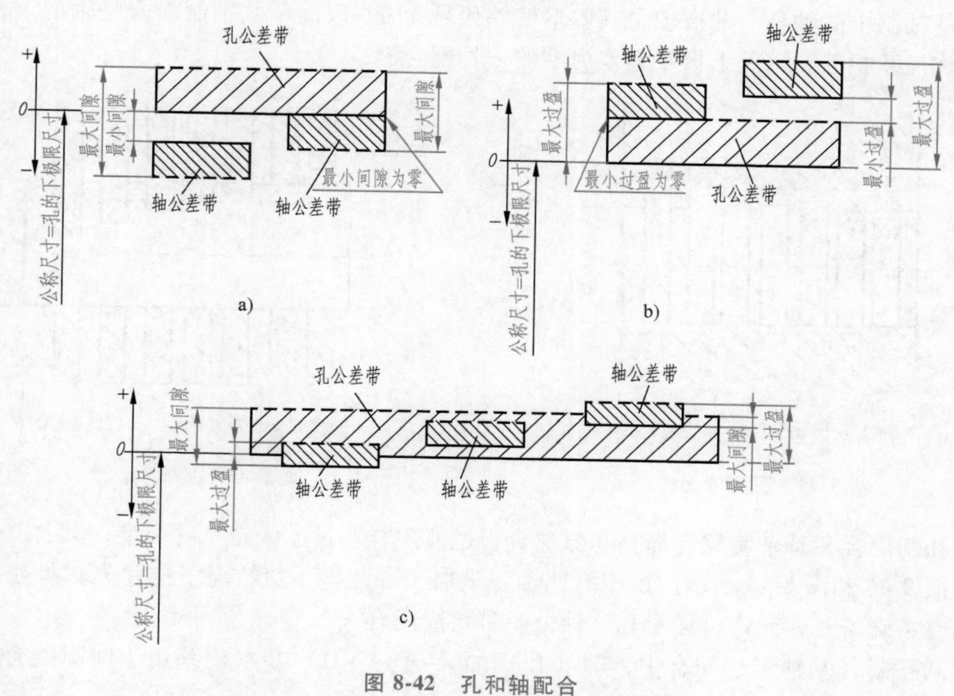

图 8-42 孔和轴配合

a）间隙配合 b）过盈配合 c）过渡配合

2）**过盈配合**：孔和轴装配时总是存在过盈的配合。此时，孔的上极限尺寸小于或在极端情况下等于轴的下极限尺寸，孔的公差带完全位于轴的公差带之下，如图 8-42b 所示。任取一对轴、孔配合时，孔的直径均小于轴的直径，形成具有过盈（包括最小过盈为零）的配合。当相互配合的两零件需要牢固连接时，采用过盈配合。

3）**过渡配合**：孔和轴装配时可能具有间隙或过盈的配合。此时，孔和轴的公差带相互交叠，如图 8-42c 所示。任取一对轴、孔配合时，可能具有间隙，也可能具有过盈的配合。此时，间隙或过盈的量都不大。对于不允许有相对运动，轴与孔的对中性要求比较高，且又需拆卸的两零件配合，采用过渡配合。

5. ISO 配合制

ISO 配合制是由线性尺寸公差 ISO 代号体系确定公差的孔和轴组成的一种配合制度。形成配合要素的线性尺寸公差 ISO 代号体系应用的前提条件是孔和轴的公称尺寸相同。要得到各种性质的配合，就必须在保证获得适当间隙或过盈的条件下，确定孔和轴的公差带。对于相配合的零件，如果孔和轴两者的尺寸都可以任意变动，则情况变化极多，不便于设计与制造。为此，国家标准规定了基孔制配合和基轴制配合两种配合制度。

1）**基孔制配合**：孔的基本偏差为零的配合，即其下极限偏差等于零。所要求的间隙或过盈由不同公差带代号的轴与一基本偏差为零的公差带代号的基准孔相配合得到，如图 8-43 所示。基孔制中的孔称为基准孔，其基本偏差代号为 H。因此，基孔制配合是孔的下极限尺寸与公称尺寸相等，孔的下极限偏差为零的一种配合制。

2）**基轴制配合**：轴的基本偏差为零的配合，即其上极限偏差等于零，所要求的间隙或过盈由不同公差带代号的孔与一基本偏差为零的公差带代号的基准轴相配合得到，如图 8-44 所示。基轴制中的轴称为基准轴，其基本偏差代号为 h。因此，基轴制配合是轴的上极限尺寸与公称尺寸相等，轴的上极限偏差为零的一种配合制。

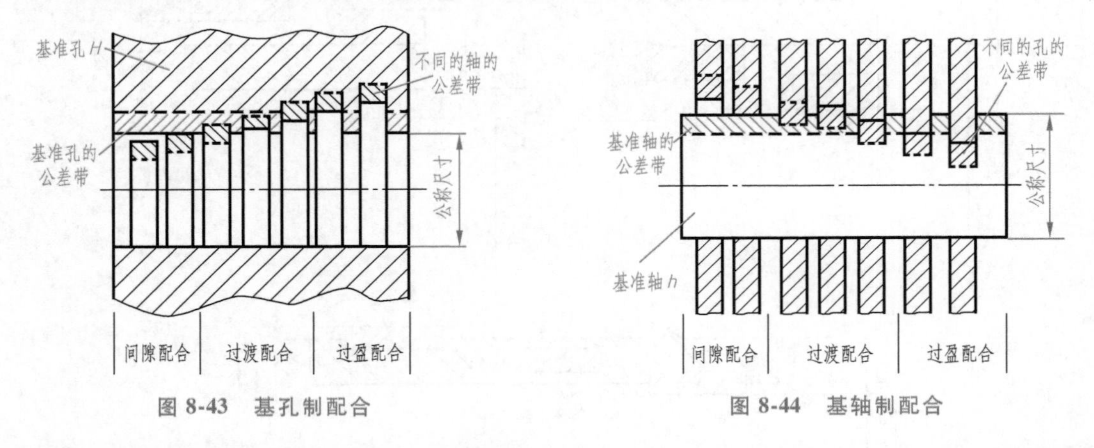

图 8-43　基孔制配合　　　　图 8-44　基轴制配合

基孔制配合和基轴制配合都有间隙配合、过渡配合和过盈配合三种类型，其公差带间的关系如图 8-43 和图 8-44 所示。由于孔比轴更难加工一些，一般情况下应优先选择基孔制配合。如有特殊需要，允许将任意孔、轴公差带组成配合。

在基孔制（基轴制）配合中，轴（孔）的 a~h(A~H) 基本偏差用于间隙配合，j~zc (J~ZC) 基本偏差用于过渡配合和过盈配合。

为了便于选用，附录 C 列出了孔和轴的极限偏差，附录 D 列出了推荐选用的配合。

6. 极限与配合的标注

在零件图中，极限的标注有三种形式，如图 8-45 所示。

注写时应注意：上、下极限偏差绝对值不同时，极限偏差数值字高应比公称尺寸数字字高小一号，下极限偏差与公称尺寸注在同一底线上，小数点对齐，且小数点后的位数也必须

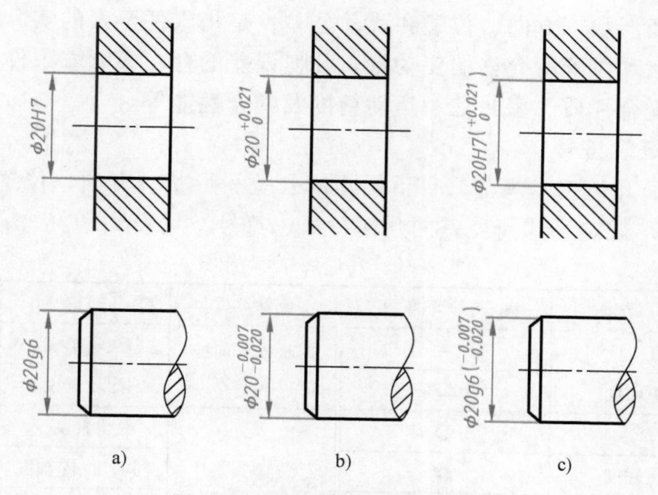

图 8-45　零件图中极限的标注

a）注公差带代号　b）注上、下极限偏差　c）混合标注

相同；当某一极限偏差为零时，用数字“0”标出，并与另一极限偏差的个位数对齐；当上、下极限偏差绝对值相同时，仅写一个数值，字高与公称尺寸相同，数值前注写“±”符号，如 φ25±0. 030。

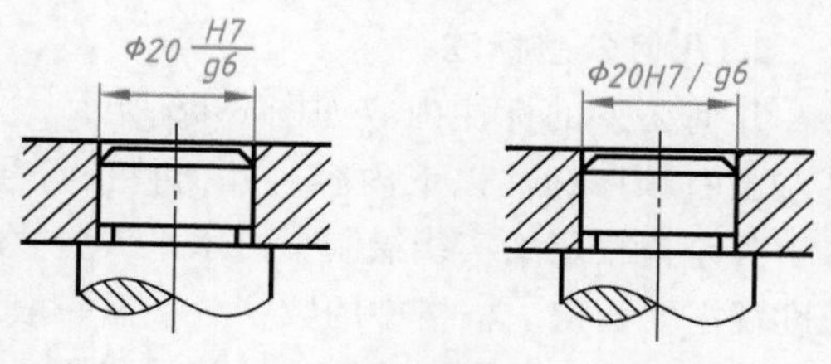

图 8-46　装配图中配合尺寸标注示例

装配图中标注配合尺寸，用相同的公称尺寸后跟孔、轴公差带代号表示。孔、轴公差带代号写成分数形式，分子为孔公差带代号，分母为轴公差带代号，标注形式为

$$\text{公称尺寸}\frac{\text{孔的公差带代号}}{\text{轴的公差带代号}}$$

或

公称尺寸　孔的公差带代号/轴的公差带代号

标注示例如图 8-46 所示。

8. 5. 3　几何公差

机械零件在加工中产生的尺寸误差用尺寸公差加以限制，而加工导致的零件的几何形状误差和几何要素的相对位置误差则由几何公差加以限制，零件中常见的几何误差如图 8-47

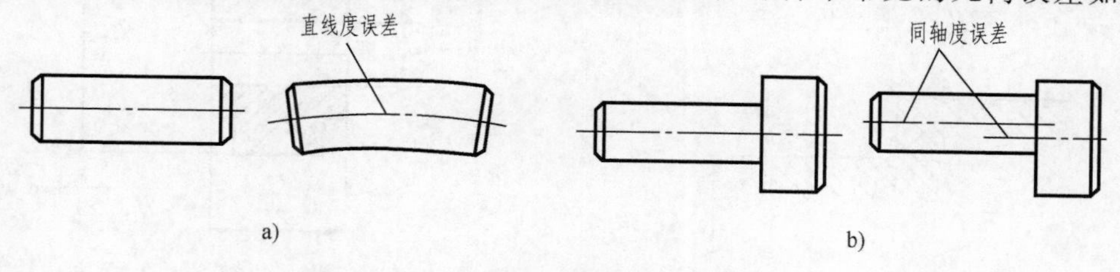

图 8-47　几何误差

所示。几何公差包括形状、方向、位置和跳动公差，是指零件要素的实际形状和位置对于设计所要求的理想形状和位置所允许的变动量。几何误差的存在影响着工件的可装配性、结构强度、接触刚度、配合性质、密封性、运动精度及啮合性能等。

1. 几何公差特征及符号

国家标准《产品几何技术规范（GPS）几何公差　形状、方向、位置和跳动公差标注》（GB/T 1182—2018）规定了几何公差的几何特征、符号，见表8-10。

表8-10　几何特征和符号

公差类型	几何特征	符　号	公差类型	几何特征	符　号
形状公差	直线度	—	形状或方向或位置公差	线轮廓度	⌒
	平面度	▱		面轮廓度	⌓
	圆度	○	位置公差	位置度	⌖
	圆柱度	⌭		同心度、同轴度	◎
方向公差	平行度	//		对称度	⌯
	垂直度	⊥	跳动公差	圆跳动	↗
	倾斜度	∠		全跳动	⌰

2. 几何公差标注

几何公差的标注内容如图8-48所示。公差要求注写在划分成两格或多格的公差框格内，自左至右顺序标注以下内容：几何特征符号、公差值、基准。

公差框格用细实线绘制，可水平或竖直放置，框格高度是图样中尺寸数字高度的两倍，其长度视需要而定。框格中的数字、字母一般应与图样中的字体同高。基准要素标识由基准方格与一个涂黑的三角形相连构成，与被测要素相关的基准用一个大写字母标注在基准方格内。

几何公差的标注如图8-49所示。当被测要素为轮廓线或表面时，箭头指向该要素的可见轮廓线或其延长线（与尺寸线明显错开）并与之垂直，箭头的方向就是公差带宽度的方向，如图8-49所示 $\phi32$ 圆柱面的圆度公差；当被测要素为中心要素（轴线、对称面或中心点）时，箭头应与该要素的尺寸线对齐，如图8-49所示 $\phi32$ 外圆柱面轴线与 $\phi10$ 内圆柱面轴线的同轴度公差。当基准要素是轮廓线或轮廓面时基准三角形放置在基准要素的轮廓线或其延长线上，如图8-49所示零件的左端面基准 A；当基准要素是尺寸要素确定的中心要素（轴线、对称平面或中心点）时，基准三角形应放置在该尺寸线的延长线上，如图8-49所示 $\phi10$ 轴线基准 B。

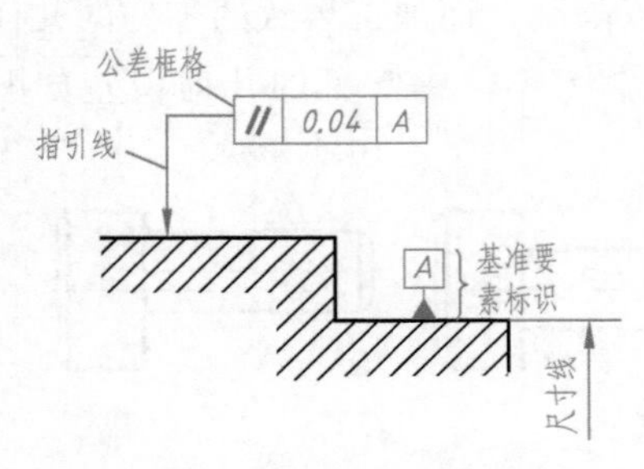

图8-48　几何公差的标注内容

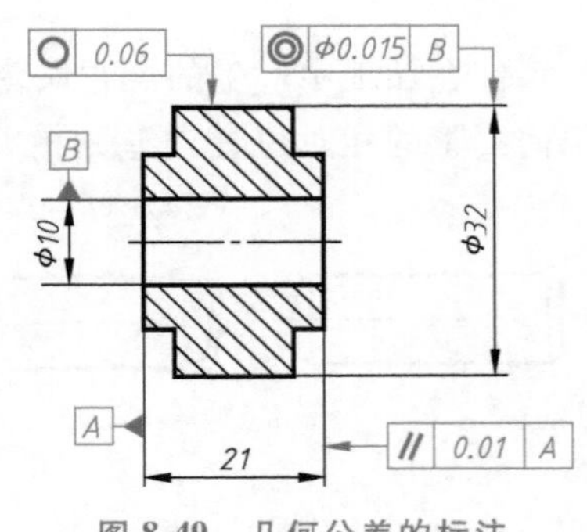

图8-49　几何公差的标注

零件上各种技术要求的实现往往需要熟练的工匠细心、耐心的打磨。对于长征七号火箭惯性导航组合中加速度计的 5 微米的公差，大国工匠李峰借助 200 倍的放大镜对刀具进行手工精磨修整；对于加工精度要求异常严格、视线受遮挡的水电站生产核心设备——弹性油箱的加工，大国工匠裴永斌锻炼出靠双手摸就能“测量”出几十微米尺寸误差的“绝活儿”；对于长征五号火箭发动机喷管数百根空心管线的焊接，大国工匠高凤林锻炼出 10 分钟不眨眼进行焊接的“稳准狠”的功夫。扫描下方二维码观看大国工匠打磨自己精湛技艺的动人故事。

大国工匠：大技贵精

大国工匠：大道无疆

大国工匠：大任担当

8.6 读零件图

读零件图的目的是了解零件的名称、材料和它在机器或部件中的作用，通过分析视图和尺寸，想象出零件的结构形状和大小，了解零件的各项技术要求及制造方法。以如图 8-50 所示的壳体零件图为例，说明读零件图的方法和步骤。

8.6.1 读标题栏

通过阅读标题栏，了解零件的名称、材料、图样比例等，对零件有一个初步认识。

从图 8-50 所示零件图的标题栏可知，该零件为壳体，材料为 HT200（金属材料的牌号见附录 F 中的表 F-2，可知材料为灰铸铁），属箱体类铸件，具有一般箱体类零件所具有的安装、容纳其他零件的结构。图样比例为 1∶1，可以想象零件实物的大小。

8.6.2 分析表达方案

先分析主视图，再看其他视图。了解视图的名称、相互间的投影关系、所采用的表达方法。

图 8-50 所示壳体零件图用三个基本视图和一个向视图来表达内、外部结构和形状。

主视图采用 *A—A* 全剖视图，表达了主要的内部结构形状；俯视图采用两个平行的剖切平面剖切得到的全剖视图 *B—B*，同时表达了内部和底板的结构形状；左视图主要表达外形，采用了局部剖视图表达顶面的通孔结构；*C* 向视图主要表达顶面形状及连接孔的位置和数量。

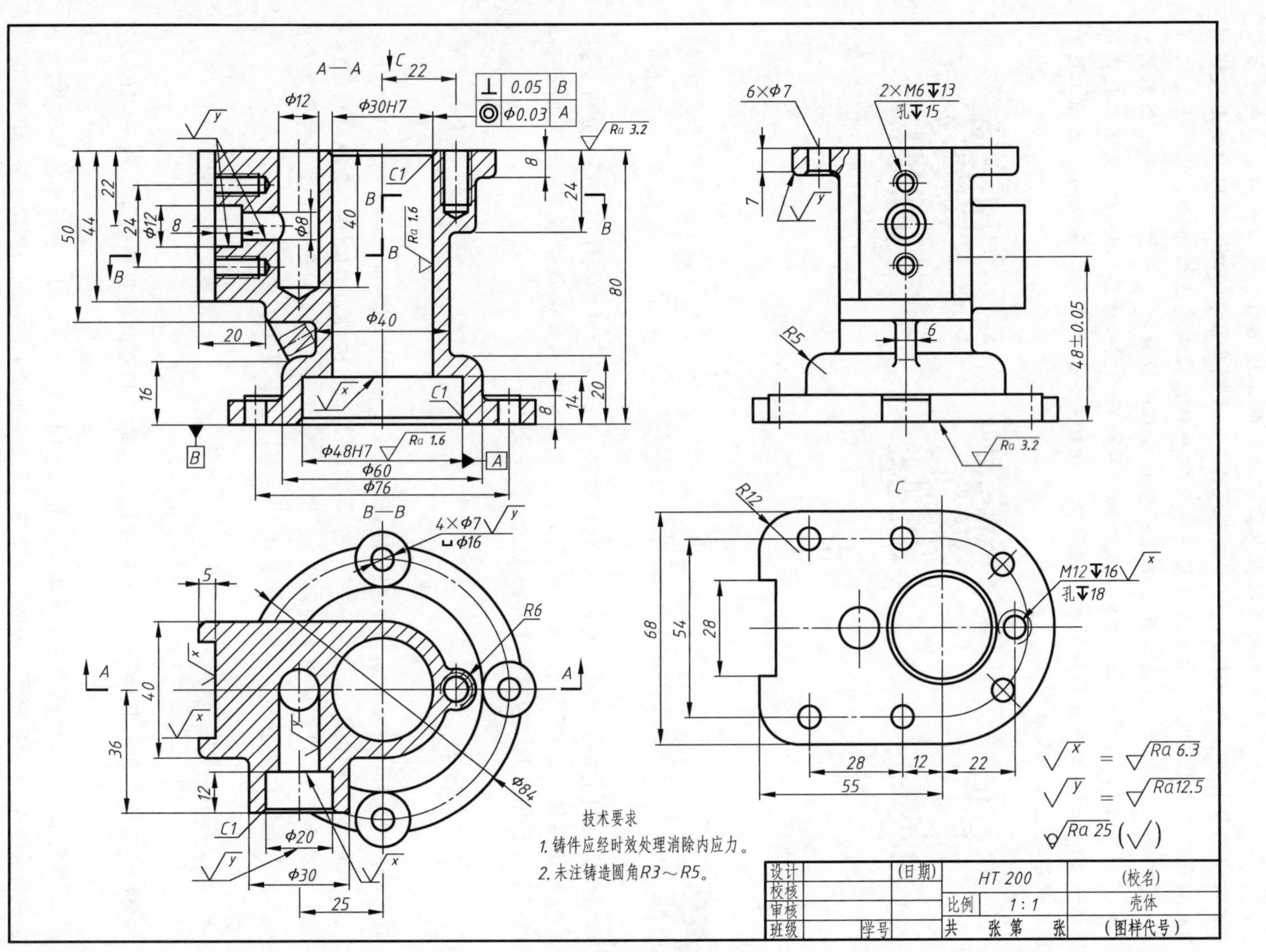
A—A
B—B
C
技术要求
1.铸件应经时效处理消除内应力。
2.未注铸造圆角R3～R5。
设计
校核
审核
班级
学号
(日期)
HT 200
比例
1:1
共　张　第　张
(校名)
壳体
(图样代号)

图 8-50　壳体零件图

8.6.3　分析构形，想象零件结构形状

分析构形，想象零件结构形状是读零件图的重点和难点，也是读零件图的核心内容。在这一过程中，既要熟练地运用组合体视图的阅读方法来分析视图，想象零件的主体结构形状，又要依靠对功能、工艺结构的分析想象零件上的局部结构。在进行形体分析时，要先整体、后局部，先主体、后细节，先易、后难地逐步进行。

壳体外形主要结构为圆盘形安装底板、与底板同轴的 $\phi60$ 和 $\phi40$ 圆柱、左侧的长方体、左前方的 $\phi30$ 圆柱凸缘和顶部连接板。由 C 向视图可看出顶部连接板形状。壳体的基本外形如图 8-51a 所示。

壳体内腔主要结构为 $\phi48H7$、$\phi30H7$ 阶梯孔，以及主体阶梯孔左侧的三个相互垂直的连通孔：深 40 的 $\phi12$ 铅垂孔，侧垂的 $\phi8$、$\phi12$ 阶梯孔和正垂的 $\phi20$、$\phi12$ 阶梯孔，如图 8-51b 所示。

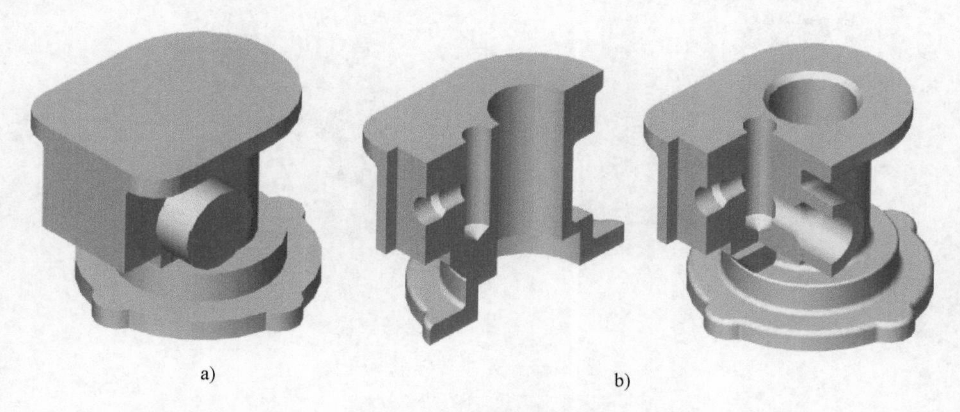

a)　b)

图 8-51　壳体主要结构
a）基本外形　b）内腔主要结构

分析壳体局部结构，圆盘形安装底板上有 4 个 $\phi7$ 的安装孔，表面锪 $\phi16$ 平面；顶部连接板有 6 个 $\phi7$ 的光孔及 1 个 M12 深 16 的螺纹孔。左侧连接部分有连接凹槽，槽内有 2 个起连接作用的 M6 螺纹孔等，如图 8-52 所示。

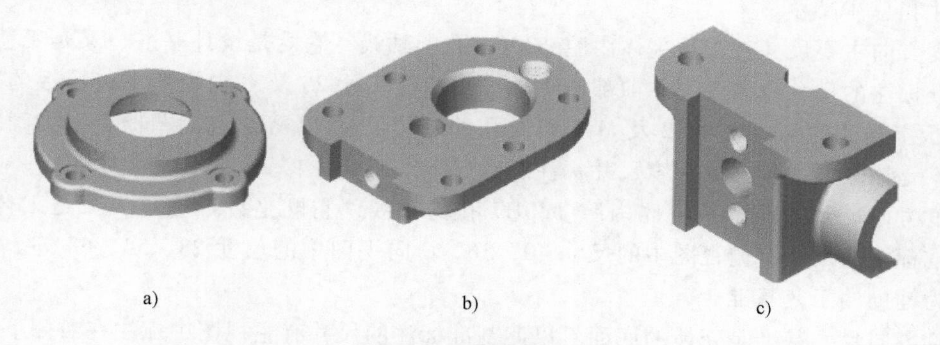

a)　b)　c)

图 8-52　壳体局部结构
a）安装底板上的锪平面安装孔　b）顶面连接板上的孔结构　c）连接凹槽及孔结构

综合以上分析，可清晰想象出壳体零件的完整外部形状及内部结构，如图 8-53 所示。

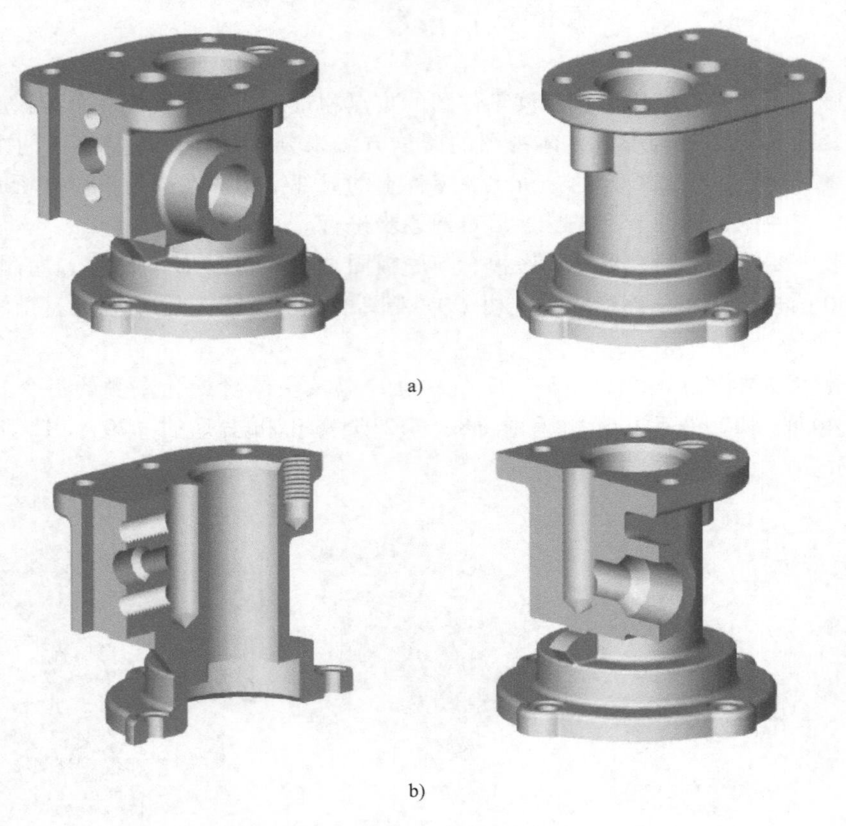

图 8-53 壳体总体结构
a）外部形状 b）内部结构

8.6.4 分析尺寸

分析零件长、宽、高三个方向的尺寸基准，并从各基准出发，查找各部分的定形尺寸、定位尺寸和总体尺寸。

长度方向主要尺寸基准是主体内腔 ϕ30H7 孔的轴线，它既是设计基准，又是工艺基准。以此基准标注的尺寸有俯视图中前部凸缘轴线的定位尺寸 25 及 C 向视图中连接板的定形尺寸 55、板上光孔的定位尺寸 12 及 M12 螺纹孔的定位尺寸 22 等。左侧凹槽端面为辅助的工艺基准，是该端面上各孔的深度尺寸标注起点。

宽度方向尺寸基准也是主体内腔 ϕ30H7 孔的轴线，它既是设计基准，又是工艺基准。以此基准标注的尺寸有俯视图中的尺寸 40、36，C 向视图中的尺寸 28、54、68 等。前部凸缘端面为辅助的工艺基准。

高度方向尺寸基准是壳体的底面。以此基准标注的尺寸有主视图中标注在右侧下方的各高度方向，以及左视图中前部凸缘轴线的定位尺寸 48±0.05。壳体的顶面为辅助的工艺基准，是该端面上各孔的深度尺寸标注起点，主视图中标注在左侧上方的尺寸 50、44、22 等也注向该端面。

从上述基准出发，结合零件的功用，可进一步分析各组成部分的定形、定位尺寸，从而完全确定该壳体各部分结构的大小。

8.6.5 技术要求及加工方法分析

联系零件的结构形状和尺寸，分析图上各项技术要求，了解零件的表面加工要求，以便考虑采用相应的加工方法。

有尺寸公差要求的是主体内腔 ϕ30H7 孔、ϕ48H7 孔及壳体前端圆柱凸缘标注定位尺寸 48±0.05 的轴线。有几何公差要求的是主体内腔 ϕ30H7、ϕ48H7 阶梯孔的同轴度及 ϕ30H7 孔轴线相对于底面的垂直度，这几部分结构是该零件的核心部分。

从表面粗糙度标注可以看出，主体内腔 ϕ30H7 孔及 ϕ48H7 孔的 Ra 值为 1.6，零件的顶、底面的 Ra 值为 3.2，其他加工面的 Ra 值为 6.3 或 12.5，其余为铸造表面。

壳体材料为铸铁，为保证壳体加工后不致变形而影响工作，因此铸件应经时效处理消除内应力。零件上的未注铸造圆角 $R3\sim R5$。

此零件铸造成毛坯，经铣、钻等切削加工工序完成。

第 9 章　标准件与常用件

为提高劳动生产率，降低生产成本，对一些广泛使用的零（部）件的结构形式、尺寸大小、表面质量等实行标准化，这些零部件称为标准件，如螺纹紧固件、键、销及滚动轴承等。除了一般零件和标准件外，还有一些零件，如齿轮、弹簧等，其某些参数和尺寸也有统一的标准，这些零件习惯上称为常用件。《机械制图》国家标准规定了标准件、常用件的画法和标记。根据标准件的标记，即可查出它们的结构和尺寸。

本章将着重介绍广泛使用的标准件和常用件的建模过程、规定画法及其标记。

9.1 螺纹紧固件

9.1.1 常用螺纹紧固件及画法

具有螺纹结构、起联接和紧固作用的标准件，称为螺纹紧固件。常用的螺纹紧固件有螺栓、螺柱、螺钉、螺母、垫圈等，如图 9-1 所示。它们的结构和尺寸已全部标准化，使用时可在紧固件的国家标准中选择，见附录 B。常用的螺纹紧固件及规定标记见表 9-1。

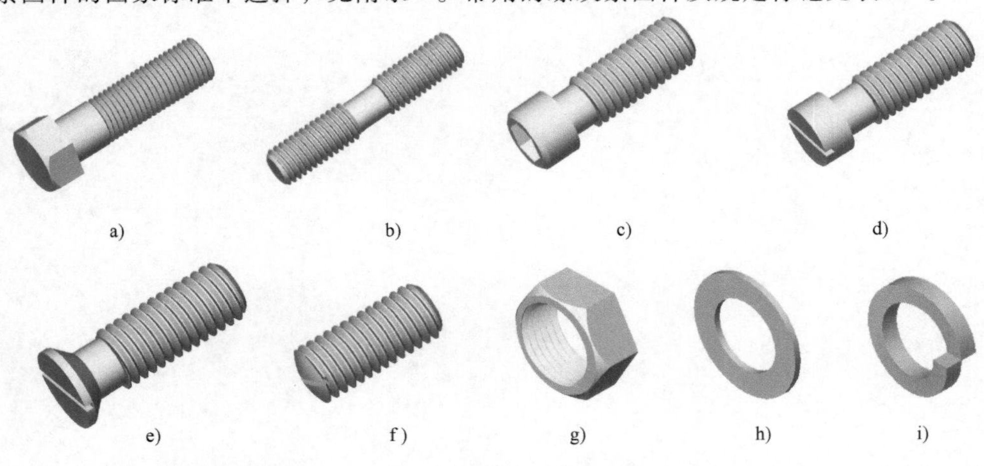

图 9-1　常用的螺纹紧固件

a) 六角头螺栓　b) 双头螺柱　c) 内六角圆柱头螺钉　d) 开槽圆柱头螺钉
e) 开槽沉头螺钉　f) 开槽平端紧定螺钉　g) 六角螺母　h) 平垫圈　i) 弹簧垫圈

表 9-1　常用的螺纹紧固件及规定标记

名称和标准代号	简化画法	规定标记及其说明
六角头螺栓 GB/T 5782—2016	M10 30	标记：螺栓　GB/T 5782　M10×30 说明：A级六角头螺栓，螺纹规格为M10，公称长度为30mm，不经表面处理
双头螺柱 GB/T 898—1988	M10 b_m 40	标记：螺柱　GB/T 898　M10×40 说明：B型双头螺柱（$b_m=1.25d$），两端均为粗牙普通螺纹，螺纹规格为M10，公称长度为40mm
开槽沉头螺钉 GB/T 68—2016	M10 40	标记：螺钉　GB/T 68　M10×40 说明：A级开槽沉头螺钉，螺纹规格为M10，公称长度为40mm，不经表面处理
开槽圆柱头螺钉 GB/T 65—2016	M5 20	标记：螺钉　GB/T 65　M5×20 说明：A级开槽圆柱头螺钉，螺纹规格为M5，公称长度为20mm，不经表面处理
开槽平端紧定螺钉 GB/T 73—2018	M5 15	标记：螺钉　GB/T 73　M5×15 说明：A级开槽平端紧定螺钉，螺纹规格为M5，公称长度为15mm，不经表面处理
六角螺母 GB/T 41—2016	M12	标记：螺母　GB/T 41　M12 说明：C级的1型六角螺母，螺纹规格为M12，不经表面处理
平垫圈 GB/T 97.1—2002	Φ8.4	标记：垫圈　GB/T 97.1　8 说明：A级平垫圈，标准系列，公称规格为8mm（螺纹公称直径），不经表面处理
弹簧垫圈 GB/T 93—1987	Φ16.2～Φ16.9	标记：垫圈　GB/T 93　16 说明：标准型弹簧垫圈，规格为16mm（螺纹公称直径），材料为65Mn，表面氧化

9.1.2　螺纹紧固件的联接

螺纹紧固件的基本联接方式有螺栓联接、双头螺柱联接和螺钉联接。

1. 螺栓联接

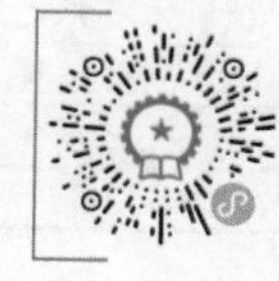

微课视频：
9.1.2　1.螺栓联接

螺栓联接常用于被联接件厚度不大，允许钻出通孔并能从被联接件两侧同时装配的场合，如图9-2所示。用螺栓联接时，被联接件上的通孔直径稍大于螺栓直径，螺栓穿过通孔后套上垫圈，再拧紧螺母。

六角头螺栓联接的比例画法如图 9-3 所示，取垫圈厚度 $h \approx 0.15d$，螺母厚度 $m \approx 0.8d$，螺栓末端的伸出高度 $a \approx 0.8d$，则螺栓的公称长度

$$l \approx \delta_1 + \delta_2 + 0.15d + 0.8d + 0.3d$$

式中，δ_1、δ_2 为被联接件厚度。估算出长度 l 后，查阅附录 B 中的表 B-1 选用接近的标准公称长度。

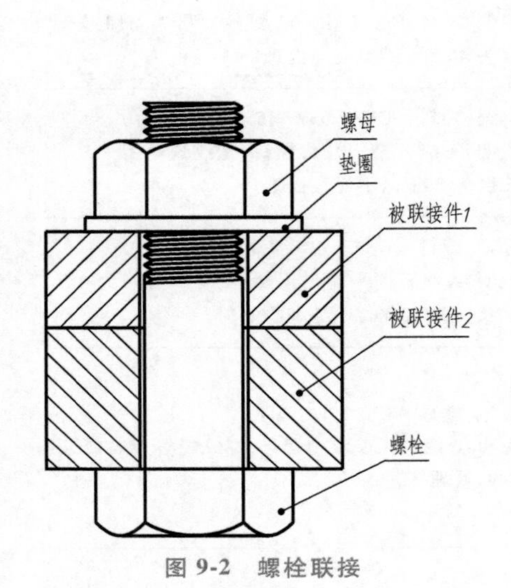

图 9-2　螺栓联接

图 9-3　六角头螺栓联接的比例画法

螺栓联接的画图步骤如图 9-4 所示，应注意如下几点。

1）螺纹紧固件联接的剖视图中，剖切平面通过其轴线时，均按不剖绘制。

2）接触面画一条线，非接触面画两条线。

3）相邻被联接件的剖面线方向应相反。

2. 双头螺柱联接

双头螺柱联接多用于被联接件之一太厚、不宜钻出通孔的场合，如图 9-5 所示。双头螺柱联接时，在一个被联接件上制有螺纹孔，将螺柱的一端旋入被联接件的螺纹孔内，另一端穿过另外一个零件的通孔，再套上垫圈，拧紧螺母。拆卸时只需拧下螺母，取下垫圈，而不必拧出螺柱，因此不会损坏被联接件上的螺纹孔。

双头螺柱两端都制有螺纹，一端用于旋入被联接件的螺纹孔内，称为旋入端，其长度为 b_m，另一端用来拧紧螺母，称为紧固端。旋入端长度 b_m 视被旋入零件的材料而定，见表 9-2。

表 9-2　旋入端长度

被旋入零件的材料	旋入端长度 b_m
钢、青铜	$b_m = d$
铸铁	$b_m = 1.25d$ 或 $b_m = 1.5d$
铝	$b_m = 2d$

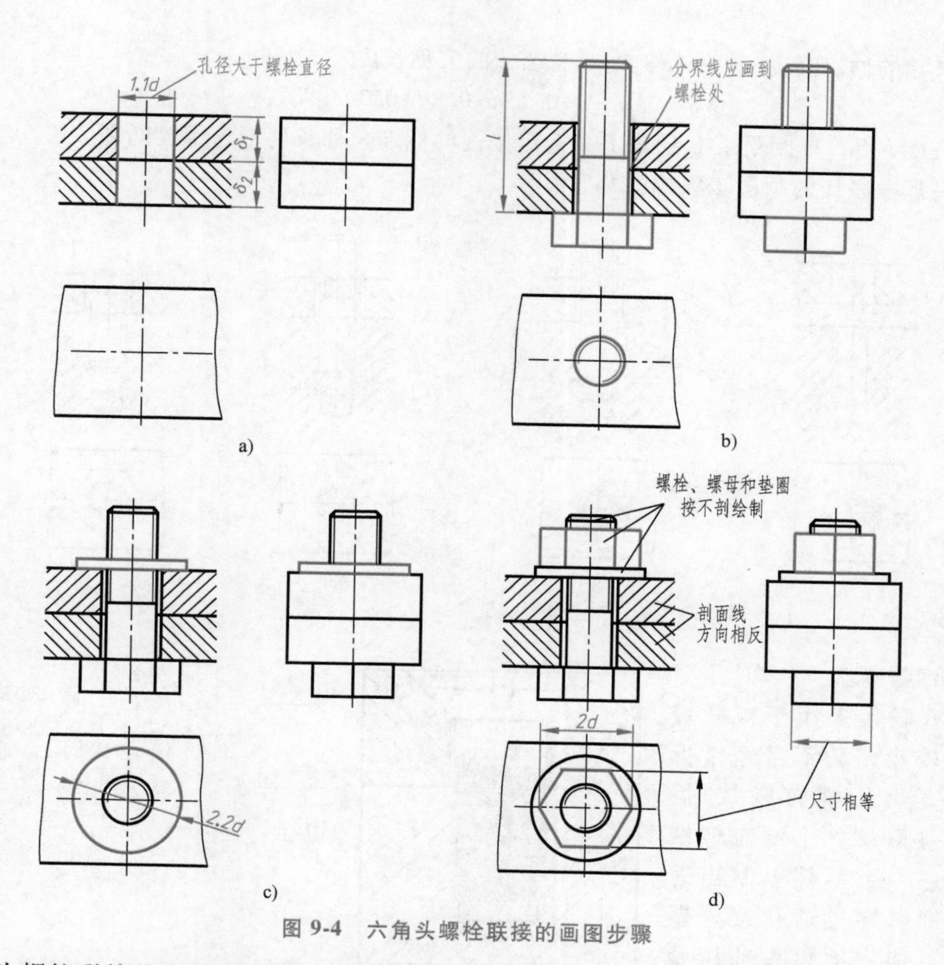

图 9-4　六角头螺栓联接的画图步骤

双头螺柱联接的比例画法如图 9-6 所示，取垫圈厚度 $h \approx 0.15d$，螺母厚度 $m \approx 0.8d$，双

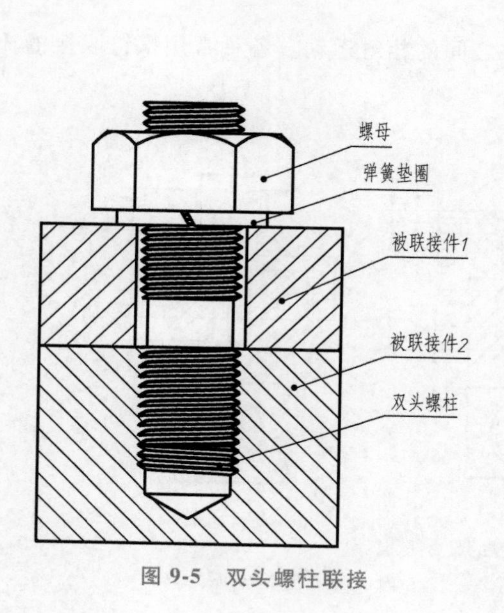

图 9-5　双头螺柱联接

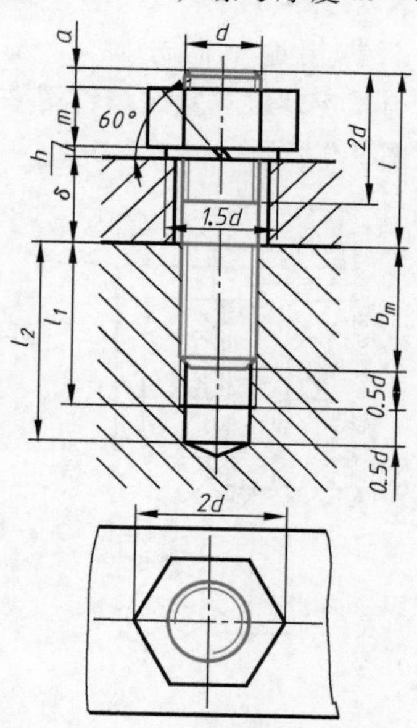

图 9-6　双头螺柱联接的比例画法

头螺柱末端的伸出高度 $a\approx0.3d$，则双头螺柱的公称长度

$$l\approx\delta+0.15d+0.8d+0.3d$$

估算出长度 l 后，查阅附录B的表B-2选用接近的标准公称长度，与螺栓同理。

双头螺柱联接的画图步骤如图9-7所示。

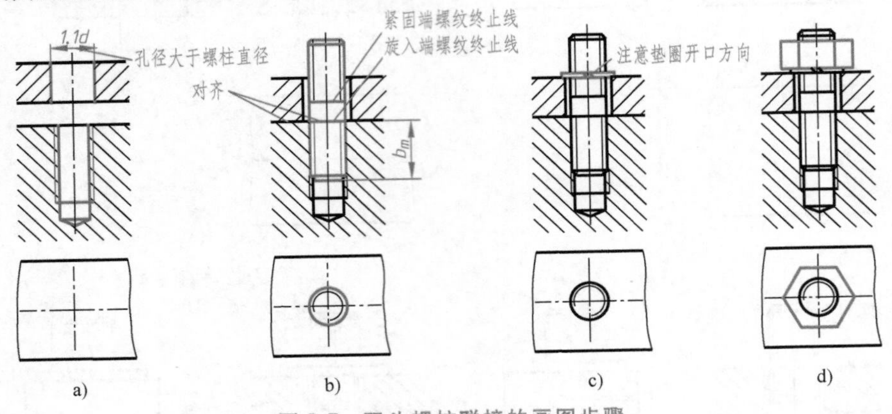

图9-7　双头螺柱联接的画图步骤

3. 螺钉联接

螺钉联接多用于被联接件受力较小，又不需经常拆卸的场合。用螺钉联接时，较厚的被联接件上制有螺纹孔，另外一个零件上制出通孔，将螺钉穿过通孔旋入螺纹孔内，依靠螺钉头部压紧被联接件，如图9-8所示。

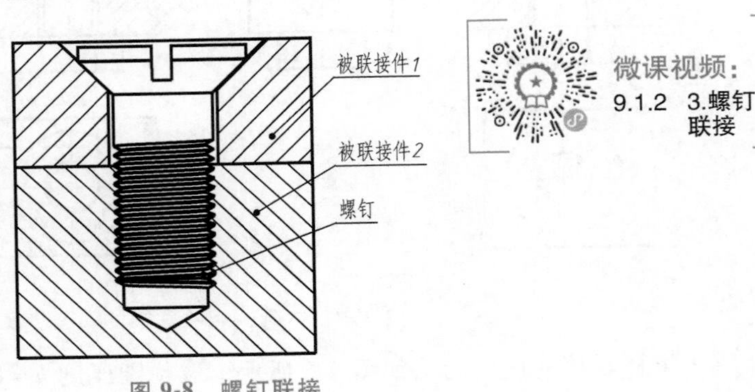

图9-8　螺钉联接

微课视频：
9.1.2　3.螺钉联接

螺钉根据用途不同分为联接螺钉与紧定螺钉。紧定螺钉用来防止配合零件之间的相对运动。各种常用螺钉联接的比例画法如图9-9所示。

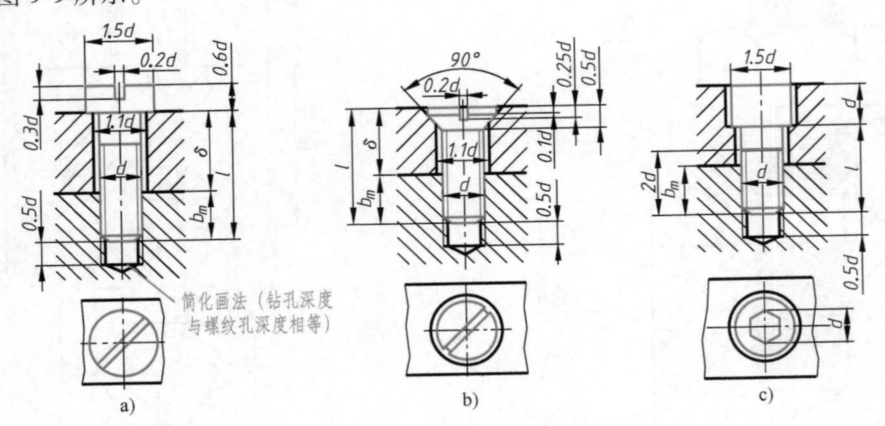

图9-9　常用螺钉联接的比例画法

a）开槽圆柱头螺钉联接　b）开槽沉头螺钉联接　c）内六角圆柱头螺钉联接

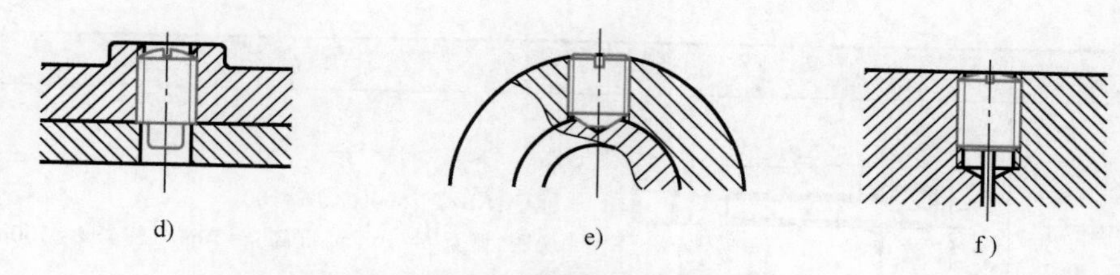

图 9-9　常用螺钉联接的比例画法（续）

d）开槽长圆柱端紧定螺钉联接　e）开槽锥端紧定螺钉联接　f）开槽平端紧定螺钉联接

9.2 键和键联结

9.2.1　键的种类和标记

常用的键有普通平键、半圆键和钩头楔键三种，如图 9-10 所示。

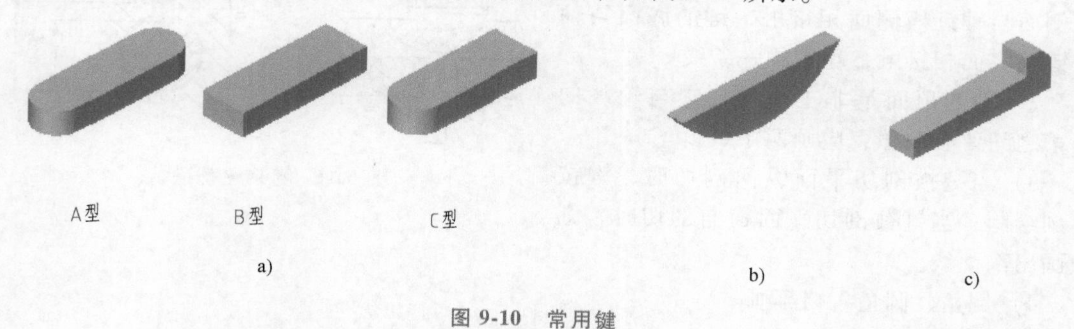

图 9-10　常用键

a）普通平键　b）半圆键　c）钩头楔键

键是标准件，使用时只需要根据轴的直径查键的国家标准选择即可。常用键的形式和规定标记见表 9-3。

表 9-3　常用键的形式和规定标记

名　　称	图　　例	规定标记及其说明
普通型　平键 GB/T 1096—2003		标记：GB/T 1096　键　8×7×20 说明：键宽 $b=8$mm，键高 $h=7$mm，键长 $L=20$mm，普通 A 型平键
普通型　半圆键 GB/T 1099.1—2003		标记：GB/T 1099.1　键　6×10×25 说明：键宽 $b=6$mm，键高 $h=10$mm，直径 $D=25$mm，普通型半圆键

（续）

名　　称	图　　例	规定标记及其说明
钩头型　楔键 GB/T 1565—2003	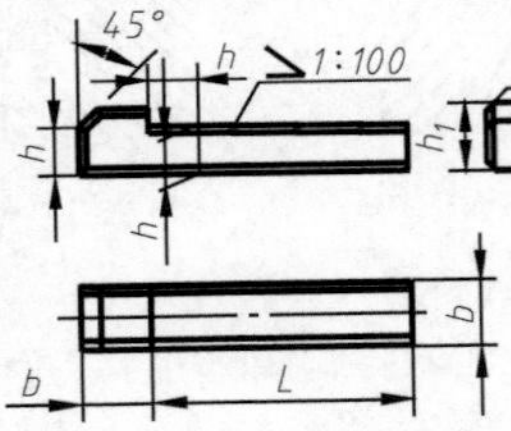	标记：GB/T 1564 键 16×100 说明：键宽 b = 16mm，键高 h = 10mm，键长 L = 100mm，钩头型楔键

9.2.2 键联结的画法

微课视频：
9.2.2 1.普通平键联结

1. 普通平键联结

普通平键联结应用最为广泛，其画法如图 9-11 所示。

画普通平键联结图时应注意如下几点。

1）普通平键的两个侧面是工作面，键的侧面与轴键槽侧面相接触，键的底面与轴的键槽底面相接触，均应画一条线。

2）键的顶面是非工作面，它与轮毂的键槽之间留有间隙，应画两条线。

3）当键被剖切平面纵向剖切时，键按不剖绘制；当键被剖切平面横向剖切时，则须画出剖面线。

4）倒角、圆角省略不画。

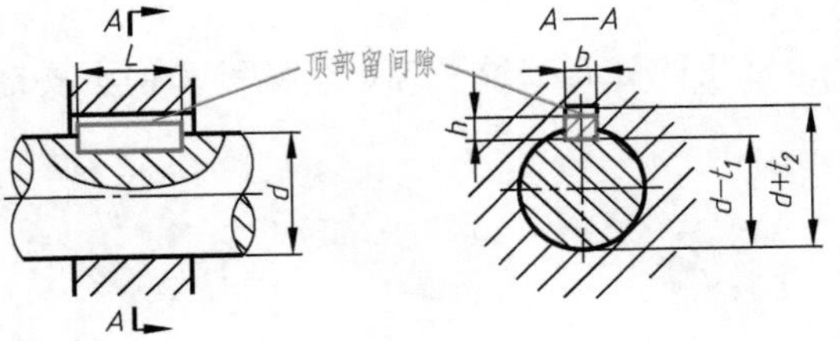

图 9-11　普通平键联结

2. 半圆键联结

半圆键联结常用于载荷不大的情况，其联结画法与普通平键相似，如图 9-12 所示。

3. 钩头楔键联结

钩头楔键的顶面具有 1∶100 的斜度，装配时将键打入键槽，依靠键的顶面、底面与轮、轴之间挤压产生的摩擦力联结。因此，楔键的顶面与底面同时为工作面，画图时键的上、下两接触面均应只画一条线，如图 9-13 所示。

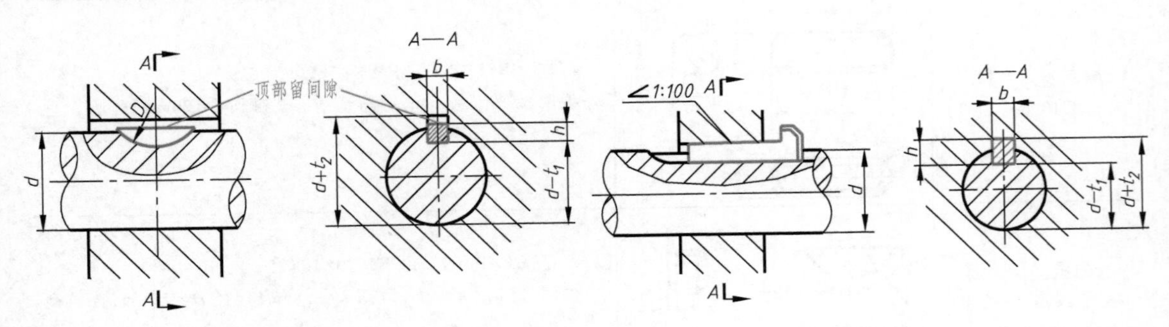

图 9-12　半圆键联结

图 9-13　钩头楔键联结

9.3 销和销联接

9.3.1 销的种类和标记

销是标准件，主要用于零件间的联接、定位或防松。常用的销有圆柱销、圆锥销、开口销等，如图 9-14 所示。常用销的形式和规定标记见表 9-4。

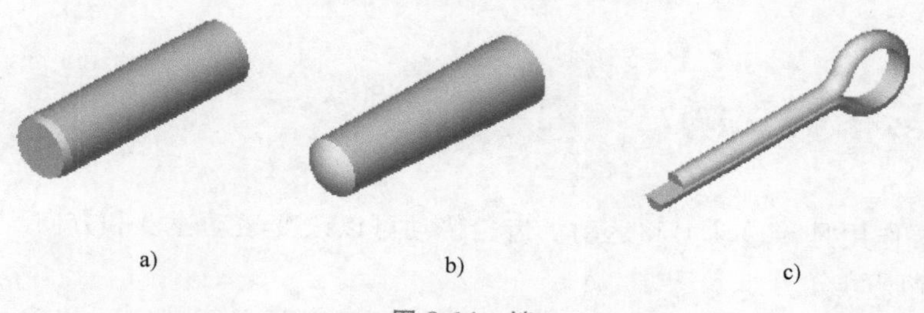

图 9-14　销

a）圆柱销　b）圆锥销　c）开口销

表 9-4　常用销的形式和规定标记

名　　称	图　　例	规定标记及其说明
圆柱销 GB/T 119.1—2000		标记：销 GB/T 119.1 6 m6×30 说明：公称直径 d = 6mm、公差为 m6、公称长度 l = 30mm、材料为钢、不经淬火、不经表面处理的圆柱销
圆锥销 GB/T 117—2000		标记：销 GB/T 117 10×50 说明：公称直径 d = 10mm、公称长度 l = 50mm、材料为 35 钢、热处理硬度 28～38HRC、表面氧化处理的 A 型圆锥销
开口销 GB/T 91—2000		标记：销 GB/T 91 5×50 说明：公称规格为 5mm、公称长度 l = 50mm、材料为 Q215 或 Q235、不经表面处理的开口销

9.3.2 销联接

用圆柱销或圆锥销联接或定位零件时，为保证销联接的配合质量，被联接两零件的销孔必须在装配时一起加工。因此，在零件图上对销孔标注尺寸时，除了标注公称直径外，还需要注明“与××配作”。常用的圆柱销和圆锥销联接如图 9-15 所示。开口销常用于防松结构，其联接的画法如图 9-16 所示。

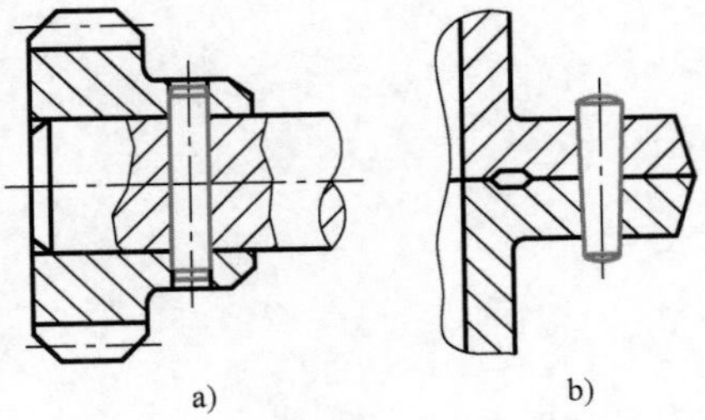

图 9-15　圆柱销和圆锥销联接
a）圆柱销　b）圆锥销

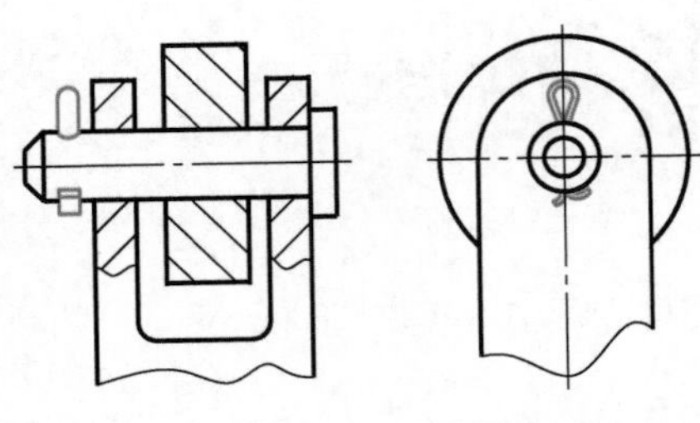
图 9-16　开口销联接

9.4　齿轮和齿轮啮合

齿轮的主要作用是传递动力和运动。齿轮传动可以改变运动速度和方向。齿轮的种类很多，按其传动情况可分为如下三类。

1）圆柱齿轮传动：由两圆柱齿轮啮合构成，常用于两平行轴之间的传动，如图 9-17a 所示。

2）锥齿轮传动：由两锥齿轮啮合构成，常用于两垂直轴之间的传动，如图 9-17b 所示。

3）蜗杆传动：由蜗轮和蜗杆啮合构成，常用于两交叉轴之间的传动，如图 9-17c 所示。

圆柱齿轮应用广泛，根据轮齿形式的不同，圆柱齿轮分为直齿圆柱齿轮、斜齿圆柱齿轮、人字齿圆柱齿轮等。本节只介绍标准直齿圆柱齿轮的基本知识。

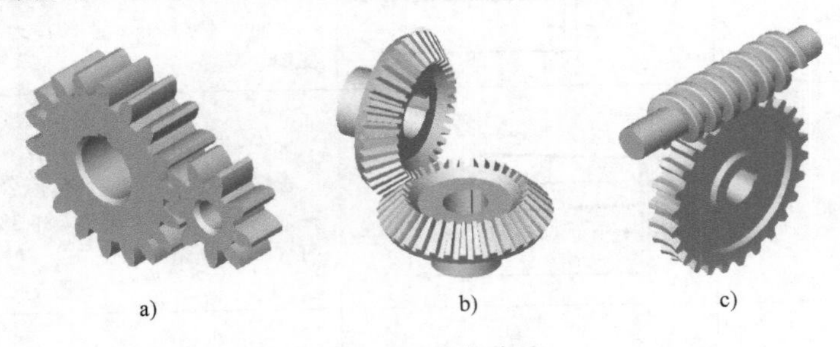

图 9-17　齿轮传动
a）圆柱齿轮　b）锥齿轮　c）蜗轮和蜗杆

9.4.1　标准直齿圆柱齿轮

1. 齿轮的名词术语

直齿圆柱齿轮各部分名称如图 9-18 所示。

1）齿顶圆：通过轮齿顶部的圆，其直径用 d_a 表示。

2）齿根圆：通过轮齿根部的圆，其直径用 d_f 表示。

3）分度圆：加工齿轮时，作为齿轮轮齿分度的圆称为齿轮的分度圆，其直径用 d

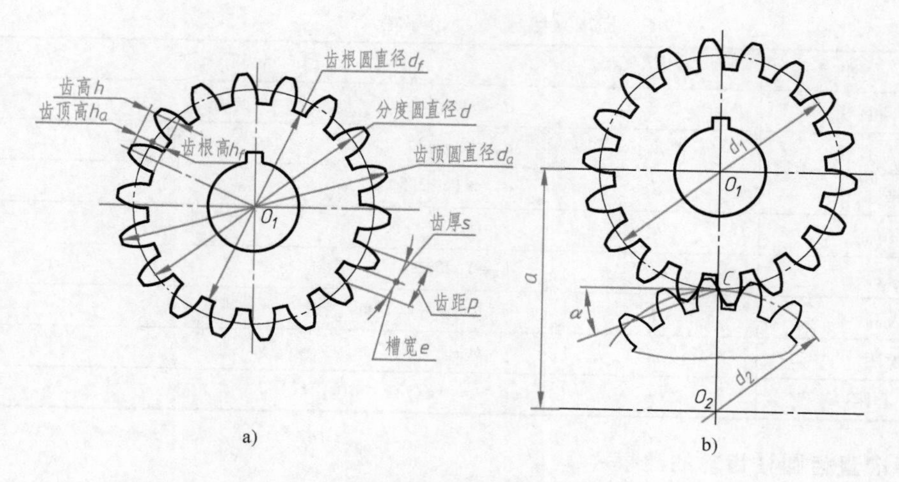

图 9-18　圆柱齿轮各部分名称

a）单个齿轮　b）齿轮啮合

表示。

4）齿高、齿顶高、齿根高：齿顶圆与齿根圆的径向距离称为齿高，用 h 表示；齿顶圆与分度圆的径向距离称为齿顶高，用 h_a 表示；分度圆与齿根圆的径向距离称为齿根高，用 h_f 表示。$h=h_a+h_f$。

5）齿距、齿厚、槽宽：在分度圆上，两个相邻的轮齿，同侧齿面间的弧长称为齿距，用 p 表示；一个轮齿齿廓间的弧长称为齿厚，用 s 表示；一个齿槽齿廓间的弧长称为槽宽，用 e 表示。在标准直齿圆柱齿轮中，$s=e$，$p=s+e$。

6）模数：设齿轮的齿数为 z，则齿轮分度圆周长 $pz=\pi d$，即 $d=(p/\pi)z$，令 $p/\pi=m$，m 为参数，于是 $d=mz$，m 即为齿轮的模数。

模数 m 是设计和制造齿轮的重要参数。模数大，齿轮大；模数小，齿轮小。为了便于齿轮的设计与制造，国家标准已将模数系列化，根据国家标准《通用机械和重型机械用圆柱齿轮　模数》（GB/T 1357—2008），渐开线圆柱齿轮标准模数 m 见表 9-5。

表 9-5　渐开线圆柱齿轮标准模数 m　（单位：mm）

第一系列	1,1.25,1.5,2,2.5,3,4,5,6,8,10,12,16,20,25,32,40,50
第二系列	1.125,1.375,1.75,2.25,2.75,3.5,4.5,5.5,(6.5),7,9,11,14,18,22,28,35,45

注：在选用模数时，应优先选用第一系列，其次选用第二系列，括号内的模数尽可能不用。

7）压力角：相互啮合的两直齿圆柱齿轮在接触点处的受力方向与运动方向所夹的锐角，用 α 表示。我国标准齿轮采用的压力角为 20°。

8）中心距：相互啮合的两直齿圆柱齿轮轴线之间的最短距离称为中心距，用 a 表示。

只有模数和压力角都相同的齿轮才能互相啮合。

2. 齿轮的基本尺寸与参数关系

在设计齿轮时，要先确定齿轮的齿数、模数，其他各部分尺寸才可计算出来，具体的计算公式见表 9-6。

表 9-6　标准直齿圆柱齿轮基本尺寸的计算公式　　　（单位：mm）

名　　称	符　　号	计 算 公 式
分度圆直径	d	$d=mz$
齿顶圆直径	d_a	$d_a=m(z+2)$
齿根圆直径	d_f	$d_f=m(z-2.5)$
齿顶高	h_a	$h_a=m$
齿根高	h_f	$h_f=1.25m$
齿高	h	$h=h_a+h_f=2.25m$
齿距	p	$p=m\pi$
中心距	a	$a=(d_1+d_2)/2=m(z_1+z_2)/2$

3. 标准直齿圆柱齿轮的建模

使用 SOLIDWORKS 软件进行齿轮的建模过程可以看成是由齿轮的端面形状作为草图，运用拉伸运算的方式，经轴向拉伸一定宽度而形成广义柱体的过程。所以，绘制齿廓的形状是齿轮建模的关键所在，这里介绍一种近似绘制渐开线齿廓的方法。

如图 9-19 所示，根据模数和齿数，计算出分度圆直径 d、齿顶圆直径 d_a 及齿根圆直径 d_f 并画出各圆。绘制基圆，基圆的直径计算式为

$$d_b=d\cos20°=0.94d$$

在分度圆周上截取 AB=齿厚（对标准齿轮可采取等分圆周方法），取 OA 的中点 O_1 为圆心，以 O_1A 为半径作圆弧交基圆于点 O_2；以点 O_2 为圆心，O_2A 为半径，作圆弧与齿顶圆和基圆分别交于点 A' 和点 C，$A'C$ 即为齿形上的一段齿廓；由点 C 到齿根圆的一段齿廓，是在点 C 至一辅助圆的切线上（辅助圆是以点 O 为圆心，以基圆与分度圆的半径差为半径所作的圆）。

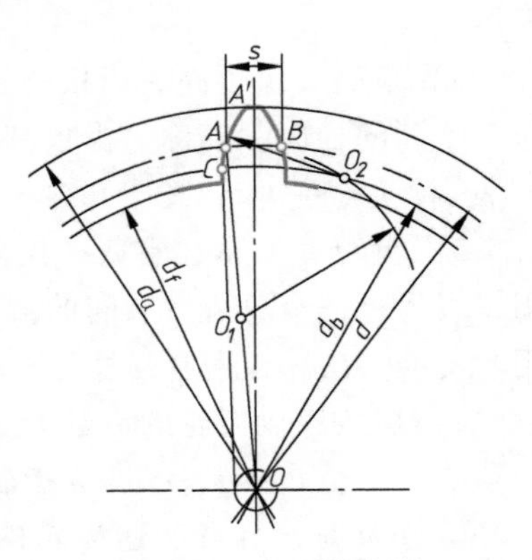

图 9-19　渐开线齿廓的近似画法

【例 9-1】　创建模数 $m=3$mm，齿数 $z=14$，厚度（齿宽）为 20mm 的直齿圆柱渐开线齿轮模型，轴孔直径为 ϕ18mm。

分析：根据模数 $m=3$mm，齿数 $z=14$，可计算出 $d=mz=42$mm，$d_a=m(z+2)=48$mm，$d_f=m(z-2.5)=34.5$mm，$d_b=0.94d=39.5$mm，齿廓在分度圆上的点用等分圆周的方法确定，即齿厚 s 为分度圆圆周的 $1/(2z)$。根据轴孔直径 ϕ18mm，查附录 B 的表 B-2 选用键尺寸 $b\times h$ 为 6mm×6mm 的键，得出轮毂键槽尺寸 $b=6$mm，$t_2=2.8$mm。采用前述近似画法绘制齿廓并拉伸建模，然后进行圆周阵列，完成其余轮齿的建模。

建模：

1）拉伸齿根圆基体。在前视基准面上绘制 ϕ34.5 齿根圆草图，并按给定深度为 20mm 进行两侧对称拉伸，如图 9-20

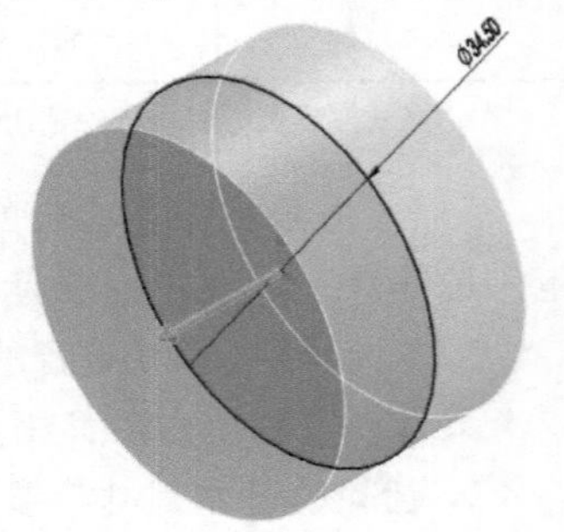

图 9-20　例 9-1 拉伸齿根圆基体

所示。

2）拉伸轮齿。在齿根圆基体端面上，用近似画法绘制齿廓，如图 9-21a 所示，其中 OA 位置由角度 $360°/(4z)=6.43°$ 确定。拉伸形成单个轮齿，并在齿根处加 1mm 的圆角特征，如图 9-21b 所示。

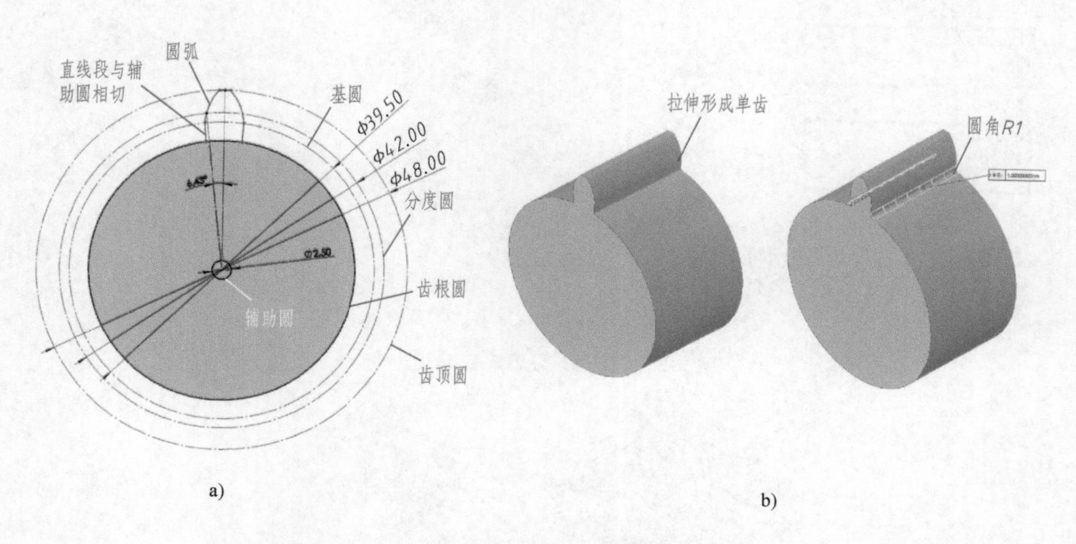

图 9-21　例 9-1 拉伸轮齿

3）圆周阵列轮齿。选定轮齿及圆角特征进行圆周阵列，阵列轴选择齿根圆基体的临时轴，如图 9-22a 所示，也可以选择齿根圆基体的圆边线，如图 9-22b 所示。

4）拉伸切除轴孔及键槽。在齿根圆基体端面上绘制轴孔及键槽草图，如图 9-23a 所示。拉伸切除轴孔及键槽，完成齿轮建模，如图 9-23b 所示。

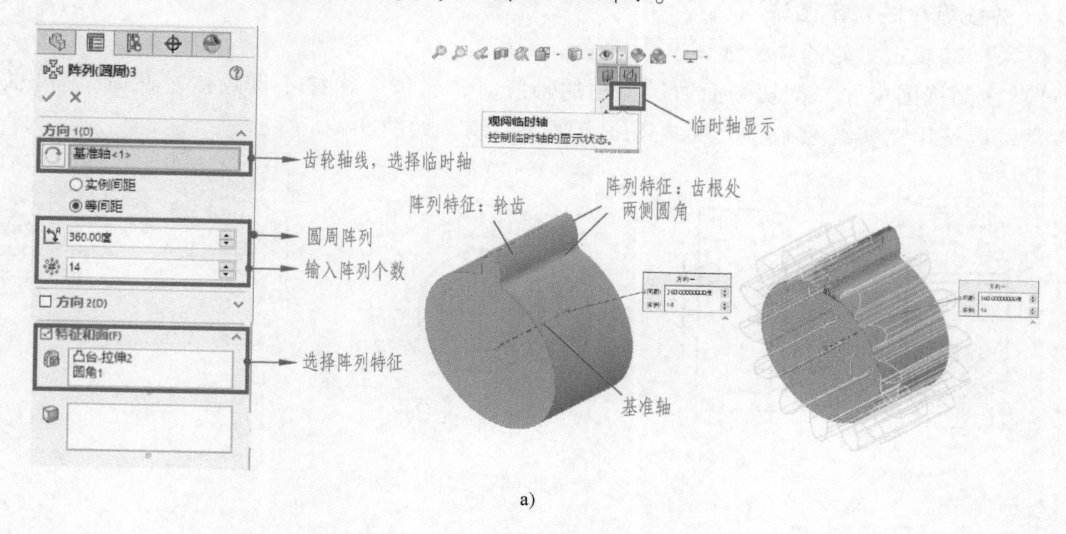

图 9-22　例 9-1 圆周阵列轮齿

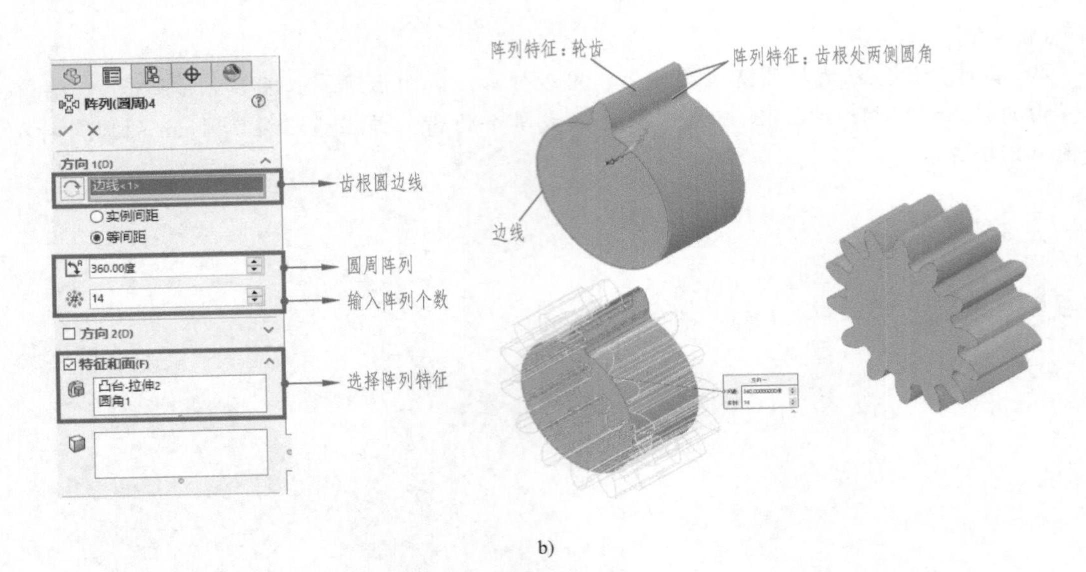

b)

图 9-22　例 9-1 圆周阵列轮齿（续）

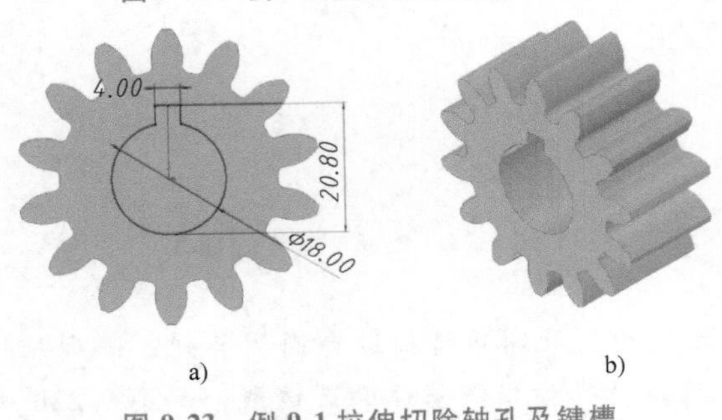

a)　　b)

图 9-23　例 9-1 拉伸切除轴孔及键槽

4. 圆柱齿轮的规定画法

国家标准规定齿轮的画法如图 9-24 所示。

1）在剖视图中，当剖切平面通过齿轮的轴线时，轮齿一律按不剖绘制。此时，齿根线和齿顶线应该用粗实线绘制，分度线用细点画线绘制，如图 9-24a 所示。

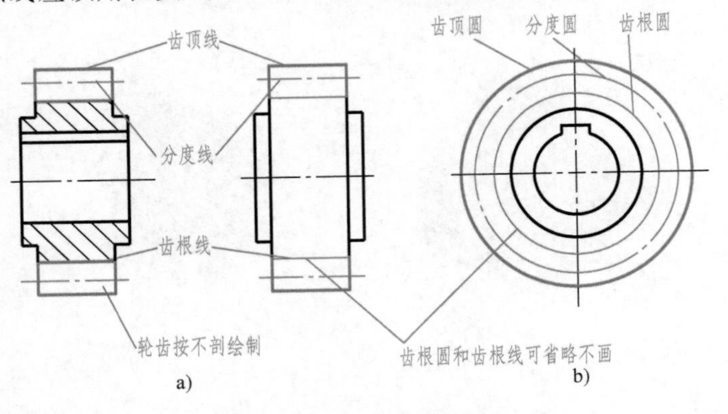

a)　　b)

图 9-24　单个圆柱齿轮的画法

a）剖视图画法　b）视图画法

微课视频：
9.4.1　图9-24单个圆柱齿轮的画法

2）在视图中，齿顶圆和齿顶线用粗实线绘制，分度圆和分度线用细点画线绘制，齿根圆和齿根线用细实线绘制，也可省略不画，如图 9-24b 所示。

如图 9-25 所示为直齿圆柱齿轮零件图。在零件图中，轮齿部分的尺寸只注出齿顶圆、分度圆的直径和齿宽，而齿轮的模数、齿数和压力角等参数在图样右上角的参数表中列出。齿面的表面粗糙度代号注写在分度线上。

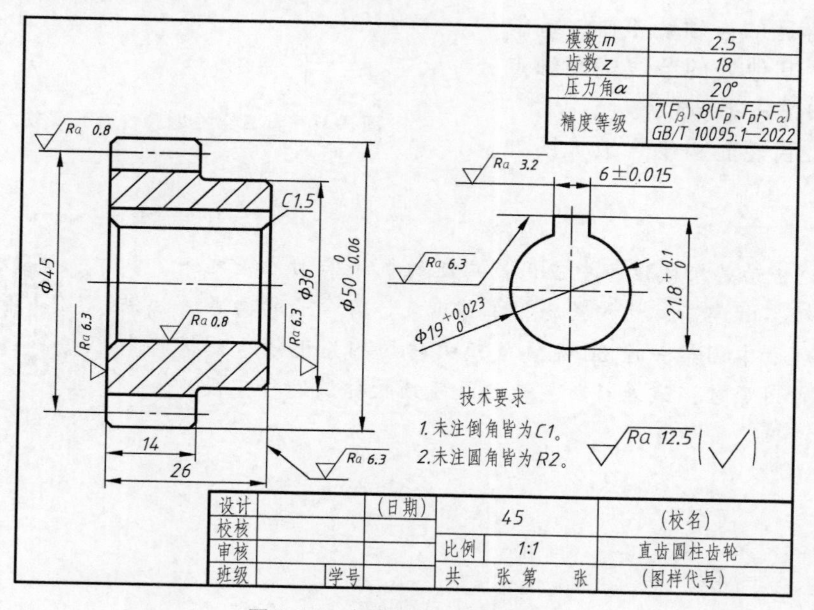

图 9-25　直齿圆柱齿轮零件图

9.4.2　齿轮啮合

齿轮啮合时，两轮齿啮合的接触点是连心线上的点 C，如图 9-18b 所示，该点称为节点。以圆心到节点距离为半径的圆称为节圆。对标准齿轮而言，节圆与分度圆直径相等。相啮合的标准齿轮的模数必相等。

微课视频：
9.4.2　图9-26圆柱齿轮的啮合画法

在两个齿轮啮合的端面视图中，啮合区内两节圆应相切；齿顶圆均画成粗实线，如图 9-26a 所示，也可采用如图 9-26b 所示画法。

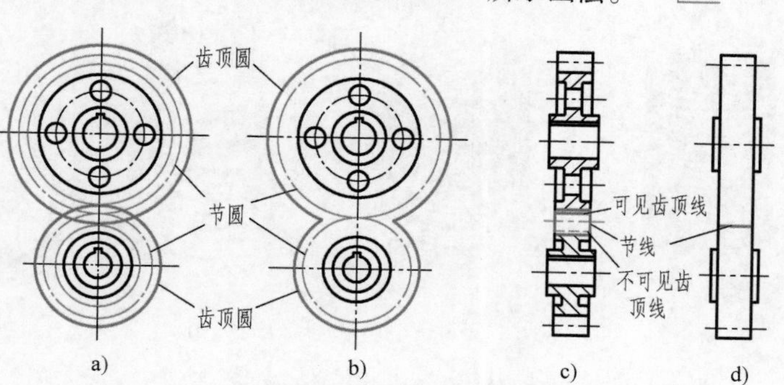

图 9-26　圆柱齿轮的啮合画法

在径向视图中，啮合区的节线用细点画线绘制；在啮合区内，一个齿轮的齿顶线用粗实线绘制，另一个齿轮的齿顶线被遮挡的部分用虚线绘制，如图9-26c所示，也可省略不画。画外形图时，啮合区的齿顶线不画，节线画成粗实线，其他处的节线仍用细点画线绘制，如图9-26d所示。

直齿圆柱齿轮轮齿啮合放大图如图9-27所示。

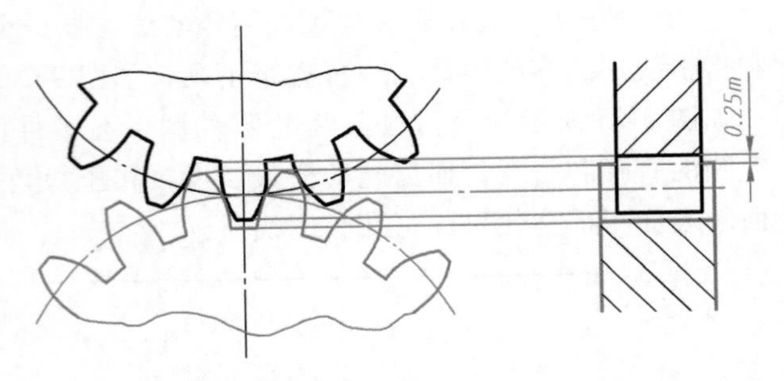

图9-27　直齿圆柱齿轮轮齿啮合放大图

齿轮传动是机械设备中应用最广泛的机械传动方式之一，具有传动比准确、效率高、结构紧凑、工作可靠、寿命长的特点。扫描右侧二维码观看中国第一座30吨氧气顶吹转炉相关视频，分析其中齿轮传动的作用原理，试着对所展示的氧气顶吹转炉进行建模。

9.5 弹簧

弹簧是利用材料的弹性和结构特点，通过变形储存能量进行工作的零件，当外力去除后立即恢复原形。弹簧具有减振、夹紧、储存能量和测力等作用。

弹簧的种类很多，常见的有螺旋弹簧、板弹簧、碟形弹簧和平面涡卷弹簧等。根据受力情况的不同，螺旋弹簧又分为压缩弹簧、拉伸弹簧和扭转弹簧等，常用弹簧的种类如图9-28所示。本节重点介绍圆柱螺旋压缩弹簧的建模过程和规定画法。

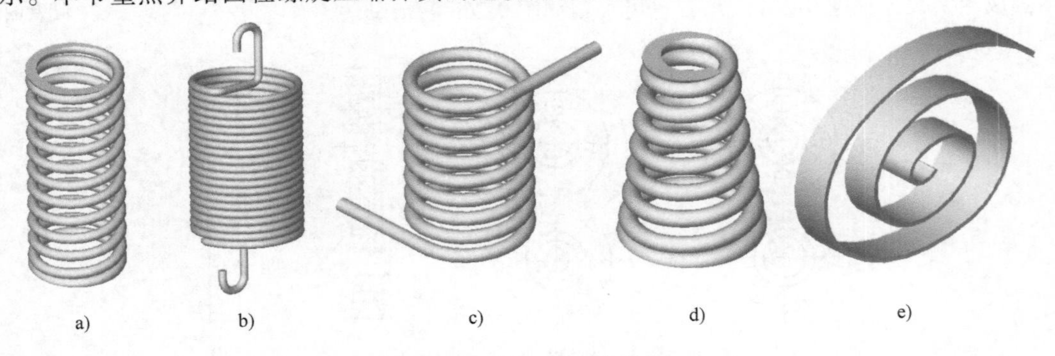

图9-28　常用弹簧的种类

a）压缩弹簧　b）拉伸弹簧　c）扭转弹簧　d）截锥螺旋弹簧　e）平面涡卷弹簧

9.5.1　圆柱螺旋压缩弹簧各部分的名称及尺寸关系

圆柱螺旋压缩弹簧画法和各部分尺寸代号如图 9-29 所示。

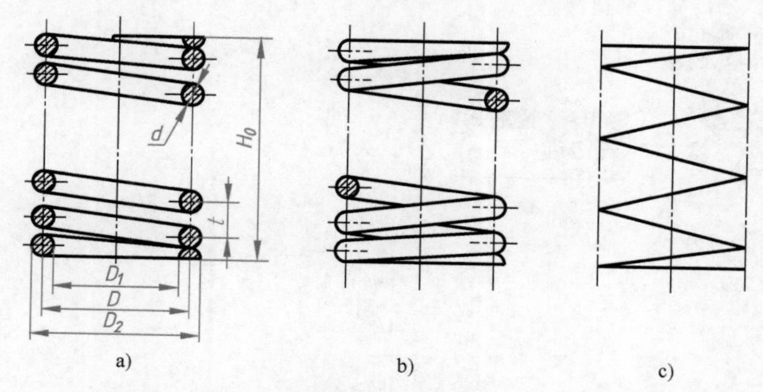

图 9-29　圆柱螺旋压缩弹簧画法和各部分尺寸代号
a）剖视图　b）视图　c）示意图

1）簧丝直径 d：制造弹簧的钢丝直径，按标准选择。

2）弹簧中径 D：弹簧的平均直径，按标准选择。

弹簧内径 D_1：弹簧的最小直径，$D_1=D-d$。

弹簧外径 D_2：弹簧的最大直径，$D_2=D+d$。

3）有效圈数 n：保持相等节距的圈数。

支承圈数 n_z：为了使螺旋压缩弹簧工作时受力均匀，增加弹簧的平稳性，弹簧的两端要并紧、磨平，并紧、磨平的各圈仅起支承作用，称为支承圈。支承圈数有 1.5 圈、2 圈、2.5 圈三种，一般用 2.5 圈。

总圈数 n_1：有效圈数和支承圈数之和，$n_1=n+n_z$。

4）节距 t：两相邻有效圈截面中心线的轴向距离。

5）自由高度 H_0：弹簧无负荷时的高度，$H_0=nt+(n_z-0.5)d$。

9.5.2　圆柱螺旋压缩弹簧的建模过程

应用 SOLIDWORKS 软件建立弹簧模型，可以通过扫描的运算方式实现。扫描轮廓是弹簧簧丝的截面草图，扫描路径是根据弹簧的节距和圈数所确定的螺旋线。由于弹簧两端要并紧、磨平，所以，在建立弹簧模型时，应该先建立有效圈，再建立支承圈，支承圈并紧的含义是两相邻支承圈截面中心线的轴向距离等于簧丝直径，磨平可以通过拉伸切除的运算方式实现。下面通过实例介绍创建弹簧模型的过程。

【例 9-2】　弹簧簧丝直径 $d=5$mm，弹簧中径 $D=38$mm，节距 $t=10$mm，有效圈数 $n=10$，支承圈数 $n_z=2.5$，右旋，创建弹簧模型。

建模：

1）创建弹簧的有效圈。在上视基准面上绘制与弹簧中径相等的圆，插入螺旋线，定义螺旋线的参数，如图 9-30a 所示。在螺旋线起点处与螺旋线切线垂直的平面上，绘制弹簧簧丝轮廓草图，并添加草图中心与螺旋线的“穿透”几何关系，由于创建螺旋线时起始角度定义为 0°，因此绘制轮廓草图的平面为右视基准面即可，如图 9-30b 所示。以弹簧簧丝草图为轮廓、螺旋线为路径进行扫描运算，建立弹簧的有效圈，如图 9-30c、d 所示。

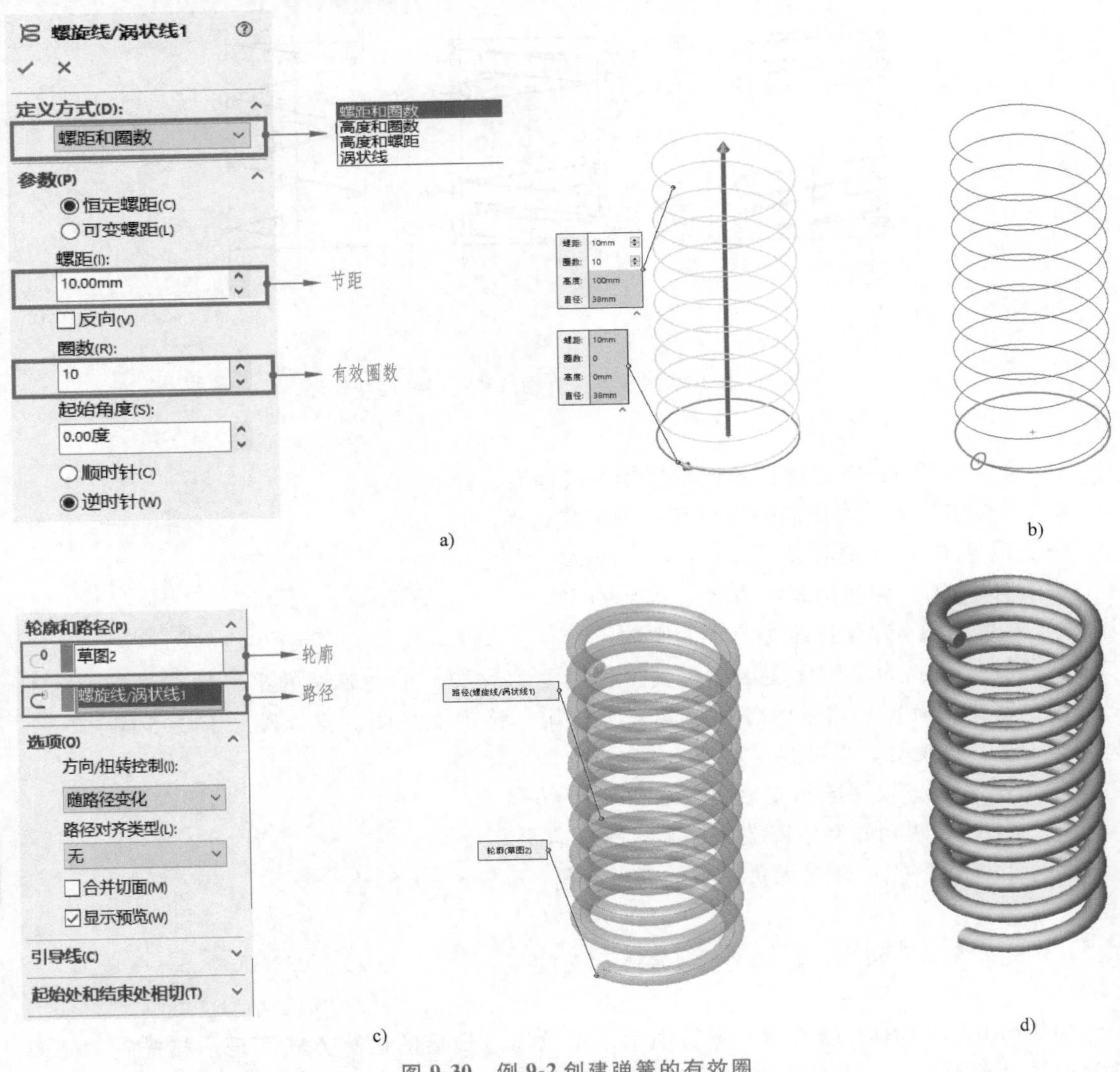

图 9-30　例 9-2 创建弹簧的有效圈

2）创建弹簧的支承圈。支承圈的建立要与有效圈的端部衔接得当。因此，支承圈的轮廓草图应建立在有效圈的端面上，同时改变节距。定义螺旋线的参数，如图 9-31a 所示，生成的螺旋线如图 9-31b 所示。以弹簧簧丝草图为轮廓、支承圈螺旋线为路径进行扫描运算，如图 9-31c 所示。重复上述过程，在弹簧的另一端建立支承圈，如图 9-31d 所示。

3）两端磨平。在上视基准面的下方，建立一个与上视基准面平行且距离为 5mm 的基准面，如图 9-32a 所示。在该平面上绘制任意形状的平面图形（平面图形的尺寸必须大于弹簧的外径），进行拉伸切除运算，从而磨平弹簧的下端。重复上述过程，将弹簧的上端磨平。至此，弹簧的建模过程结束，最终的结果如图 9-32b 所示。

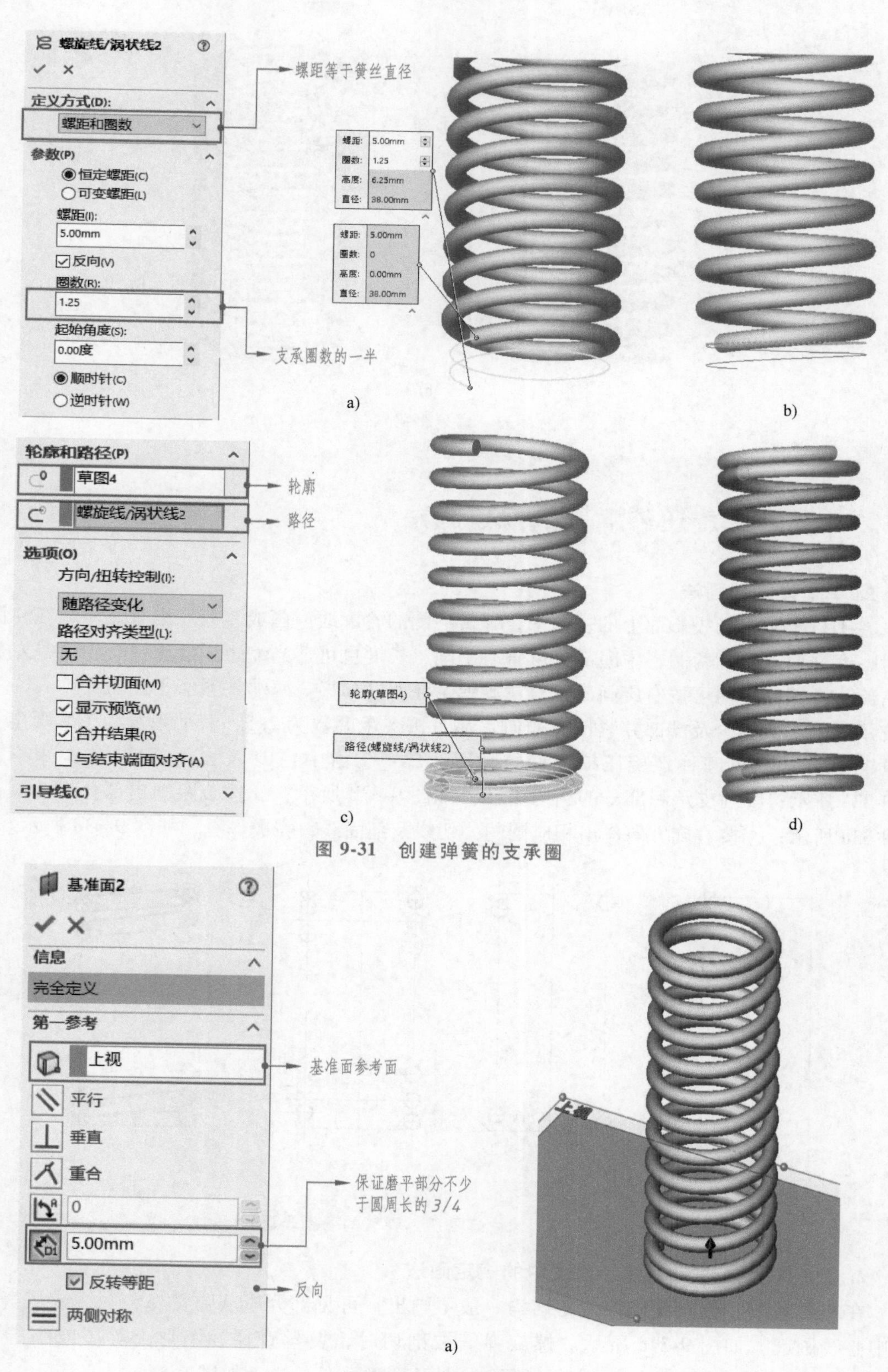

图 9-31 创建弹簧的支承圈

图 9-32 两端磨平

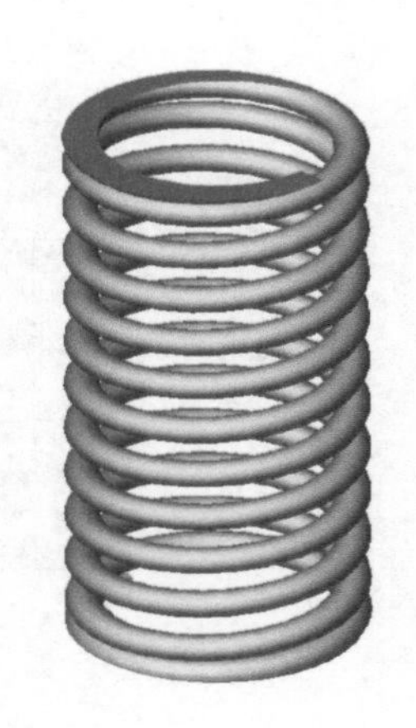

b)

图 9-32　两端磨平（续）

9.5.3　圆柱螺旋压缩弹簧的规定画法

1. 单个弹簧的画法

在平行于轴线的投影面上的视图中，弹簧各圈的轮廓线应画成直线。当有效圈数在4圈以上时，允许两端只画两圈，中间部分可省略不画，长度也可适当缩短。螺旋弹簧不论是左旋还是右旋，在图样上均可按右旋画出，对左旋弹簧注明“LH”。两端并紧磨平的压缩弹簧，不论其支承圈的圈数多少及端部并紧情况如何，都可按支承圈数为2.5、磨平圈数为1.5画出。如图9-33所示给出了圆柱螺旋压缩弹簧的画图步骤：①由中径 D 及自由高度 H_0 画矩形，如图9-33a所示；②画支承圈部分的圆与半圆，如图9-33b所示；③按节距画出部分有效圈，如图9-33c所示；④按右旋方向作出相应圆的公切线及剖面线，完成作图，如图9-33d所示。

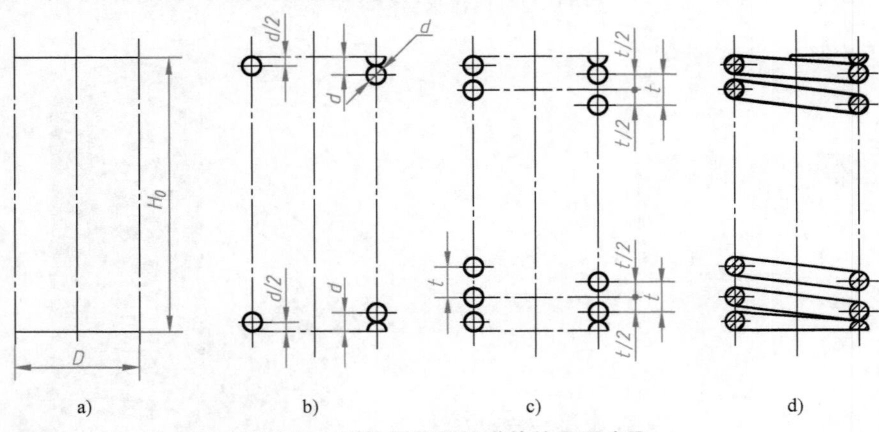

图 9-33　圆柱螺旋压缩弹簧的画图步骤

2. 圆柱螺旋压缩弹簧在装配图中的规定画法

在装配图中，被弹簧遮挡住的结构一般不画出，可见部分应从弹簧外轮廓线或从簧丝截面中心线画起，如图9-34a所示。螺旋弹簧被剖切时，簧丝直径在图形上等于或小于2mm的剖面允许用涂黑表示，如图9-34b所示，也可采用示意画法，如图9-34c所示。

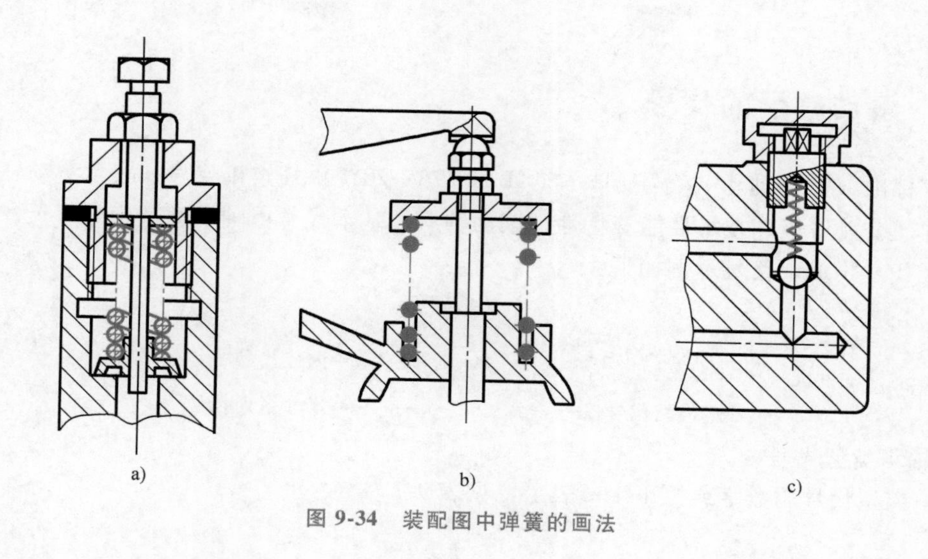

图 9-34　装配图中弹簧的画法

9.6 滚动轴承

滚动轴承是支承旋转轴的组件。由于滚动轴承具有结构紧凑、效率高、摩擦阻力小、维护简单等优点，因此在各种机器中广泛应用。滚动轴承是标准部件，需要时可根据型号选购。

9.6.1　滚动轴承的种类

滚动轴承的种类很多，其结构一般由外圈、内圈、滚动体和保持架组成。滚动轴承按其受力方向可分为如下三类。

1）向心轴承：主要承受径向载荷，如深沟球轴承，如图 9-35a 所示。

2）推力轴承：主要承受轴向载荷，如推力球轴承，如图 9-35b 所示。

3）向心推力轴承：同时承受径向载荷和轴向载荷，如圆锥滚子轴承，如图 9-35c 所示。

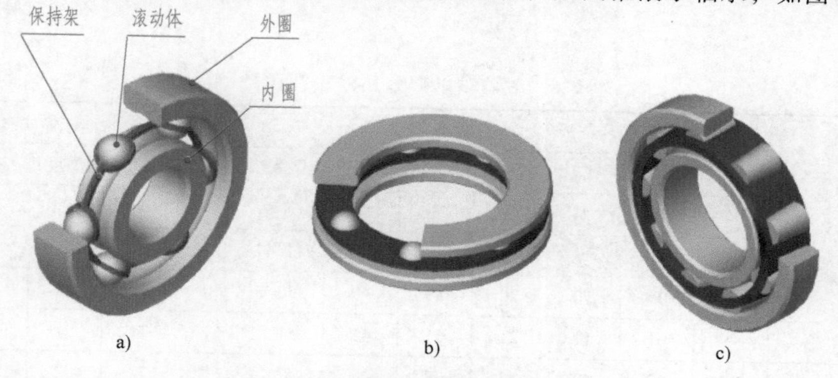

图 9-35　滚动轴承的结构及类型

a）深沟球轴承　b）推力球轴承　c）圆锥滚子轴承

9.6.2　滚动轴承的代号

国家标准《滚动轴承　代号方法》（GB/T 272—2017）规定用代号来表示滚动轴承的结构、尺寸、公差等级和技术性能等特性。滚动轴承的基本代号由轴承类型代号、尺寸系列代号、内径代号构成。代号示例如下：

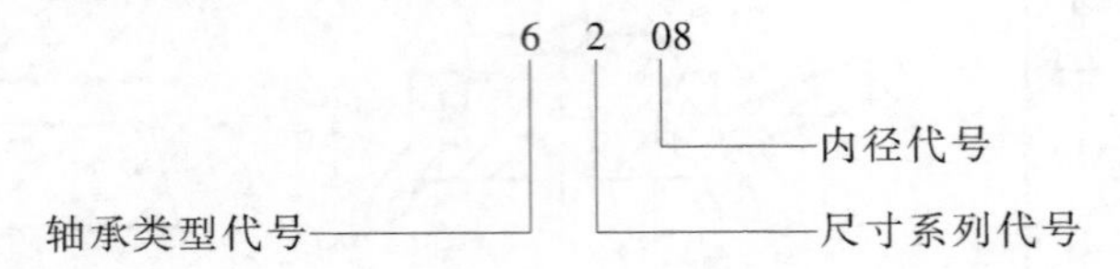

1. 轴承类型代号

轴承类型代号用数字或拉丁字母表示，见表9-7。

表9-7　轴承类型代号

代号	轴承类型	代号	轴承类型
0	双列角接触球轴承	7	角接触球轴承
1	调心球轴承	8	推力圆柱滚子轴承
2	调心滚子轴承和推力调心滚子轴承	N	圆柱滚子轴承
3	圆锥滚子轴承	NN	双列或多列圆柱滚子轴承
4	双列深沟球轴承	U	外球面球轴承
5	推力球轴承	QJ	四点接触球轴承
6	深沟球轴承	C	长弧面滚子轴承(圆环轴承)

2. 尺寸系列代号

尺寸系列代号由轴承的宽（高）度系列代号和直径系列代号组成，反映同种轴承在内圈孔径相同的情况下，内、外圈的宽度、厚度的不同及滚动体大小的不同。尺寸系列代号不同的轴承，其外形轮廓尺寸不同，承载能力也不同。滚动轴承部分尺寸系列代号见表9-8。

尺寸系列代号有时可以省略。除圆锥滚子轴承以外，其余各类轴承宽度系列代号“0”均省略。

表9-8　滚动轴承部分尺寸系列代号

直径系列代号	向心轴承								推力轴承			
	宽度系列代号								高度系列代号			
	8	0	1	2	3	4	5	6	7	9	1	2
	尺寸系列代号											
0	—	00	10	20	30	40	50	60	70	90	10	—
1	—	01	11	21	31	41	51	61	71	91	11	—
2	82	02	12	22	32	42	52	62	72	92	12	22
3	83	03	13	23	33	—	—	—	73	93	13	23

3. 内径代号

内径代号用来表示轴承的公称内径，即轴承的内孔孔径，因轴承内孔与轴产生配合，故公称内径为轴承的主要参数。滚动轴承部分内径代号见表 9-9。

表 9-9　滚动轴承部分内径代号

公称内径 d/mm		内径代号	示例
10~17	10	00	深沟球轴承 6200 d=10mm
	12	01	
	15	02	
	17	03	
20~480 （22、28、32 除外）		公称内径除以 5 的商数，当商数为个位数时，需在左边加“0”，如 08	深沟球轴承 6208 d=40mm
22、28、32		用公称内径毫米数直接表示，但与尺寸系列代号之间用“/”分开	深沟球轴承 62/22 d=22mm

9.6.3　滚动轴承的规定画法

滚动轴承是标准部件，不必画零件图，在装配图中可采用规定画法或特征画法画出。常用滚动轴承的规定画法和特征画法见表 9-10，其各部分尺寸可根据轴承代号查阅轴承的相关标准或附录 E 的表 E-1 和表 E-2。

滚动轴承的通用画法如图 9-36 所示，滚动轴承轴线垂直于投影面的特征画法如图 9-37 所示，深沟球轴承在装配图中的画法如图 9-38 所示。

表 9-10　常用滚动轴承的规定画法和特征画法

轴承类型	规定画法	特征画法
深沟球轴承 GB/T 276—2013 类型代号 6	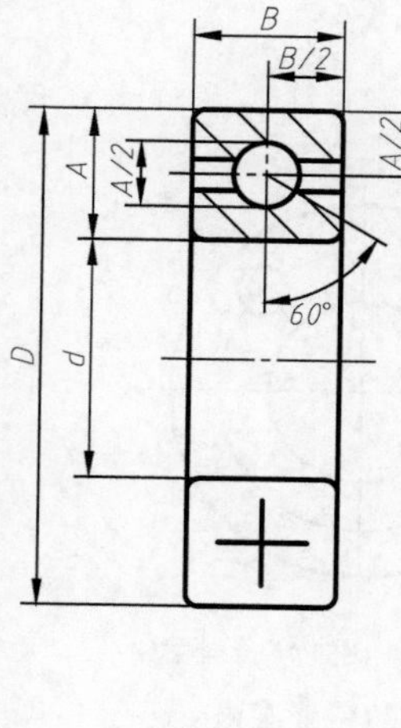	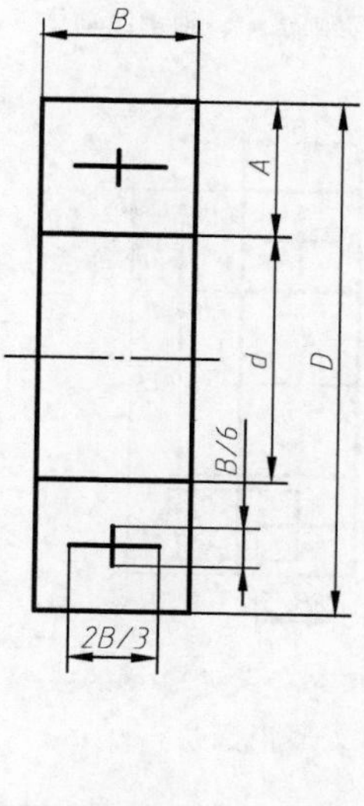

（续）

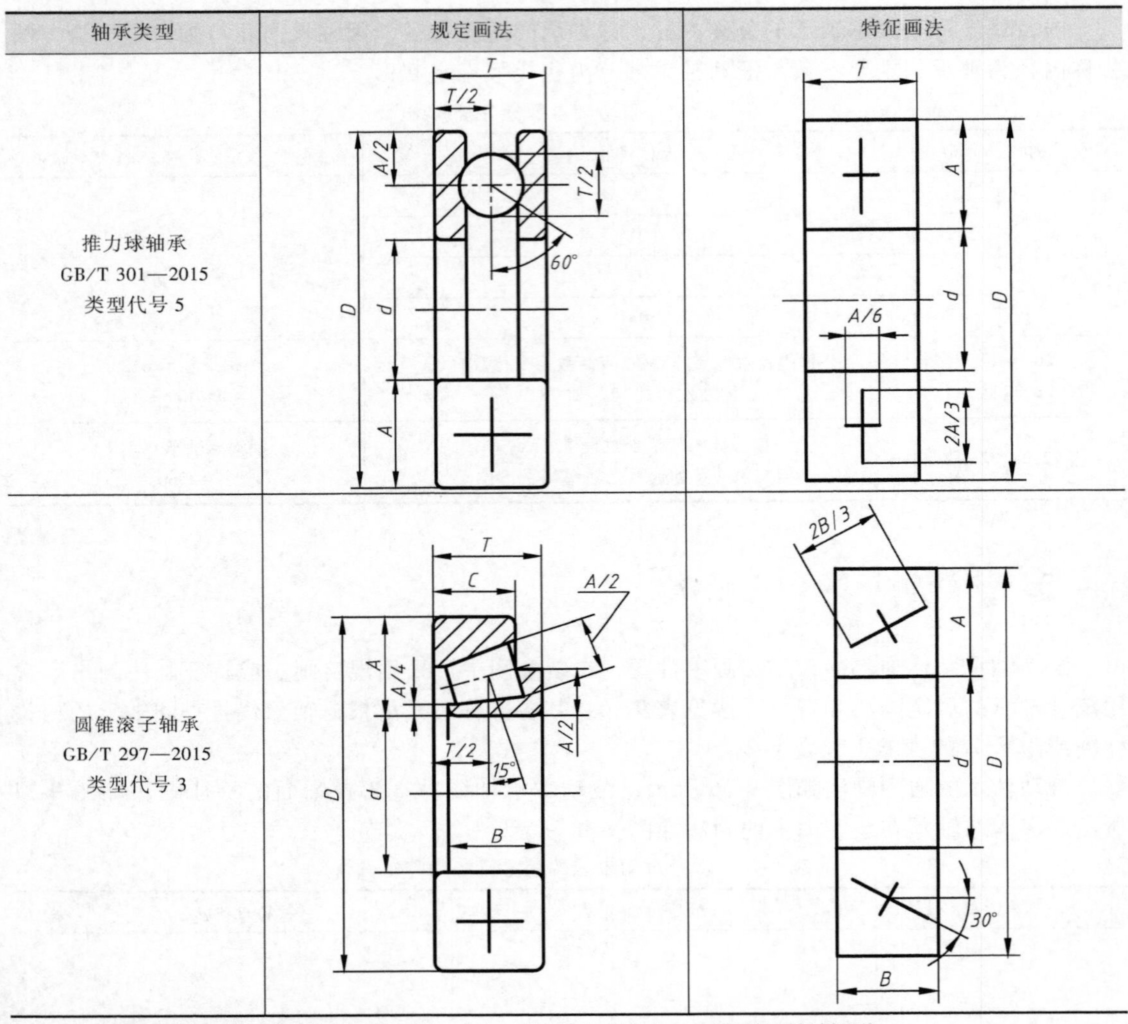

轴承类型	规定画法	特征画法
推力球轴承 GB/T 301—2015 类型代号 5		
圆锥滚子轴承 GB/T 297—2015 类型代号 3		

注：规定画法中，轴承滚动体不画剖面线，其内、外圈内可画上方向和间隔相同的剖面线。

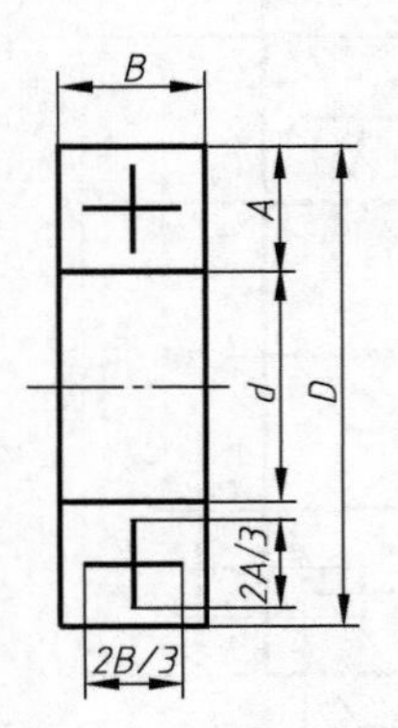

图 9-36　滚动轴承的通用画法

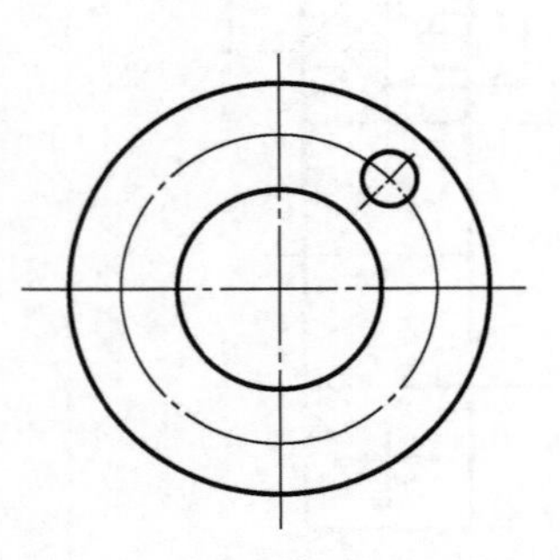

图 9-37　滚动轴承轴线垂直于投影面的特征画法

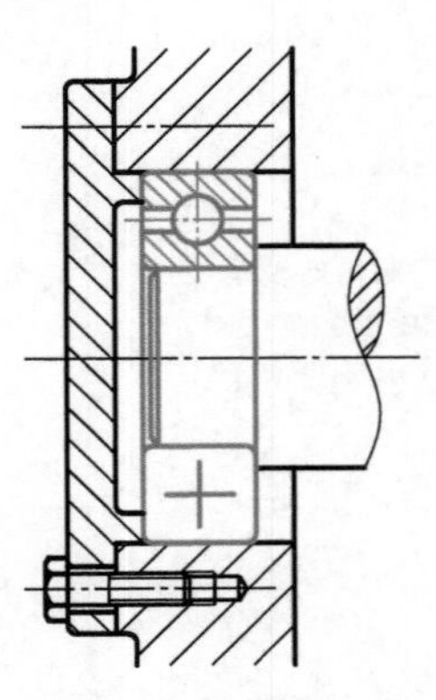

图 9-38　深沟球轴承在装配图中的画法

第 10 章　装配体建模与装配图

机器或部件都是由许多零件按一定的装配关系和技术要求装配而成的。表达机器或部件的组成及装配关系的图样称为装配图。装配图是了解机器或部件的工作原理和功能结构的技术文件，是进行装配、检验、安装、调试和维修的重要依据。

在产品设计过程中，一般先绘制装配图，然后根据装配图完成零件的设计及绘图；在产品制造过程中，机器或部件的装配工作都必须根据装配图来进行；在使用和维修机器时，也往往需要通过装配图来了解机器的构造。

10.1 装配体建模

机器或部件都是由许多零件按照一定的装配关系和技术要求组装在一起并完成一定的功能。装配过程中，应掌握机器或部件的工作原理、装配干线、零件之间的配合关系等。本节以如图 10-1 所示的螺旋千斤顶为例，说明装配体建模的基本方法。

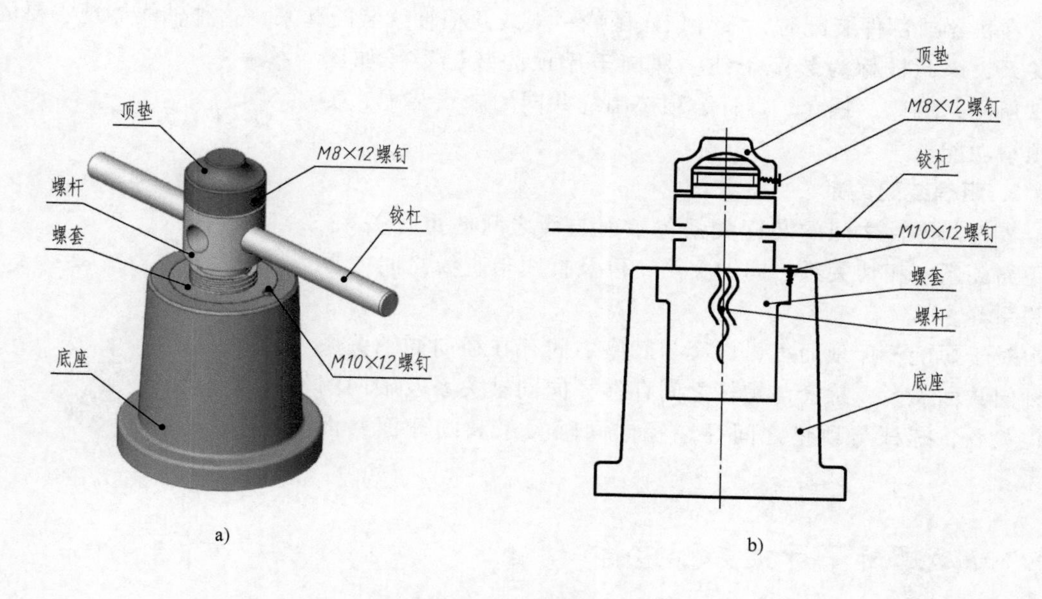

图 10-1　螺旋千斤顶

a）立体图　b）装配示意图

10.1.1　明确工作原理

螺旋千斤顶由底座、螺套、螺杆、铰杠、顶垫等零件组成，是由人力通过螺旋副传动来顶举重物的起重工具。当操作者转动铰杠使螺杆在固定螺套中转动时，螺杆的旋转运动转变为顶垫的上下直线运动，顶起或降下重物。螺杆头部的圆球面上套装顶垫，既保证顶起重物时受力向心，同时也保证不损伤重物表面。

如图10-1b所示为螺旋千斤顶的装配示意图。装配示意图是针对产品的设计要求、设计方案，用规定的简单符号或线条绘制而成的，用以表示机器或部件各部分的运动和传动关系，以及各零件的相对位置和装配关系，且能反映机器或部件的工作原理。因此，装配示意图可用于作为机器或部件设计和装配的依据，是绘制装配图时的重要参考资料。

浮选机是浮游选矿机的简称，指完成浮选过程的机械设备。浮选机由电动机V带传动带动叶轮旋转，产生离心作用形成负压，一方面吸入充足的空气与矿浆混合，另一方面搅拌矿浆与药物混合。扫描右侧二维码观看相关视频，了解新中国第一台自制浮选机，理解其工作原理。

新中国第一台自制浮选机

10.1.2　确定装配干线，明确装配关系

1. 确定装配干线

在机器或部件装配时，零件依次围绕一根或几根轴线装配起来，这种轴线体现主要的装配关系，因此被称为装配干线。螺旋千斤顶的装配干线如图10-2所示，底座、螺套、螺杆、顶垫围绕共同的轴线装配，实现顶举功能。

2. 明确装配关系

零件与零件之间的装配关系包括面与面之间的重合关系、等距离关系、相切关系、同轴关系，以及直线与直线之间的重合关系等。

对于螺旋千斤顶而言，螺套与底座之间存在径向同轴关系及轴向共面关系，螺套与螺杆之间存在径向同轴关系及轴向的限位关系，螺杆与顶垫之间存在径向同轴关系和圆球面共面关系。

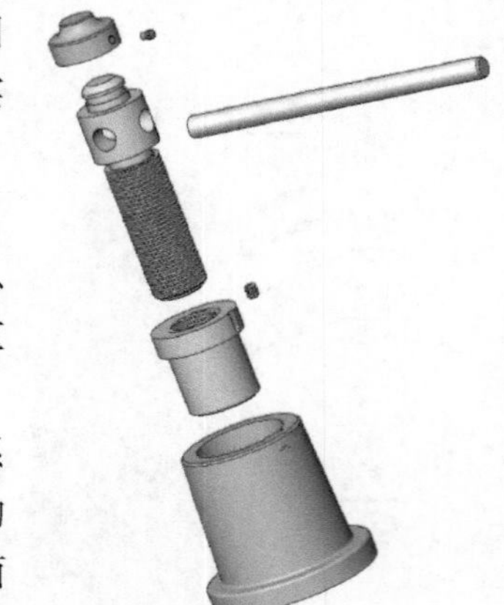
图10-2　装配干线

10.1.3　螺旋千斤顶装配过程

运行SOLIDWORKS 2020，在“新建SOLIDWORKS文件”对话框中选择“装配体”选项，进入SOLIDWORKS软件装配环境。典型的装配体界面如图10-3所示，功能区“装配

体”选项卡如图 10-4 所示。

图 10-3　装配体界面

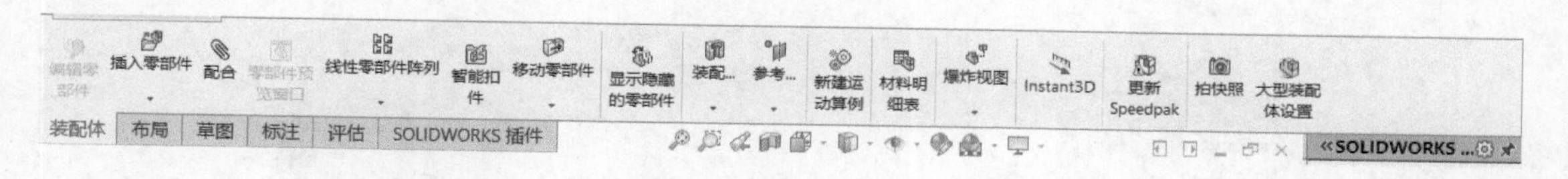

图 10-4　“装配体”选项卡

在装配之前，已经完成各个零件的建模。现使用 SOLIDWORKS 2020 进行装配，详细的装配过程如下。

1. 插入底座

进入装配环境后，装配体界面自动显示“开始装配体”属性管理器。单击“浏览”按钮，在弹出的对话框中选择“底座”零件，单击“打开”按钮。SOLIDWORKS 软件默认令插入的第一个零件的原点与装配体的原点重合，零件被添加“固定”几何关系，如图 10-5 所示。

2. 装配螺套

单击功能区“装配体”选项卡中的“插入零部件”按钮，在“插入零部件”属性管理器中单击“浏览”按钮，接着在弹出的对话框中选择“螺套”零件将其插入。单击功能区“装配体”选项卡中的“移动零部件”按钮和“旋转零部件”按钮，旋转

图 10-5 插入底座

或移动螺套到合适的位置，如图 10-6a 所示。单击功能区“装配体”选项卡中的“配合”按钮，添加底座轴线与螺套轴线之间的“重合”几何关系，如图 10-6b 所示。再次单击“配合”按钮，添加底座顶面与螺套顶面之间的“重合”几何关系，如图 10-6c 所示。

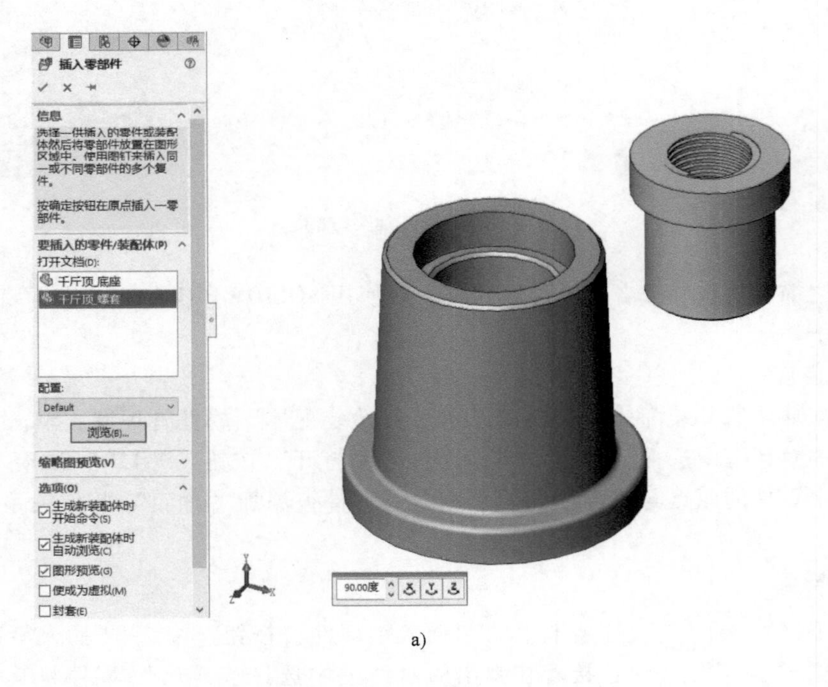

a)

图 10-6 装配螺套

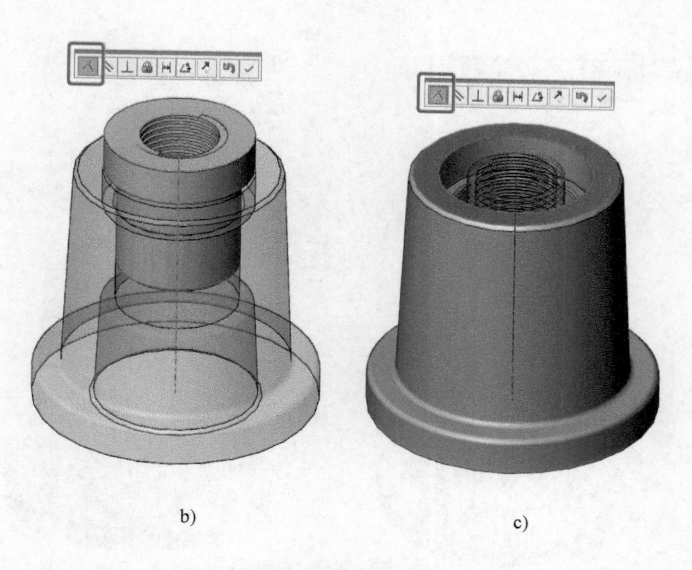

图 10-6　装配螺套（续）

3. 装配螺杆

插入螺杆零件并将其调整到合适的位置，如图 10-7a 所示。添加螺套与螺杆轴线之间的“重合”几何关系，如图 10-7b 所示。添加螺杆肩部下端面与螺套顶面之间的距离为 15mm 的位置关系，结果如图 10-7c 所示。

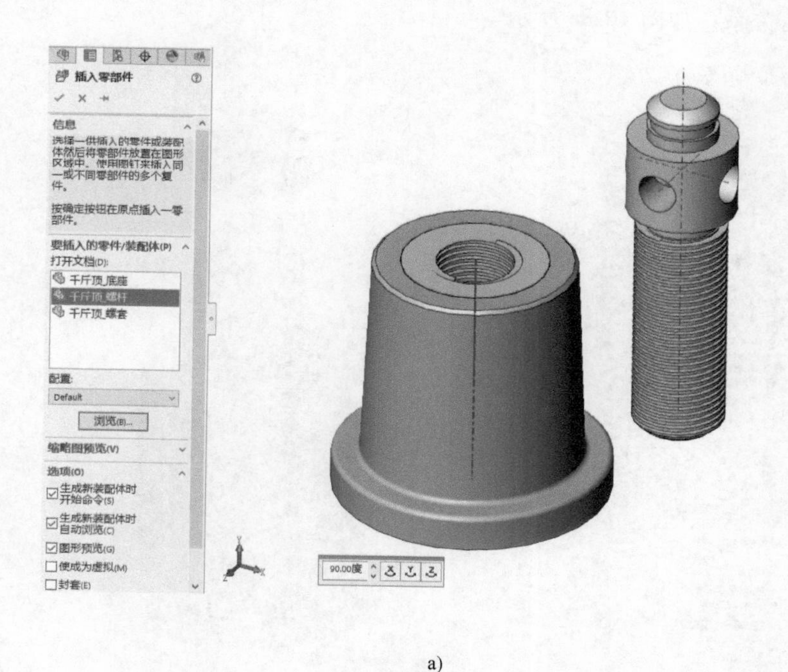

图 10-7　装配螺杆

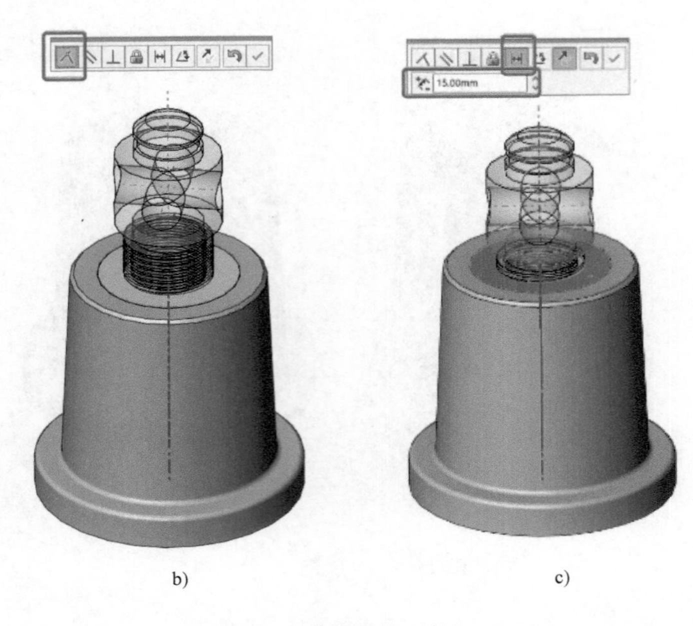

b)　　　　　　　　c)

图 10-7　装配螺杆（续）

4. 装配顶垫

插入顶垫零件并将其调整到合适的位置，如图 10-8a 所示。添加顶垫轴线与螺杆轴线之间的“重合”几何关系，如图 10-8b 所示。分别选择顶垫的内圆球面与螺旋杆的外圆球面，添加“同心”几何关系，如图 10-8c 所示。

a)

图 10-8　装配顶垫

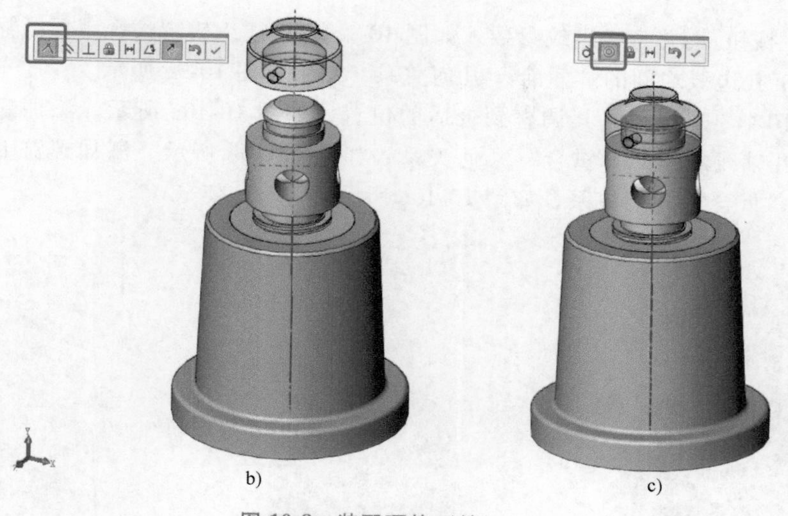

图 10-8　装配顶垫（续）

5. 创建螺纹孔并装配 M10×12 螺钉

在装配环境下，在功能区“装配体”选项卡中展开“装配体特征”下拉列表并选择“异型孔向导”选项，如图 10-9a 所示。界面左侧自动显示“孔规格”属性管理器，单击

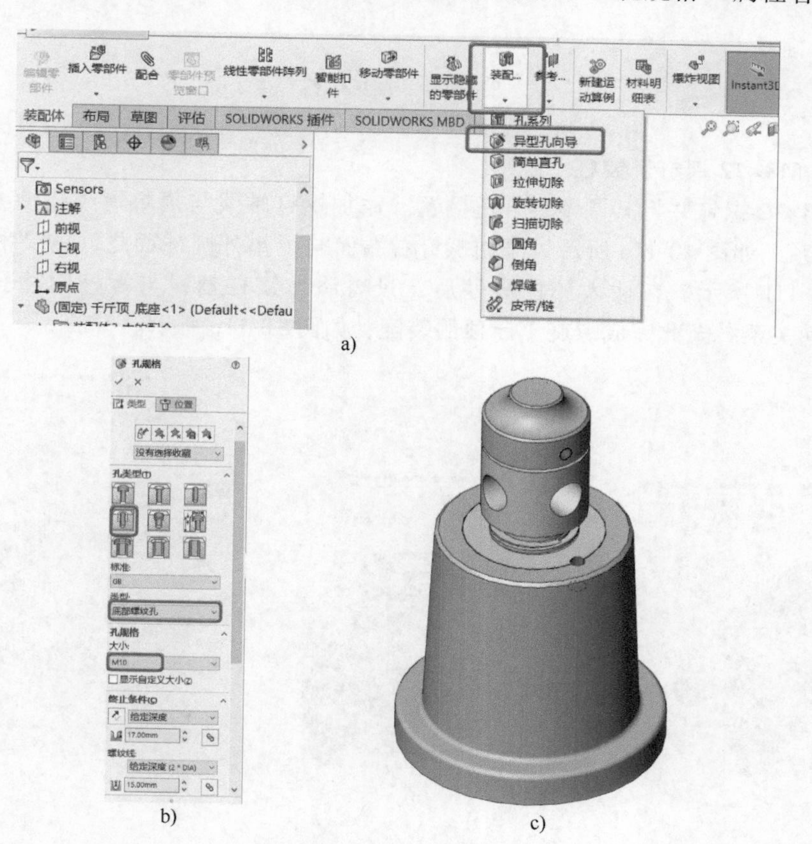

a)

b)　c)

图 10-9　创建螺纹孔

“直螺纹孔”按钮 并定义螺纹参数，如图 10-9b 所示。编辑螺纹孔草图，添加草图插入点与底座顶面沉孔边线之间的“重合”几何关系，结果如图 10-9c 所示。

插入 M10×12 螺钉并将其调整到合适的位置，如图 10-10a 所示。添加螺钉轴线与底座和螺套螺纹孔轴线之间的“重合”几何关系，如图 10-10b 所示。添加螺钉上表面与底座上表面之间的“重合”几何关系，如图 10-10c 所示。

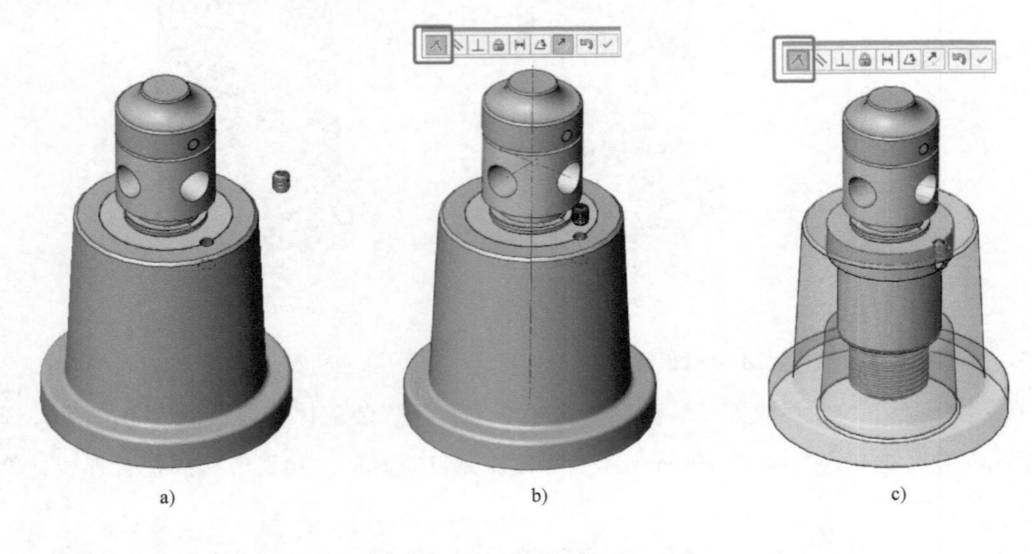

图 10-10 装配螺钉

6. 装配 M8×12 螺钉及铰杠

插入 M8×12 螺钉并将其调整到合适位置。添加螺钉轴线与顶垫螺纹孔轴线之间的“重合”几何关系，如图 10-11a 所示。添加螺钉右端面与顶垫外圆柱面之间的“相切”几何关系，如图 10-11b 所示。在插入铰杠零件后，只需添加铰杠轴线与螺杆圆柱孔轴线之间的“重合”几何关系。至此完成螺旋千斤顶的装配，如图 10-11c 所示。

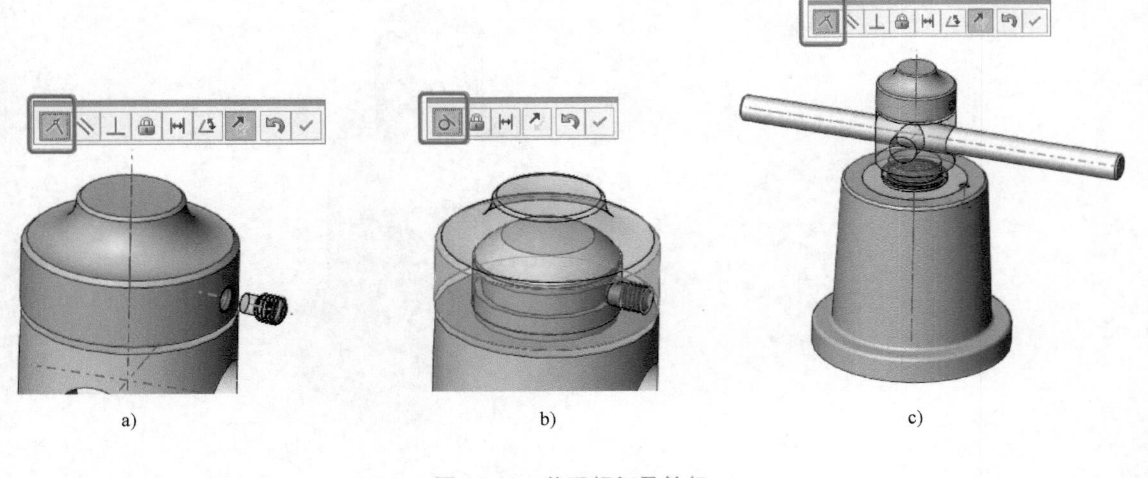

图 10-11 装配螺钉及铰杠

10.2 爆炸视图的生成

爆炸视图又称为零件分解图，由爆炸视图可以直观、清晰地看出各零件之间的位置关系和装配关系。一个爆炸视图包括一个或多个爆炸步骤，爆炸步骤的信息均被保存在所生成的装配体配置中。建立爆炸视图主要是建立一个新的配置并指定爆炸方向及距离。下面以螺旋千斤顶为例，说明爆炸视图的生成过程。

1. 添加配置并定义配置名称

打开已保存的千斤顶装配体。在 SOLIDWORKS 软件界面左侧单击标签展开配置管理器（ConfigurationManager），在“千斤顶配置”名称上单击鼠标右键，在弹出的快捷菜单中选择“添加配置”命令，如图 10-12a 所示。将新配置命名为“爆炸视图”，如图 10-12b 所示，则添加的“爆炸视图”配置出现在“千斤顶配置”下方。

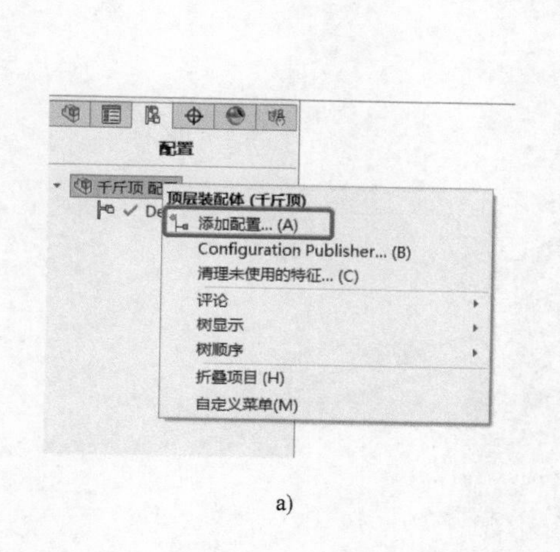

a)

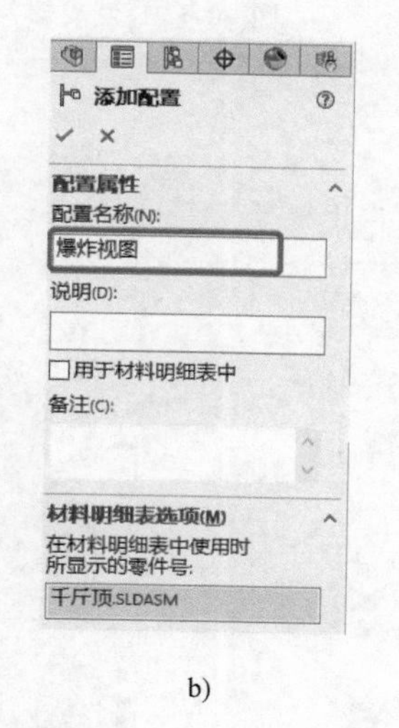

b)

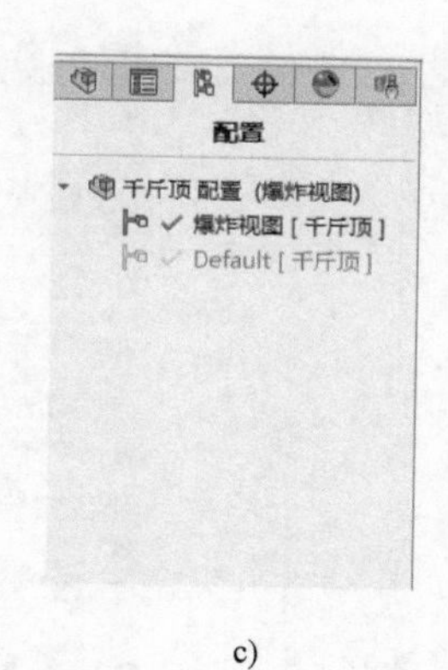

c)

图 10-12　添加配置并定义配置名称

2. 生成爆炸视图

在配置管理器中选择“爆炸视图［千斤顶］”并单击鼠标右键，在弹出的快捷菜单中选择“新爆炸视图”命令，如图 10-13a 所示，弹出的“爆炸”属性管理器如图 10-13b 所示。

3. 创建爆炸步骤

在图形区域中，选择一个或多个要生成爆炸的零件，则图形区域中自动显示出操纵杆，同时，在“爆炸”属性管理器中，被选择的零部件自动显示“设定”选择框中。例如，选择顶垫为要生成爆炸的零件，则图形区域和属性管理器如图 10-14a 所示。将鼠标移到指向零部件爆炸方向的操纵杆控标上，拖动操纵杆控标来爆炸零部件，如图 10-14b 所示，将零部件爆炸到合适位置后在属性管理器中单击“完成”按钮。则生成的“爆炸步骤 1”出现在“爆炸视图 1”下方，如图 10-14c 所示。

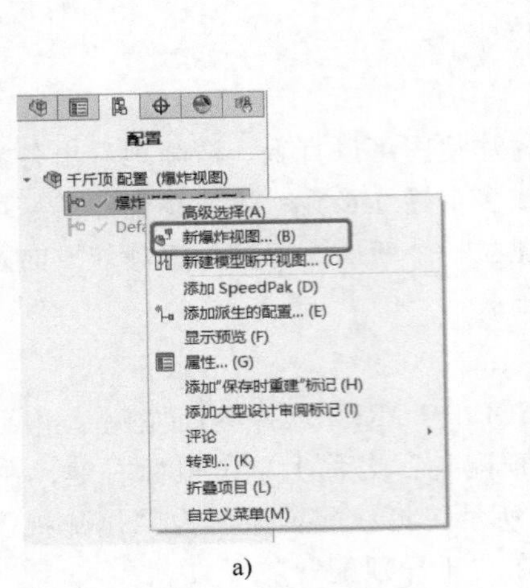

a)

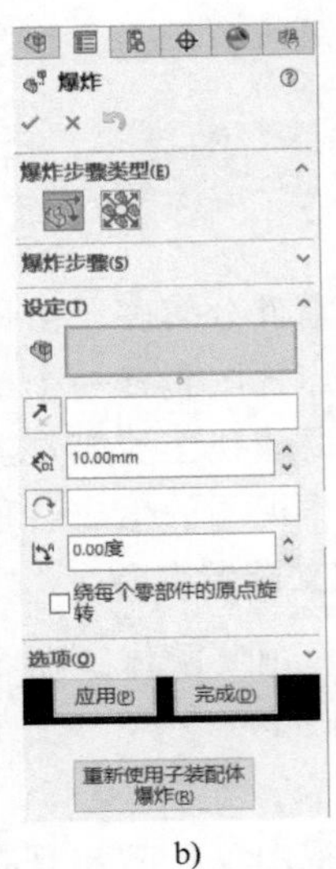

b)

图 10-13　生成爆炸视图

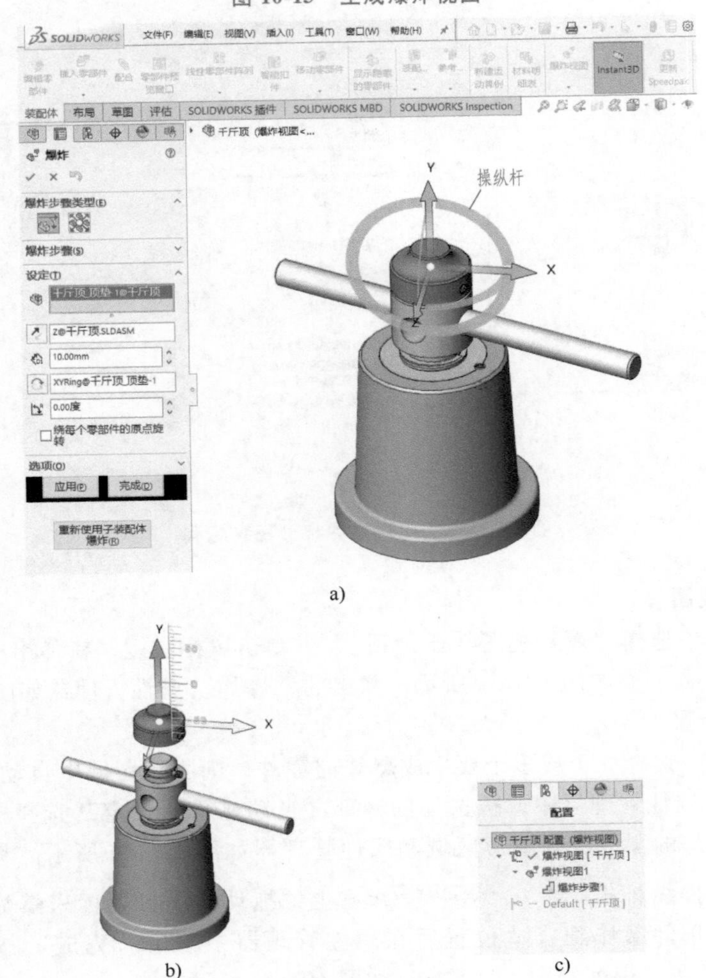

a)

b)

c)

图 10-14　创建爆炸步骤

按上述方法，分别选择螺杆、铰杠、螺套等零件，创建各零件的爆炸步骤，得到螺旋千斤顶装配体的爆炸图，此时将在配置管理器中产生多个爆炸步骤，如图 10-15a 所示。

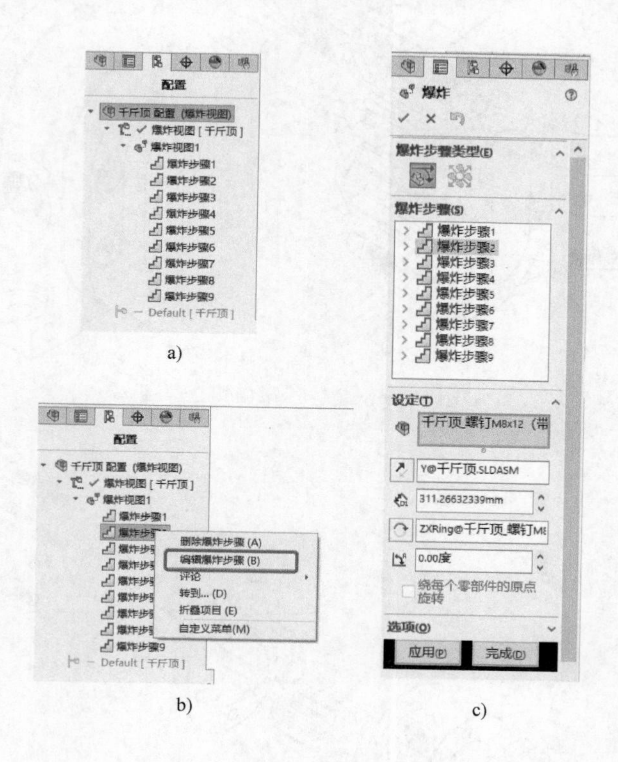

图 10-15　修改爆炸图

若想修改爆炸过程，可在配置管理器中选择任何一个爆炸步骤后单击鼠标右键，在弹出的快捷菜单中选择“编辑爆炸步骤”命令，如图 10-15b 所示。接着在弹出的“爆炸”属性管理器中进行修改，如图 10-15c 所示。最终形成的千斤顶爆炸图如图 10-2 所示。

10.3 装配图的内容

如图 10-16 所示为齿轮油泵结构立体图，如图 10-17 所示为齿轮油泵爆炸图，如图 10-18 所示为齿轮油泵装配图。齿轮油泵是用于机器润滑系统中的部件。它是由泵体、泵盖（左、右端盖）、运动零件（主动、从动齿轮轴）、密封零件（垫片、填料）及标准件（螺钉、销）等组成。齿轮油泵工作时，当外部动力经传动齿轮（图 10-18 所示细双点画线所画零件）传至主动齿轮轴时，即产生旋转运动。主动齿轮轴按逆时针方向旋转时，和它啮合的从动齿轮轴则按顺时针方向旋转。在齿轮从啮合到脱开的瞬间，在吸入侧就形成局部真空，油液被吸入。被吸入的油液充满齿轮的各个齿间空隙而被带到排出侧，齿轮从脱开到啮合时液体被挤出，形成高压油液并经出油口排出泵外。

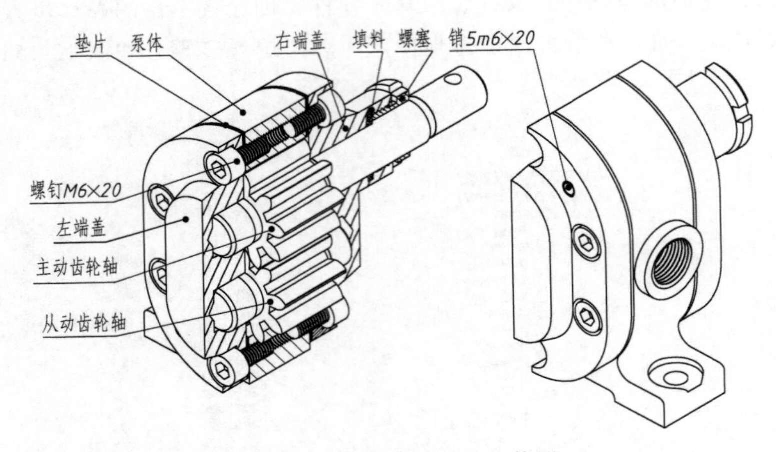

图 10-16　齿轮油泵结构立体图

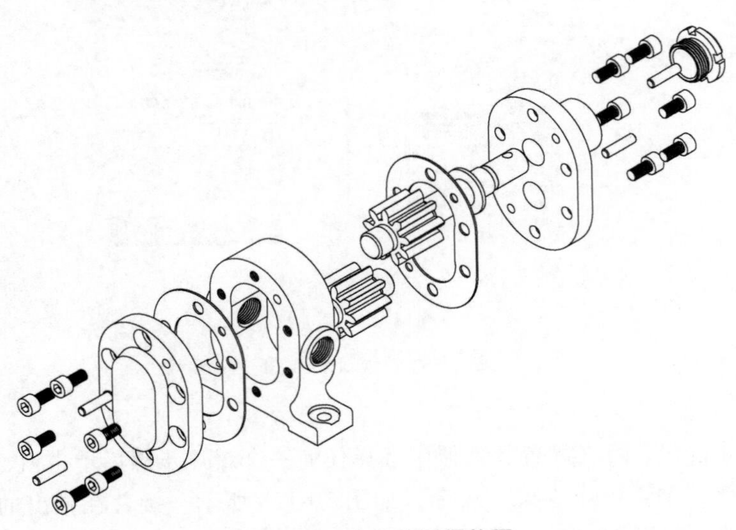

图 10-17　齿轮油泵爆炸图

从图 10-18 中可以看出，装配图包含以下内容。

1. 一组视图

须用一组视图正确、完整、清晰地表达机器或部件的组成，零件之间的相对位置关系、连接关系、装配关系，主要零件的工作原理及其主要结构形状。

2. 必要的尺寸

须标注表示零件间的配合，机器或部件的安装、性能、规格的相关尺寸，以及关键零件间的相对位置及机器或部件的总体大小的尺寸。

3. 技术要求

须注写说明机器或部件在装配、安装、检验、维修及使用方面的要求。

4. 零件的序号、明细栏和标题栏

序号与明细栏配合说明零件的名称、数量、材料、规格等。在标题栏中填写机器或部件的名称、材料，以及设计、校核、审核等人员信息。

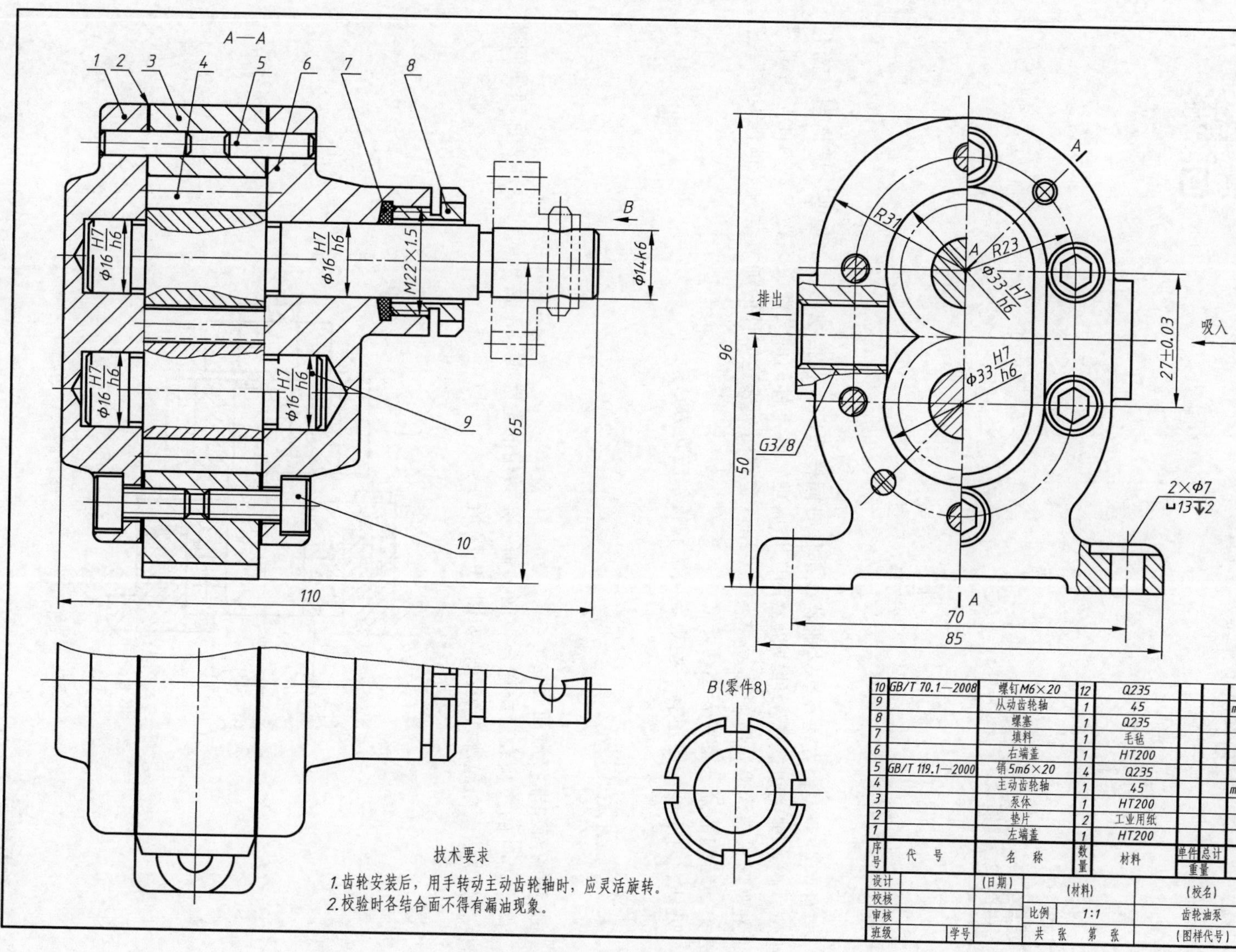

序号	代号	名称	数量	材料	单件重量	总计重量	备注
10	GB/T 70.1—2008	螺钉M6×20	12	Q235			外购
9		从动齿轮轴	1	45			m=3,z=9
8		螺塞	1	Q235			
7		填料	1	毛毡			无图
6		右端盖	1	HT200			
5	GB/T 119.1—2000	销5m6×20	4	Q235			外购
4		主动齿轮轴	1	45			m=3,z=9
3		泵体	1	HT200			
2		垫片	2	工业用纸			t=1
1		左端盖	1	HT200			

设计		(日期)	(材料)	(校名)
校核				
审核			比例 1:1	齿轮油泵
班级	学号		共 张 第 张	(图样代号)

图 10-18　齿轮油泵装配图

扫描右侧二维码观看新中国最早的万吨水压机的工程图的相关视频，结合该工程图理解万吨水压机的工作原理、用途及其设计、制造过程。

10.4 装配图的表达方法

10.4.1 一般表达方法

零件的各种表达方法在表达机器或部件时同样适用，包括视图、剖视图、断面图、简化画法等。但装配图以表达部件或机器的工作原理、各零件间的装配关系为主，因此只需把零件的主要形状结构表达清楚就行，不需要用许多视图去表达零件的细节结构，但涉及零件连接的关键结构部分一定要表达清楚。

另外，对于装配图还有一些规定画法和特殊表达方法。

10.4.2 规定画法

1. 接触面和非接触面画法

两个零件的接触表面或配合表面只画一条共用的轮廓线，不接触的两零件表面即使间隙很小，也要用两条轮廓线表示，如图10-19所示。

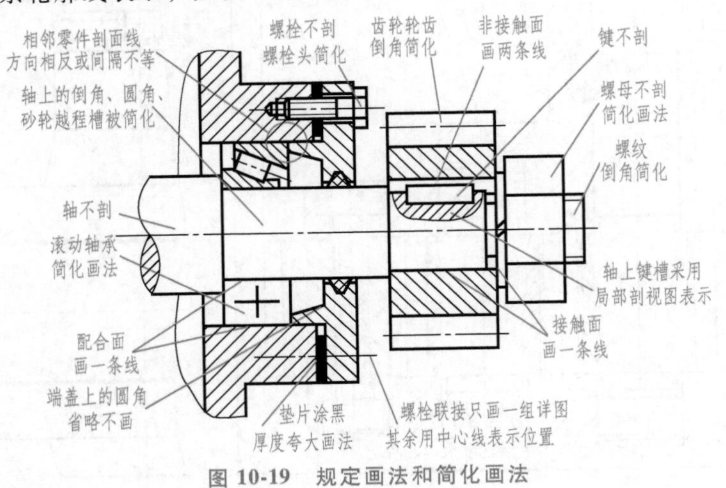

图 10-19　规定画法和简化画法

2. 剖面线画法

在装配图中，相邻金属零件的剖面线应倾斜方向相反，或者方向一致而间隔不等。同一装配图中，同一零件的剖面线应倾斜方向相同、间隔相等。当绘制剖面符号相同的相邻非金属零件时，应采用疏密不一的方法以示区别。

在装配图中，宽度小于或等于 2mm 的狭小面积的剖面区域，可用涂黑代替剖面符号，如图 10-19 所示。如果是玻璃或其他材料，而不宜涂黑时，可不画剖面符号。

3. 紧固件及实心杆件画法

对于紧固件（如螺母、螺栓、垫圈等）及轴、连杆、球、钩子、键、销等实心零件，若按纵向剖切，且剖切平面通过其对称平面或轴线时，这些零件均按不剖绘制，若需要特别表明零件的构造，如凹槽、键槽、销孔等，则可用局部剖视图表示，如图 10-19 所示。

10.4.3 特殊画法

1. 拆卸画法

为了表达被遮挡部分的装配关系，可假想拆去一个或几个零件，只画出所要表达部分的视图，需要说明时可加标注“拆去零件××”，这种画法称为拆卸画法。如图 10-34 所示球阀装配图中的俯视图，是拆去零件 6（法兰）后绘制的。

2. 沿结合面剖切画法

为了表达机器或部件的内部结构，可假想沿某些零件的结合面剖切。零件的结合面不画剖面线，被剖切的零件应画出剖面线。例如，如图 10-18 所示齿轮油泵装配图中的左视图采用沿左端盖与泵体结合面剖切的半剖视图，表达了齿轮油泵的外形、齿轮的啮合情况及泵吸、压油的工作原理。

3. 单独表达某个零件

在装配图中，当某个重要零件的结构形状未表达清楚且对理解装配关系有影响时，可单独画出该零件的某一视图。但必须在所画视图的上方注出该零件的视图名称，在相应视图的附近用箭头指明投射方向，并注上相同的字母。例如，如图 10-18 所示齿轮油泵装配图中的 B 向视图单独表达了零件 8（螺塞）的结构。

4. 夸大画法

当薄片零件、细丝弹簧、微小间隙等无法按实际尺寸画出，或者虽能如实画出，但不能明显表达其结构（如圆锥销、锥销孔的锥度很小）时，均可采用夸大画法，即把垫片厚度、簧丝直径、微小间隙及锥度等适当夸大画出。例如，如图 10-18 所示齿轮油泵装配图中零件 2（垫片）就是采用夸大画法绘制的。

5. 假想画法

在装配图中，可用细双点画线画出某些零件的外形轮廓，以表示机器或部件中某些运动零件的极限位置或中间位置，也可以表示与本部件有装配关系但又不属于本部件的其他相邻零部件的位置。例如，如图 10-18 所示齿轮油泵装配图主视图中主动齿轮轴右端用细双点画线画出齿轮和销的轮廓，表达与齿轮油泵有装配关系的相邻零部件。

6. 展开画法

传动机构的投影常有重叠的情况，为清晰表达传动路线及各轴的装配关系，如多级传动变速器、齿轮的传动顺序和装配关系，可假想将空间轴系按其传动顺序沿它们的轴线剖开，并展开在一个平面上，画出剖视图，这种画法称为展开画法，如图 10-20 所示。

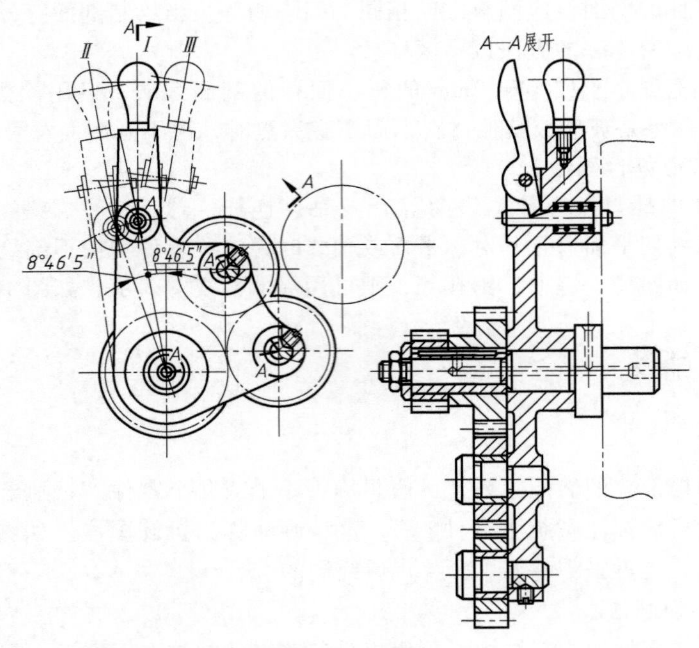

图 10-20　展开画法

10.4.4　简化画法

1）在装配图中，零件的工艺结构，如圆角、倒角及砂轮越程槽、退刀槽等允许不画，如图 10-19 所示。

2）在装配图中，螺母和螺栓头允许采用简化画法。当遇到螺纹联接件等相同的零件组时，在不影响理解的前提下，允许只画一处，其余零件组用细点画线表示其中心位置，如图 10-19 所示。

3）在剖视图中表示滚动轴承时，允许采用国家标准规定的简化画法或规定画法，如图 10-19 所示。

10.5 装配图中的尺寸标注和技术要求

10.5.1　尺寸标注

装配图和零件图的作用不同，因此对尺寸标注的要求也不同。在装配图中只需标注以下几类尺寸。

1. 性能（规格）尺寸

性能（规格）尺寸是表示机器或部件性能和规格的尺寸，是设计或选用部件的主要依据。例如，如图 10-18 所示齿轮油泵装配图中的入油口、出油口的管口直径 G3/8，它确定齿轮油泵的供油量。

2. 装配尺寸

1）配合尺寸：表示两个零件之间配合性质和相对运动情况的尺寸，是分析机器或部件工作原理、设计零件尺寸偏差的重要依据。例如，如图 10-18 所示齿轮油泵装配图中的 ϕ33H7/h6 和 ϕ16H7/h6 为配合尺寸。

2）相对位置尺寸：装配机器或部件、设计零件时都需要有保证零件间相对位置的尺寸。例如，如图 10-18 所示齿轮油泵装配图中两轴的中心距 27±0. 03 为此类尺寸。

3. 外形尺寸

外形尺寸是表示机器或部件外形轮廓的尺寸，即总长、总宽和总高。为机器或部件的包装、运输、安装及厂房设计提供依据。如图 10-18 所示齿轮油泵装配图中的 110、85、96 是外形尺寸。

4. 安装尺寸

安装尺寸是机器或部件与其他物体相配安装时所需要的尺寸。例如，如图 10-18 所示齿轮油泵装配图中的 70（安装孔中心距）是安装尺寸。

5. 其他重要尺寸

其他重要尺寸是指在设计过程中经计算确定或选定，但又未包括在上述四种尺寸之中的尺寸。例如，如图 10-18 所示齿轮油泵装配图中的 65 就属于其他重要尺寸。

10. 5. 2　技术要求

不同性能的机器或部件，其技术要求也各不相同。装配图中的技术要求主要包括装配要求、检验要求及使用要求等。例如，如图 10-18 所示装配图中的技术要求属于检验要求。技术要求通常用文字注写在明细栏上方或图样下方的空白处，也可以另写成技术文件，附于图样之前。

10.6　装配图的零部件序号及明细栏

为了便于进行图样管理和阅读，必须对机器或部件的各组成部分（零、部件等）编注序号，填写明细栏，以便统计零件数量，进行生产准备工作。

10. 6. 1　零部件序号

国家标准《机械制图　装配图中零、部件序号及其编排方法》（GB/T 4458. 2—2003）规定了在机械装配图中零、部件序号的编排方法。

1. 基本要求

1）装配图中所有的零、部件均应编号。

2）一件零、部件可以只编写一个序号；同一装配图中相同的零、部件用一个序号，一般只标注一次；多次出现的相同零、部件，必要时也可重复标注。

3）零、部件的序号应与明细栏中的序号一致。

2. 序号的编排方法

1）编写零、部件序号时，可在水平的基准（细实线绘制）上或圆（细实线绘制）内注写序号，也可在指引线的非零件端的附近注写序号，如图10-21a所示；序号字号比该装配图中所注尺寸数字的字号大一号或两号。

2）同一装配图中编排序号的形式应一致。

3）指引线应自所指部分的可见轮廓内引出，并在末端画一圆点；若所指部分（很薄的零件或涂黑的剖面）内不便画圆点时，可在指引线末端画出箭头，并指向该部分的轮廓。指引线不能相交，当指引线通过有剖面线的区域时，应尽量不与剖面线平行；必要时，指引线可以画成折线，但只允许弯折一次，如图10-21b所示。一组螺纹紧固件及装配关系清楚的零件组，可以采用公共指引线，如图10-21c所示。

4）序号应按水平或竖直方向排列整齐，同时按顺时针或逆时针方向顺次排列，在整个装配图上无法连续时，可只在每个水平或竖直方向顺次排列。

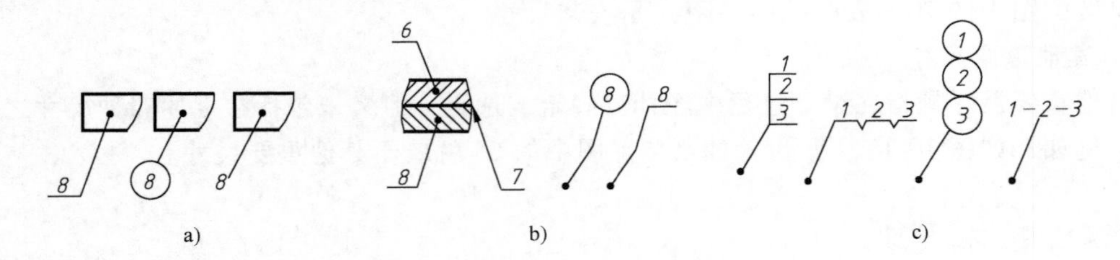

图10-21　零、部件序号与指引线

10.6.2　明细栏

明细栏是全部零、部件的详细目录，一般由序号、代号、名称、数量、材料、重量（单件、总计）、备注等组成，也可按实际需要增加或减少。

1）明细栏一般配置在标题栏的上方，零、部件的序号应按自下而上的顺序填写，以便于修改和补充。当由下而上延伸空间不够时，可紧靠在标题栏的左边由下而上延续。简化的明细栏各部分的尺寸与格式如图10-22所示。

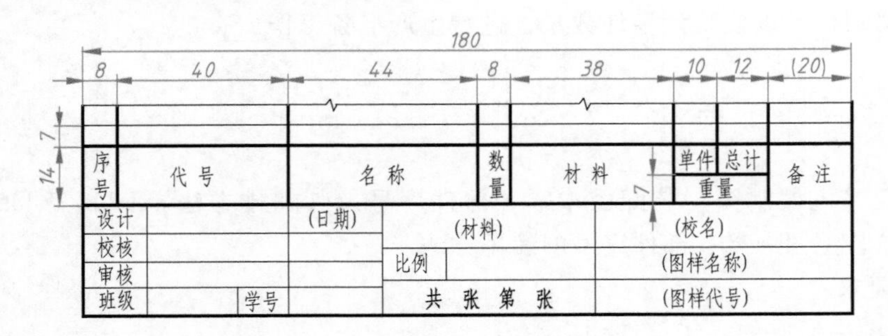

图10-22　明细栏各部分的尺寸与格式

2）对于标准件、常用件，应在其“名称”栏内填写规格代号或重要参数，如“螺栓 M6×20”“销 5m6×20”；标准代号等一般填写在“代号”栏内，如“GB/T 70.1—2008”“GB/T 119.1—2000”等。

10.7 装配工艺结构

在设计和绘制装配图时，应首先了解零件之间的装配关系和装配工艺结构，保证装配结构的合理性。这不仅关系到机器或部件能否顺利装配、装配后能否达到预期的性能要求，还关系到检修时拆装是否方便等。下面介绍几种常见的装配工艺结构。

10.7.1 装配接触面的合理配置

1. 单方向接触面结构

当两个零件接触时，在同一方向上应只有一组接触面，这样既能保证零件接触面的良好接触，又便于零件加工，如图 10-23 所示。

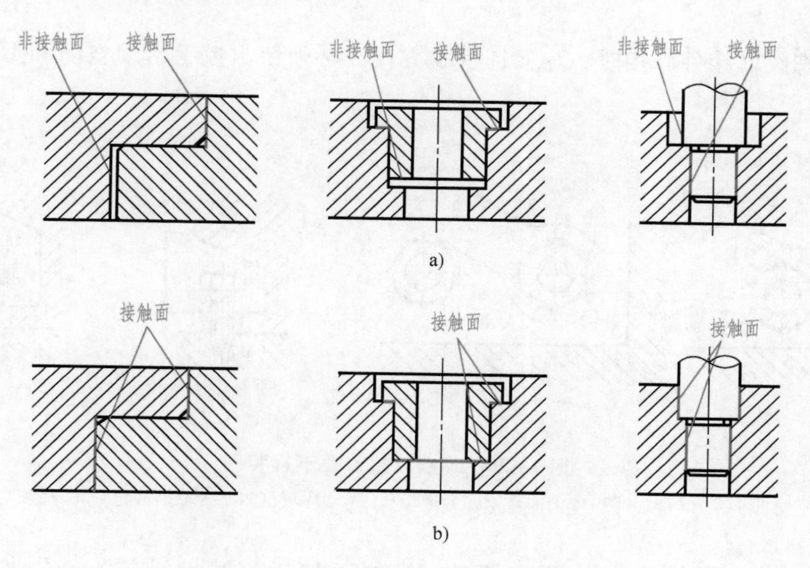

图 10-23　单方向接触面结构

a）合理结构　b）不合理结构

2. 接触面转折处结构

互相配合的两个零件，应在两个方向的接触面的转折处做出倒角、倒圆或凹槽，以保证两个方向的接触面都能接触良好。转折处不应设计成尺寸相同的圆角、倒角或尖角，否则会使装配时两零件在转折处发生干涉，因接触不良而影响装配精度。

孔与轴配合且两端面互相贴合时，为保证轴肩和孔端面接触良好，应在孔端面制出倒角或在轴根部切槽，如图 10-24 所示。

3. 圆锥面的配合结构

圆锥面接触应有足够的长度，同时不能再有其他端面相接触，以保证配合的可靠性，如图 10-25 所示。

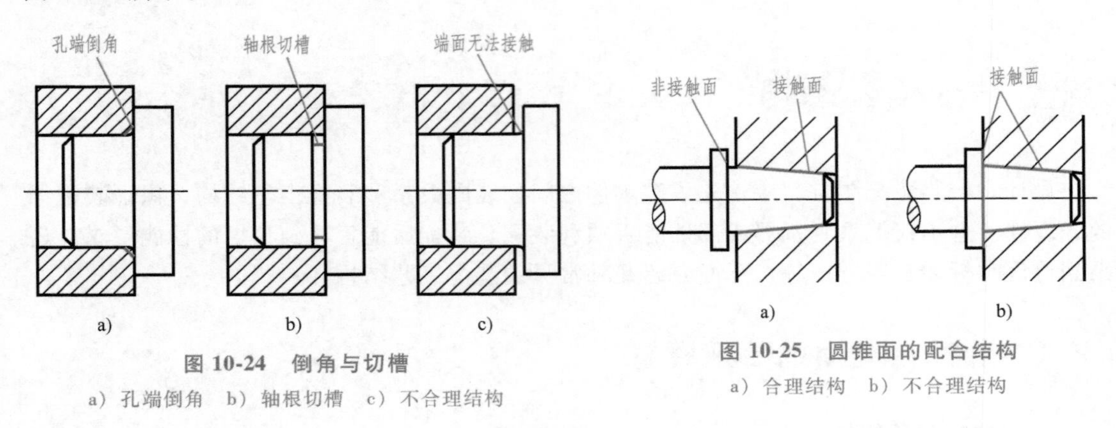

图 10-24　倒角与切槽

a）孔端倒角　b）轴根切槽　c）不合理结构

图 10-25　圆锥面的配合结构

a）合理结构　b）不合理结构

10.7.2　便于拆装的合理结构

1）在用螺纹联接件联接时，为保证拆装方便，必须留出扳手活动空间和拆装空间，如图 10-26 所示。

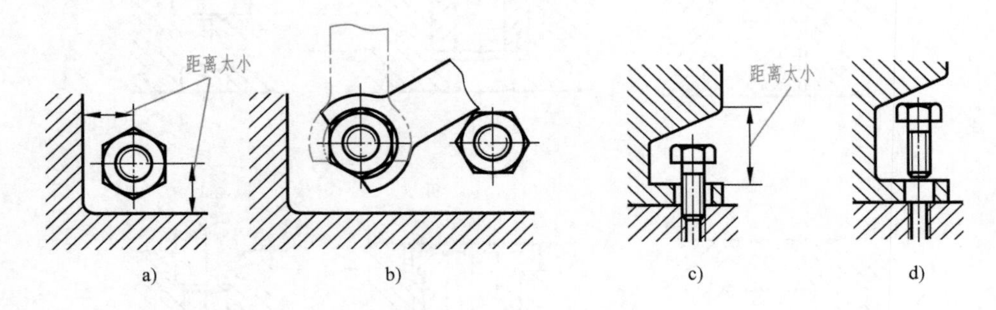

图 10-26　螺纹联接件便于拆装

a）扳手活动空间不合理结构　b）扳手活动空间合理结构　c）拆装空间不合理结构　d）拆装空间合理结构

2）用圆柱销或圆锥销定位两零件时，为便于加工、拆装，应将销孔做成通孔，如图 10-27 所示。

3）安装滚动轴承或衬套时，如图 10-28a 所示的结构由于轴肩过高、孔径过小，拆卸轴承时顶不到轴承内、外圈，拆卸衬套时也顶不到套，导致轴承或衬套无法拆卸；而如图 10-28b 所示结构通过降低轴肩、加大孔径或设计拆卸孔等方法，保证了轴承或衬套便于拆卸。

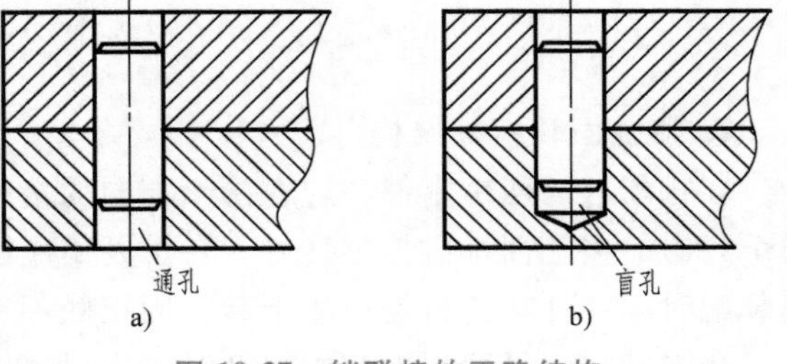

图 10-27　销联接的正确结构

a）合理结构　b）不合理结构

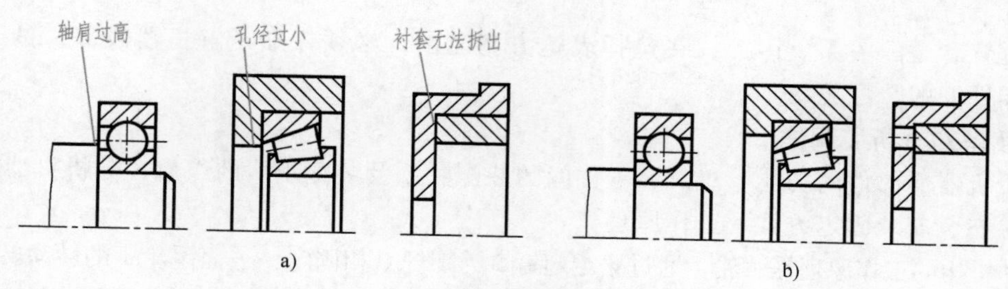

图 10-28　安装轴承的结构
a）不合理结构　b）合理结构

装配体越大型，其装配越困难，扫描右侧二维码了解 316 吨的核反应堆压力容器如何放入华龙一号堆坑的。

10.8 装配图的视图选择和画图步骤

如图 10-29 所示为微动机构立体图。本节以微动机构为例，说明装配图的视图选择原则和画装配图的方法和步骤。

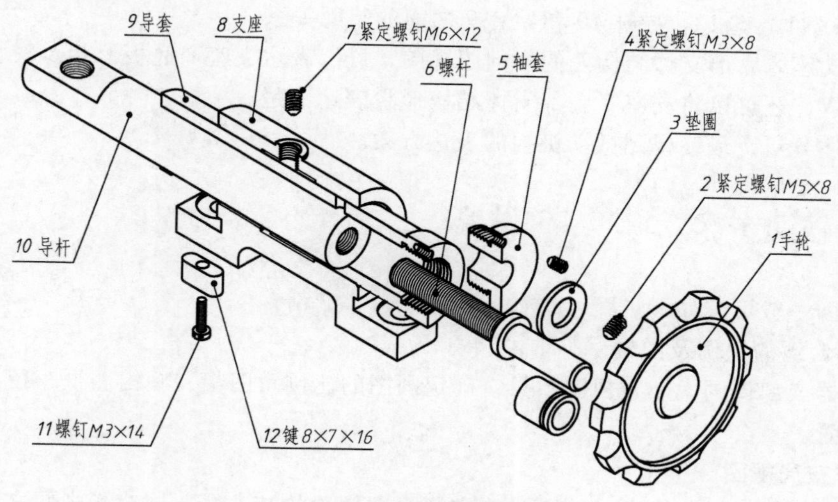

图 10-29　微动机构立体图

10.8.1　视图选择

选择机器或部件表达方案的基本要求是必须清楚地表达机器或部件的工作原理、各零件

的相对位置和装配关系。因此，在选择表达方案之前，必须仔细了解机器或部件的工作原理、各零件间的装配关系。

1. 了解和分析装配体

分析机器或部件的功能、组成，零件间的装配关系及装配干线的组成，分析机器或部件的工作状态、安装固定方式及工作原理。

微动机构的工作原理是手轮1通过紧定螺钉2与螺杆6相固定，进而手轮1的转动转化为螺杆6的转动，再通过螺纹传动带动导杆10移动。在了解工作原理的基础上确定视图表达方案。

2. 主视图的选择

主视图应反映机器或部件的整体结构特征，表示机器或部件主要装配干线的装配关系，表明机器或部件的工作原理，反映机器或部件的工作状态和位置。一般应满足下列要求。

1）通常按机器或部件的工作位置选择，并使主要装配干线、主要安装面处于水平或竖直位置。

2）应较好地表达机器或部件的工作原理和形状特征。

3）应较好地表达主要零件的相对位置和装配关系。

微动机构的主要装配干线处于水平位置，按照机构的工作位置选择，主视图采用全剖视图，可以表达清楚从手轮1到键12所有零件的相对位置和装配关系。

3. 其他视图的选择

进一步分析还有哪些工作原理、装配关系和主要零件的主要结构在主视图中还没有表达清楚，然后选用适当的其他视图配合表达，使视图表达方案趋于完善。

为进一步表达支座的结构，采用半剖的左视图，既能用视图部分表达手轮1的外形，又能用剖视图部分表达支座8、导套9、导杆10和螺杆6之间的装配关系。另外，采用移出断面图表达螺钉11、键12、导杆10和导套9之间的装配关系。

采用在支座8底部支撑结构处的全剖俯视图，可以表达支座8底板形状及安装用连接孔的结构和位置，还可以将支座8底部支撑结构形状表达清楚。

经过上述分析，最终得到微动机构的表达方案。

10.8.2 画图步骤

画装配图一般可按如下步骤。

1. 选择合适的比例及图幅

根据机器或部件的大小、视图数量，确定画图的比例及图幅，画出图框，留出标题栏和明细栏的位置。

2. 合理布局视图

根据视图的数量及轮廓尺寸，画出确定各视图位置的基准线，同时各视图之间应留出适当的空间，以便标注尺寸和编写零件序号，如图10-30所示。

3. 画各视图底稿

从主视图入手，按照投影关系，几个视图联系起来一起画。按照装配顺序，先画主要零件，后画次要零件；由内向外或由外向内逐个画出各零件；先确定零件的位置，后画零件的形状；先画主要轮廓，后画细节。

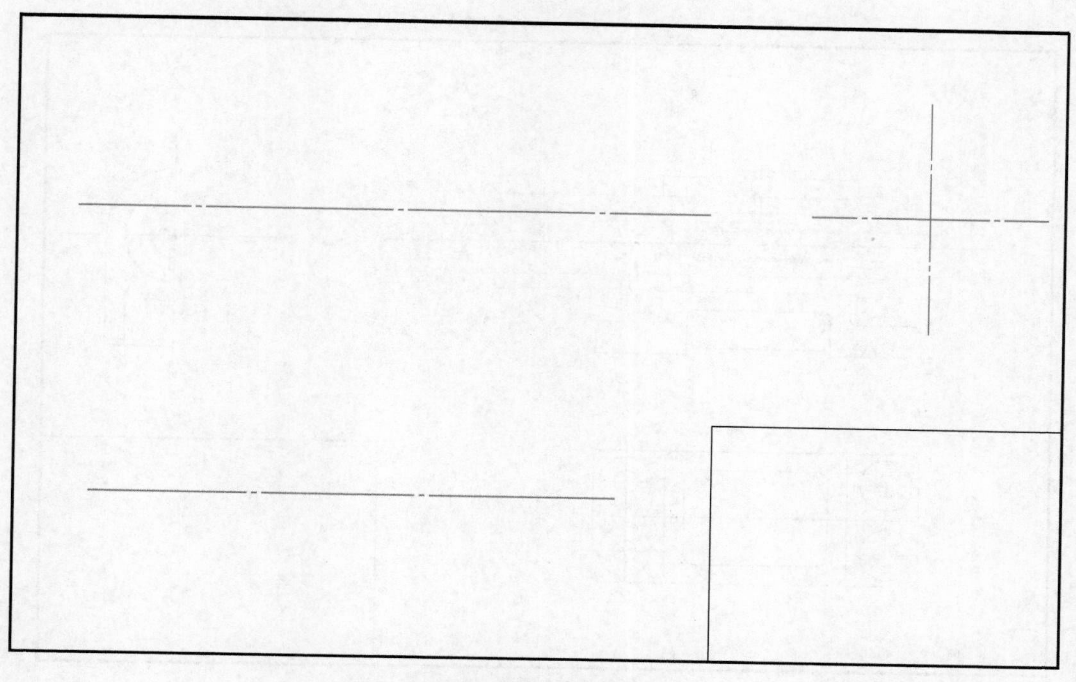

图 10-30　微动机构装配图画法（一）

微动机构的装配图应从主要零件开始，先画支座 8，如图 10-31a 所示。然后画支座 8 内部结构，包括螺杆 6、导杆 10、轴套 5、垫圈 3、键 12、螺钉 11 等，如图 10-31b 所示。最后画外部手轮 1、*B*—*B* 断面图并进行标注，如图 10-32a、b 所示。

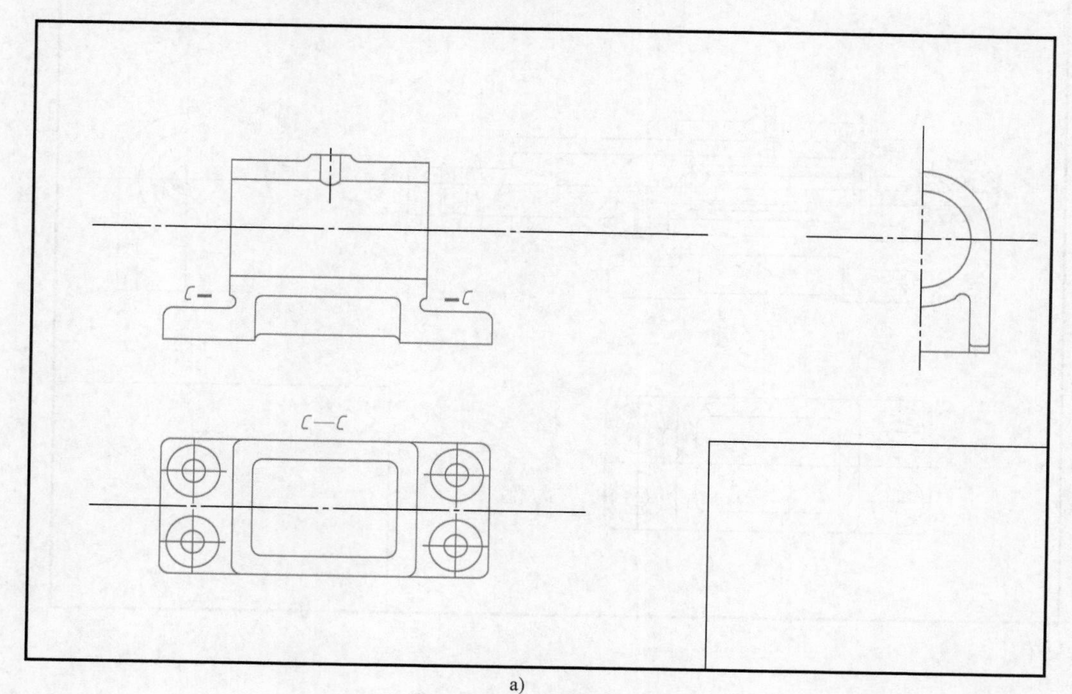

a)

图 10-31　微动机构装配图画法（二）

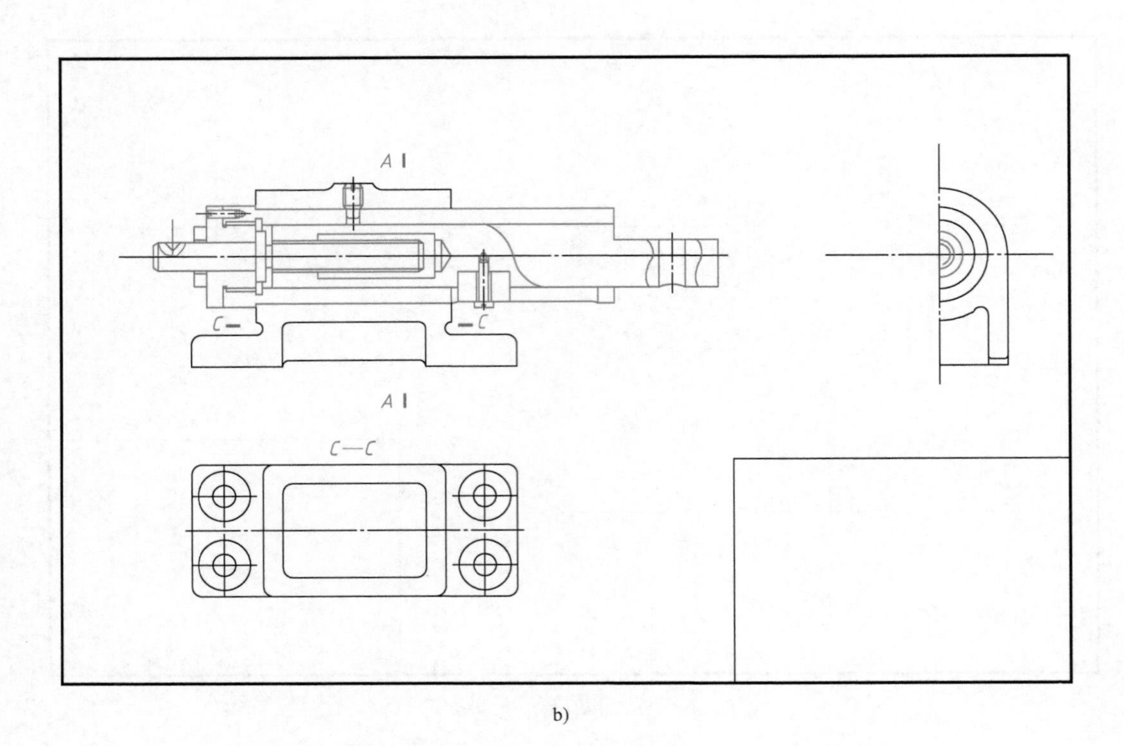

b)

图 10-31　微动机构装配图画法（二）（续）

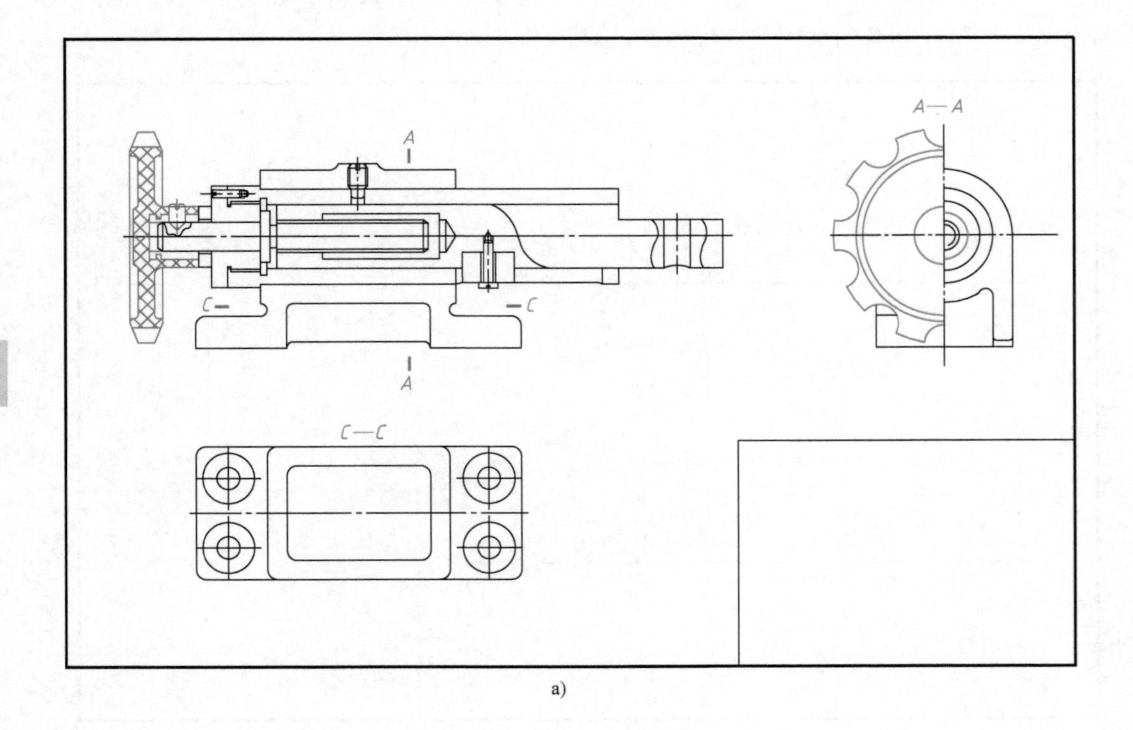

a)

图 10-32　微动机构装配图画法（三）

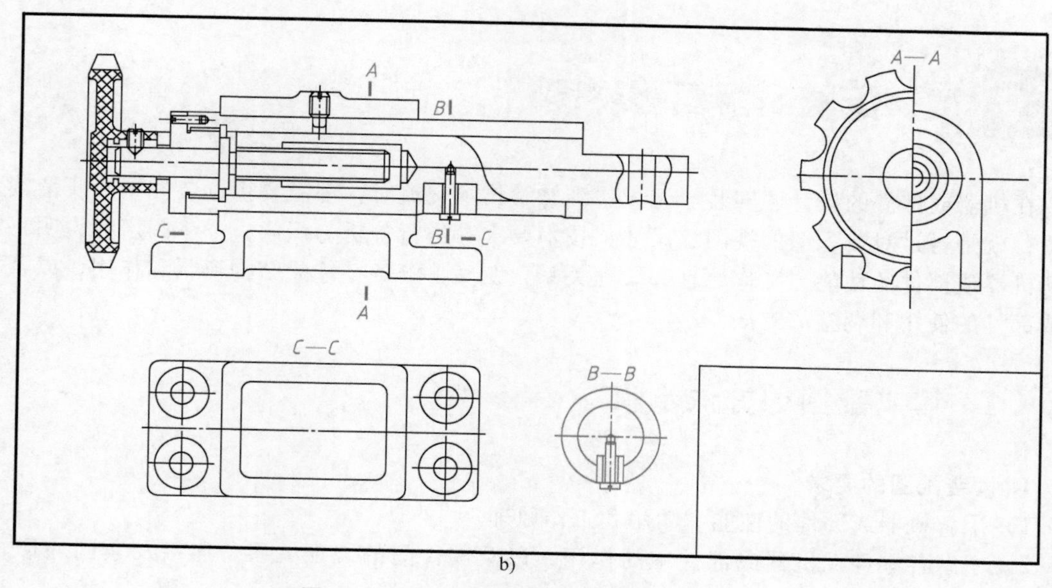

b)

图 10-32　微动机构装配图画法（三）（续）

4. 完成各视图细节

校核加深，标注尺寸，画剖面线，完成各视图细节。

5. 注写相关信息

编写零、部件序号，填写明细栏及标题栏，注明技术要求等。

完整的微动机构装配图如图 10-33 所示。

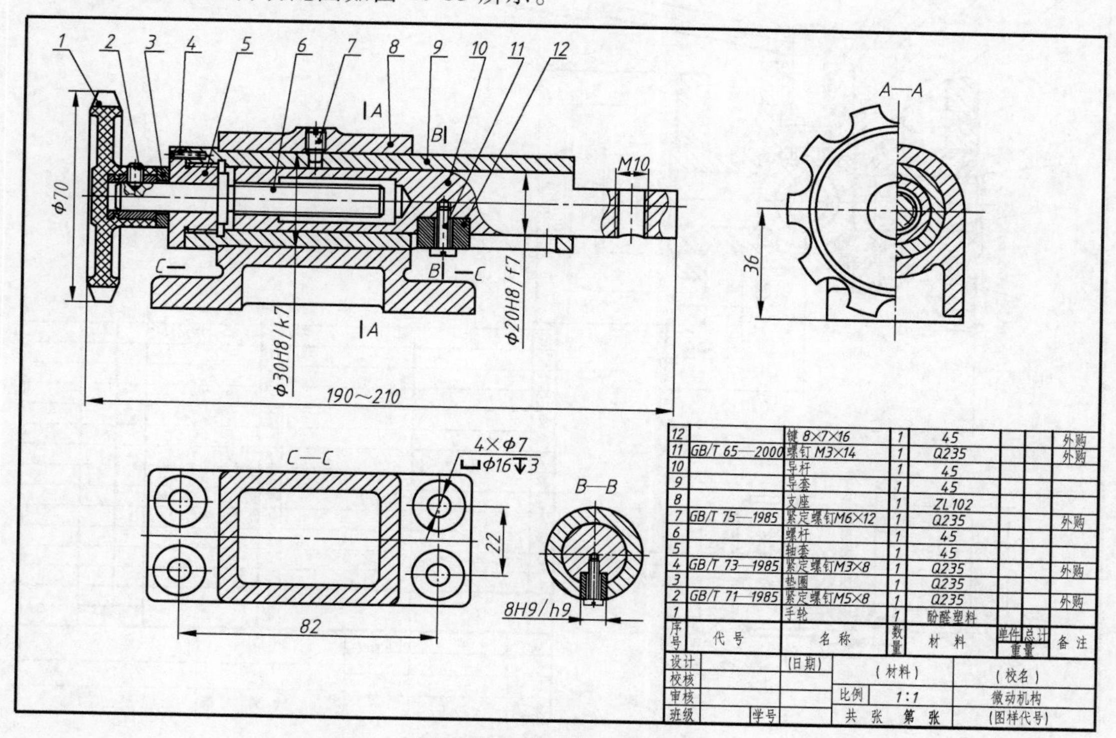

序号	代号	名称	数量	材料	单件重量	总计重量	备注
12		键 8×7×16	1	45			外购
11	GB/T 65—2000	螺钉 M3×14	1	Q235			外购
10		导杆	1	45			
9		导套	1	45			
8		支座	1	ZL102			
7	GB/T 75—1985	紧定螺钉M6×12	1	Q235			外购
6		螺杆	1	45			
5		轴套	1	45			
4	GB/T 73—1985	紧定螺钉M3×8	1	Q235			外购
3		垫圈	1	Q235			
2	GB/T 71—1985	紧定螺钉M5×8	1	Q235			外购
1		手轮	1	酚醛塑料			

设计		(日期)	（材料）		（校名）
校核					
审核			比例	1:1	微动机构
班级	学号		共　张　第　张		(图样代号)

图 10-33　微动机构装配图

10.9 读装配图及拆画零件图

在机器或部件的设计、安装、调试、维修及技术交流时，都需要识读装配图。所谓读装配图，就是通过对装配图的视图、尺寸、技术要求等进行分析与识读，并参阅产品说明书来了解机器或部件的性能、工作原理和装配关系，明确了解各零件的结构形状和作用，以及机器或部件的使用和调整的方法。

10.9.1 读装配图的方法步骤

1. 读装配图的要求

1）了解机器或部件的性能、功用和工作原理。

2）了解各零件在机器或部件中的作用，以及零件间的装配关系、连接及紧固的形式、拆装顺序。

3）了解各零件的名称、数量、材料及结构形状。

4）了解机器或部件的尺寸和技术要求。

2. 读装配图举例

以如图10-34所示的球阀装配图为例，说明读装配图的方法与步骤。

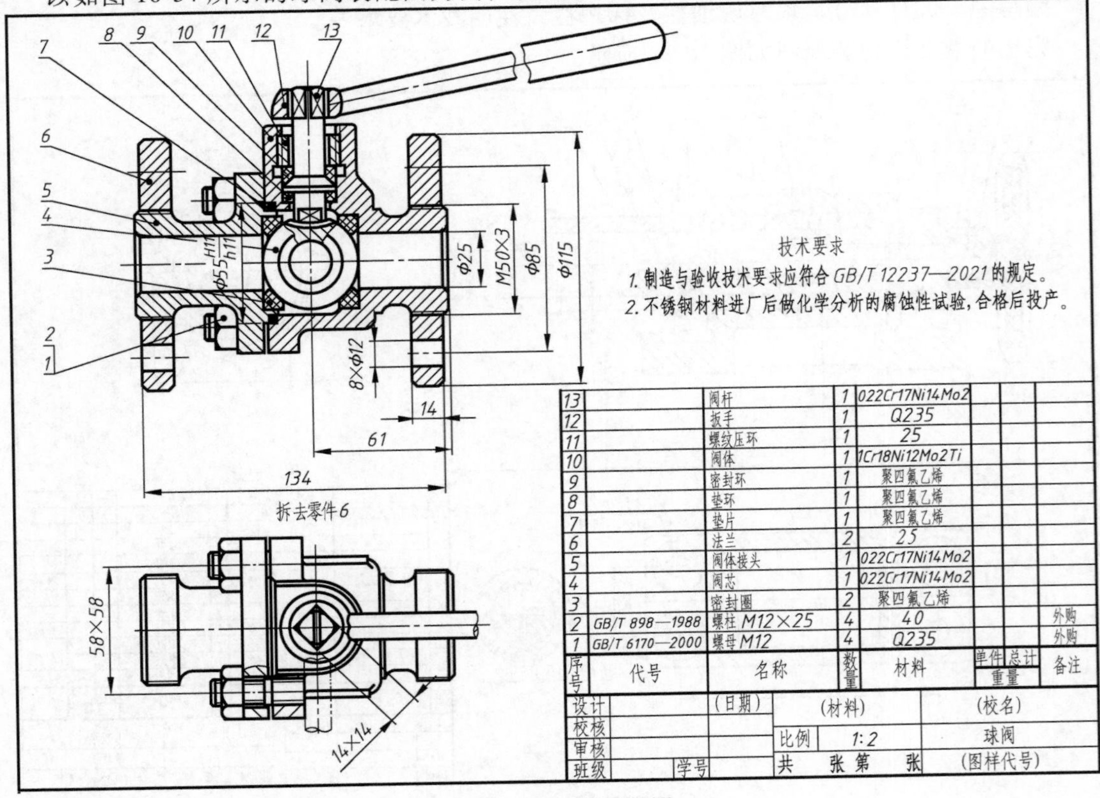

图10-34　球阀装配图

（1）概括了解装配图的内容　首先通过阅读标题栏了解机器或部件的名称、用途及绘图比例等；然后从零件序号及明细栏了解零件的名称、数量、材料及其在机器或部件中的位置。

球阀是管路中用来起闭及调节流体流量的开关装置，是由阀体 10、阀芯 4、阀体接头 5、阀杆 13、扳手 12、密封零件（密封圈 3、垫片 7、垫环 8）及标准件（螺母 1、螺柱 2）等组成。对照零件序号和明细栏可知，球阀由 13 种零件组成，其中标准件 2 种，非标准件 11 种。装配图采用 1∶2 的比例绘图。

（2）分析视图，了解各视图的作用及表达意图　阅读装配图时，应分析装配图采用了哪些表达方法，并找出各视图间的投影关系，明确各视图所表达的内容。

如图 10-34 所示球阀装配图采用了两个视图。主视图采用全剖视图，主要表达了球阀各零件之间的相对位置、装配关系和工作原理；俯视图采用了局部剖视图，主要表达了阀顶部的外形，以及阀体 10 和阀体接头 5 之间通过螺母 1 和螺柱 2 进行联接的结构，而且采用了拆卸画法，拆去了法兰 6，更好地表达了阀体 10、阀体接头 5、阀杆 13、扳手 12 的形状。

（3）分析工作原理和装配关系　分析机器或部件的工作原理，一般应从分析传动关系入手。分析球阀的工作原理可从主视图入手，阀体内装有阀芯 4，阀芯 4 内的凹槽与阀杆 13 的扁头相接，当用扳手 12 旋转阀杆 13 并带动阀芯 4 转动一定角度时，即可改变阀体 10 通孔与阀芯 4 通孔的相对位置，从而起到起闭及调节管路内流体流量的作用。当阀芯 4 内孔轴线与阀体接头 5 内孔轴线垂直时，球阀完全关闭，流量为零；当阀芯 4 内孔轴线与阀体接头 5 内孔轴线重合时，球阀完全打开，流量最大。

球阀有两条装配干线，一条是竖直方向的，以阀芯 4、阀杆 13 和扳手 12 等零件组成。另一条是水平方向的，以阀体 10、阀芯 4 和阀体接头 5 等零件组成。

（4）分析零件　为深入了解机器或部件的结构特点，需要分析各零件的结构形状和作用。对于装配图中的标准件、常用件和一些常用的简单零件，如螺纹紧固件、键、销、齿轮、轴承等，其作用和结构形状比较明确，根据规定画法和常见结构的表达方法就能识别，无需细读，可由明细栏确定其规格、数量和标准代号。然而，对其他主要零件的结构形状必须仔细分析。

首先根据零件序号对照明细栏，找出零件的数量、材料、规格，了解零件的作用并确定零件在装配图中的位置。然后在编写零件序号的视图上确定该零件的投影轮廓，按视图的投影关系并根据同一零件在各视图中剖面线方向和间隔应一致的原则来确定该零件在各视图中的投影。再利用相互连接两零件的接触面应大致相同和一般零件结构有对称性的特点，推想出因其他零件的遮挡或因表达方法的规定而未表达清楚的结构，最后按形体分析和结构分析的方法，想象出零件的结构形状。

例如，分析球阀的主要零件阀体 10 时，从主视图可知其内腔结构形状：左侧有一侧垂大圆柱孔，用于包容密封圈 3、阀芯 4 等零件；右侧有一侧垂 ϕ25 圆柱孔，用于液体流通；顶部通孔用于安装阀杆 13 等零件，内螺纹孔用于安装螺纹压环 11；左端面有四个螺纹孔，用于安装阀体接头 5；右端有 M50×3 的外螺纹结构，用于安装法兰 6。

（5）分析尺寸和技术要求，归纳总结　完成对工作原理、装配关系和主要零件结构的分析之后，还要对尺寸和技术要求进行研究，进一步了解机器或部件的设计思想和装配工艺性，对机器或部件有一个完整的、全面的认识。

球阀立体图如图10-35所示，球阀爆炸图如图10-36所示。

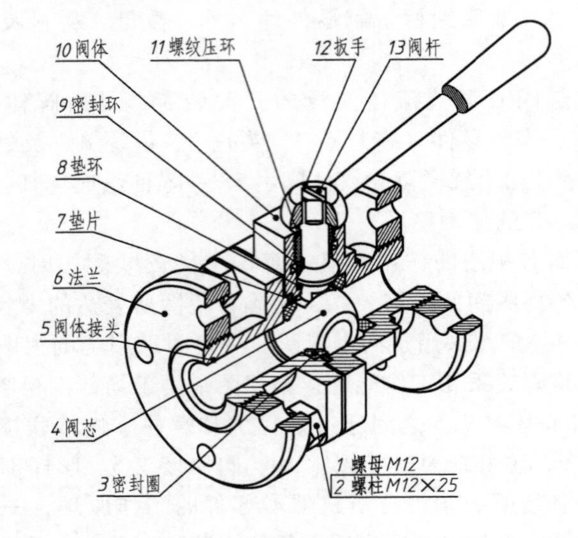

图10-35　球阀立体图

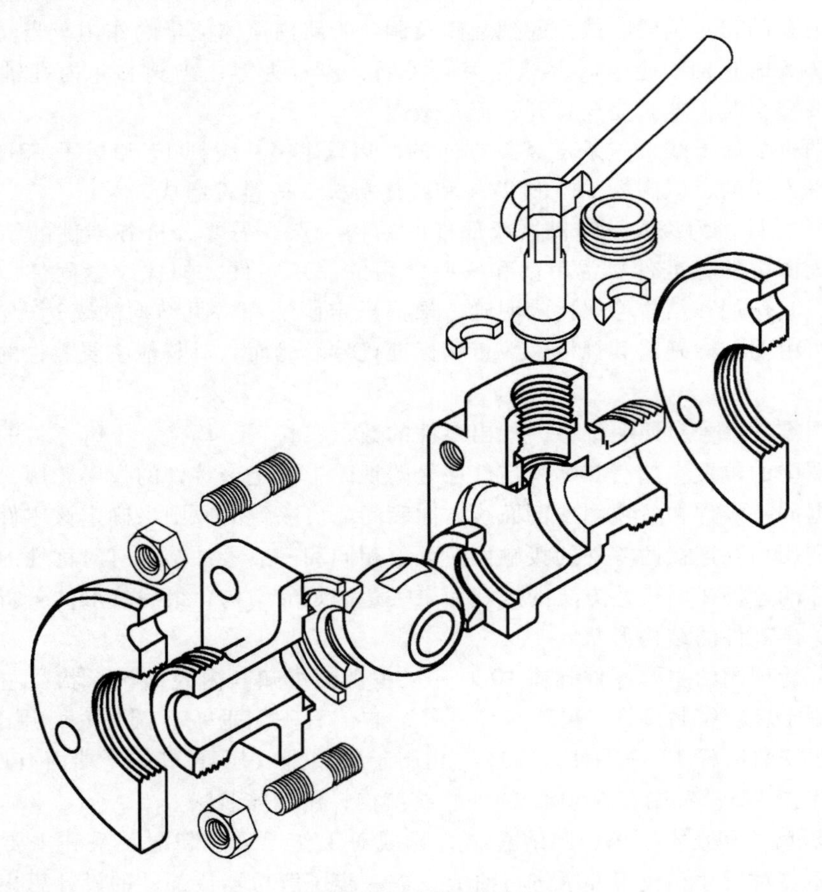

图10-36　球阀爆炸图

安全阀是一种处于常闭状态，而当设备或管道内的介质压力升高超过规定值时，通过向系统外排放介质来防止管道或设备内介质压力超过规定数值的特殊阀门。扫描右侧二维码观看新中国第一台煤矿液压支架及其中安全阀的相关视频，了解该安全阀的制造过程和结构特点。

新中国第一台煤矿液压支架

10.9.2　拆画零件图

在设计过程中，根据装配图画出零件图的过程简称为拆图。由装配图拆画零件图是设计工作中的一个重要环节。拆图时，要在全面读懂装配图的基础上，根据该零件的作用和与其他零件的装配关系，确定零件的结构形状、尺寸和技术要求等内容。拆图时，通常先拆画主要零件，然后根据装配关系逐一拆画出其他零件，以便保证各零件的形状和尺寸要求等协调一致。

下面以从如图 10-34 所示球阀装配图中拆画出阀体接头 5 的零件图为例说明拆画零件图的方法及步骤。

1. 拆画零件图的步骤

1）读懂装配图。

2）分离出要拆画的零件，将零件结构形状分析清楚。

根据零件序号和名称、剖面线画法和投影关系，将阀体接头在各视图中的投影轮廓分开来，如图 10-37 所示。根据这两个投影图，结合装配图上所给的尺寸 ϕ25、M50×3、ϕ55、58，分析出阀体接头的结构形状。

3）根据零件的结构形状及其在装配图中的工作位置，确定视图的表达方案。

阀体接头属于盘盖类零件，根据其结构特点重新考虑表达方案，选择以过轴线的平面剖切得到的半剖视图为主视图，轴线水平放置，同时为了表达右侧法兰上的通孔结构，在半剖主视图上表达外形的一侧对通孔进行局部剖切；采用左视图主要用来表达右侧法兰的外形、连接孔的形状和分布形式等，如图 10-38 所示。

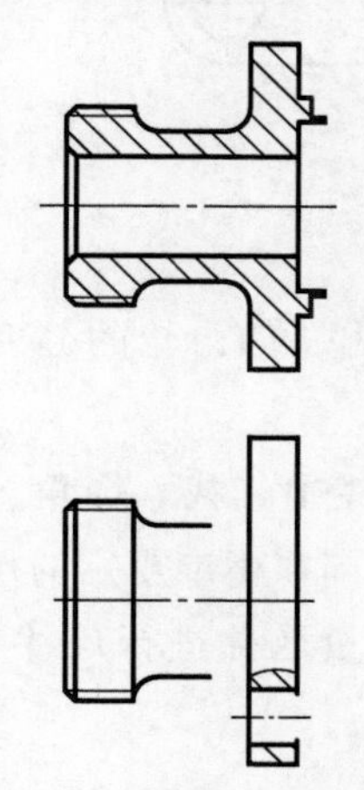
图 10-37　装配图中分离出的阀体接头的轮廓

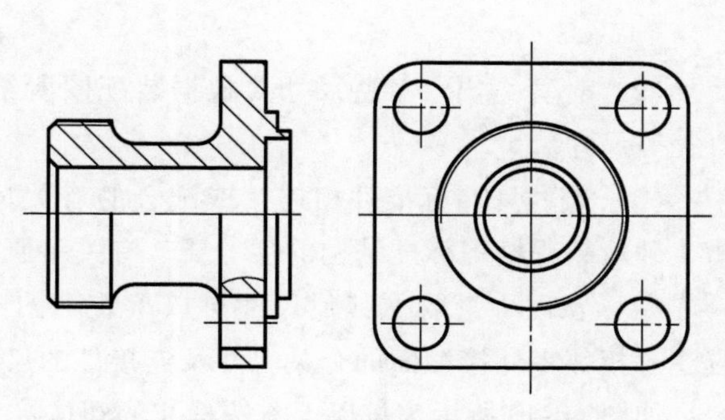
图 10-38　阀体接头的表达方案

4）根据选定的视图表达方案画出零件图，并标注尺寸和技术要求。

2. 应注意的问题

1）对于标准件，不需要画出零件图，只要按照标准件的规定标记列出汇总表即可。对于借用零件（即借用定型产品上的零件），可利用已有的图样，不必另行画图。对于设计时确定的重要零件，应按给出的图样和数据绘制零件图。对于一般零件，基本上是按照装配图表达的形状、大小和技术要求来画图，是拆画零件图的主要对象。

2）由装配图拆画零件图时，零件的表达方案是根据零件的结构形状特点确定的，不要求与装配图完全一致。在多数情况下，箱体类零件的主视图与装配图所选的位置一致，轴套类零件一般应按加工位置原则选择主视图。

3）装配图着重表达的是机器或部件的工作原理和零件之间的装配关系，对每个零件的具体形状和结构不一定完全表达清楚。因此，由装配图拆画零件图是进一步的设计工作，需要由装配图读懂零件的功能及主要结构；对装配图中没有表达清楚的零件的某些结构形状，在拆画零件图时，要结合零件的功能与工艺要求完成零件的设计。

4）在装配图中，零件上的倒角、圆角、退刀槽等工艺结构往往省略不画。拆画零件图时，应考虑设计要求和工艺要求补画出这些结构。

3. 对零件图上尺寸的处理

零件图的尺寸标注应根据装配图来确定，确定方法通常有以下几种。

（1）直接抄注　凡是装配图上已标注的尺寸，应在相关的零件图上直接抄注。

球阀装配图上与阀体接头相关的尺寸如图10-39所示。

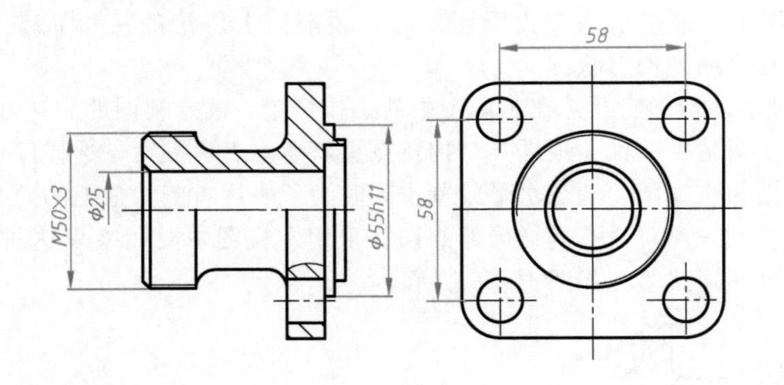

图10-39　从装配图中抄注的尺寸

（2）计算得出　某些尺寸要根据装配图所给数据计算得出，如齿轮的分度圆、齿顶圆直径等尺寸。

（3）查找　与标准件相连接或配合的有关尺寸要从明细栏中查找。倒角、沉孔、退刀槽、砂轮越程槽等标准结构的尺寸要从有关手册中查取，采用国家标准规定的尺寸。

（4）从图中量取　其他尺寸可以从装配图中按比例直接量取并进行尺寸数字的圆整。应注意相邻零件接触面的有关尺寸及连接件的尺寸应协调一致。

如图10-40所示为按以上方法标注的阀体接头的详细尺寸。

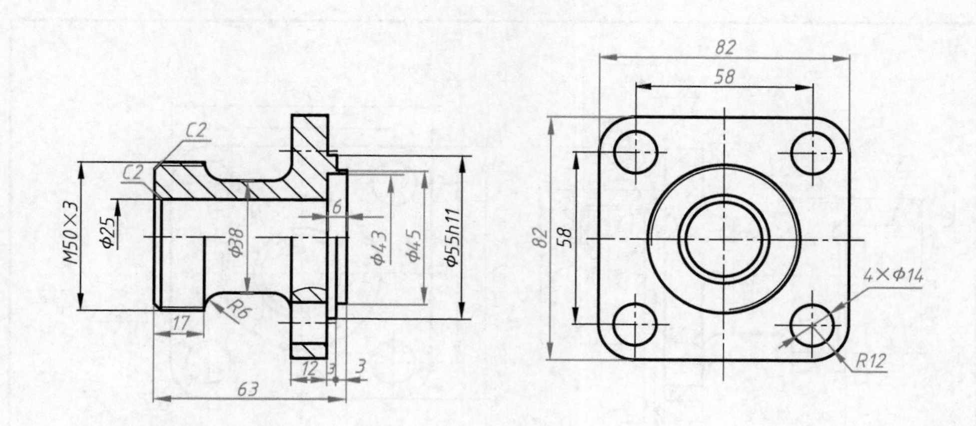

图 10-40　阀体接头的详细尺寸

4. 关于技术要求

技术要求在零件图中占据重要地位，直接影响零件的加工质量。零件图中的尺寸公差应与装配图中的相一致，可将装配图中有关的公差带代号移注到零件图上，或者查出上、下极限偏差数值后注出。各零件的表面结构要求和其他技术要求，应根据其作用、装配关系和装配图上提出的其他要求，并依靠有关专业知识和生产实践经验来确定。零件表面粗糙度是根据其作用和要求确定的，一般接触面与配合面的粗糙度数值较小，自由表面的粗糙度数值较大。如图 10-41 所示为阀体接头的表面粗糙度要求。

正确制订技术要求涉及很多专业知识，本书不进一步展开介绍。

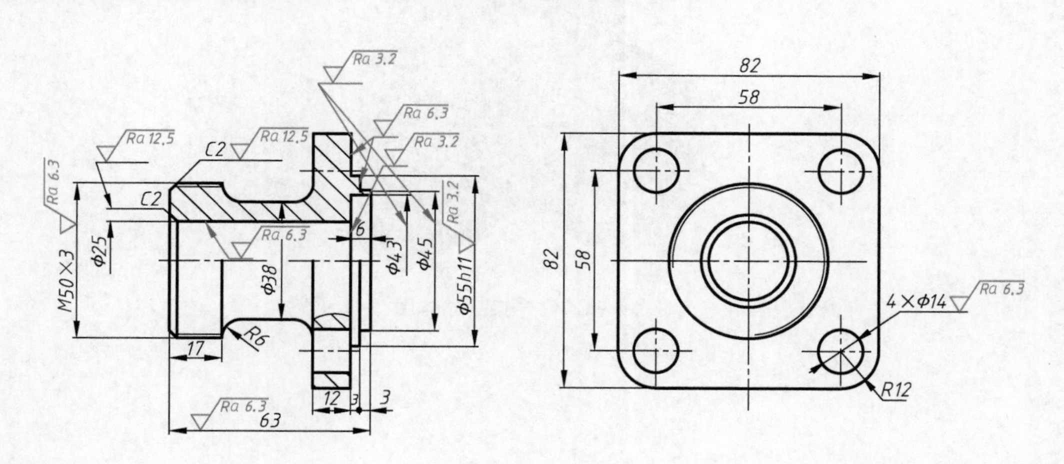

图 10-41　阀体接头的表面粗糙度要求

最后，检查零件图是否已经绘制完整、标注齐全，对所拆画的零件进行仔细校核，保证零件图的视图、尺寸、表面结构要求和其他技术要求完整、合理，有装配关系的尺寸必须协调一致。如图 10-42 所示为拆画完成的阀体接头零件图。如图 10-43 所示为阀体接头立体图。

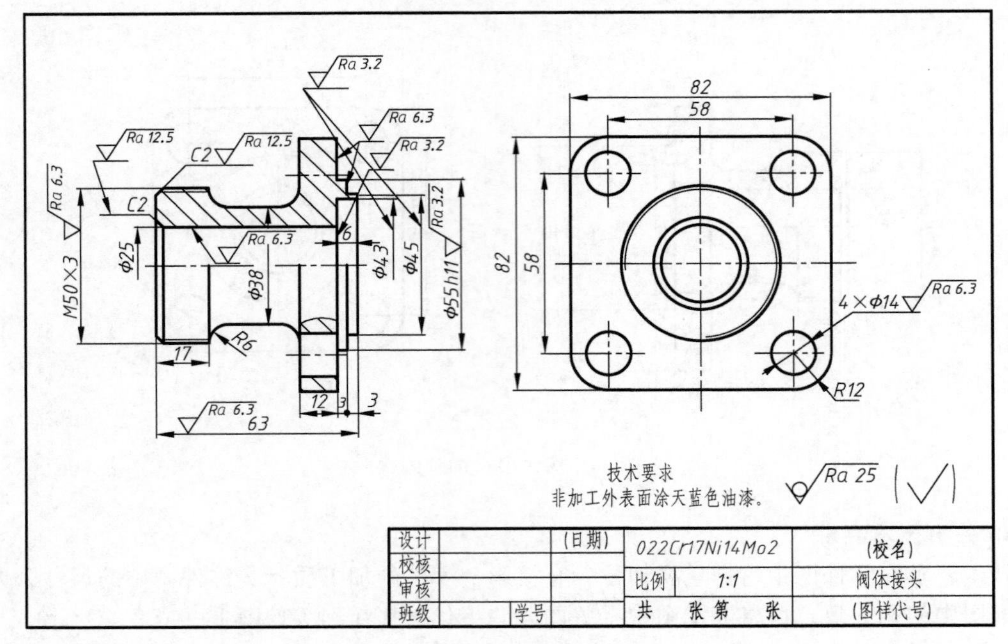

图 10-42　阀体接头零件图

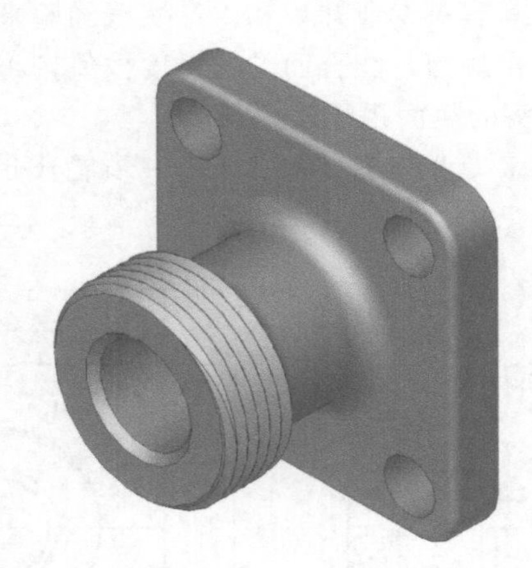

图 10-43　阀体接头立体图

第 11 章 轴测投影图

常用的工程图样是多面投影图，如图 11-1a 所示。多面投影图能完整、确切地表达立体的形状结构，且具有作图简便、度量性好等优点。但这种图样缺乏立体感，读图时必须运用正投影原理，对照几个投影图才能想象出物体的结构形状。为便于看图，工程上常采用轴测投影图，如图 11-1b 所示。轴测投影图简称轴测图，是用平行投影法投影得到的单面投影图，能同时反映物体长、宽、高三个方向的尺寸，具有形象生动、富有立体感的特点，因此，常在工程上用作辅助图样。

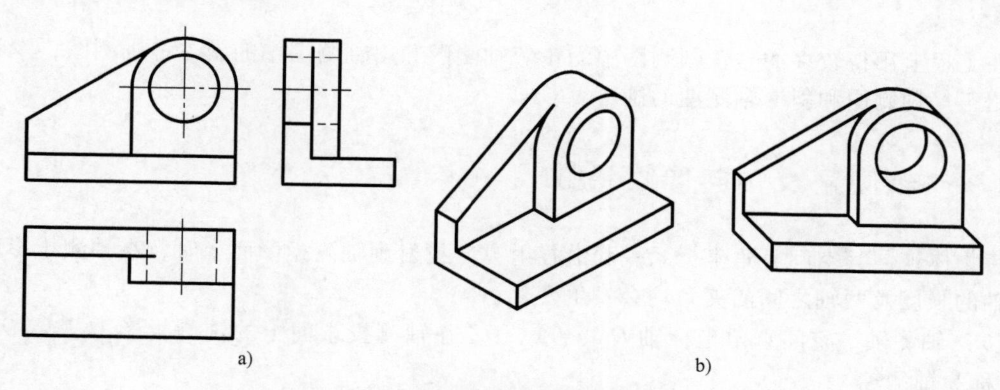

图 11-1 多面投影图与轴测图

a）多面投影图 b）轴测图

11.1 轴测投影的基本知识

11.1.1 轴测图的形成

如图 11-2 所示，轴测图是将物体连同其直角坐标系，沿不平行于任何坐标平面的方向，用平行投影法将其投射在单一投影面 P 上所得的图形。在轴测投影中，投影面 P 称为轴测投影面，投射方向 S 称为轴测投射方向。

由于轴测图是用平行投影法得到的，因此具有下列投影特性。

1）物体上互相平行的线段，在轴测图上仍互相平行。

2）平行于坐标轴的线段，在轴测图中仍然平行于相应的坐标轴的投影。

根据投射方向与轴测投影面是否垂直，可将轴测图分为两类。

1）投射方向与轴测投影面垂直，即用正投影法得到的轴测图称为正轴测图，如图11-2a所示。

2）投射方向与轴测投影面倾斜，即用斜投影法得到的轴测图称为斜轴测图，如图11-2b所示。

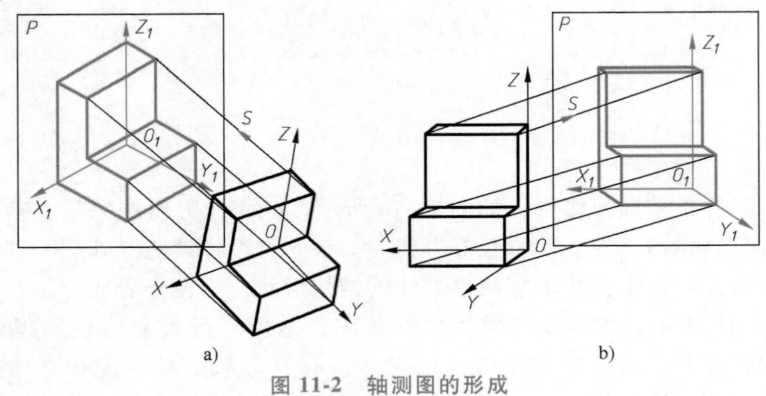

图11-2　轴测图的形成

a）正轴测图　b）斜轴测图

在工程上用得较多的是正轴测图中的正等轴测图和斜轴测图中的斜二等轴测图，本章主要介绍正等轴测图和斜二轴测图的画法。

11.1.2　轴间角及轴向伸缩系数

将物体连同其空间直角坐标系一起沿投射方向投射到轴测投影面上时，在轴测投影面上坐标轴的长度及两轴之间的夹角均会发生变化。

（1）轴测轴　空间直角坐标轴 OX、OY、OZ 在轴测投影面上的轴测投影 O_1X_1、O_1Y_1、O_1Z_1 称为轴测轴。

（2）轴间角　相邻两轴测轴之间的夹角 $\angle X_1O_1Z_1$、$\angle X_1O_1Y_1$ 和 $\angle Y_1O_1Z_1$ 称为轴间角。

（3）轴向伸缩系数　轴测轴上的单位长度与相应空间直角坐标轴上的单位长度之比称为轴向伸缩系数。在 OX、OY、OZ 轴上各取一单位长度 μ，在 O_1X_1、O_1Y_1、O_1Z_1 轴上的投影长度分别为 i、j、k，分别用 p、q、r 表示轴向伸缩系数，即 $p=i/\mu$，$q=j/\mu$，$r=k/\mu$。

如图11-3所示为正等轴测图和斜二等轴测图的轴间角及轴向伸缩系数。

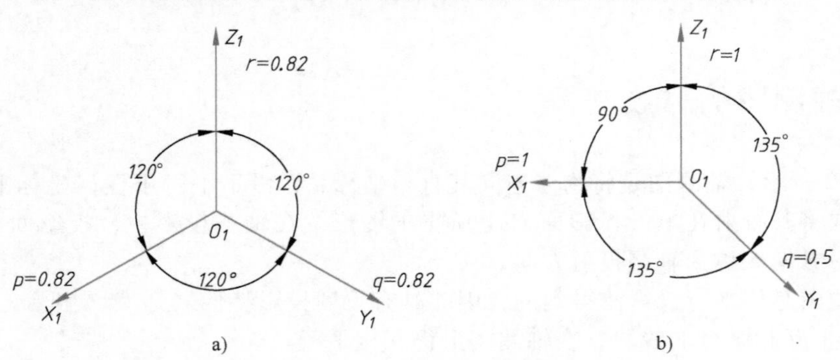

图11-3　轴间角及轴向伸缩系数

a）正等轴测图　b）斜二等轴测图

11.2 正等轴测图的画法

正等轴测图的轴向伸缩系数 $p=q=r=0.82$，三个轴间角均为 120°。为了作图方便，工程中一般采用简化系数 $p=q=r=1$，即在三个轴测轴方向上的尺寸均按实际长度量取。如图 11-4 所示为用不同轴向伸缩系数绘制的四棱柱的正等轴测图。显然，简化轴向伸缩系数的正等轴测图的轴向尺寸均是放大了的，其放大率 $k=1/0.82\approx1.22$ 倍，轴测图的形状没有变化，却大大简化了作图。

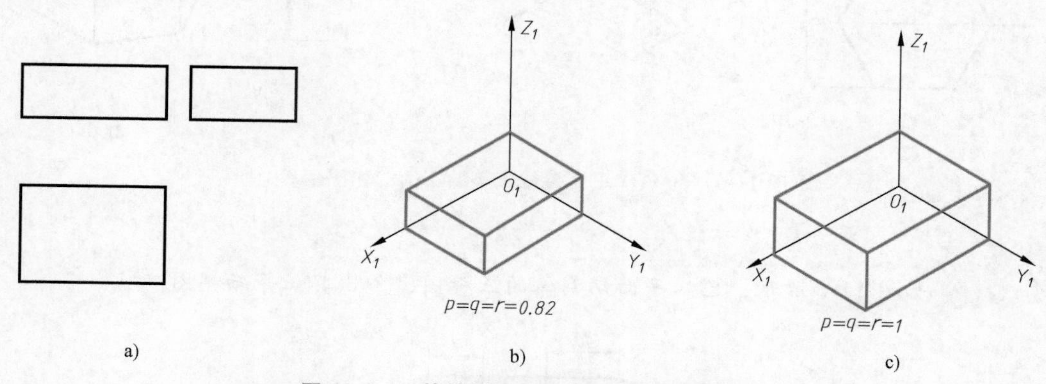

图 11-4　正等轴测图的理论图样与简化图样

a）三视图　b）理论图样　c）简化图样

11.2.1　平面立体正等轴测图画法

轴测图的基本作图方法有坐标法、叠加法和切割法。它们适用于正等轴测图、斜二轴测图和其他各种轴测图，其中坐标法是画轴测图的基本方法。

【例 11-1】 如图 11-5 所示，已知正六棱柱的两视图，求作其正等轴测图。

分析：画平面立体轴测图的基本方法是沿坐标轴测量得到平面立体各顶点的坐标，进而作出其投影，该方法称为坐标法。正六棱柱的前后、左右均对称，顶面和底面均为正六边形。作图时可用坐标法先作出正六棱柱顶面的 6 个顶点，再在 O_1Z_1 方向上将各顶点向下移动距离 H，得六棱柱底面的各顶点，最后将对应顶点连接成棱线和棱面，即得到正六棱柱的轴测图。

作图：

1）确定直角坐标系。在两视图上确定直角坐标系，坐标原点取为顶面的中心，如图 11-5a 所示。

2）画正六棱柱顶面的轴测投影。沿 O_1X_1 方向量取 $O_1C=oc$，得到点 C，沿 O_1Y_1 方向量取距离 $O_1E=oe$，得到点 E，过点 E 作 O_1X_1 轴的平行线，量取 $DE=de$，得到点 D。根据六边形对边的平行性作出顶面的轴测投影，如图 11-5b 所示。

3）画正六棱柱底面的轴测投影。从顶面各顶点沿 O_1Z_1 方向向下截取六棱柱高度 H，得到底面各点的轴测投影，如图 11-5c 所示。

4）完成正六棱柱轴测投影。连接可见的边与棱线，擦去多余作图线，完成正六棱柱的正等轴测图，如图 11-5d 所示。

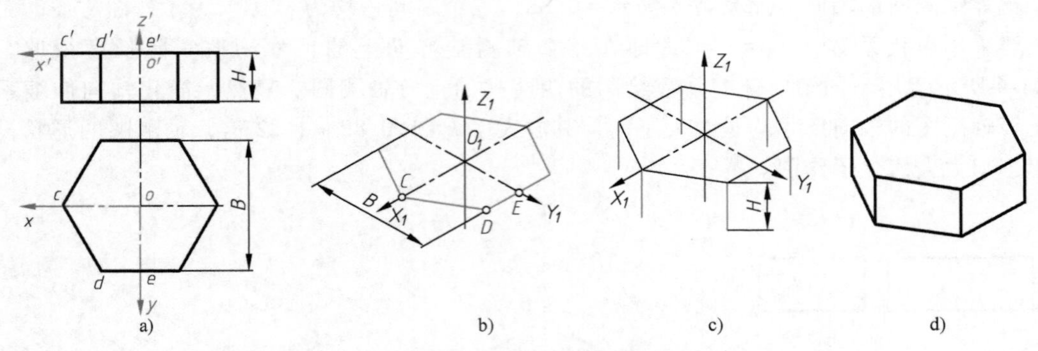

图 11-5　例 11-1 正六棱柱正等轴测图的作图步骤

【例 11-2】 如图 11-6 所示，已知平面切割体的三视图，作出其正等轴测图。

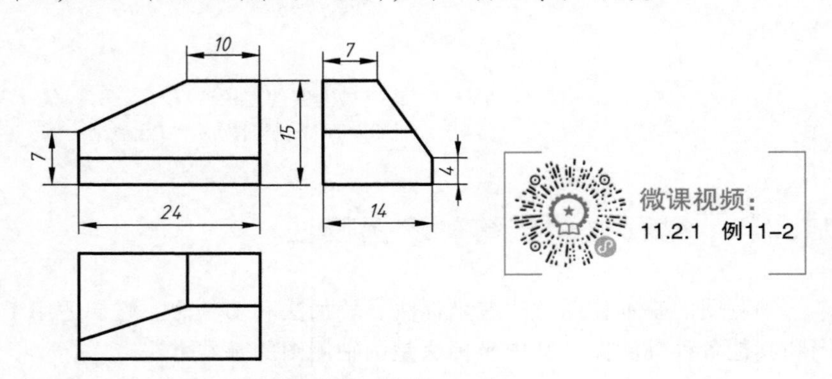

图 11-6　例 11-2 平面切割体的三视图

分析：对于某些以切割为主要形成方式的立体，可先画出其切割前的完整形体，再按形体形成的过程逐步切割而得到立体的轴测图，该方法称为切割法。如图 11-6 所示切割体可以看成是由四棱柱用正垂面及侧垂面两次切割而成。

作图：

1）画四棱柱的正等轴测图。取如图 11-6 所示立体的总长（24）、总宽（14）及总高（15），作出四棱柱的正等轴测图，如图 11-7a 所示。

2）画正垂面截切后立体的轴测投影。沿 O_1X_1、O_1Z_1 方向分别量取正垂截切面的定位尺寸 10 和 7，画出截切后立体的轴测投影，如图 11-7b 所示。

3）画侧垂面截切后立体的轴测投影。沿 O_1Y_1、O_1Z_1 方向分别量取侧垂截切面的定位尺寸 7 和 4，画出截切后立体的轴测投影，如图 11-7c 所示。

4）完成切割体的轴测投影。连接可见的边与棱线，擦去多余作图线，加深可见轮廓线，完成切割体的正等轴测图，如图 11-7d 所示。

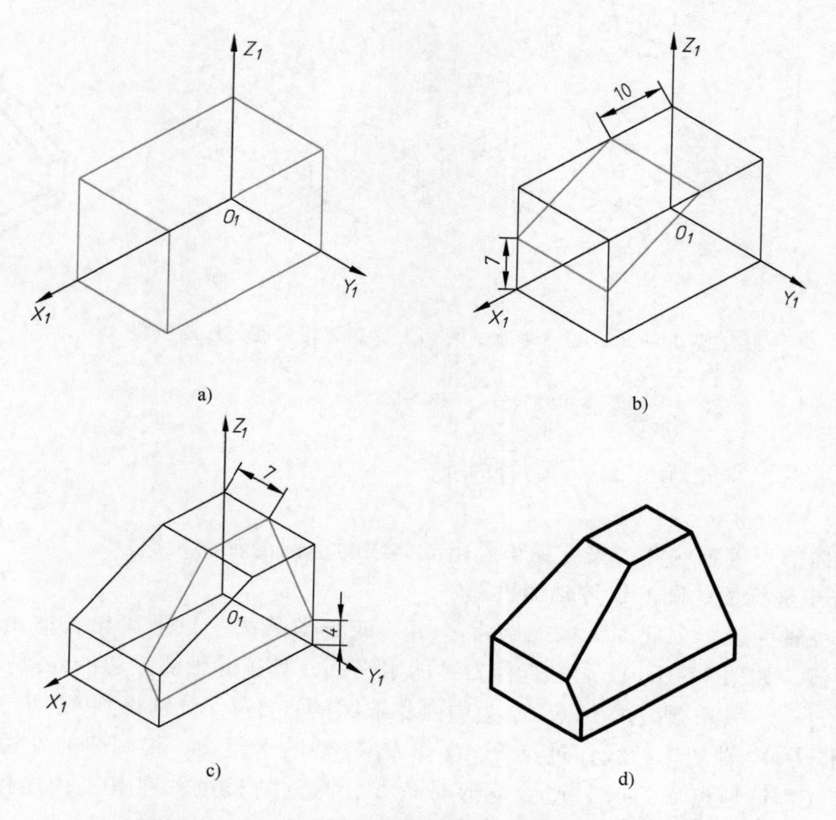

图 11-7　例 11-2 平面切割体正等轴测图的作图步骤

【例 11-3】　如图 11-8 所示，已知叠加式平面立体的三视图，作出其正等轴测图。

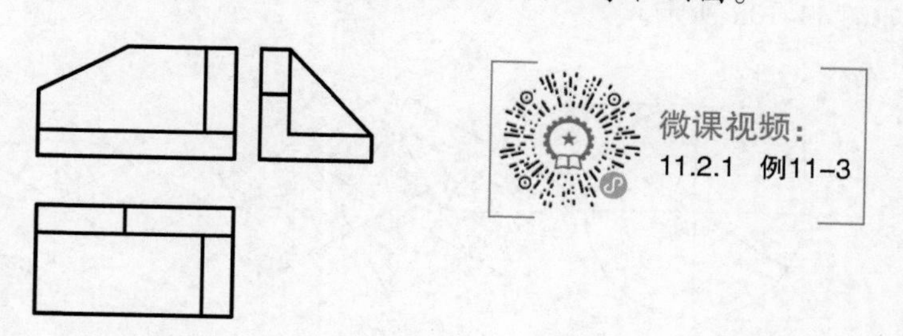

图 11-8　例 11-3 叠加式平面立体的三视图

分析：对于某些以叠加为主要形成方式的立体，可先按其组合过程，逐一画出各组成立体，再叠加组合形成该立体轴测图，该方法称为组合法。如图 11-8 所示的组合体，可以看成是由底板、后立板和侧立板组成。

作图：按形体组合过程，逐一地画底板、后立板、侧立板，如图 11-9a~c 所示，最后擦去多余的图线，加深可见轮廓线，完成组合体的正等轴测图，如图 11-9d 所示。

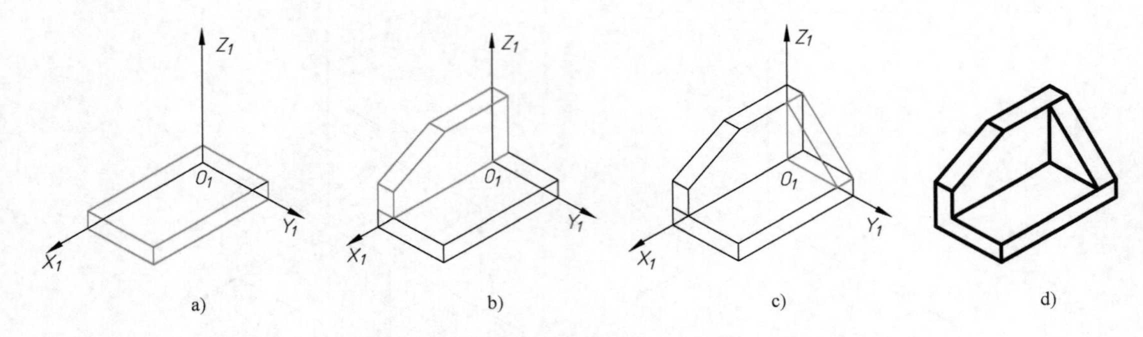

图 11-9　例 11-3 叠加式平面立体正等轴测图的作图步骤

11.2.2　曲面立体正等轴测图画法

作回转体的正等轴测图，关键在于画出立体表面上圆的轴测投影。

1. 平行于坐标面的圆的正等轴测投影

圆的正等轴测投影为椭圆，该椭圆常采用“四心椭圆法”近似画出，即用四段圆弧近似代替椭圆弧。如图 11-10a 所示为直径为 d 的水平圆，其正等轴测投影的作图步骤如下。

1）在 O_1X_1、O_1Y_1 轴上以原点 O_1 为中点量取圆的直径 d，分别得到 A、B、C、D 四点。过点 A、C 作 O_1Y_1 轴的平行线，过点 B、D 作 O_1X_1 轴的平行线，得到圆的外切正方形的轴测投影菱形（标记顶点 E、F）。连接菱形对角线，椭圆的长短轴在其上；连接 FA 和 EB，得交点 G，连接 FD 和 EC 得交点 H，如图 11-10b 所示。

2）分别以点 E、F 为圆心，以 EB 或 FA 为半径，作大圆弧 $\overset{\frown}{BC}$ 和 $\overset{\frown}{AD}$，如图 11-10c 所示。

3）分别以点 G、H 为圆心，以 GA 或 HC 为半径，作小圆弧 $\overset{\frown}{AB}$ 和 $\overset{\frown}{CD}$，连成近似椭圆，如图 11-10d 所示。

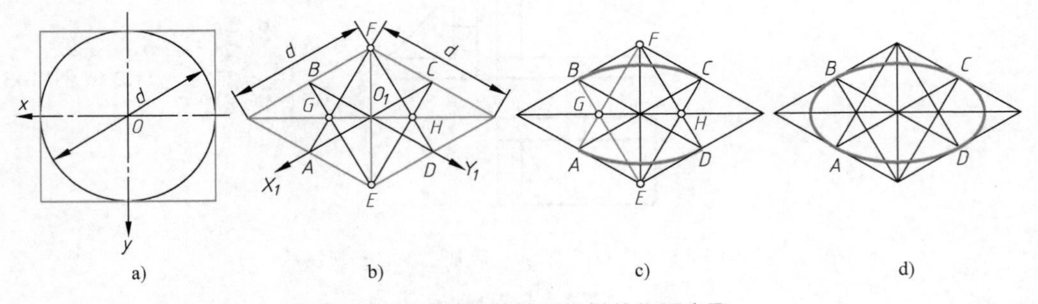

图 11-10　圆的正等轴测投影的作图步骤

如图 11-11 所示为平行于三个坐标面上圆的正等轴测图，它们都可用“四心椭圆法”画出。

2. 回转体的正等轴测图画法

画回转体的正等轴测图，只要先画出底面和顶面圆的正等轴测图——椭圆，然后作出两

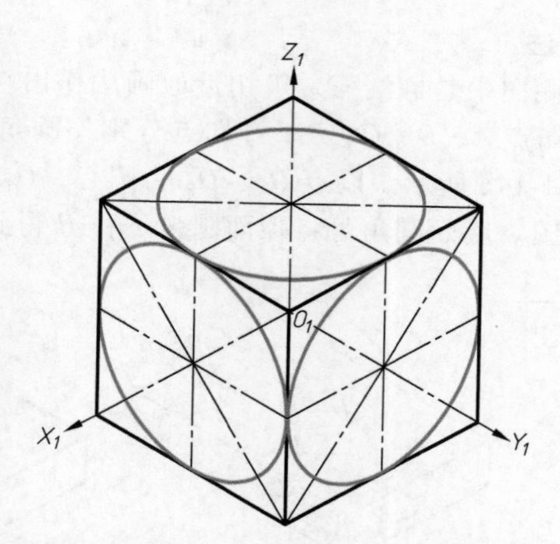

图 11-11　平行于三个坐标面上圆的正等轴测图

个椭圆的公切线即可。如图 11-12 和图 11-13 所示为圆柱和圆台的正等轴测图画法。

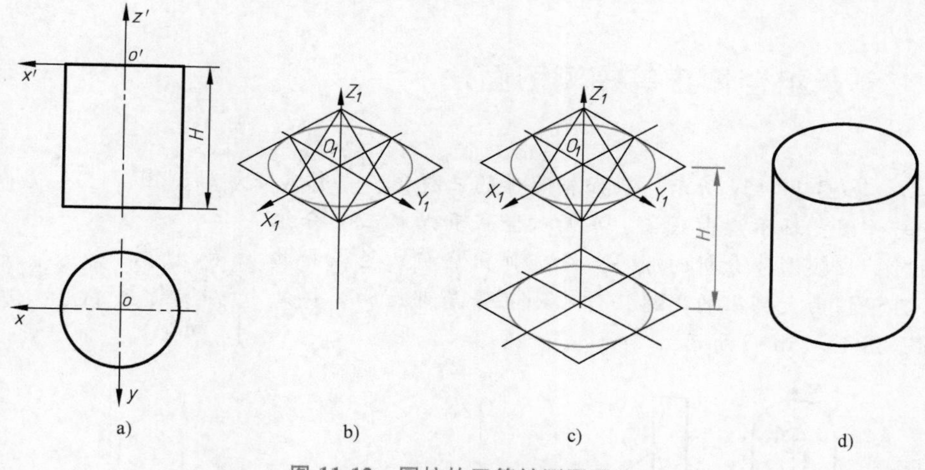

图 11-12　圆柱的正等轴测图画法

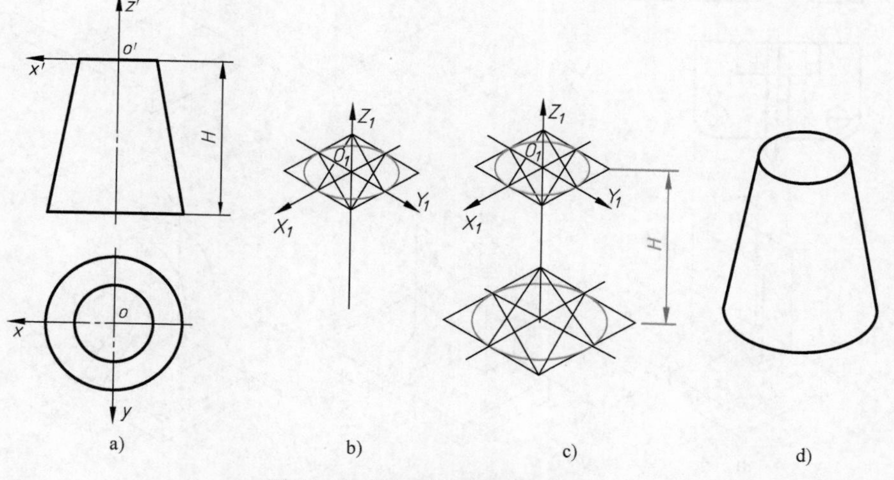

图 11-13　圆台的正等轴测图画法

3. 圆角的正等轴测图画法

立体上的圆角在正等轴测图中是椭圆弧，可用近似画法作出。如图 11-14 所示，作图时根据已知圆角半径 R，找出切点 A、B、C、D。过切点分别作圆角邻边的垂线，两垂线的交点即为圆心 O_1、O_2，如图 11-14b 所示。以点 O_1、O_2 为圆心，O_1、O_2 到切点的距离为半径画圆弧即得圆角的正等轴测图。底面圆角可将顶面圆弧下移 H 得到，如图 11-14c 所示。

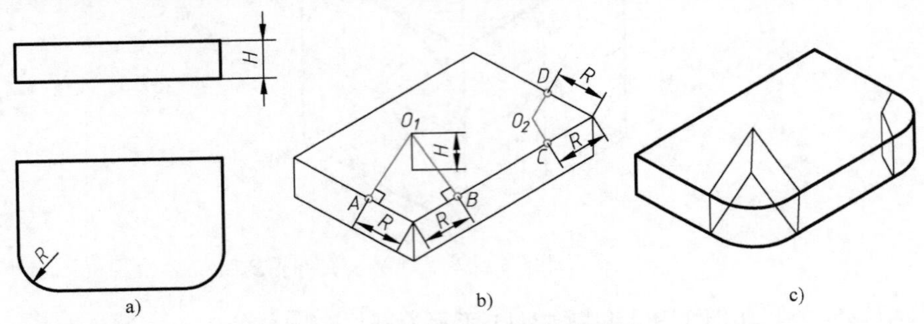

图 11-14　圆角的正等轴测图画法

11.2.3　复杂组合体正等轴测图画法

【例 11-4】　如图 11-15a 所示，已知轴承座的三视图，求作其正等轴测图。

分析与作图：轴承座由底板、半圆端竖板和肋板三部分组成，作图时，应按形体分析的顺序，分别作出底板、竖板和肋板结构，再根据由大到小的思路，作出小孔等局部结构，详细作图步骤如图 11-15b～i 所示。

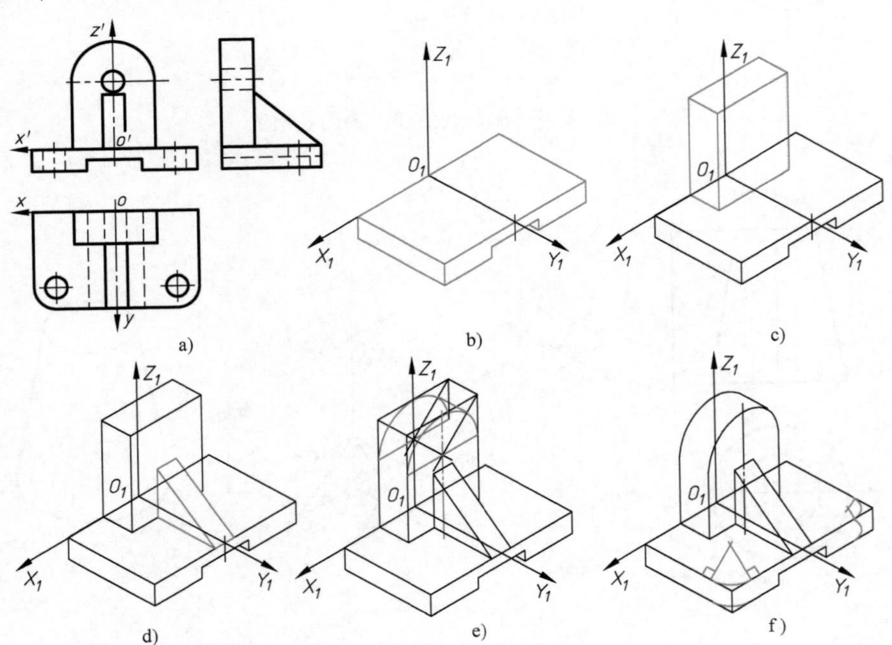

图 11-15　例 11-4 轴承座的正等轴测图画法

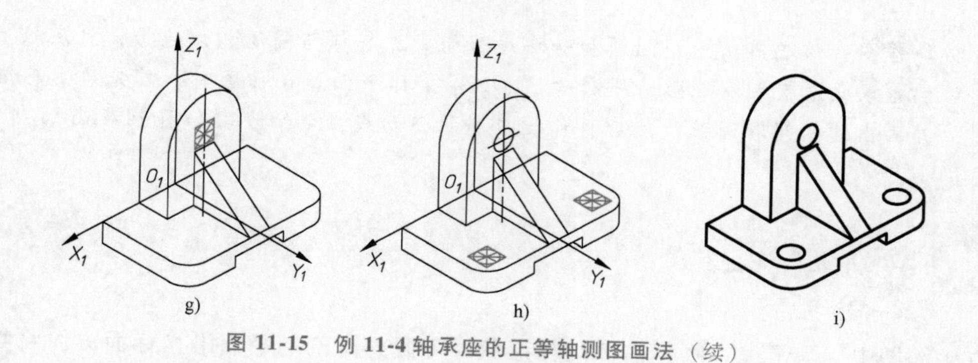

图 11-15　例 11-4 轴承座的正等轴测图画法（续）

11.3 斜二等轴测图的画法

斜二等轴测图与正等轴测图在画法上相似，只是轴间角和轴向伸缩系数不同。由于斜二等轴测图的两个轴向伸缩系数 $p=r=1$，且轴间角 $\angle X_1O_1Z_1=90°$，如图 11-3 所示，因此，物体上凡是与 XOZ 坐标面平行的平面在斜二等轴测图上均反映实形。斜二等轴测图特别适合于表达单方向平面形状复杂（有圆或曲线）的立体。

【例 11-5】　如图 11-16a 所示，已知端盖的两视图，作出其斜二等轴测图。

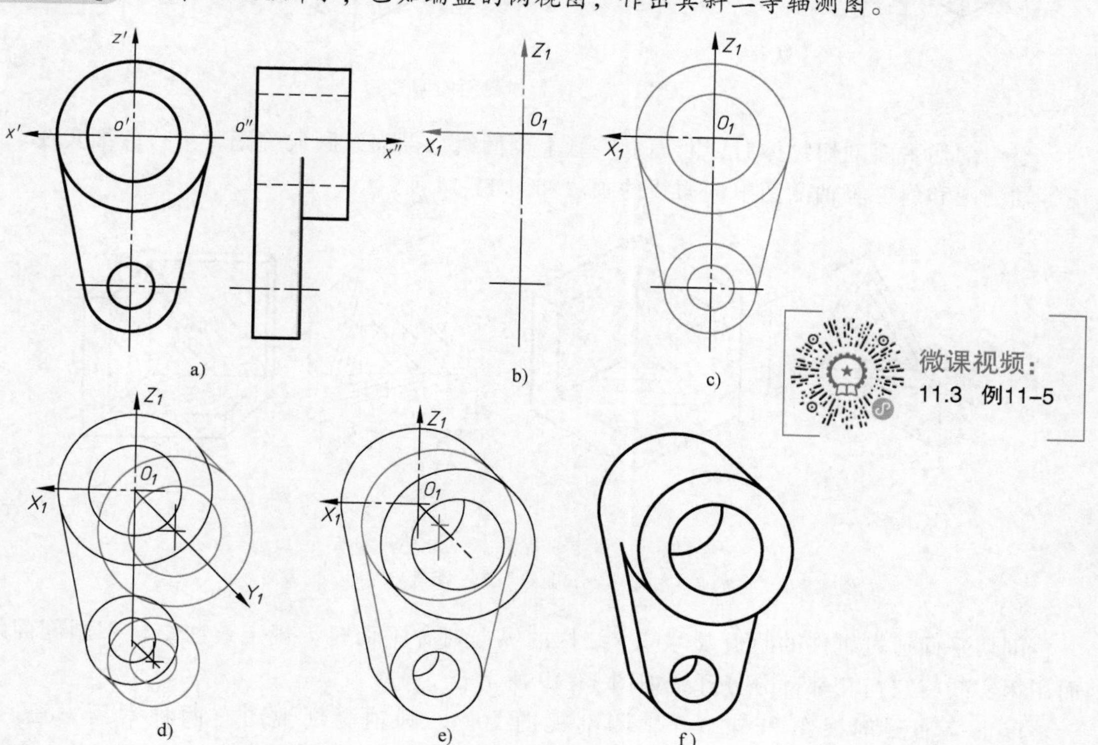

图 11-16　例 11-5 端盖的斜二等轴测图画法

分析与作图：该端盖由一个圆筒和一块底板组成，底板与圆筒相切连接，且底板上有一通孔。该端盖表面所有圆和圆弧皆平行于 $X_1O_1Z_1$ 坐标平面。在作图时，首先确定各圆的圆心位置，并画出这些圆和圆弧，然后再作相应圆的公切线，详细步骤如图 11-16b~f 所示。

11.4 轴测剖视图

在轴测图中，为了表达物体内部结构形状，可假想用剖切平面沿坐标面方向将物体剖开，画成轴测剖视图。为了清楚表达物体的内外形状，无论形体是否对称，通常采用垂直相交的两个平行于坐标面的平面剖切物体的 1/4，如图 11-17a 所示。一般不采用单一剖切平面全剖物体，如图 11-17b 所示。

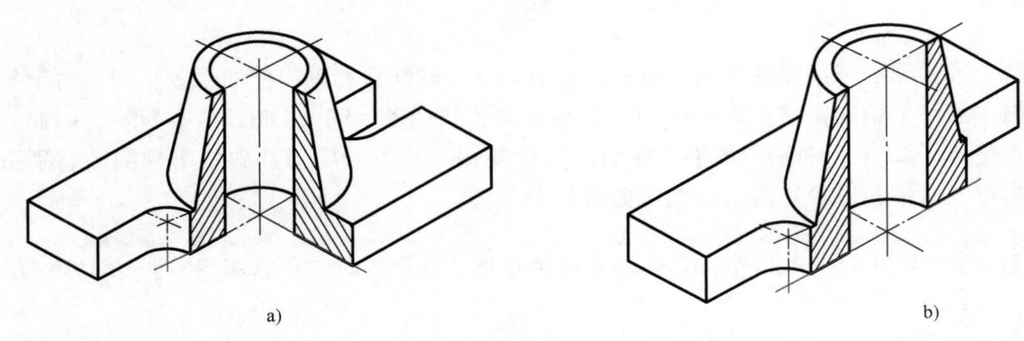

a) b)

图 11-17 轴测剖视图的画法

当用剖切平面剖切物体时，断面上应画上剖面线，剖面线画成等距、平行的细实线。在正等轴测图和斜二等轴测图中剖面线的画法如图 11-18 所示。

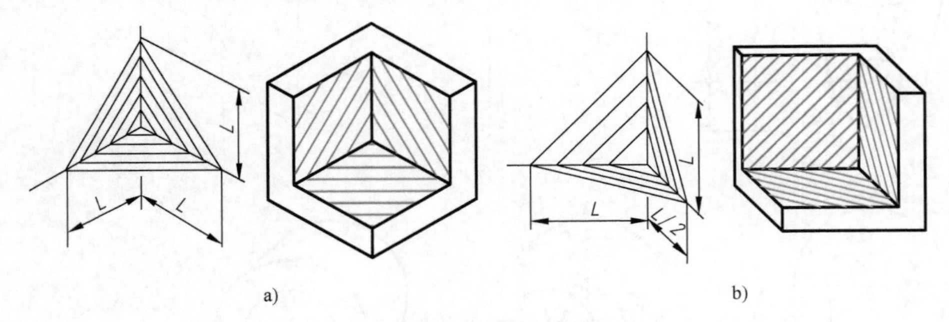

a) b)

图 11-18 轴测剖视图中剖面线的画法

a）正等轴测图剖面线方向 b）斜二等轴测图剖面线方向

剖切平面通过机件的肋板或薄壁等结构的纵向对称平面时，规定这些结构不画剖面线，而用粗实线将它与相邻部分分开，如图 11-19 所示。

以正等轴测剖视图和斜二等轴测剖视图为例，画轴测剖视图有两种常用方法。如图 11-20a 所示为先画外形，后画断面和内形的方法。如图 11-20b 所示为先画断面，再画内、外形状的画图方法。

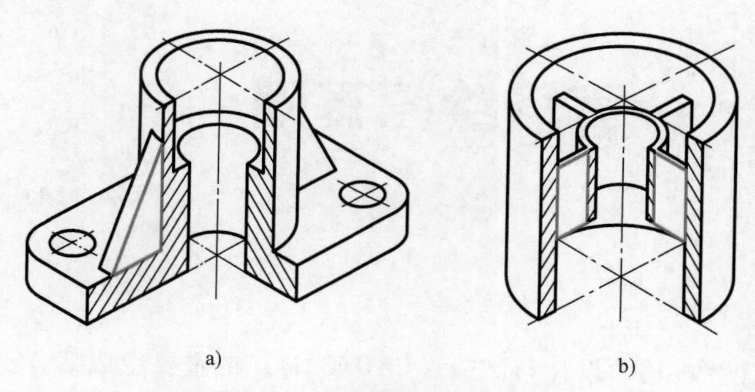

图 11-19　肋板和薄壁的剖切画法

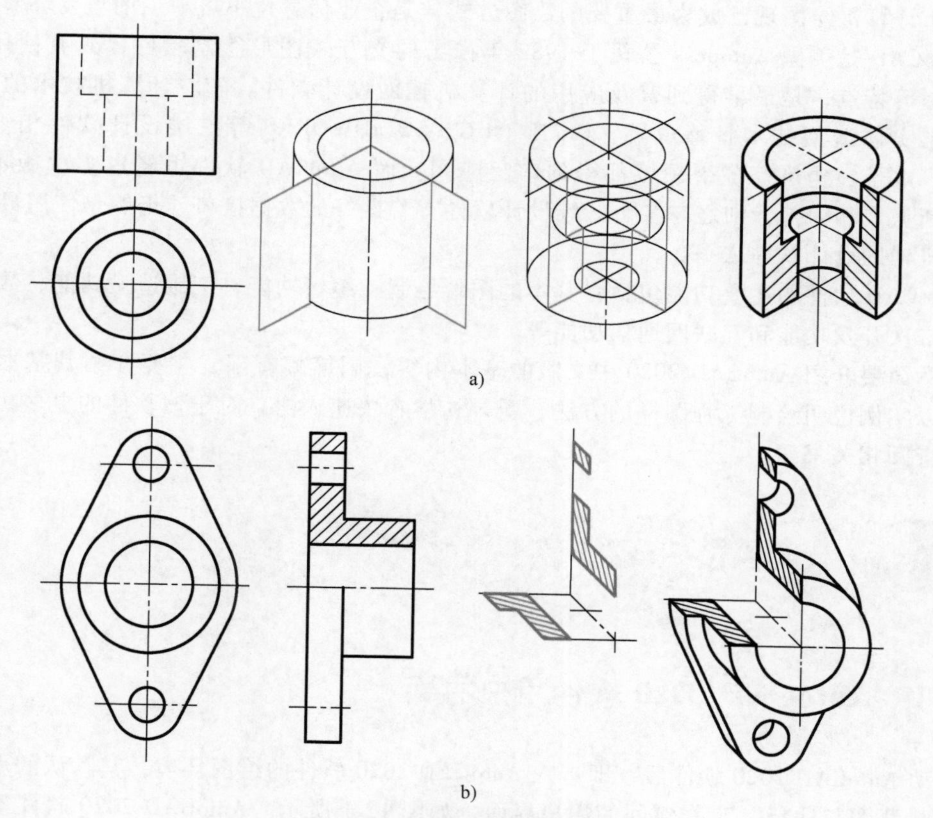

图 11-20　轴测剖视图的画法

a）先画外形后画断面和内形　b）先画断面再画内、外形状

第12章 计算机绘图基础

计算机绘图是计算机辅助设计与制造（CAD/CAM）的重要组成部分。它作图精度高，出图速度快，可以大大缩短产品的设计过程，提高工作效率，还可以进行三维建模，预览设计效果。计算机绘图现已成为最重要的绘图方式，是企业信息化不可缺少的重要环节。

AutoCAD是美国Autodesk公司于1982年推出的交互式图形绘制软件，具有使用方便、易于掌握等特点，是最早得到普及应用的计算机辅助设计软件。随着计算机技术的飞速发展，三维实体造型技术日臻成熟，Pro/E、UG、SOLIDWORKS等三维设计软件相继推出，在机械、电子、建筑等各个领域都得到广泛应用。而AutoCAD软件也经过多次版本升级，功能不断强大和完善，加之与各个三维设计软件有着良好的数据接口，仍然是使用最为广泛的计算机辅助设计软件之一。

AutoCAD软件的主要功能包括：基本的图形绘制、编辑功能，三维造型功能，数据交换功能，二次开发功能和互联网通信功能等。

本章简要介绍AutoCAD 2020中文版的基本内容，因篇幅有限，主要介绍其基本绘图功能，并以实例说明绘制工程图样的方法，引导初学者快速入门。对于该软件的更多功能和应用，请查阅相关书籍。

12.1 AutoCAD 2020软件简介

12.1.1 AutoCAD 2020软件用户界面

启动AutoCAD 2020软件后，即进入AutoCAD 2020软件的绘图环境，其默认的用户界面是基于“草图与注释”工作空间的用户界面，如图12-1所示。AutoCAD 2020软件预设了三种工作空间，可单击右下角“切换工作空间”按钮，以得到更加便于工作的用户界面。也可以根据具体的任务需要，自行调整菜单栏、功能区选项板、工具栏的内容，建立自定义的工作空间。

1. 标题栏

标题栏位于应用程序窗口的顶部，显示当前载入的文件名。在启动AutoCAD 2020软件后，新建文件的默认文件名为“Drawing1. dwg”。

2. 快速访问工具栏

快速访问工具栏提供了新建、打开或保存文件，放弃或重做上一个命令，打印图形等几

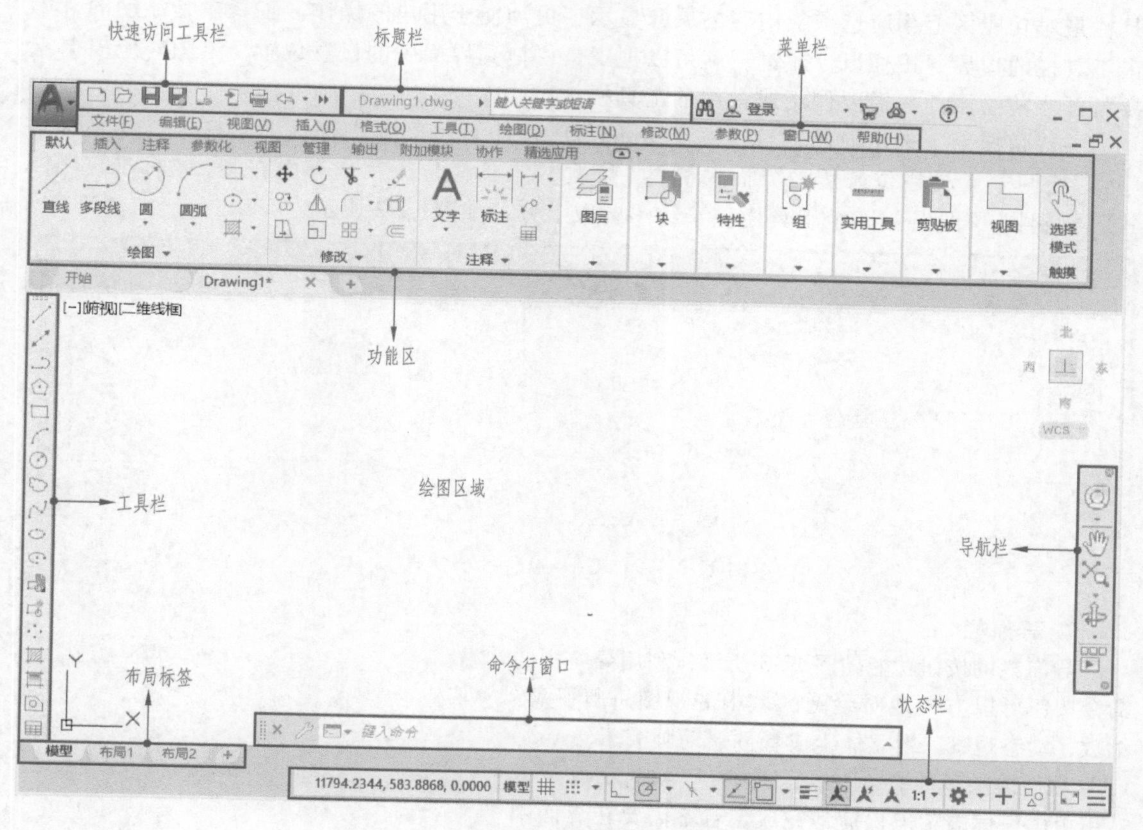

图 12-1　AutoCAD 2020 软件默认用户界面

个常用操作的命令按钮，用户也可以单击按钮后面的下拉按钮来选择需要的操作。

3. 菜单栏

菜单栏在初始界面中处于隐藏状态，可通过单击快速访问工具栏最右侧的下拉按钮并在弹出的下拉菜单中选择“显示菜单栏”选项调出，菜单栏的下拉菜单几乎包含了 AutoCAD 软件的所有绘图命令。

此外，在用户界面的不同位置单击鼠标右键时，可以显示快捷菜单，快捷菜单提供的命令与鼠标的位置及 AutoCAD 软件的当前状态有关，例如，在绘图区域或工具栏上单击鼠标右键，快捷菜单是不一样的。

4. 功能区

功能区包括“默认”“插入”“注释”“参数化”等一系列选项卡，并集成了相关的命令按钮，可以通过单击不同的选项卡标签来切换相应的选项卡显示面板，还可以单击选项卡标签后面的按钮控制功能区显示面板的展开与收缩。

5. 绘图区域

绘图区域如同手工绘图所需的图纸，可在该区域内绘制、编辑图形文件。绘图区域没有边界，可利用导航栏的功能使绘图区域任意移动或无限缩放。

6. 工具栏

可以通过依次选择“工具”→“工具栏”→“AutoCAD”菜单命令调出需要的工具栏，工具栏是对功能区上相应选项板内容的展开显示，更加便于用户的操作。工具栏是浮动的，单击工具栏的边界并按住鼠标左键，就可以把工具栏拖到界面中的任意位置，绘图时应根据需要打开当前绘图任务需要使用或常用的工具栏。

一般情况下，老用户比较习惯按照 AutoCAD 软件的经典模式布置工具栏。在经典模式中，“绘图”工具栏位于用户界面左侧，“修改”工具栏位于用户界面右侧，“标准”“样式”“特性”“图层”四个工具栏位于绘图区域上方，如图 12-2 所示。

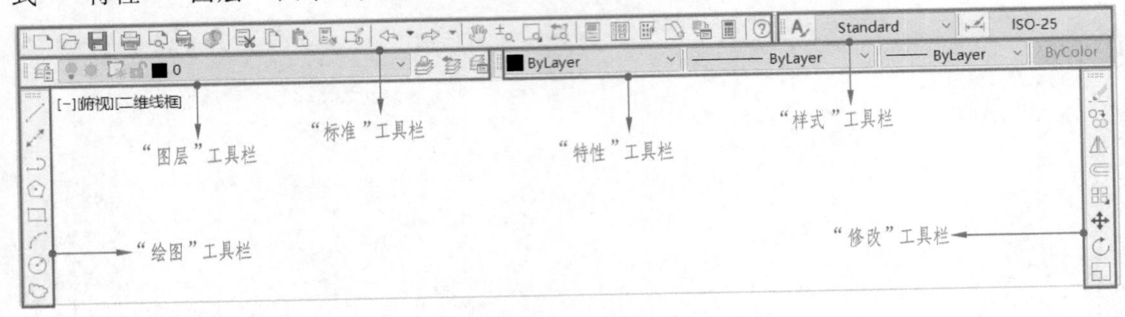

图 12-2　AutoCAD 软件经典模式

7. 导航栏

导航栏的按钮功能如图 12-3 所示，利用导航栏的命令按钮可以方便地对绘图区域中的视图进行平移、缩放，动态观察三维立体，或者创建动画演示。AutoCAD 软件提供多种缩放方式，其中，“实时缩放”方式也可由鼠标滚轮来快捷地完成。若不需要在界面中显示导航栏，可在功能区选择“视图”选项卡，勾选“导航栏”复选框取消选择。

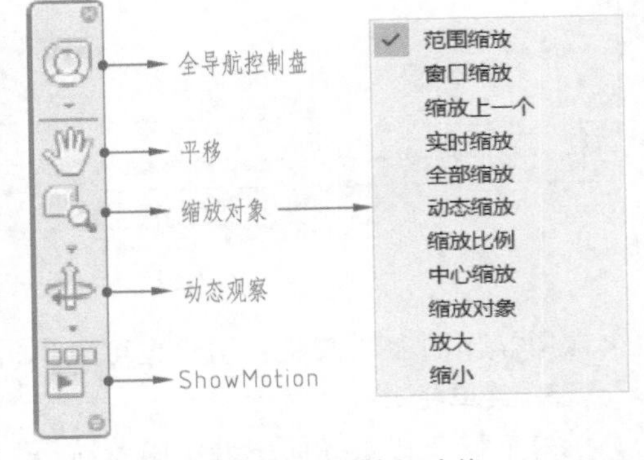

图 12-3　导航栏按钮功能

8. 命令行窗口

命令行窗口是用于输入命令和显示命令提示的区域，是显示人机对话内容的界面组成部分。AutoCAD 软件在执行某些命令时，会自动切换到命令行窗口，列出相关提示，用户要时刻关注在命令行窗口中出现的信息。命令行窗口可移动到其他位置，也可以更改大小；在命令输入的状态下按<F2>键，可调出 AutoCAD 软件文本窗口，以便更好地显示命令输入和执行过程，如图 12-4 所示。

```
自动保存到 C:\Users\Administrator\AppData\Local\Temp
\Drawing1_1_7773_3abb421e.sv$ ...
命令:
命令: 指定对角点或 [栏选(F)/圈围(WP)/圈交(CP)]:
命令: _.erase 找到 5 个
命令:
命令:
命令: _line
指定第一个点:
指定下一点或 [放弃(U)]:
指定下一点或[退出(E)/放弃(U)]: *取消*
命令: *取消*
命令:
命令:
命令: _line
指定第一个点:
指定下一点或 [放弃(U)]:
LINE 指定下一点或[退出(E) 放弃(U)]:
```

图 12-4　AutoCAD 软件文本窗口

9. 布局标签

在 AutoCAD 2020 软件中，系统默认打开“模型”选项卡，即模型空间，在绘图工作中，无论是二维还是三维图形的绘制与编辑都是在模型空间下进行的。“布局”选项卡是包含特定视图和注释的图纸空间，侧重于图纸的布置工作，可将模型空间的图形按照不同的比例搭配，再加以文字注释，构成最终的图纸打印布局。此外，还可以根据实际需要修改原有布局或创建新的布局。

10. 状态栏

状态栏位于用户界面的最底部，可单击最右侧的“自定义”按钮☰更改显示的内容。状态栏最左侧显示当前光标所处位置的坐标值，中间显示的均为辅助绘图工具的控制按钮，通过这些按钮可以控制图形或绘图区域的状态。

12.1.2 命令的输入方式

AutoCAD 软件是通过执行各种命令来实现图形的绘制、编辑、标注、保存等功能的。命令的输入方式有如下 6 种。

1）在菜单栏下拉菜单中选择相应的菜单项输入命令。

2）在功能区单击功能按钮输入命令。

3）调出命令功能所在工具栏并单击相应的按钮输入命令。

4）在命令行窗口输入命令。

5）按空格键或<Enter>键重复调用上一命令。

6）在单击鼠标右键弹出的快捷菜单中选择所需命令。

若需结束一个命令，可按空格键、<Enter>键、<Esc>键，或者单击鼠标右键并在弹出的快捷菜单中选择“确定”命令。

无论通过何种命令输入方式完成命令输入后，在命令行窗口都会显示下一步操作的提示，用户就是通过命令行窗口进行人机对话的。对于初学者，在不熟悉命令操作程序的情况下，认真查看命令提示是十分必要的。

12.1.3 数据的输入方式

AutoCAD 软件在执行绘图和编辑命令时，经常需要输入必要的数据，如点的坐标、距离、长度、角度、数量等。数据的输入方式有光标直接拾取点、命令行窗口输入、对象捕捉和动态输入。

1. 光标直接拾取点

用十字光标直接在图形区域中选择点的位置，随着光标的移动，界面下方状态栏的最左侧可随时显示当前光标处的坐标值。

2. 命令行窗口输入

在命令行窗口可准确输入点的位置，也可输入长度、半径、距离、位移量等数据。

AutoCAD 软件提供了世界坐标系（WCS）和用户坐标系（UCS）。由于用户坐标系可以移动原点的位置和旋转坐标系的方向，在三维绘图时十分有用。在二维绘图时，则广泛使用世界坐标系。在世界坐标系中，OX 轴表示界面的水平方向，向右为正；OY 轴表示界面的竖直方向，向上为正。点坐标的输入方式有以下 4 种，如图 12-5 所示。

1）绝对直角坐标的输入格式：X, Y。X、Y 为输入点相对于原点的坐标值，坐标数值之间用逗号“,”分隔（英文输入状态下的逗号），如“50，50↙”⊖。

2）绝对极坐标的输入格式：$r<\alpha$。r 为该点与坐标原点的距离，α 为该点与 OX 轴正向的夹角，逆时针为正，两值之间用“<”符号分隔，如“100<30↙”。

3）相对直角坐标的输入格式：@X, Y。X、Y 为输入点相对于前一输入点的坐标差值，即在水平和竖直方向的位移，如“@50，50↙”。

4）相对极坐标的输入格式：@$r<\alpha$。r 为该点相对于前一点的距离，α 为两点连线与 OX 轴正向的夹角，如“@100<30↙”。

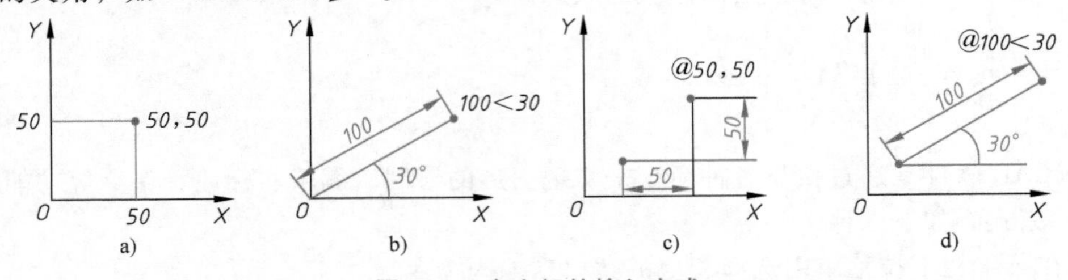

图 12-5　点坐标的输入方式

a）绝对直角坐标　b）绝对极坐标　c）相对直角坐标　d）相对极坐标

3. 对象捕捉

对象捕捉是指捕捉已有图形上的某些特殊几何位置点，如端点、中点、圆心、交点、垂足等，这是精确定位点的一种重要方法。在绘图过程中，可以通过单击状态栏的“对象捕捉”按钮□随时打开或关闭对象捕捉模式，也可以在该按钮上单击鼠标右键，来对需要经常捕捉的特殊点进行设置，如图 12-6 所示。如果勾选了太多捕捉点的类型，则会影响捕捉的准确性，因此可根据当前的绘图需要灵活更改捕捉点的设置。

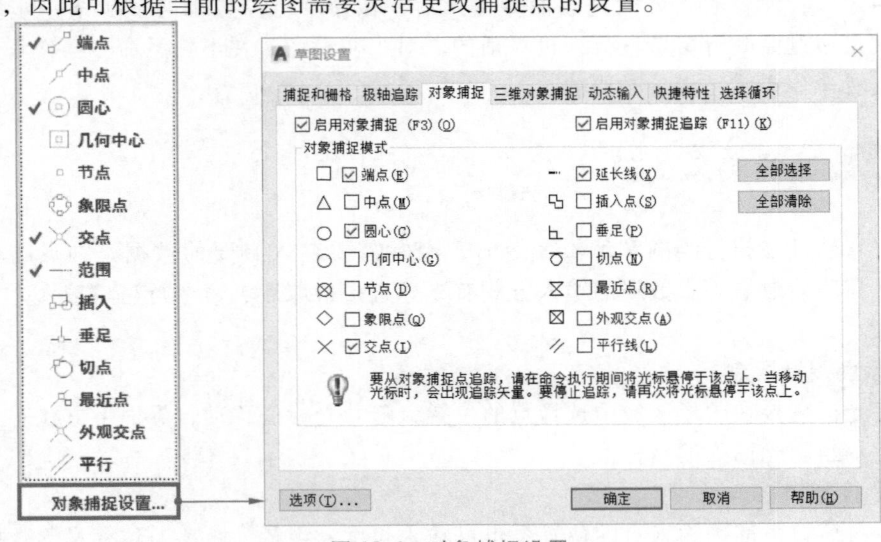

图 12-6　对象捕捉设置

⊖　“↙”代表按一次<Enter>键，后同。

4. 动态输入

单击状态栏上的“动态输入”按钮后，便可以跟随光标的位置动态地输入某些参数值。例如，画直线时，光标附近就会动态地显示当前的坐标，可用键盘输入准确的坐标值，用<Tab>键在两个坐标输入框间切换，如图 12-7a 所示。在确定了第一点后，系统动态地显示直线的角度和长度，此时可将光标停在所需要的角度位置或输入准确的角度值，然后输入直线的长度，如图 12-7b 所示，其效果与“@ $r<\alpha$”的输入方式相同。

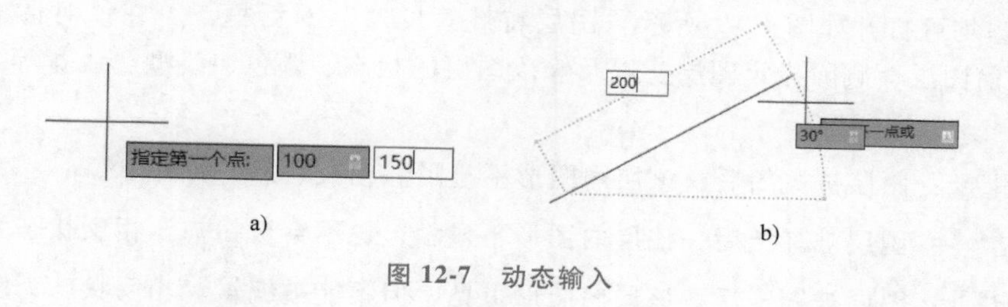

图 12-7　动态输入

12.2 图形绘制

12.2.1　绘图环境的设置

利用 AutoCAD 软件在绘图区域中绘图就如同用工具在图纸上画图一样，要选择合适的图纸幅面，设置好所需要的线型、颜色、文字和尺寸样式等，这些内容便构成了初始的绘图环境。可将常用的绘图环境保存为样板文件，每次绘图的时候直接调用，这样既可省去重复设置的麻烦，又可以保持图样特性的一致。

1. 绘图单位设置

依次选择“格式”→“单位”菜单命令，或者在命令行窗口输入“Units↙”均可打开如图 12-8 所示的“图形单位”对话框。对话框设置通常可采用系统默认值，即国家标准规定的图形单位和精度。

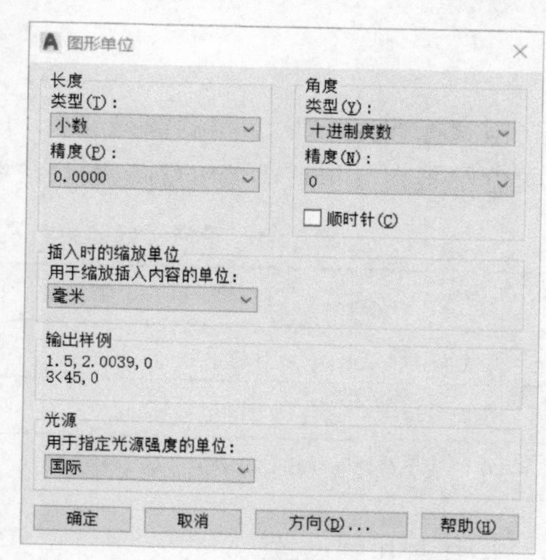

图 12-8　“图形单位”对话框

2. 图纸幅面设置

依次选择“格式”→“图形界限”菜单命令，或者在命令行窗口中输入“Limits↙”，然后按命令行窗口显示的提示，分别输入左下角和右上角点的坐标即可设置图纸幅面。图纸幅面的系统默认设置为 A3 幅面，即左下角点坐标为（0，0），右上角点坐标为（420，297）。

图纸幅面设置好后，为便于绘图，需将整个绘图范围全屏显示，可单击“标准”工具栏上的“全部缩放”按钮，或者通过导航栏选择此缩放方式。

3. 图层（Layer）设置

AutoCAD 软件将图线放在图层中管理，图层相当于零厚度的透明纸，把图形中不同线型的图线分别画在不同的图层中，再将这些图层重叠在一起就形成一幅完整的图样。图层中可以设定颜色、线型及线宽等属性，也可以设定图层开/关、冻结/解冻、锁定/解锁、打印/不打印等状态。通过对图层进行操作，可以实现不同线型图线的分类统一管理。

依次选择“格式”→“图层”菜单命令，或者单击“图层”工具栏的“图层特性管理器”按钮均可打开如图 12-9 所示“图层特性管理器”对话框，可在该对话框中新建图层、设置当前图层、删除指定图层，以及修改图层的状态、颜色、线型、线宽等。常见属性含义如下。

1）关闭：图层被关闭后，该层内图形不显示。相反状态为打开。

2）冻结：图层被冻结后，该层内图形不显示，也不会被扫描。相反状态为解冻。

3）锁定：图层被锁定后，该层内图形可见，但不能被编辑。相反状态为解锁。

4）不打印：设置后该层内图形不能被打印，但只对可见图层有效，对被冻结或关闭的图层不起作用。相反状态为打印。

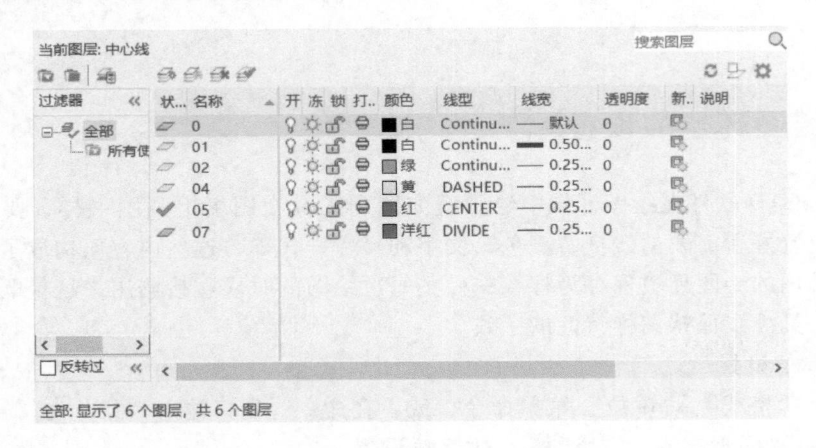

图 12-9 “图层特性管理器”对话框

国家标准《CAD 工程制图规则》（GB/T 18229—2000）规定了图线的颜色，常用图线的颜色及其在 AutoCAD 中的对应图层、线型名称见表 12-1。

表 12-1 常用图线的颜色及其在 AutoCAD 中的对应图层、线型名称

图线	粗实线	细实线	波浪线	双折线	细虚线	细点画线	细双点画线
颜色	白	绿			黄	红	粉红
图层号	01	02			04	05	07
AutoCAD 中线型名称	Continuous	Continuous			Dashed	Center	Divide

4. 线型比例设置

线型比例需根据图纸幅面的大小设置。设置线型比例可调整虚线、点画线等线型的疏密

程度，比例太大或太小都会使虚线、点画线看上去是实线。比例的默认值为 1，当图纸幅面较小时可设置为 0.5 左右，图纸幅面较大时比例值可设在 10~25 之间。

可以依次选择“格式”→“线型”→“显示细节”菜单命令，或者在命令行窗口输入“Ltscale↙”（或“Lts↙”），再根据提示输入适当的比例数值。

5. 文本设置

根据国家标准中有关字体的规定，通常可创建“汉字”和“字母和数字”两种文字样式，分别用于文字书写和尺寸标注。

可以依次选择“格式”→“文字样式”菜单命令，在命令行窗口输入“Style↙”，或者在“样式”工具栏单击“文字样式”按钮，均可打开如图 12-10 所示的“文字样式”对话框。单击“新建”按钮可设置新的文字样式名称，字体采用国家正式推行的简化字，高度等需要按国家标准设置。

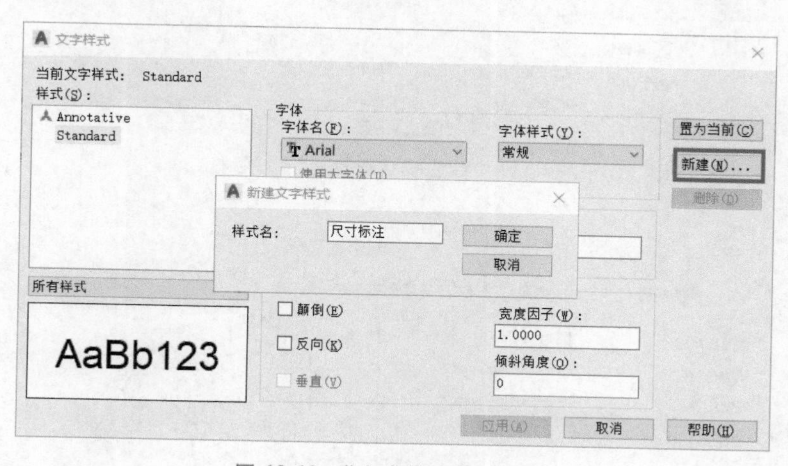

图 12-10　“文字样式”对话框

根据国家标准《机械工程　CAD 制图规则》（GB/T 14665—2012），字体高度与图纸幅面之间的选用关系见表 12-2。

表 12-2　字体高度与图纸幅面之间的选用关系

（单位：mm）

字符类别	图纸幅面				
	A0	A1	A2	A3	A4
字母与数字的字体高度 h	5		3.5		
汉字的字体高度 h	7		5		

6. 尺寸标注样式设置

标注样式可以用来控制标注的外观，如箭头样式、文字位置和尺寸精度等。用户可以自行创建标注样式，进而快速指定标注格式，以确保标注格式符合标准。

可以依次选择“标注”→“标注样式”菜单命令，或者在“标注”工具栏上单击“标注”按钮均可打开如图 12-11 所示“标注样式管理器”对话框，可单击“新建”按钮，标注样式管理器弹出“创建新标注样式”对话框。一般的工程制图通常在“ISO-25”（国际标准）基础上新建样式，该样式可用于标注线性尺寸、非圆的线性尺寸及角度尺寸。输入新样式名，单击“继续”按钮便可打开“新建标注样式”对话框进而对新样式进行具体的设置，如图 12-12 所示。

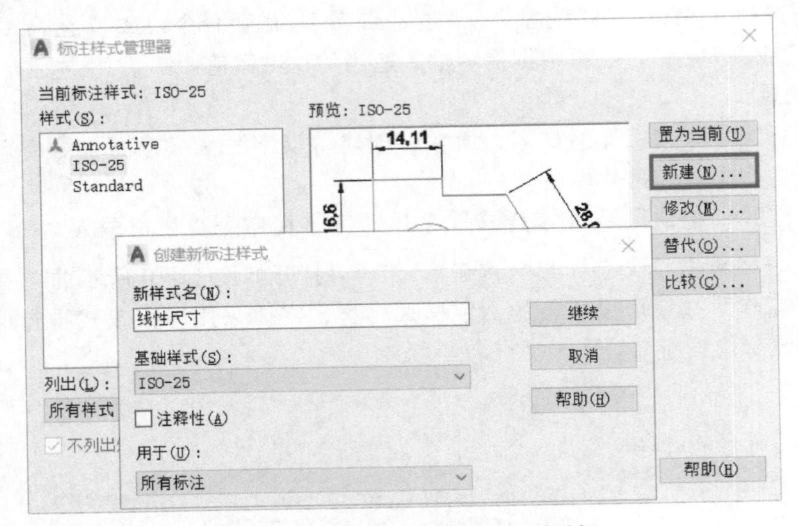

图 12-11　“标注样式管理器”对话框

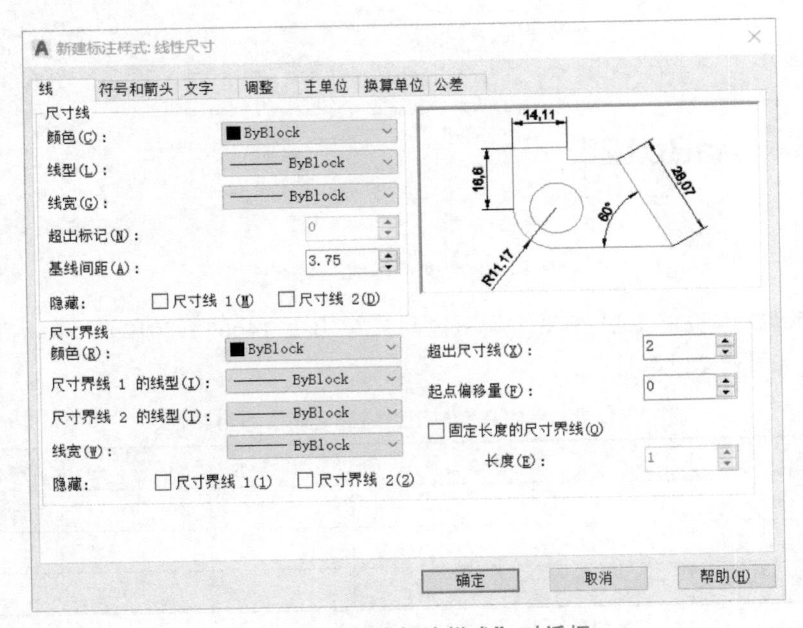

图 12-12　“新建标注样式”对话框

在“新建标注样式”对话框中，通常在“线”“符号和箭头”“文字”“主单位”选项卡中进行设置，设置值与所绘图样的图纸幅面大小有关。以 A4 图纸幅面为例，对“线性尺寸”的标注样式可设置为：在“线”选项卡中设置尺寸界线超出尺寸线的值为 2，在“符号和箭头”选项卡中设置箭头大小为 3.5，在“文字”选项卡中设置文字高度为 3.5 且字体与尺寸线对齐，在“主单位”选项卡中设置主单位精度为 0。

对有特殊标记的尺寸标注样式，可在“主单位”选项卡中的“前缀”文本框中添加符号。例如，要在尺寸数字前添加符号 ϕ，可在文本框中输入“%%c”。设置“角度尺寸”标注样式时，在“文字”选项卡中将字体对齐方式选择为“水平”即可。

【例 12-1】 创建如图 12-13 所示 A4 样板文件。

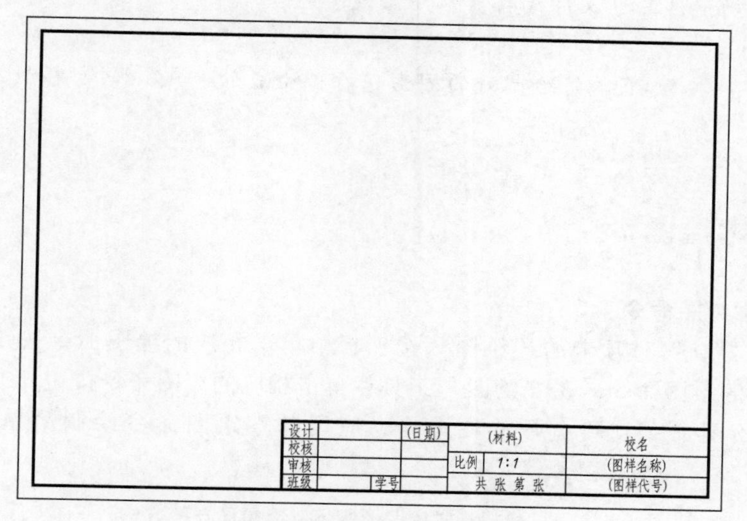

图 12-13　例 12-1 A4 样板图

1. 创建 A4. dwt 文件

启动 AutoCAD 2020 软件，依次选择“文件”→“新建”菜单命令，或者在快速访问工具栏中单击“新建”按钮均可打开“选择样板”对话框，可在其中选择“acadiso. dwt”默认样板进而打开一张新图，接着单击“保存”按钮并选择保存类型为“AutoCAD 图形样板文件（*. dwt）”，可命名当前文件为“A4”。

2. 设置绘图环境

按前述方法，完成绘图单位、图纸幅面、图层、线型比例、文本、尺寸标注样式等绘图环境的设置。

3. 绘制图纸幅面边界、图框和标题栏

（1）绘制图纸幅面边界线　设“02”细实线层为当前层，依次选择“绘图”→“矩形”菜单命令，或者在“绘图”工具栏中单击“矩形”按钮，接着按命令行窗口显示的提示分别输入图纸幅面左下角点坐标“(0, 0)”和右上角点坐标“(297, 210)”。

（2）绘制图框线　设“01”粗实线层为当前层，单击“矩形”按钮，分别输入左下角点坐标“(5, 5)”和右上角点坐标“(292, 205)”。

（3）绘制标题栏　单击状态栏中的“对象捕捉”按钮将其辅助绘图功能激活，接着单击“矩形”按钮，捕捉图框右下角点作为矩形起始输入点，接着输入相对坐标“(@-180, 30)”确定矩形左上角点绘制出标题栏外框。设“02”细实线层为当前层，依次选择“绘图”→“直线”菜单命令或者在“绘图”工具栏中单击“直线”按钮，绘制标题栏内部表格线。

(4) 输入文本内容 设“02”细实线层为当前层，依次选择“绘图”→“文字”→“多行文字”菜单命令或者在“绘图”工具栏中单击“多行文字”按钮 A，按命令行窗口显示的提示输入文字的位置或高度、角度等，再输入标题栏中的文字内容。若需修改文字内容，则可双击文字并在功能区的“文字编辑器”中修改。

4. 存盘退出

单击“保存”按钮，将绘制好的图形保存，生成的“A4. dwt”样板文件如图 12-13 所示。

12. 2. 2 基本绘图命令

1. 常见基本绘图命令

在功能区“默认”选项卡的“绘图”选项板中单击相应的绘图命令按钮，选择菜单栏“绘图”菜单中的绘图命令，在“绘图”工具栏单击相应的绘图命令按钮，或者在命令行窗口输入相应的绘图命令均可调用绘图命令，应用基本绘图命令绘制简单图形的方法见表 12-3。

表 12-3 应用基本绘图命令绘制简单图形的方法

按钮、命令、功能	操作实例	
Line 绘制直线段	命令:_line↙ 指定第一点:100,100↙ 指定下一点或［放弃(U)］:@ 50,0↙ 指定下一点或［放弃(U)］:@ 50<120↙ 指定下一点或［闭合(C)/放弃(U)］:c↙	(@50<120) (100,100) (@50,0)
Pline 绘制多段线	命令:_pline↙ 指定起点:100,100↙ 指定下一个点或［圆弧(A)/闭合(C)/……[①]］:@ 50,0↙ 指定下一点或［圆弧(A)/闭合(C)/……］:A↙ 指定圆弧的端点或［角度(A)/圆心(CE)/……］:@ 0,-30↙ 指定圆弧的端点或［角度(A)/……/直线(L)］:L↙ 指定下一点或［圆弧(A)/闭合(C)/……］:@ -50,0↙ 指定下一点或［圆弧(A)/闭合(C)/……］:A↙ 指定圆弧的端点或［角度(A)/圆心(CE)/闭合(CL)/……］:CL↙	50 R15 M
Rectang 画矩形	命令:_rectang↙ 指定第一个角点或［倒角(C)/标高(E)/圆角(F)/厚度(T)/宽度(W)］:100,100↙ 指定另一个角点或［面积(A)/尺寸(D)/旋转(R)］:@ 50,25↙	50 25 (100,100)
Circle 绘制圆	命令:_circle↙ 指定圆的圆心或［三点(3P)/两点(2P)/切点、切点、半径(T)］:100,100↙ 指定圆的半径或［直径(D)］<25.0000>:25↙	R25 (100,100)

（续）

按钮、命令、功能	操作实例	
Polygon 绘制正多边形	命令:_polygon↙ 输入边的数目 <4>:5↙ 指定正多边形的中心点或［边(E)］:100,100↙ 输入选项［内接于圆(I)/外切于圆(C)］<I>:↙ 指定圆的半径:25↙ 若已知所外切圆的半径则 输入选项［内接于圆(I)/外切于圆(C)］<I>:C↙	R25 (100,100)

① 此处省略号表示省略了命令的其他选项，而非命令语句显示为“……”。

2. 辅助绘图功能

状态栏提供了辅助绘图功能按钮，高亮显示状态为开启状态，如图 12-14 所示。可单击辅助绘图功能按钮右侧的下拉按钮▾展开其下拉列表进行进一步的功能选择和设置。

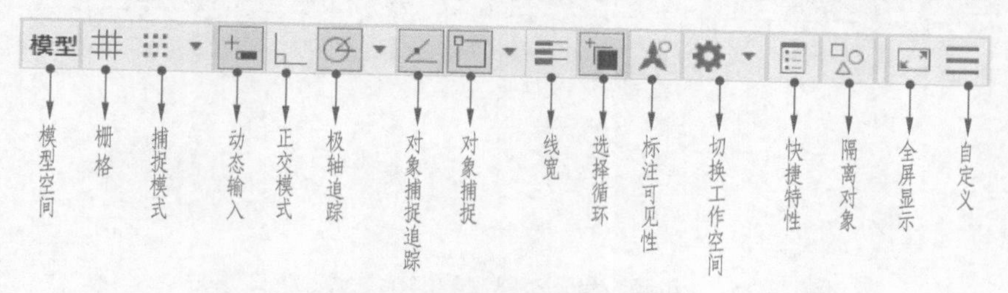

图 12-14　状态栏的辅助绘图功能

1）栅格：可以使绘图区域显示指定间距的栅格点，类似于方格纸。栅格点是一种辅助定位图形，不是图形对象，不能被打印输出。栅格和捕捉模式配合使用对提高绘图精度有重要作用。

2）捕捉模式：为鼠标移动设定一个固定步长。在绘图命令下，光标移动距离总是步长的整数倍，以提高速度和精度。

3）正交模式：控制绘制图线方向为水平或竖直，常用于使用鼠标画水平或垂直线。

4）极轴追踪：控制绘制图线的角度按所设定的角度增量增加。

5）对象捕捉追踪：与对象捕捉配合使用将会在光标移动时显示捕捉点的对齐路径。

6）对象捕捉和动态输入：参看 12. 1. 3 小节内容。

7）线宽：可以开关图形区域线型的显示效果，但不影响打印。只有超过 0. 3mm 线宽的图线才能在图形区域显示为粗实线。

8）选择循环：当需要选择相邻或相互重叠的对象时选择操作通常是比较困难的，开启该功能再选择重叠对象时，系统便会弹出可供选择的对象。也可以按住<Shift+Space>键，同时用光标重复单击所选对象，此时被选中的实体将在互相重叠的对象中循环切换。

9）标注可见性：使用注释比例显示注释性对象。禁用后，注释性对象将以当前比例显示。

10）隔离对象：在当前的视图中暂时隐藏选定的对象或未选择对象。

辅助绘图命令是“透明命令”，可以在执行任何一个命令的过程中插入执行，完成后又恢复到执行原命令状态。为保证方便、快捷地绘图，推荐启用极轴追踪、对象捕捉、对象捕捉追踪辅助绘图功能。

3. 参数化绘图

可在功能区“参数化”选项卡中单击相应的命令按钮或者在“参数”菜单中选择相应的命令进行参数化绘图，也可以打开“几何约束”和“标注约束”工具栏，如图12-15所示。添加或改变约束条件，图形对象会随之变化，便于精确控制图形。

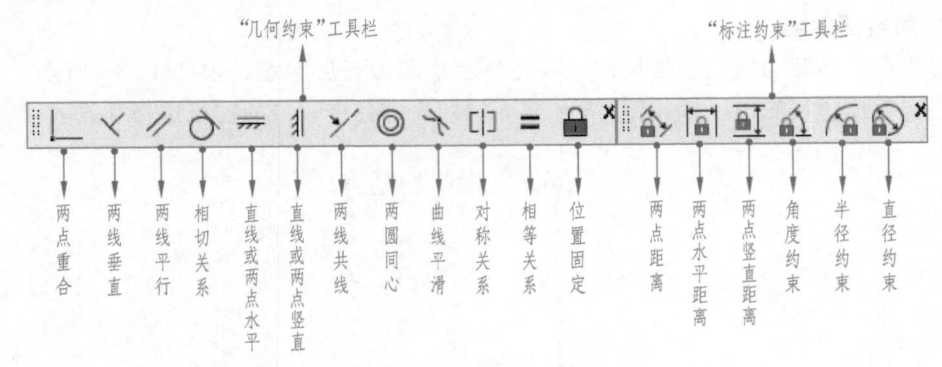

图12-15 “几何约束”工具栏和“标注约束”工具栏

（1）几何约束　几何约束用来定义图形对象之间的关系，包括重合、垂直、平行、相切、同心等。在添加几何约束时，先选择约束类型，再选择基准约束对象，最后选择被约束对象。

例如，为如图12-16a所示左、右边线添加对称关系，为上、下边线添加平行关系，图形受几何约束限制变为如图12-16b所示状态。几何约束也可以设置为隐藏状态，在功能区“参数化”选项卡或“参数化”工具栏中单击“选择或隐藏几何约束”按钮，再经过进一步的编辑，可得到如图12-16c所示图形。

在图形对象之间建立约束关系之后，调整一个对象的位置或大小，另一对象也会随之变动，而约束关系保持不变。

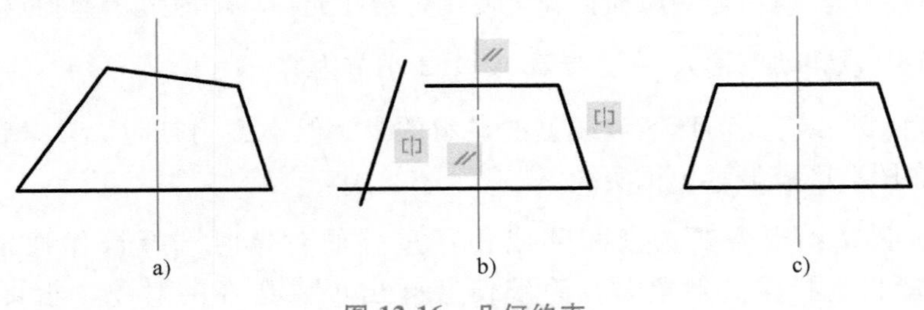

图12-16　几何约束

（2）标注约束　标注约束可控制图形对象的大小，如直线的长度、两点之间的距离、角度和圆弧半径等。在开始绘图时可以先不考虑尺寸大小，把图形画好后，如图12-17a所示，再添加标注约束将图形驱动到所要求的大小，两种约束关系经常配合使用，如图12-17b所示。

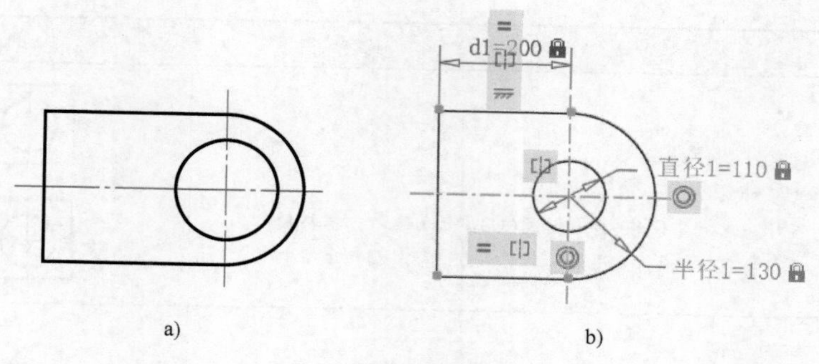

图 12-17　标注约束

12. 2. 3　基本编辑命令

1. 构造选择集

对图形进行编辑时，许多命令都要求选择要进行编辑的对象。AutoCAD 软件提供两种编辑方式：①先启动命令，再选择要编辑的对象；②先选择对象，再启动命令。选择的图形实体可以是单个的，也可以是多个的。当选择结束后要单击回车或鼠标右键来结束选择状态，然后再进行其他操作。下面介绍几种最常用的对象选择方法。

1）定点方式：直接用光标拾取要选择的实体。这种方式一次只能选择一个实体，若有相互重叠的对象，则可单击状态栏的“选择循环”按钮。

2）窗口方式：当需要选择多个实体，且位置比较集中时，可用光标在界面上拾取矩形框的两个对角点来选择框内的对象，也可以用拖动光标的方式形成一个任意形状的选择窗口。从左向右形成的窗口将会选中完全包含在窗口内的对象（窗口选择），从右向左形成的窗口将会选中窗口内或与窗口边界相交的全部对象（窗交选择）。

3）圈围/圈交方式：类似于窗口方式，用光标拾取多个点围成一个多边形来确定选择范围，圈围方式可选中全部包含在多边形内的对象，圈交方式可选中全部包含或与多边形边界相交的对象。进入对象选择状态后，在命令行窗口输入“wp↙”或“cp↙”，即可进入这种选择方式。

4）栏选方式：可以绘制任意形状的线，不需要构成封闭图形，与所绘制线相交的对象都会被选中。进入对象选择状态后，在命令行窗口输入“f↙”，即可进行栏选。

2. 常见基本编辑命令

应用常见基本编辑命令编辑简单图形的方法见表 12-4。

表 12-4　应用常见基本编辑命令编辑简单图形的方法

按钮、命令、功能	操作实例	
Erase 删除	命令:_erase↙ 选择对象://选择虚线 选择对象:↙	⇨

（续）

按钮、命令、功能	操作实例	
Copy 复制	命令:_copy↙ 选择对象://选择圆 选择对象:↙ 指定基点或［位移(D)/模式(O)］<位移>://捕捉圆心 指定第二个点或<使用第一个点作为位移>(捕捉十字中心点)	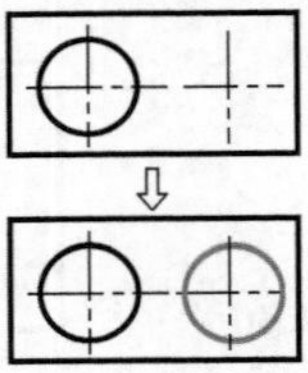
Mirror 镜像	命令:_mirror↙ 选择对象://选择圆 选择对象:↙ 指定镜像线的第一点://捕捉直线上端点 指定镜像线的第二点://捕捉直线下端点 要删除源对象吗?［是(Y)/否(N)］<N>:↙	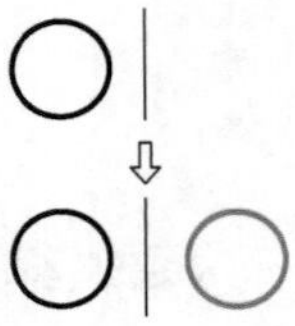
Offset 偏移	命令:_offset↙ 指定偏移距离或［通过(T)/删除(E)/图层(L)］<2.0000>:↙//或者输入数值 选择要偏移的对象,或［退出(E)/放弃(U)］<退出>://选择圆 指定要偏移的那一侧上的点,或［退出(E)/多个(M)/放弃(U)］<退出>://单击圆的外侧	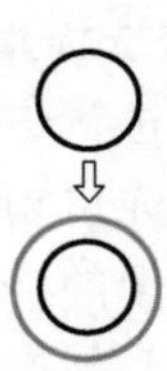
Move 移动	命令:_move↙ 选择对象://选择圆 选择对象:↙ 指定基点或［位移(D)］<位移>://捕捉圆心 指定第二个点或<使用第一个点作为位移>://捕捉右侧十字中心点	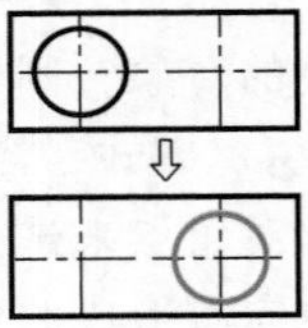
Rotate 旋转	命令:_rotate↙ 选择对象://全部框选 选择对象:↙ 指定基点://捕捉圆心 指定旋转角度,或［复制(C)/参照(R)］<0>:90↙	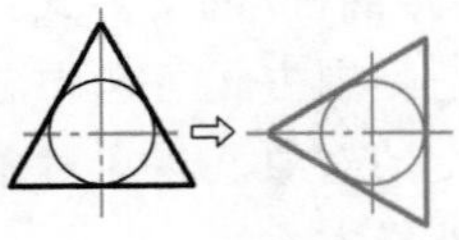
Trim 修剪	命令:_trim↙ 选择剪切边…选择对象或<全部选择>://选择细实线 选择对象:↙ 选择要修剪的对象,或按住Shift键选择要延伸的对象,或［栏选(F)/窗交(C)/投影(P)/边(E)/删除(R)/放弃(U)］://选择直线多余部分↙	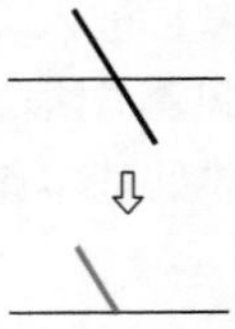
Extend 延伸	命令:_extend↙ 选择对象或<全部选择>://选择细实线 选择对象:↙ 选择要延伸的对象,或按住Shift键选择要修剪的对象,或［栏选(F)/窗交(C)/投影(P)/边(E)/放弃(U)］://选择直线↙	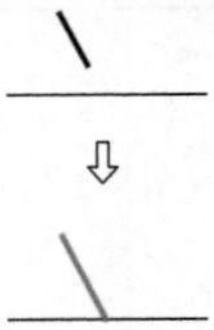

（续）

按钮、命令、功能	操作实例	
Fillet 圆角	命令：_fillet↙ 选择第一个对象或［放弃(U)/多段线(P)/半径(R)/修剪(T)/多个(M)］：r↙ 指定圆角半径 <0.0000>：20↙ 选择第一个对象或［放弃(U)/多段线(P)/半径(R)/修剪(T)/多个(M)］：//选择左边线，如果图形为多段线，则输入“p↙” 选择第二个对象：//选择右边线	

3. 夹点编辑功能

AutoCAD 软件在图形对象上定义了一些控制点，称为夹点，在图形被选中状态下显示出来，如图 12-18 所示。用鼠标拖动夹点可以对图形进行拉伸、移动、旋转、缩放等编辑操作。

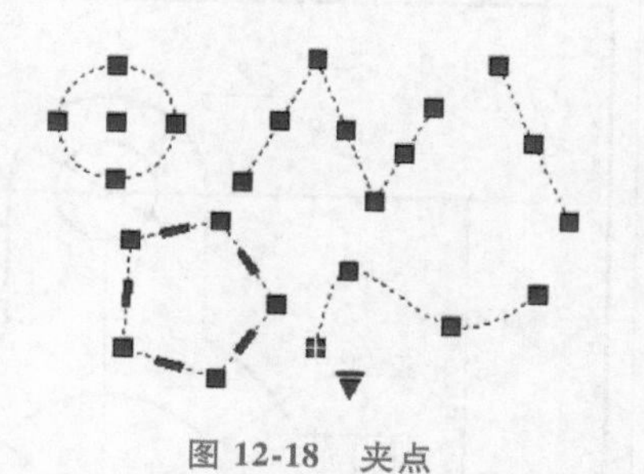

图 12-18　夹点

4. 修改对象特性

（1）直接修改特性　选中图形对象，单击“标准”工具栏的“特性”按钮，或者在选中的图形上单击鼠标右键并在弹出的快捷菜单中选择“特性”命令均可打开“特性”选项板，进而可以方便快捷地修改和设置图形的各种属性。“特性”选项板的内容根据所选择的图形对象而有所不同，直线的“特性”选项板如图 12-19 所示。

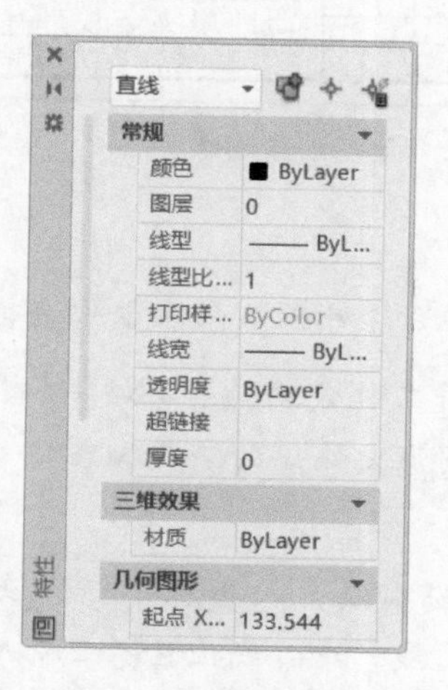

图 12-19　直线的“特性”选项板

（2）特性匹配　将选定对象的特性复制到其他对象上，使后者的特性得以改变。单击“标准”工具栏上的“特性匹配”按钮可激活该命令，可复制的图形特性包括颜色、线型、图层、线型比例、线宽等。具体操作过程是：单击命令按钮→选择源对象→选择要匹配的对象。

12.3 绘图实例

12.3.1 平面图形绘制

【例 12-2】 完成如图 12-20 所示平面图形绘制，并标注尺寸，保存为“LX1.dwg”文件。

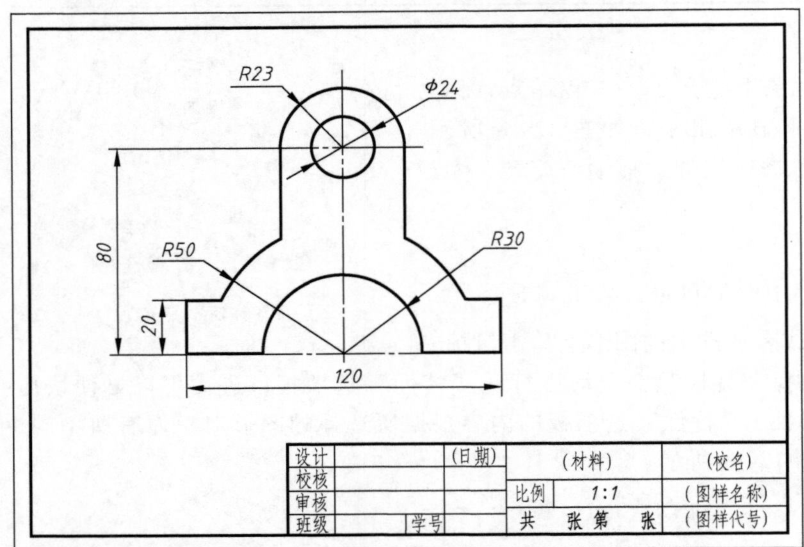

图 12-20　例 12-2 平面图形绘制

1. 调用 A4.dwt 样板图

单击“新建”按钮，在“选择样板”列表框中选择“A4.dwt”文件。单击“保存”按钮，在弹出的对话框中，将文件命名为“LX1”，文件类型选择为“*.dwg”，单击“保存”按钮，进入“LX1.dwg 图形文件”的绘图状态。

2. 平面图形的绘制步骤

1）设“05”细点画线层为当前层，状态栏中“正交模式”按钮为激活模式，用“直线”命令绘制 ϕ24 圆孔的中心线。中心线位置不必输入具体坐标值，只需在图纸范围中的适当位置用鼠标单击选定即可。图形最下方水平基准线的绘制可使用“偏移”命令完成，给定偏移距离 80。并将用“偏移”命令生成的点画线转换为“01”粗实线层的线段，如图 12-21a 所示。

2）设“01”粗实线层为当前层，激活“对象捕捉”模式，使用“圆”命令，用捕捉方式确定圆心，按命令行窗口的提示输入半径值，分别绘制 *R*50、*R*30、*R*23、*R*12 四个圆，如图 12-21b 所示。使用“修剪”命令，以线段 *AB* 和与其相交的小圆为剪切边，修剪多余线段和圆弧，并在下方补画中心线，如图 12-21c 所示。

3）使用“偏移”命令，绘制与水平直线平行且相距 20 的直线及与竖直中心线平行且相距 60 的两条平行线 *CD*、*EF*（平行线 *CD*、*EF* 相距 120），如图 12-21d 所示。使用“修剪”命令，选择线段 *CD*、*EF* 和圆弧 $\overset{\frown}{GH}$ 为剪切边，修剪掉多余线段，并将左、右线段转到粗实线层，如图 12-21e 所示。

4）激活“正交模式”、“对象捕捉”模式，使用“直线”命令，捕捉点 *P* 为直线的起点，竖直向下画直线并与半径为 *R*50 的圆相交，按同样方法绘制与之对称的直线 *MN*，如图 12-21f 所示。使用“修剪”命令，选择线段 *PQ*、*MN* 及大圆弧为剪切边，修剪掉多余线段和圆弧，完成平面图形，如图 12-21g 所示。

5）设“08”尺寸层为当前层，标注图形尺寸。标注线性尺寸时，须激活“对象捕捉”模式，捕捉尺寸标注的起始、终止点。标注并调整好尺寸位置，如图 12-21h 所示。

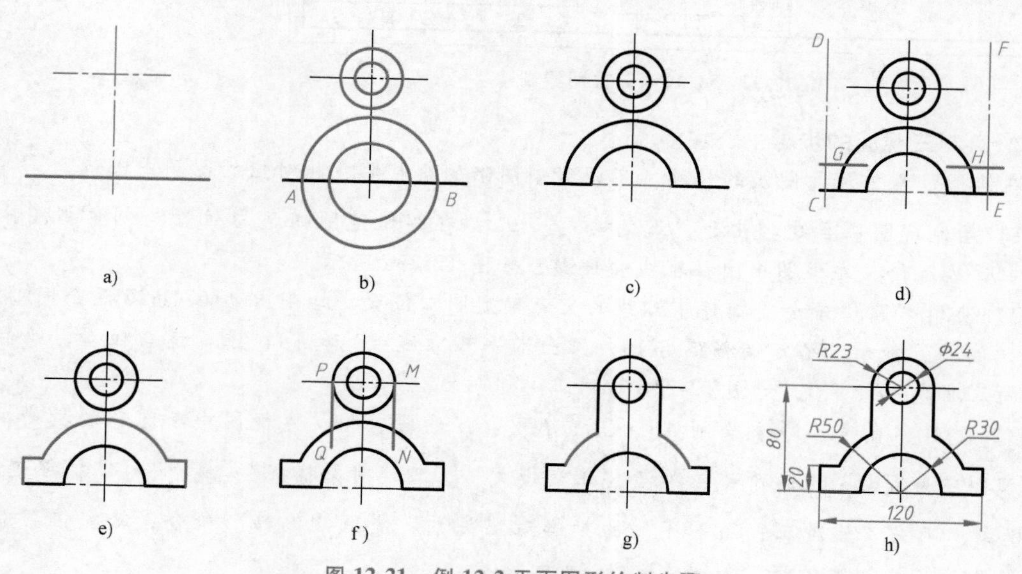

图 12-21　例 12-2 平面图形绘制步骤

绘制图形时，要避免使用“绝对坐标”绘制图线。充分利用图形元素间的相对位置关系、灵活运用绘图命令和辅助绘图功能将简化绘图步骤，提高绘图效率。绘制任一图形的方法和步骤是多种多样的，需要在实践中不断地积累经验，掌握绘制平面图形的方法和技巧。

12.3.2　三视图绘制

【例 12-3】　绘制如图 12-22 所示的组合体三视图并标注尺寸，保存为“LX2. dwg”文件。

1. 调用样板图

调用 A4 样板图，创建“LX2. dwg”为当前图形文件。

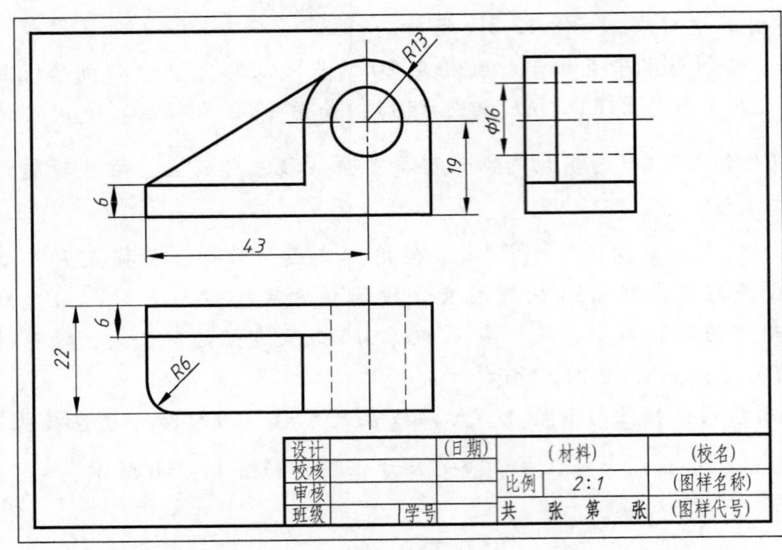

图 12-22 例 12-3 三视图绘制

2. 绘制三视图的步骤

在绘图过程中注意图层的转换，不同线型图形的绘制要在相对应的图层中进行。

1）绘制视图基准线。激活“正交模式”，在图纸范围内适当位置绘制主视图中的对称中心线及俯、左视图中圆柱轴线的投影，如图 12-23a 所示。

2）使用“圆”命令，捕捉中心线的交点确定圆心位置，绘制出 ϕ16、ϕ26 两个同心圆。使用“偏移”命令，给定偏移距离 19，画出水平基准线 *AB* 和 *EF*；选择适当位置，绘制宽度方向基准线 *CE*、*EG*，如图 12-23b 所示。

3）使用“直线”命令绘制 *AB*、*CD*、*EF*、*GH* 线段，俯、左视图中小圆孔的投影，以及左视图中大圆柱最上轮廓线，激活“正交模式”、“对象捕捉”、“对象捕捉追踪”模式，确保“长对正、高平齐”的投影对应关系。使用“偏移”命令，给定偏移距离 43，绘出底板左侧定位线，如图 12-23c 所示。

4）使用“偏移”命令，分别给定偏移距离 22、6，绘制底板三面投影线段 *AB*、*DE*、*HI*、*FG*。也可以通过捕捉 *M*、*N* 两点测量偏移距离值，来确定侧面投影线段 *FG* 的位置，如图 12-23d 所示。使用“修剪”命令，修剪掉多余的图线，如图 12-23e 所示。

5）取消“正交模式”，在“对象捕捉”模式设置中选中“相切”选项，使用“直线”命令，捕捉点 *A* 作为直线的起点，将鼠标靠近大圆弧捕捉切点 *B* 完成直线的绘制。使用“偏移”命令，给定偏移距离 6，绘制肋板的水平和侧面投影，如图 12-23f 所示。

6）激活“正交模式”，通过捕捉切点 *B* 绘制相正交的水平、竖直直线 *BC*、*BF*，确定肋板水平和侧面投影位置 *CD*、*EF*，并利用“修剪”命令，修剪掉多余的作图线，如图 12-23g 所示。

7）使用“倒圆角”命令，按命令行窗口的提示，设定半径值为 6 完成底板圆角绘制，如图 12-23h 所示。

8）使用“缩放”命令将三视图整体放大 2 倍，调整图形间距，使它们都位于合适的位置，将尺寸标注样式设置中的“测量比例因子”改为 0.5，按要求标注尺寸，完成组合体三视图的绘制，如图 12-23i 所示。

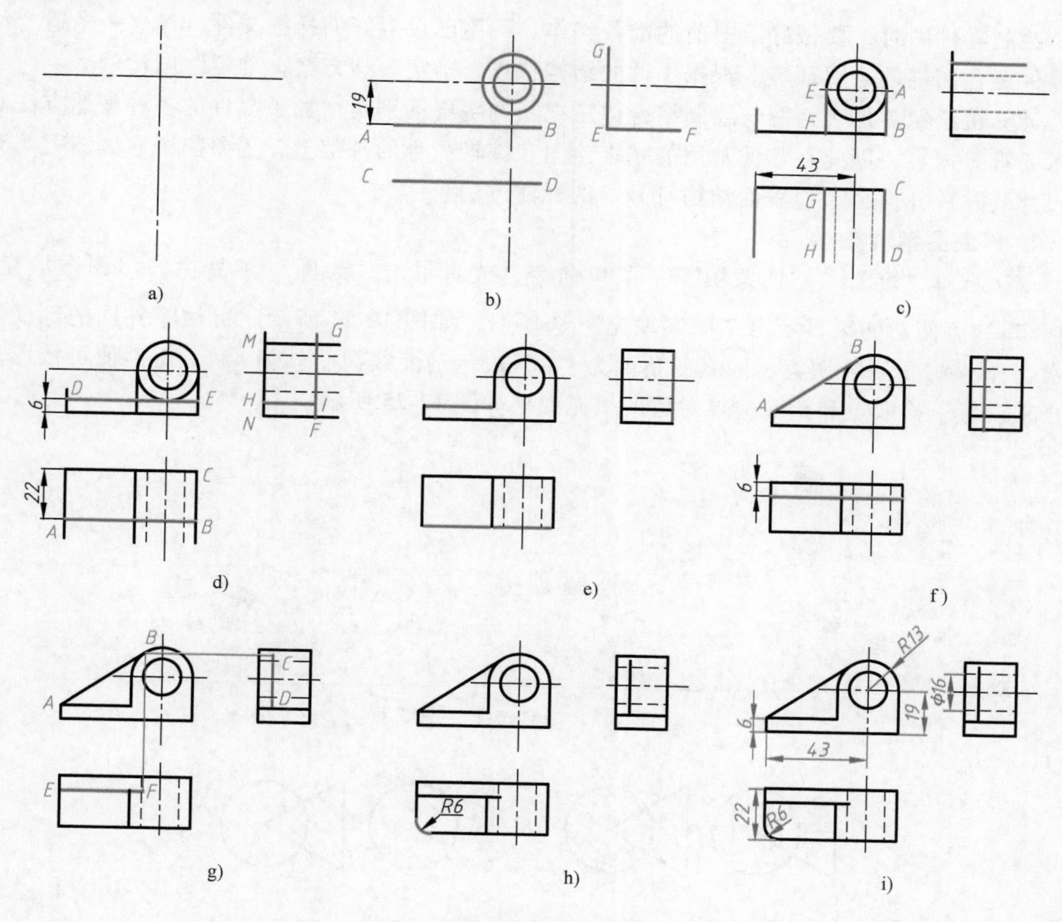

图 12-23　三视图绘制步骤

绘制组合体三视图的关键是在完成平面图形绘制的基础上，保证各视图间的投影对应关系：长对正、高平齐、宽相等。为此，作图时要反复用到 AutoCAD 软件提供的如下辅助绘图功能。

1）正交模式：通过水平线、竖直线的绘制，辅助控制图形满足长对正、高平齐的投影对应关系。

2）对象捕捉：通过捕捉端点、中点、圆心、切点等，保证用鼠标定点的准确性。

3）对象捕捉追踪：利用推理线，配合“对象捕捉”可确保三视图间长对正、高平齐的投影对应关系。

此外，也常常应用“偏移”命令中的测量偏移距离值的方法，来保证俯、左视图间的宽相等投影对应关系。

12.3.3　零件图绘制

绘制零件图时，要做好绘图前的准备工作。调用已设置好的样板文件，建立一个适合绘制零件工程图样的绘图环境。根据零件的结构特点，确定表达方案，确定绘图比例。

计算机绘制零件表达图与绘制组合体三视图的主要区别是增加了零件的各种表达方法和技术要求等内容，因此在掌握常用的基本绘图和编辑命令的基础上，还要熟练掌握图案填充及尺寸公差、几何公差、表面结构符号等的标注方法。

1. 剖面图案填充

依次选择“绘图”→“图案填充”菜单命令，或者单击“绘图”工具栏的“图案填充”按钮均可使功能区显示出“图案填充”选项卡，如图12-24所示。机械零件图的剖面线通常选择“ANSI31”图案，图案的角度为“0”表示剖面线向右倾斜45°，比例值可依图形大小来设置，拾取点和拾取边界对象的填充效果如图12-25所示。

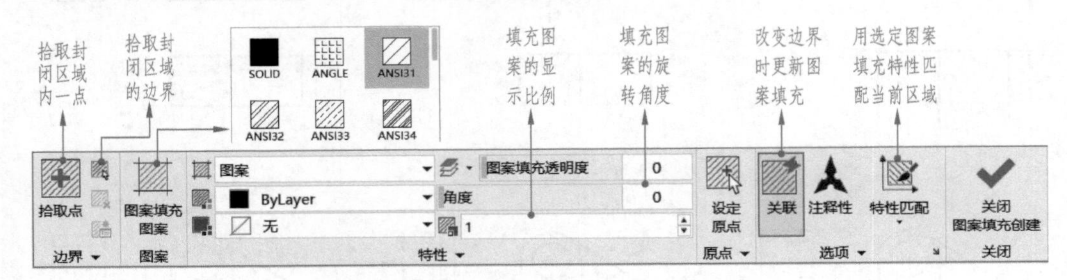

图12-24　“图案填充”选项卡

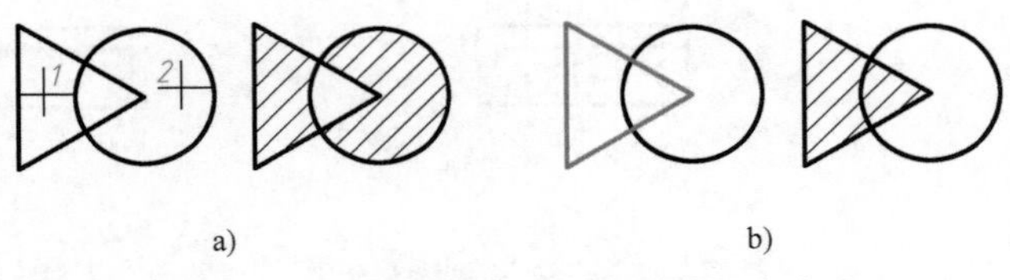

图12-25　“图案填充”边界选择方式

a）拾取点　b）拾取边界对象

2. 尺寸公差标注

常见的尺寸公差标注形式如图12-26所示，其中，$\phi24^{-0.007}_{-0.020}$的上极限偏差-0.007和下极限偏差-0.020可在“标注样式管理器”对话框中进行设置。依次选择“格式”→“标注样式”菜单命令，或者单击“样式”工具栏上的“标注样式”按钮打开“标注样式管理器”对话框，新建“公差标注”样式，在“公差”选项卡中按要求设置“公差格式”选项组中的各参数值，系统默认的上偏差为正数，下偏差为负数，如图12-27所示。这种尺寸公差设置

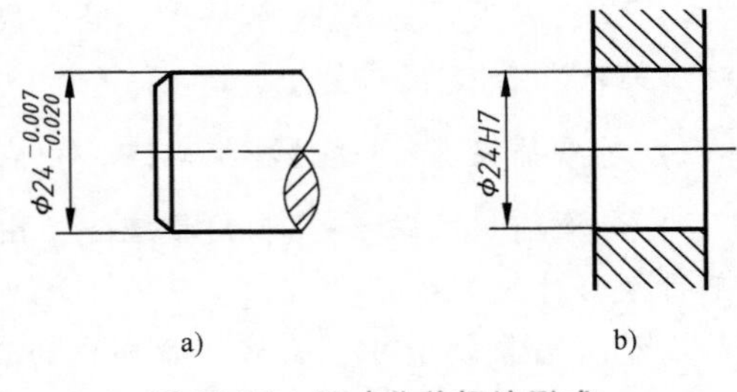

图12-26　尺寸公差标注形式

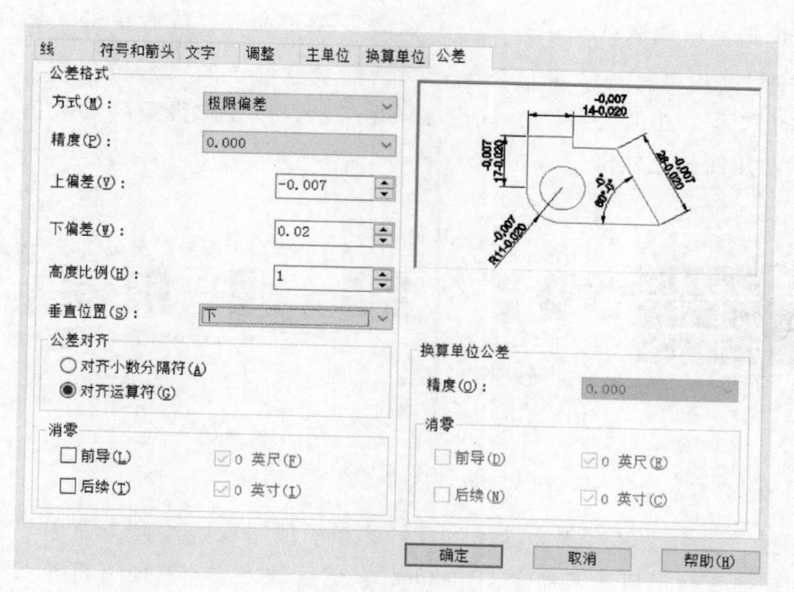

图 12-27 “公差”选项卡

方式适用于零件图中多处使用同一种公差的情况。

此外，也可以选中尺寸线，单击“标准”工具栏的“特性”按钮，在“特性”选项板中的“公差”选项卡中设置尺寸公差形式，如图 12-28a 所示。如图 12-26b 所示 ϕ24H7 的尺寸公差可直接在“特性”选项板中的“文字”选项卡中的“文字替代”文本框输入“%%c<>H7”完成（AutoCAD 软件中“%%c”可显示为符号 ϕ，“<>”可显示为测量的数字），如图 12-28b 所示。这种尺寸公差设置方式通常适用于多处带有不同公差的尺寸标注情况。

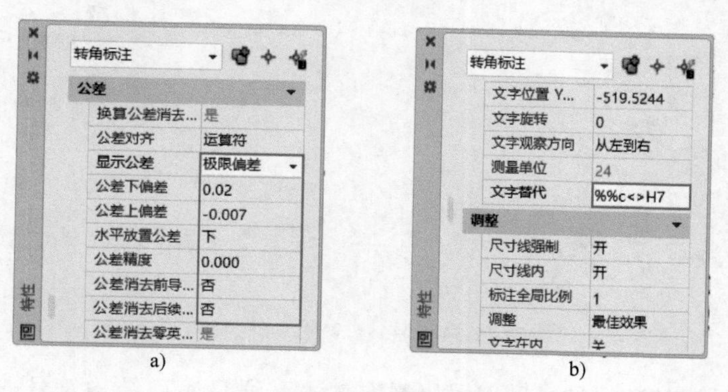

图 12-28 尺寸线的“特性”选项板

3. 几何公差标注

常见的几何公差标注符号如图 12-29 所示，包括公差框格、指引线和基准符号的标注。

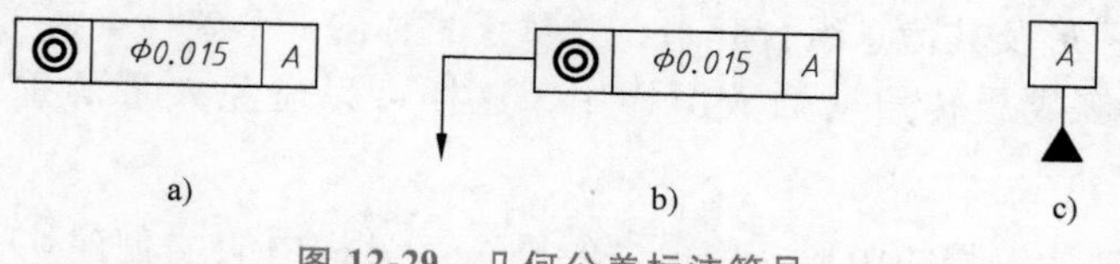

图 12-29 几何公差标注符号

（1）公差框格　可依次选择“标注”→“公差”菜单命令，或者单击“标注”工具栏上的“公差”按钮⊕.1均可打开“形位公差”对话框（软件中的“形位公差”为旧版国标说法，同现行国标术语“几何公差”），如图 12-30 所示，按要求设置各参数值，可绘制出如图 12-29a 所示的几何公差框格。

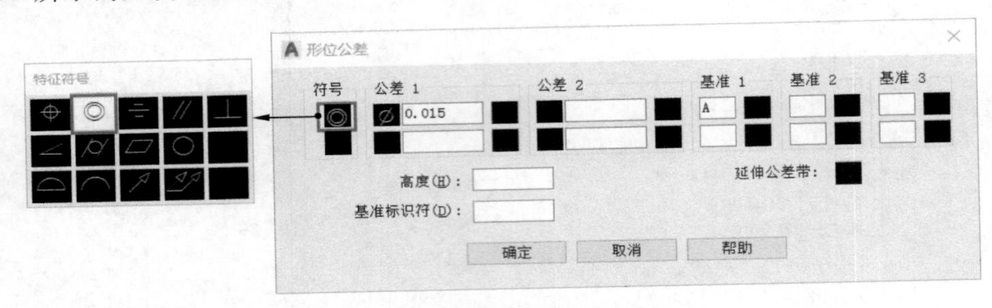

图 12-30　“形位公差”对话框

（2）指引线　指引线可用“多段线”或“多重引线”命令绘制，而用“快速引线”命令更加快捷。在命令行窗口输入命令“qleader”，然后输入“s ”便可打开“引线设置”对话框。在“注释”选项卡中将“注释类型”选择为“公差”，如图 12-31a 所示；在“引线和箭头”选项卡中将“引线”选择为“直线”，“箭头”选择为“实心闭合”，“点数”选择为“3”，如图 12-31b 所示。单击“确定”按钮切换到界面绘图区域，用光标拾取指引线的起点、拐点和终点后，系统会弹出如图 12-30 所示“形位公差”对话框，合理设置各参数值便可绘制出如图 12-29b 所示的带引线的几何公差。

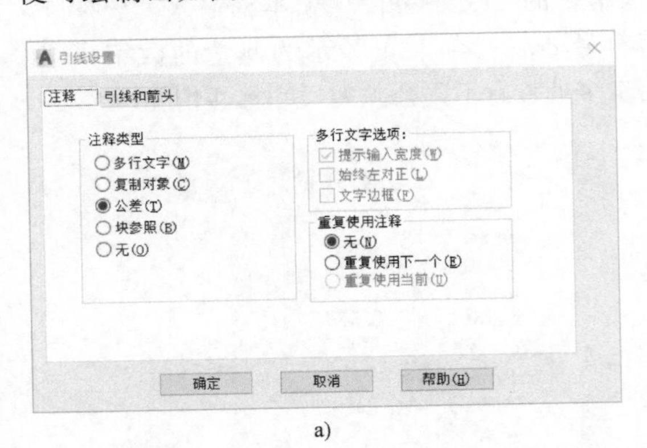

a)

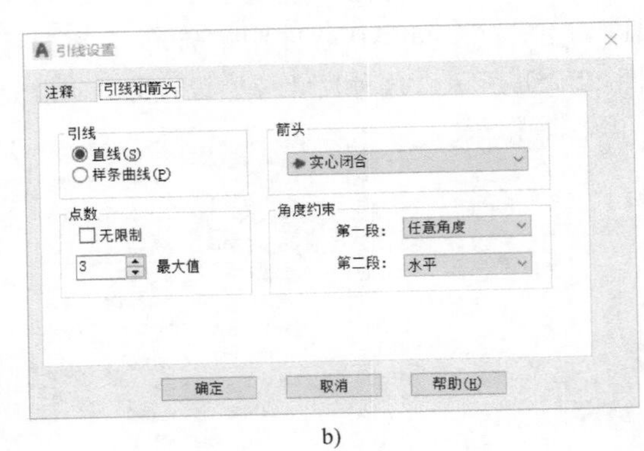

b)

图 12-31　“引线设置”对话框

（3）基准符号　基准符号可采用图块制作方法（详见表面结构符号的标注）将其制作为块，如图 12-29c 所示，再将“基准符号”图形以块的形式载入图形中并按要求标注。

4. 表面结构符号标注

常见的表面结构符号如图 12-32 所示。一般采用“图块”的形式进行操作。图块是将图样中需反复使用的图形及其信息组合起来，并赋予名称的一个整体。需要时，可将一个图块整体以一个任意比例或旋转角度插入图样中，这样可以避免大量的重复工作，提高绘图效率。

首先绘制表面结构符号的图形，单击“绘图”工具栏中的“创建块”按钮，根据提示将图块命名为“表面质量”，设置基点（拾取表面结构符号的尖端），再选择图形对象（框选整个表面结构符号图形），单击“确定”按钮完成“表面质量”块属性的定义，如图 12-32 所示。

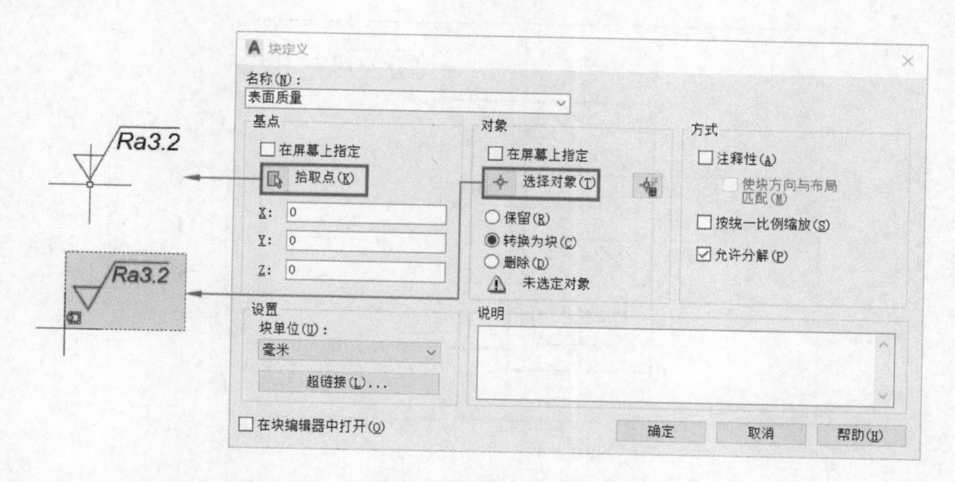

图 12-32　表面结构符号和“块定义”对话框

标注表面结构符号时，单击“绘图”工具栏中的“插入块”按钮便可打开如图 12-33 所示“块”选项板，已创建好的图块会显示出来。在“插入选项”选项组勾选“插入点”复选框，然后根据提示设置缩放比例和旋转角度，再单击图块标识，在绘图区域拾取插入点，便可将“表面质量”图形以块的形式插入图样中，如图 12-33 所示。若勾选“旋转”复选框，则插入图块时图块可以跟随光标旋转，可以更加灵活地设置图块插入角度。

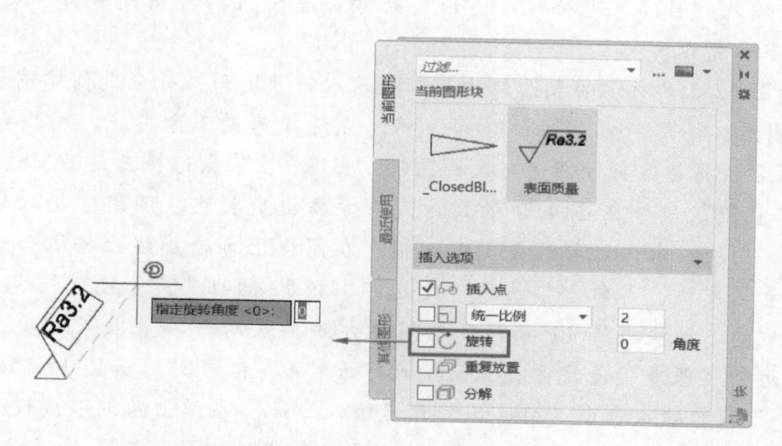

图 12-33　“块”选项板

AutoCAD 软件中的“复制”和“粘贴”功能同样可以实现表面结构符号的重复使用，可代替简单的块操作。“块”功能不仅能够提高表面结构符号和基准符号的创建便捷性，将一些特殊图形或常用图形以块的形式保存、建成图形库并调用，能更好地保证绘图的效率、质量和统一性。

5. 零件图绘制实例

【例 12-4】 绘制如图 12-34 所示的零件图图样，并进行标注，保存为“LX3. dwg” 文件。

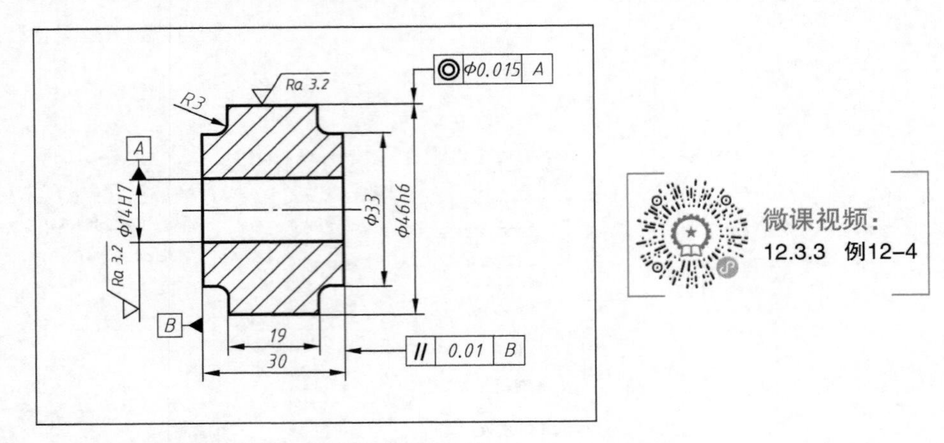

图 12-34　例 12-4 零件图图样绘制

作图：

注意在绘图过程中的图层转换，不同线型的绘制要在相对应的图层中绘制。

1）调用 A4 样板图，创建“LX3. dwg”为当前图形文件。

2）用前述绘图方法绘制该图样的图形部分，注意图形的封闭性，如图 12-35a 所示。调用“图案填充”命令，单击“拾取点”按钮后在图形中选择点 *A* 和 *B*，将“填充图案”选择为“ANSI31”，“角度”设置为“0”，得到如图 12-35b 所示图形。

3）标注全部尺寸之后，选中 ϕ14 并激活其“特性”选项板，在“主单位”选项组的“标注后缀”中输入“H7”，可得“ϕ14H7”尺寸公差标注，再用同样方法得到“ϕ46h6”标注，如图 12-35c 所示。

4）绘制如图 12-35d 所示的表面结构符号和基准符号图形，并分别创建图块。全部选中表面结构符号图形，调用“创建块”命令，将基点选择为最下方尖点，图块命名为“表面质量”；用同样方法将基准符号图形定义为图块“基准”，基点选择三角形下边线的中点。

5）调用“直线”命令在 ϕ14H7 的尺寸线下方画出延长线。调用“插入块”命令，选中“表面质量”图块，勾选“插入点”复选框，在图样上方轮廓线上拾取合适位置插入第一个“表面质量”图块，再勾选“旋转”复选框，拾取 ϕ14H7 尺寸线延长线上的一点，将第二个“表面质量”图块旋转 90°插入。用同样方法插入两个“基准”图块，调用“多行文字”命令在两个“基准”图块方框里面填入字母“*A*”和“*B*”，如图 12-35e 所示。

6）在命令行窗口输入命令“qleader”然后输入“s”，在弹出的“引线设置”对话框的“注释”选项卡中将“注释类型”选择为“公差”。在“引线和箭头”选项卡中将“引线”选择为“直线”，“箭头”选择为“实心闭合”，“点数”选择为“3”，单击“确定”按钮切换到界面绘图区域。用光标拾取同轴度几何公差指引线的起点、拐点和终点后，在弹出的“形位公差”对话框中选择同轴度符号，设置“公差 1”为“ϕ0. 015”，“基准 1”为“*A*”，绘制出同轴度几何公差。采用同样的方法，将“点数”改为 2，修改其他参数，可绘制出平行度几何公差，如图 12-35f 所示，完成该图样的绘制和标注。

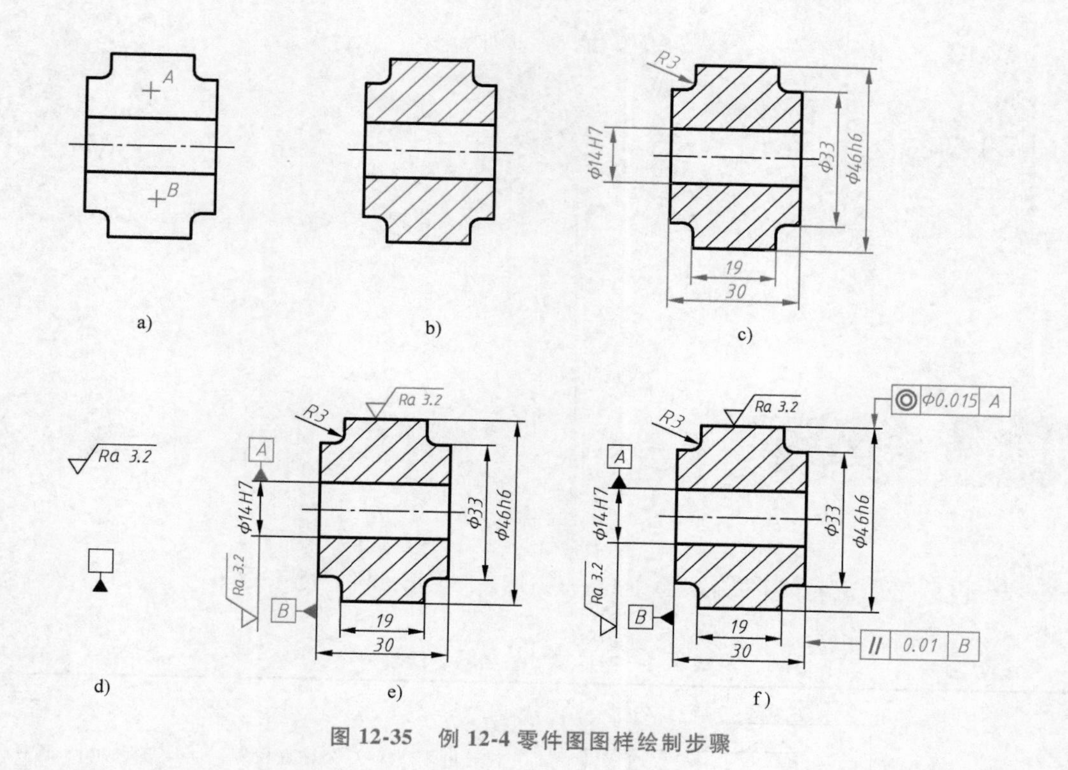

图 12-35　例 12-4 零件图图样绘制步骤

计算机绘图技术的发展依赖于计算机运算能力发展水平，扫描右侧二维码了解我国超级计算机——天河三号的研制历程。

附录

附录 A 标准结构

一、普通螺纹（摘自 GB/T 193—2003、GB/T 196—2003）

表 A-1 普通螺纹直径与螺距系列 （单位：mm）

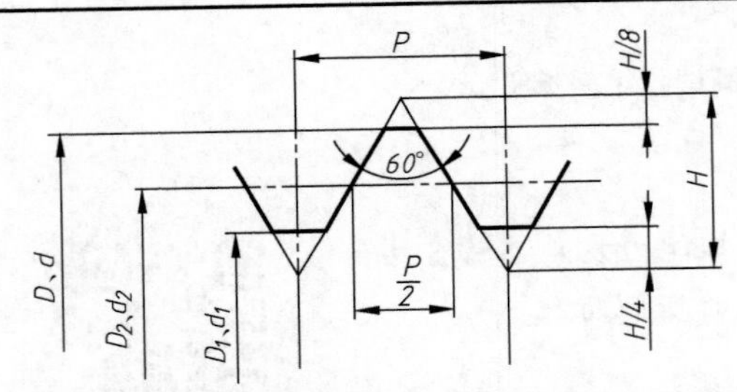

标记示例

普通粗牙外螺纹，公称直径为 24mm，右旋，中径、顶径公差带代号为 5g、6g，短旋合长度，其标记为：

M24-5g6g-S

普通细牙内螺纹，公称直径为 24mm，螺距为 1.5mm，左旋，中径、顶径公差带代号为 6H，中等旋合长度，其标记为：

M24×1.5-6H-LH

公称直径 D,d		螺距 P		粗牙中径 D_2、d_2	粗牙小径 D_1、d_1	公称直径 D,d		螺距 P		粗牙中径 D_2、d_2	粗牙小径 D_1、d_1
第一系列	第二系列	粗牙	细牙			第一系列	第二系列	粗牙	细牙		
3		0.5	0.35	2.675	2.459	20		2.5	2,1.5,1	18.376	17.294
	3.5	0.6		3.110	2.850		22	2.5		20.376	19.294
4		0.7	0.5	3.545	3.242	24		3	2,1.5,1	22.051	20.752
	4.5	0.75		4.013	3.688		27	3	2,1.5,1	25.051	23.752
5		0.8		4.480	4.134	30		3.5	(3),2,1.5,1	27.727	26.211
6		1	0.75	5.350	4.917		33	3.5	(3),2,1.5	30.727	29.211
	7	1	0.75	6.350	5.917	36		4	3,2,1.5	33.402	31.670
8		1.25	1,0.75	7.188	6.647		39	4		36.402	34.670
10		1.5	1.25,1,0.75	9.026	8.376	42		4.5	4,3,2,1.5	39.077	37.129
12		1.75	1.25,1	10.863	10.106		45	4.5		42.077	40.129
	14	2	1.5,1.25①,1	12.701	11.835	48		5		44.752	42.587
16		2	1.5,1	14.701	13.835		52	5		48.752	46.587
	18	2.5	2,1.5,1	16.376	15.294	56		5.5	4,3,2,1.5	52.428	50.046

注：1. 优先选用第一系列。

2. 括号内螺距尽可能不采用。

① 仅用于发动机的火花塞。

二、梯形螺纹（摘自 GB/T 5796.2—2022、GB/T 5796.3—2022）

表 A-2　梯形螺纹直径与螺距系列

（单位：mm）

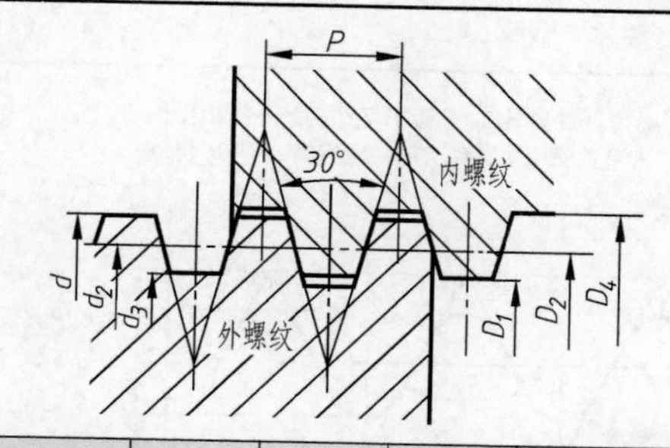

标记示例

双线左旋梯形外螺纹，公称直径为 40mm，导程为 14mm，中径公差带代号为 7e，其标记为：

Tr40×14P7-7e-LH

公称直径 d		螺距 P	中径 $d_2=D_2$	大径 D_4	小径	
第一系列	第二系列				d_3	D_1
8		1.5	7.25	8.30	6.20	6.50
	9	1.5	8.25	9.30	7.20	7.50
		2	8.00	9.50	6.50	7.00
10		1.5	9.25	10.30	8.20	8.50
		2	9.00	10.50	7.50	8.00
	11	2	10.00	11.50	8.50	9.00
		3	9.50	11.50	7.50	8.00
12		2	11.00	12.50	9.50	10.00
		3	10.50	12.50	8.50	9.00
	14	2	13.00	14.50	11.50	12.00
		3	12.50	14.50	10.50	11.00
16		2	15.00	16.50	13.50	14.00
		4	14.00	16.50	11.50	12.00
	18	2	17.00	18.50	15.50	16.00
		4	16.00	18.50	13.50	14.00
20		2	19.00	20.50	17.50	18.00
		4	18.00	20.50	15.50	16.00
	22	3	20.50	22.50	18.50	19.00
		5	19.50	22.50	16.50	17.00
		8	18.00	23.00	13.00	14.00
24		3	22.50	24.50	20.50	21.00
		5	21.50	24.50	18.50	19.00
		8	20.00	25.00	15.00	16.00

公称直径 d		螺距 P	中径 $d_2=D_2$	大径 D_4	小径	
第一系列	第二系列				d_3	D_1
	26	3	24.50	26.50	22.50	23.00
		5	23.50	26.50	20.50	21.00
		8	22.00	27.00	17.00	18.00
28		3	26.50	28.50	24.50	25.00
		5	25.50	28.50	22.50	23.00
		8	24.00	29.00	19.00	20.00
	30	3	28.50	30.50	26.50	27.00
		6	27.00	31.00	23.00	24.00
		10	25.00	31.00	19.00	20.00
32		3	30.50	32.50	28.50	29.00
		6	29.00	33.00	25.00	26.00
		10	27.00	33.00	21.00	22.00
	34	3	32.50	34.50	30.50	31.00
		6	31.00	35.00	27.00	28.00
		10	29.00	35.00	23.00	24.00
36		3	34.50	36.50	32.50	33.00
		6	33.00	37.00	29.00	30.00
		10	31.00	37.00	25.00	26.00
	38	3	36.50	38.50	34.50	35.00
		7	34.50	39.00	30.00	31.00
		10	33.00	39.00	27.00	28.00
40		3	38.50	40.50	36.50	37.00
		7	36.50	41.00	32.00	33.00
		10	35.00	41.00	29.00	30.00

注：优先选用第一系列。

三、55°管螺纹（摘自 GB/T 7306.1—2000、GB/T 7306.2—2000、GB/T 7307—2001）

表 A-3 管螺纹尺寸代号及基本尺寸 （单位：mm）

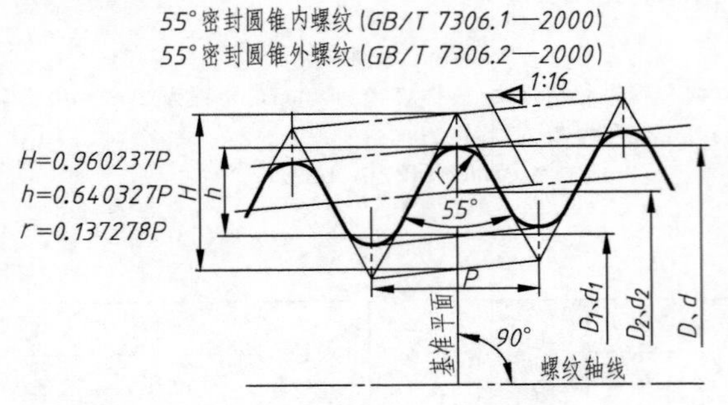

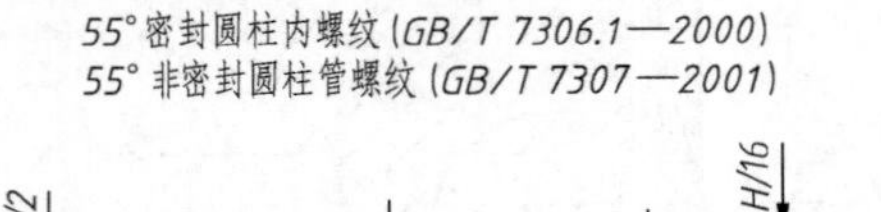

标记示例

尺寸代号为 3/4 的 55°密封左旋圆柱内螺纹，其标记为：

Rp 3/4 LH

尺寸代号为 3/4 的 55°密封左旋圆锥内螺纹，其标记为：

Rc 3/4 LH

尺寸代号为 3/4 的 55°非密封 A 级左旋管螺纹，其标记为：

G 3/4 A-LH

尺寸代号	每 25.4mm 内所包含的牙数 n	螺距 P	螺纹直径			尺寸代号	每 25.4mm 内所包含的牙数 n	螺距 P	螺纹直径		
			大径 $d=D$	中径 $d_2=D_2$	小径 $d_1=D_1$				大径 $d=D$	中径 $d_2=D_2$	小径 $d_1=D_1$
1/16	28	0.907	7.723	7.142	6.561	1⅛①	11	2.309	37.897	36.418	34.939
1/8	28	0.907	9.728	9.147	8.566	1¼	11	2.309	41.910	40.431	38.952
1/4	19	1.337	13.157	12.301	11.445	1½	11	2.309	47.803	46.324	44.845
3/8	19	1.337	16.662	15.806	14.950	1¾①	11	2.309	53.746	52.267	50.788
1/2	14	1.814	20.955	19.793	18.631	2	11	2.309	59.614	58.135	56.656
5/8①	14	1.814	22.911	21.749	20.587	2¼①	11	2.309	65.710	64.231	62.752
3/4	14	1.814	26.441	25.279	24.117	2½	11	2.309	75.184	73.705	72.226
7/8①	14	1.814	30.201	29.039	27.877	2¾①	11	2.309	81.534	80.055	78.576
1	11	2.309	33.249	31.770	30.291	3	11	2.309	87.884	86.405	84.926

① 尺寸代号为 55°非密封管螺纹（GB/T 7307—2001）尺寸代号，其余为 55°密封管螺纹（GB/T 7306.1—2000、GB/T 7306.2—2000）尺寸代号。

四、零件倒角与倒圆（摘自 GB/T 6403.4—2008）

表 A-4　与直径 ϕ 相应的倒角 C 与倒圆 R 的推荐值　（单位：mm）

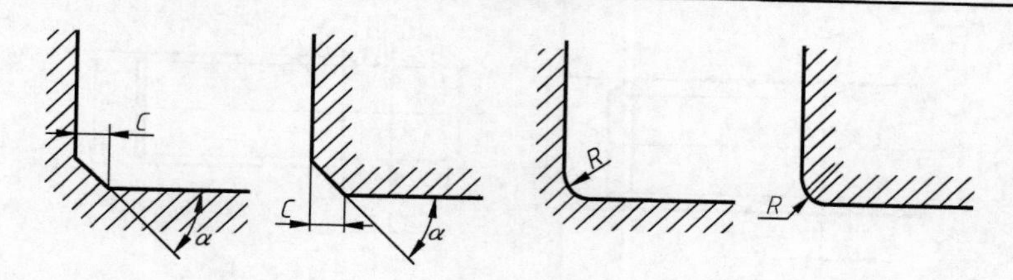

ϕ	<3	>3~6	>6~10	>10~18	>18~30	>30~50	>50~80	>80~120	>120~180	>180~250
C 或 R	0.2	0.4	0.6	0.8	1.0	1.6	2.0	2.5	3.0	4.0

五、砂轮越程槽（摘自 GB/T 6403.5—2008）

表 A-5　回转面及端面砂轮越程槽的尺寸　（单位：mm）

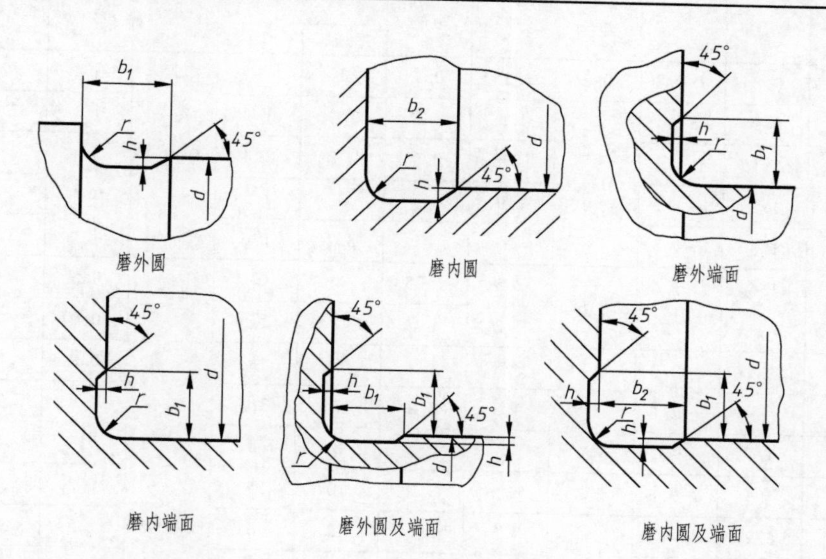

磨外圆　磨内圆　磨外端面

磨内端面　磨外圆及端面　磨内圆及端面

d	~10			10~15		50~100		100	
b_1	0.6	1.0	1.6	2.0	3.0	4.0	5.0	8.0	10
b_2	2.0	3.0		4.0		5.0		8.0	10
h	0.1	0.2		0.3	0.4		0.6	0.8	1.2
r	0.2	0.5		0.8	1.0		1.6	2.0	3.0

六、普通螺纹收尾和退刀槽（摘自 GB/T 3—1997）

表 A-6 普通螺纹收尾和退刀槽尺寸 （单位：mm）

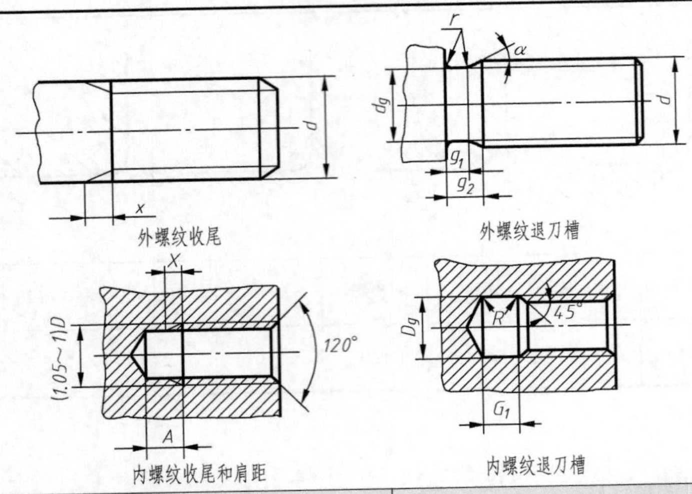

螺距 P	外螺纹						内螺纹					
	退刀槽				收尾 x_{max}		退刀槽				收尾 X_{max}	
	g_{2max}	g_{1min}	d_g	$r\approx$	一般	短的	G_1 一般	G_1 短的	D_g	$R\approx$	一般	短的
0.5	1.5	0.8	$d-0.8$	0.2	1.25	0.7	2	1	$D+0.3$	0.2	2	1
0.6	1.8	0.9	$d-1$	0.4	1.5	0.75	2.4	1.2		0.3	2.4	1.2
0.7	2.1	1.1	$d-1.1$		1.75	0.9	2.8	1.4		0.4	2.8	1.4
0.75	2.25	1.2	$d-1.2$		1.9	1	3	1.5			3	1.5
0.8	2.4	1.3	$d-1.3$		2	1	3.2	1.6			3.2	1.6
1	3	1.6	$d-1.6$	0.6	2.5	1.25	4	2	$D+0.5$	0.5	4	2
1.25	3.75	2	$d-2$		3.2	1.6	5	2.5		0.6	5	2.5
1.5	4.5	2.5	$d-2.3$	0.8	3.8	1.9	6	3		0.8	6	3
1.75	5.25	3	$d-2.6$	1	4.3	2.2	7	3.5		0.9	7	3.5
2	6	3.4	$d-3$		5	2.5	8	4		1	8	4
2.5	7.5	4.4	$d-3.6$	1.2	6.3	3.2	10	5		1.2	10	5
3	9	5.2	$d-4.4$	1.6	7.5	3.8	12	6		1.5	12	6
3.5	10.5	6.2	$d-5$		9	4.5	14	7		1.8	14	7
4	12	7	$d-5.7$	2	10	5	16	8		2	16	8
4.5	13.5	8	$d-6.4$	2.5	11	5.5	18	9		2.2	18	9
5	15	9	$d-7$		12.5	6.3	20	10		2.5	20	10
5.5	17.5	11	$d-7.7$	3.2	14	7	22	11		2.8	22	11
6	18	11	$d-8.3$		15	7.5	24	12		3	24	12

注：d_g 公差在 $d>3$mm 时为 h13，在 $d\leqslant3$mm 时为 h12。D_g 公差为 H13。

附录 B 标准件

一、螺栓（摘自 GB/T 5782—2016、GB/T 5783—2016）

表 B-1 六角头螺栓各部分尺寸 （单位：mm）

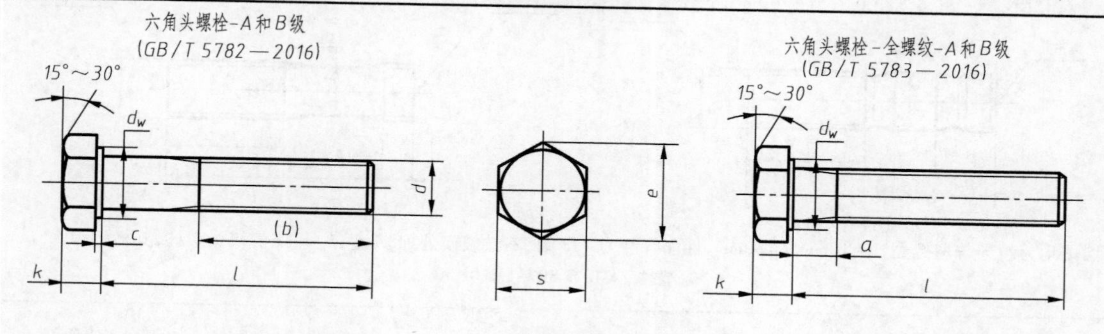

标记示例

螺纹规格 d=M12，公称长度 l=80mm，性能等级为 8.8 级，表面不经处理，产品等级为 A 级的六角头螺栓，其标记为：

螺栓 GB/T 5782 M12×80

若为全螺纹，则其标记为：

螺栓 GB/T 5783 M12×80

螺纹规格 d			M6	M8	M10	M12	M16	M20	M24	M30
e_{min}	产品等级	A	11.05	14.38	17.77	20.03	26.75	33.53	39.98	—
		B	10.89	14.20	17.59	19.85	26.17	32.95	39.55	50.85
$s_{公称}$=max			10	13	16	18	24	30	36	46
k 公称			4	5.3	6.4	7.5	10	12.5	15	18.7
c	max		0.5	0.6	0.6	0.6	0.8	0.8	0.8	0.8
	min		0.15	0.15	0.15	0.15	0.2	0.2	0.2	0.2
d_{wmin}	产品等级	A	8.88	11.63	14.63	16.63	22.49	28.19	33.61	—
		B	8.74	11.47	14.47	16.47	22	27.7	33.25	42.75
GB/T 5782	b 参考	l≤125	18	22	26	30	38	46	54	66
		125<l≤200	24	28	32	36	44	52	60	72
		l>200	37	41	45	49	57	65	73	85
	l 范围		30~60	40~80	45~100	50~120	65~160	80~200	90~240	110~300
GB/T 5783	a_{max}		3	4	4.5	5.3	6	7.5	9	10.5
	l 范围		12~60	16~80	20~100	25~120	30~150	40~150	50~150	60~200

注：1. GB/T 5782—2016、GB/T 5783—2016 规定螺栓的螺纹规格 d=M1.6~M64。

2. 螺栓公称长度 l 的长度系列为：2，3，4，6，8，10，12，16，20，25，30，35，40，45，50，55，60，65，70~160（10 进位），180~500（20 进位）。GB/T 5782—2016 的公称长度 l 为 12~500mm，GB/T 5783—2016 的公称长度 l 为 2~200mm。

二、双头螺柱（摘自 GB/T 897—1988、GB/T 898—1988、GB/T 899—1988、GB/T 900—1988）

表 B-2　双头螺柱各部分尺寸　（单位：mm）

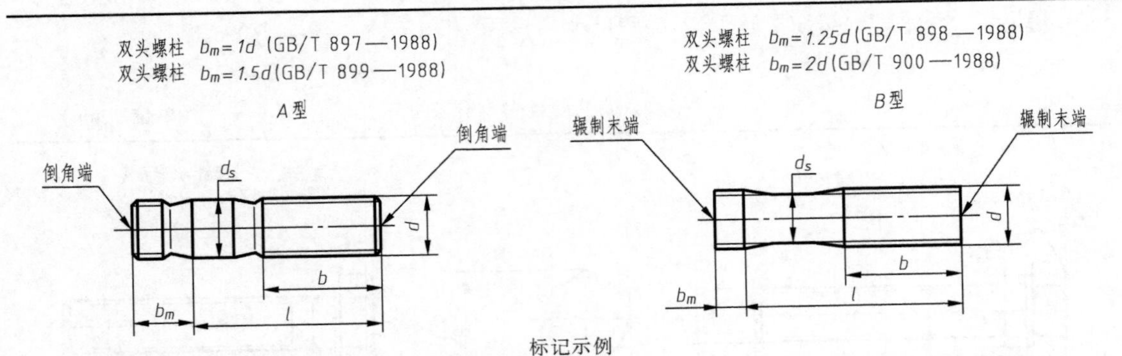

标记示例

两端均为粗牙普通螺纹，$d=10$mm，$l=50$mm，性能等级为 4.8 级，不经表面处理，B 型，$b_m=1d$ 的双头螺柱，其标记为：

螺柱　GB/T 897　M10×50

螺纹规格 d	b_m				d_s		b	l 公称
	GB/T 897	GB/T 898	GB/T 899	GB/T 900	max	min		
M5	5	6	8	10	5	4.7	10	16~(22)
							16	25~50
M6	6	8	10	12	6	5.7	10	20,(22)
							14	25,(28),30
							18	(32)~(75)
M8	8	10	12	16	8	7.64	12	20,(22)
							16	25,(28),30
							22	(32)~90
M10	10	12	15	20	10	9.64	14	25,(28)
							16	30~(38)
							26	40~120
							32	130
M12	12	15	18	24	12	11.57	16	25~30
							20	(32)~40
							30	45~120
							36	130~180
M16	16	20	24	32	16	15.57	20	30~(38)
							30	40~(55)
							38	60~120
							44	130~200
M20	20	25	30	40	20	19.48	25	35~40
							35	45~(65)
							46	70~120
							52	130~200

注：公称长度 l 的系列为 12，(14)，16，(18)，20，(22)，25，(28)，30，(32)，35，(38)，40，45，50，(55)，60，(65)，70，(75)，80，(85)，90，(95)，100~260（10 进位），280，300。GB/T 897—1988、GB/T 898—1988 规定的公称长度 l 为 16~300，GB/T 899—1988、GB/T 900—1988 规定的公称长度 l 为 12~300。括号内的规格尽可能不采用。

三、螺钉（摘自 GB/T 65—2016、GB/T 67—2016、GB/T 68—2016）

表 B-3　螺钉各部分尺寸

（单位：mm）

开槽圆柱头螺钉(GB/T 65—2016)　开槽盘头螺钉(GB/T 67—2016)　开槽沉头螺钉(GB/T 68—2016)

辗制末端

标记示例

螺纹规格 d=M5,公称长度 l=20mm,性能等级为 4.8 级,不经表面处理的 A 级开槽圆柱头螺钉,其标记为：

螺钉　GB/T 65　M5×20

螺纹规格 d		M3	M4	M5	M6	M8	M10
螺距 P		0.5	0.7	0.8	1	1.25	1.5
b_{min}		25	38	38	38	38	38
x_{max}		1.25	1.75	2	2.5	3.2	3.8
n 公称		0.8	1.2	1.2	1.6	2	2.5
d_{amax}		3.6	4.7	5.7	6.8	9.2	11.2
GB/T 65	d_k 公称=max	5.5	7	8.5	10	13	16
	k 公称=max	2	2.6	3.3	3.9	5	6
	t_{min}	0.85	1.1	1.3	1.6	2	2.4
	l	4~30	5~40	6~50	8~60	10~80	12~80
GB/T 67	d_k 公称=max	5.6	8	9.5	12	16	20
	k 公称=max	1.8	2.4	3.00	3.6	4.8	6
	t_{min}	0.7	1	1.2	1.4	1.9	2.4
	l	4~30	5~40	6~50	8~60	10~80	12~80
GB/T 68	d_k 公称=max	5.5	8.4	9.3	11.3	15.8	18.3
	k 公称=max	1.65	2.7	2.7	3.3	4.65	5
	t_{max}	0.85	1.3	1.4	1.6	2.3	2.6
	l	5~30	6~40	8~50	8~60	10~80	12~80

注：1. 标准规定螺纹规格 d=M1.6~M10。

2. 螺钉公称长度系列 l 为 2，2.5，3，4，5，6，8，10，12，(14)，16，20，25，30，35，40，45，50，(55)，60，(65)，70，(75)，80，括号内的规格尽可能不采用。GB/T 65—2016 的公称长度 l 不包括 2.5，GB/T 68—2016 的公称长度 l 不包括 2。

3. GB/T 65—2016 和 GB/T 67—2016 的螺钉，d=M1.6~M3 且公称长度 l≤30mm 的，或者 d=M4~M10 且公称长度 l≤40mm 的，制出全螺纹。

GB/T 68—2016 的螺钉，d=M1.6~M3 且公称长度 l≤30mm 的，或者 d=M4~M10 且公称长度 l≤45mm 的，制出全螺纹。

四、紧定螺钉（摘自 GB/T 71—2018、GB/T 73—2017、GB/T 75—2018）

表 B-4　紧定螺钉各部分尺寸　（单位：mm）

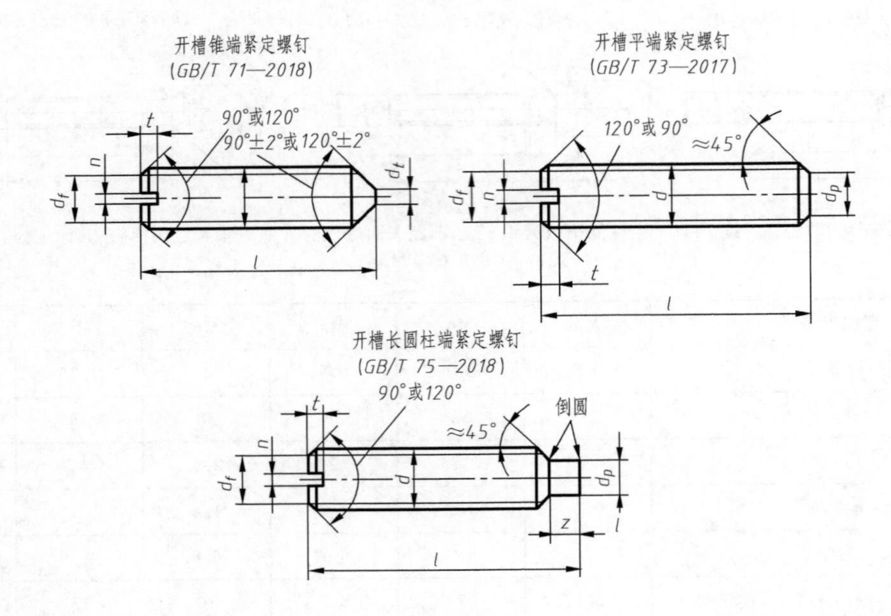

标记示例

螺纹规格 d=M5,公称长度 l=12mm,钢制,硬度等级为 14H 级,表面不经处理,产品等级为 A 级的开槽锥端紧定螺钉,其标记为:

螺钉　GB/T 71　M5×12

螺纹规格 d		M1.6	M2	M2.5	M3	M4	M5	M6	M8	M10	M12
螺距 P		0.35	0.4	0.45	0.5	0.7	0.8	1	1.25	1.5	1.75
n 公称		0.25	0.25	0.4	0.4	0.6	0.8	1	1.2	1.6	2
t_{max}		0.74	0.84	0.95	1.05	1.42	1.63	2	2.5	3	3.6
d_{tmax}		0.16	0.2	0.25	0.3	0.4	0.5	1.5	2	2.5	3
d_{pmax}		0.8	1	1.5	2	2.5	3.5	4	5.5	7	8.5
z_{max}		1.05	1.25	1.5	1.75	2.25	2.75	3.25	4.3	5.3	6.3
l	GB/T 71	2~8	3~10	3~12	4~16	6~20	8~25	8~30	10~40	12~50	14~60
	GB/T 73	2~8	2~10	2.5~12	3~16	4~20	5~25	6~30	8~40	10~50	12~60
	GB/T 75	2.5~8	3~10	4~12	5~16	6~20	8~25	8~30	10~40	12~50	(14)~60
l 系列		2,2.5,3,4,5,6,8,10,12,(14),16,20,25,30,35,40,45,50,(55),60									

注：l 为公称长度，括号内的规格尽可能不采用。

五、螺母（摘自 GB/T 6170—2015、GB/T 6172.1—2016、GB/T 923—2009）

表 B-5　螺母各部分尺寸

（单位：mm）

1型六角螺母(GB/T 6170—2015)

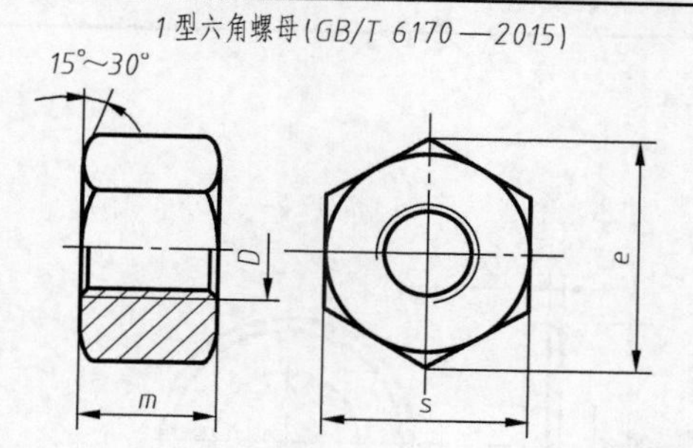

六角薄螺母(GB/T 6172.1—2016)

15°~30°　D　e　m　s

标记示例

螺纹规格 D=M12，性能等级为 8 级，不经表面处理，产品等级为 A 级的 1 型六角螺母，其标记为：

螺母　GB/T 6170　M12

螺纹规格 D		M4	M5	M6	M8	M10	M12	M16	M20	M24	M30	M36
e_{min}		7.66	8.79	11.05	14.38	17.77	20.03	26.75	32.95	39.55	50.85	60.79
s 公称=max		7	8	10	13	16	18	24	30	36	46	55
m_{max}	GB/T 6170	3.2	4.7	5.2	6.8	8.4	10.8	14.8	18	21.5	25.6	31
	GB/T 6172.1	2.2	2.7	3.2	4	5	6	8	10	12	15	18

表 B-6　六角盖形螺母各部分尺寸

（单位：mm）

六角盖形螺母(GB/T 923—2009)

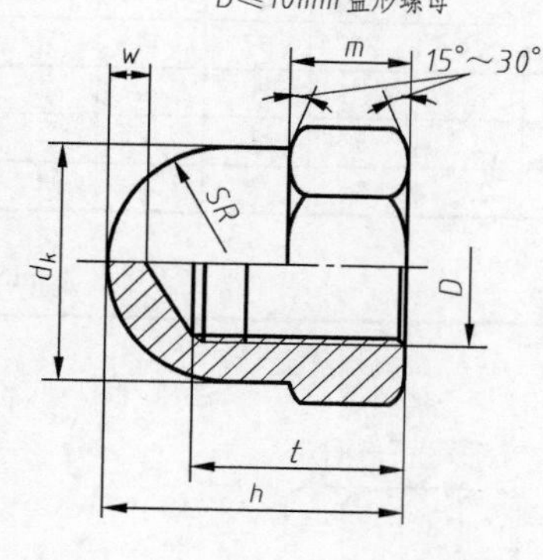

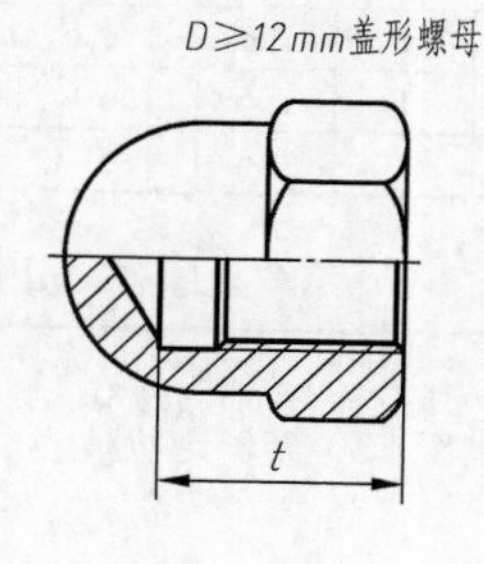

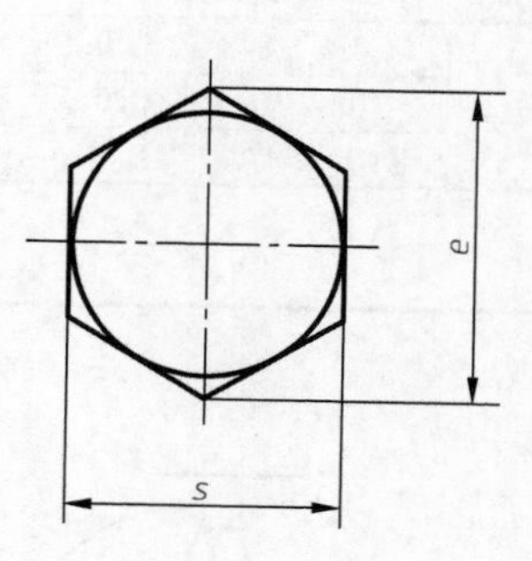

标记示例

螺纹规格 D=M12，性能等级为 6 级，表面氧化处理的六角盖形螺母，其标记为：

螺母　GB/T 923　M12

螺纹规格 D	M4	M5	M6	M8	M10	M12	M16	M20	M24
e_{min}	7.66	8.79	11.05	14.38	17.77	20.03	26.75	32.95	39.55
s 公称	7	8	10	13	16	18	24	30	36
m_{max}	3.2	4	5	6.5	8	10	13	16	19
h 公称=max	8	10	12	15	18	22	28	34	42
t_{max}	5.74	7.79	8.29	11.35	13.35	16.35	21.42	26.42	31.5

六、垫圈（摘自 GB/T 848—2002、GB/T 97.1—2002、GB/T 97.2—2002、GB/T 93—1987、GB/T 859—1987）

表 B-7 垫圈各部分尺寸 （单位：mm）

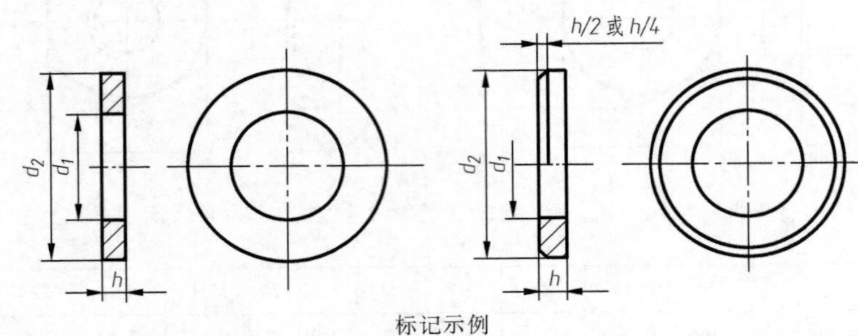

标记示例

标准系列，公称规格为 8mm，由钢制造的硬度等级为 220HV 级，不经表面处理，产品等级为 A 级的平垫圈，其标记为：

垫圈 GB/T 97.1 8

公称规格（螺纹大径 d）		3	4	5	6	8	10	12	16	20	24	30	36
d_1 公称 = min	GB/T 848	3.2	4.3	5.3	6.4	8.4	10.5	13	17	21	25	31	37
	GB/T 97.1	3.2	4.3	5.3	6.4	8.4	10.5	13	17	21	25	31	37
	GB/T 97.2	—	—	5.3	6.4	8.4	10.5	13	17	21	25	31	37
d_2 公称 = max	GB/T 848	6	8	9	11	15	18	20	28	34	39	50	60
	GB/T 97.1	7	9	10	12	16	20	24	30	37	44	56	66
	GB/T 97.2	—	—	10	12	16	20	24	30	37	44	56	66
h 公称	GB/T 848	0.5	0.5	1	1.6	1.6	1.6	2	2.5	3	4	4	5
	GB/T 97.1	0.5	0.8	1	1.6	1.6	2	2.5	3	3	4	4	5
	GB/T 97.2	—	—	1	1.6	1.6	2	2.5	3	3	4	4	5

表 B-8 弹簧垫圈各部分尺寸 （单位：mm）

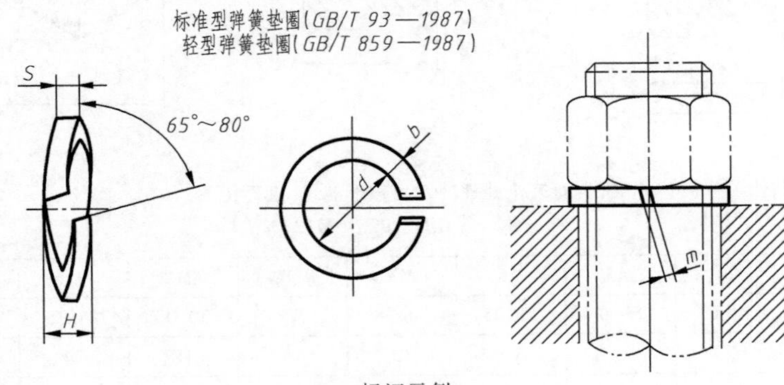

标记示例

规格为 16mm，材料为 65Mn，表面氧化的标准型弹簧垫圈，其标记为：

垫圈 GB/T 93 16

（续）

规格（螺纹大径）		4	5	6	8	10	12	（14）	16	（18）	20	24	30
$d_{\min}$		4.1	5.1	6.1	8.1	10.2	12.2	14.2	16.2	18.2	20.2	24.5	30.5
$H_{\min}$	GB/T 93	2.2	2.6	3.2	4.2	5.2	6.2	7.2	8.2	9	10	12	15
	GB/T 859	1.6	2.2	2.6	3.2	4	5	6	6.4	7.2	8	10	12
$S(b)$公称	GB/T 93	1.1	1.3	1.6	2.1	2.6	3.1	3.6	4.1	4.5	5	6	7.5
S公称	GB/T 859	0.8	1.1	1.3	1.6	2	2.5	3	3.2	3.6	4	5	6
$m \leqslant$	GB/T 93	0.55	0.65	0.8	1.05	1.3	1.55	1.8	2.05	2.25	2.5	3	3.75
	GB/T 859	0.4	0.55	0.65	0.8	1	1.25	1.5	1.6	1.8	2	2.5	3
b公称	GB/T 859	1.2	1.5	2	2.5	3	3.5	4	4.5	5	5.5	7	9

七、键（摘自 GB/T 1095—2003，GB/T 1096—2003）

表 B-9　键及键槽各部分的尺寸

（单位：mm）

平键 键槽的剖面尺寸（GB/T 1095—2003）

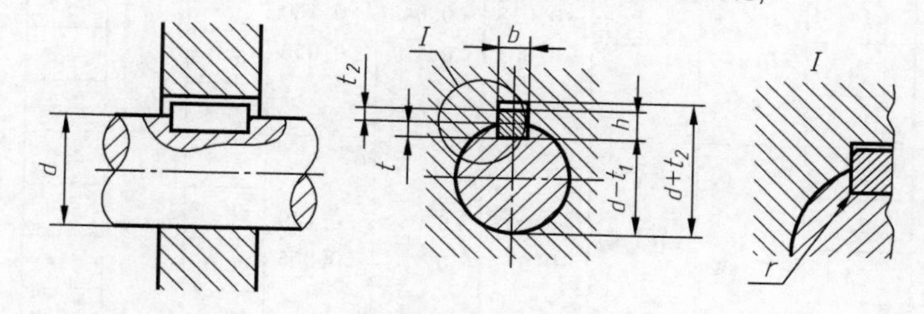

普通型 平键（GB/T 1096—2003）

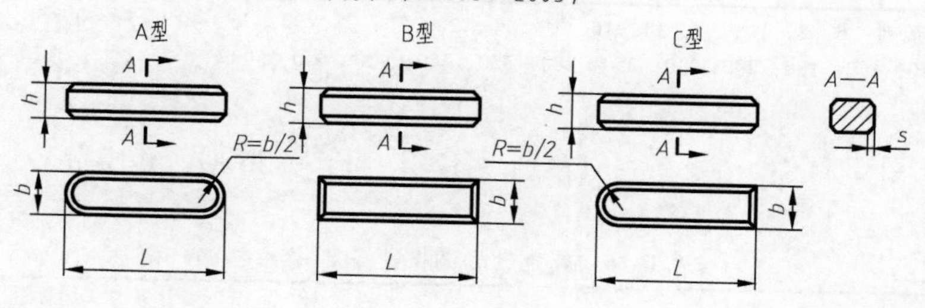

标记示例

宽度 $b=18$mm，高度 $h=11$mm，长度 $L=100$mm 的普通 A 型平键，其标记为：

GB/T 1096　键　18×11×100

宽度 $b=18$mm，高度 $h=11$mm，长度 $L=100$mm 的普通 B 型平键，其标记为：

GB/T 1096　键 B　18×11×100

宽度 $b=18$mm，高度 $h=11$mm，长度 $L=100$mm 的普通 C 型平键，其标记为：

GB/T 1096　键 C　18×11×100

（续）

键		键槽											
键尺寸 $b \times h$	长度 L	宽度 b						深度				半径 r	
		公称尺寸 b	极限偏差					轴 t_1		毂 t_2			
			正常联结		紧密联结	松联结							
			轴 N9	毂 JS9	轴与毂 P9	轴 H9	毂 D10	公称尺寸	极限偏差	公称尺寸	极限偏差	min	max
2×2	6~20	2	-0.004 -0.029	±0.0125	-0.006 -0.031	+0.025 0	+0.060 +0.020	1.2	+0.1 0	1	+0.1 0	0.08	0.16
3×3	6~36	3						1.8		1.4			
4×4	8~45	4	0 -0.030	±0.015	-0.012 -0.042	+0.030 0	+0.078 +0.030	2.5		1.8			
5×5	10~56	5						3.0		2.3		0.16	0.25
6×6	14~70	6						3.5		2.8			
8×7	18~90	8	0 -0.036	±0.018	-0.015 -0.051	+0.036 0	+0.098 +0.040	4.0	+0.2 0	3.3	+0.2 0		
10×8	22~110	10						5.0		3.3		0.25	0.40
12×8	28~140	12	0 -0.043	±0.0215	-0.018 -0.061	+0.043 0	+0.120 +0.050	5.0		3.3			
14×9	36~160	14						5.5		3.8			
16×10	45~180	16						6.0		4.3			
18×11	50~200	18						7.0		4.4			
20×12	56~220	20	0 -0.052	±0.026	-0.022 -0.074	+0.052 0	+0.149 +0.065	7.5		4.9		0.40	0.60
22×14	63~250	22						9.0		5.4			
25×14	70~280	25						9.0		5.4			
28×16	80~320	28						10.0		6.4			

注：公称长度系列：6，8，10，12，14，16，18，20，22，25，28，32，36，40，45，50，56，63，70，80，90，100，110，125，140，160，180，200，220，250，280，320，360，400，450，500。

八、销（摘自 GB/T 119.1—2000、GB/T 117—2000、GB/T 91—2000）

表 B-10　圆柱销和圆锥销各部分尺寸　（单位：mm）

圆柱销（GB/T 119.1—2000）

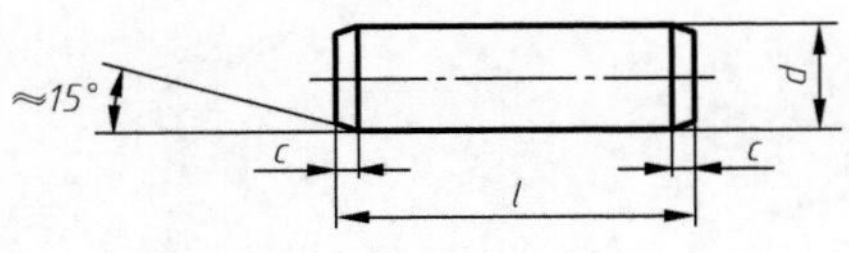

圆锥销（GB/T 117—2000）

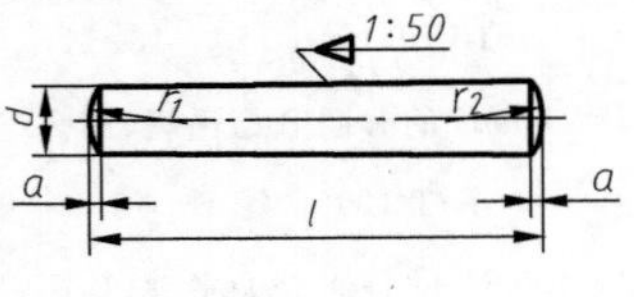

标记示例

公称直径 d=6mm，公差为 m6，公称长度 l=30mm 材料为钢，不经淬火，不经表面处理的圆柱销，其标记为：

销　GB/T 119.1　6m6×30

公称直径 d=10mm、公称长度 l=60mm 材料为 35 钢，热处理硬度 28~38HRC，表面氧化处理的 A 型圆锥销，其标记为：

销　GB/T 117　10×60

（续）

圆柱销各部分尺寸													
d		4	5	6	8	10	12	16	20	25	30	40	50
圆柱销	$c\approx$	0.63	0.80	1.2	1.6	2.0	2.5	3.0	3.5	4.0	5.0	6.3	8.0
	l 范围	8~40	10~50	12~60	14~80	18~95	22~140	26~180	35~200	50~200	60~200	80~200	95~200
圆锥销	$a\approx$	0.5	0.63	0.8	1	1.2	1.6	2	2.5	3	4	5	6.3
	l 范围	14~55	18~60	22~90	22~120	26~160	32~180	40~200	45~200	50~200	55~200	60~200	65~200
l(系列)		2,3,4,5,6,8,10,12,14,16,18,20,22,24,26,28,30,32,35,40,45,50,55,60,65,70,75,80,85,90,95,100,120,140,160,180,200											

表 B-11　开口销各部分尺寸　（单位：mm）

开口销（GB/T 91—2000）

标记示例

公称规格为 5mm，公称长度 $l=50$mm，材料为 Q215 或 Q235，不经表面处理的开口销，其标记为：

销　GB/T 91　5×50

公称规格		1.2	1.6	2	2.5	3.2	4	5	6.3	8	10	13
c	max	2	2.8	3.6	4.6	5.8	7.4	9.2	11.8	15	19	24.8
	min	1.7	2.4	3.2	4	5.1	6.5	8	10.3	13.1	16.6	21.7
$b\approx$		3	3.2	4	5	6.4	8	10	12.6	16	20	26
a_{max}		2.5				3.2	4				6.3	
l 范围		8~25	8~32	10~40	12~50	14~63	18~80	22~100	32~125	40~160	45~200	71~250
l(系列)		4,5,6,8,10,12,14,16,18,20,22,25,28,32,36,40,45,50,56,63,71,80,90,100,112,125,140,160,180,200,224,250,280										

九、紧固件通孔和沉孔（摘自 GB/T 5277—1985、GB/T 152.2—2014、GB/T 152.3—1988、GB/T 152.4—1988）

表 B-12　紧固件通孔和沉孔结构尺寸　（单位：mm）

螺纹规格				M4	M5	M6	M8	M10	M12	M16	M20	M24	M30	M36
通孔	GB/T 5277—1985	d_h	精装配	4.3	5.3	6.4	8.4	10.5	13	17	21	25	31	37
			中等装配	4.5	5.5	6.6	9	11	13.5	17.5	22	26	33	39
			粗装配	4.8	5.8	7	10	12	14.5	18.5	24	28	35	42
沉头螺钉用沉孔	GB/T 152.2—2014	D_c		9.4	10.4	12.6	17.3	20.0	—	—	—	—	—	—
		d_h		4.5	5.5	6.6	9.0	11.0	—	—	—	—	—	—

（续）

<table>
<tr><td rowspan="4">圆柱头用沉孔</td><td rowspan="4">GB/T 152.3—1988</td><td colspan="2">d_2</td><td>8</td><td>10</td><td>11</td><td>15</td><td>18</td><td>20</td><td>26</td><td>33</td><td>40</td><td>48</td><td>57</td></tr>
<tr><td colspan="2">d_3</td><td>—</td><td>—</td><td>—</td><td>—</td><td>—</td><td>16</td><td>20</td><td>24</td><td>28</td><td>36</td><td>42</td></tr>
<tr><td rowspan="2">t</td><td>①</td><td>4.6</td><td>5.7</td><td>6.8</td><td>9.0</td><td>11.0</td><td>13.0</td><td>17.5</td><td>21.5</td><td>25.5</td><td>32.0</td><td>38.0</td></tr>
<tr><td>②</td><td>3.2</td><td>4.0</td><td>4.7</td><td>6.0</td><td>7.0</td><td>8.0</td><td>10.5</td><td>12.5</td><td>—</td><td>—</td><td>—</td></tr>
<tr><td rowspan="2">六角头螺栓和六角螺母用沉孔</td><td rowspan="2">GB/T 152.4—1988</td><td colspan="2">d_2</td><td>10</td><td>11</td><td>13</td><td>18</td><td>22</td><td>26</td><td>33</td><td>40</td><td>48</td><td>61</td><td>71</td></tr>
<tr><td colspan="2">d_3</td><td>—</td><td>—</td><td>—</td><td>—</td><td>—</td><td>16</td><td>20</td><td>24</td><td>28</td><td>36</td><td>42</td></tr>
</table>

注：1. 表中 t 的第①系列值用于内六角圆柱头螺钉，第②系列值用于开槽圆柱头螺钉。

2. 图中 d_1 的尺寸均按中等装配的通孔确定。

3. 对于六角头螺栓和六角螺母用沉孔的尺寸 t，只要能制出与通孔轴线垂直的圆平面即可。

附录 C　孔、轴的极限偏差

表 C-1　孔的极限偏差数值（摘自 GB/T 1800.2—2020）　　（单位：μm）

<table>
<tr><td colspan="2">公称尺寸/mm</td><td>C</td><td>D</td><td>F</td><td>G</td><td colspan="9">H</td><td>K</td><td>N</td><td>P</td><td>S</td><td>U</td></tr>
<tr><td>大于</td><td>至</td><td>11</td><td>9</td><td>8</td><td>7</td><td>5</td><td>6</td><td>7</td><td>8</td><td>9</td><td>10</td><td>11</td><td>12</td><td>13</td><td>7</td><td>9</td><td>7</td><td>7</td><td>7</td></tr>
<tr><td>—</td><td>3</td><td>+120
+60</td><td>+45
+20</td><td>+20
+6</td><td>+12
+2</td><td>+4
0</td><td>+6
0</td><td>+10
0</td><td>+14
0</td><td>+25
0</td><td>+40
0</td><td>+60
0</td><td>+100
0</td><td>+140
0</td><td>0
-10</td><td>-4
-29</td><td>-6
-16</td><td>-14
-24</td><td>-18
-28</td></tr>
<tr><td>3</td><td>6</td><td>+145
+70</td><td>+60
+30</td><td>+28
+10</td><td>+16
+4</td><td>+5
0</td><td>+8
0</td><td>+12
0</td><td>+18
0</td><td>+30
0</td><td>+48
0</td><td>+75
0</td><td>+120
0</td><td>+180
0</td><td>+3
-9</td><td>0
-30</td><td>-8
-20</td><td>-15
-27</td><td>-19
-31</td></tr>
<tr><td>6</td><td>10</td><td>+170
+80</td><td>+76
+40</td><td>+35
+13</td><td>+20
+5</td><td>+6
0</td><td>+9
0</td><td>+15
0</td><td>+22
0</td><td>+36
0</td><td>+58
0</td><td>+90
0</td><td>+150
0</td><td>+220
0</td><td>+5
-10</td><td>0
-36</td><td>-9
-24</td><td>-17
-32</td><td>-22
-37</td></tr>
<tr><td>10</td><td>18</td><td>+205
+95</td><td>+93
+50</td><td>+43
+16</td><td>+24
+6</td><td>+8
0</td><td>+11
0</td><td>+18
0</td><td>+27
0</td><td>+43
0</td><td>+70
0</td><td>+110
0</td><td>+180
0</td><td>+270
0</td><td>+6
-12</td><td>0
-43</td><td>-11
-29</td><td>-21
-39</td><td>-26
-44</td></tr>
<tr><td>18</td><td>24</td><td rowspan="2">+240
+110</td><td rowspan="2">+117
+65</td><td rowspan="2">+53
+20</td><td rowspan="2">+28
+7</td><td rowspan="2">+9
0</td><td rowspan="2">+13
0</td><td rowspan="2">+21
0</td><td rowspan="2">+33
0</td><td rowspan="2">+52
0</td><td rowspan="2">+84
0</td><td rowspan="2">+130
0</td><td rowspan="2">+210
0</td><td rowspan="2">+330
0</td><td rowspan="2">+6
-15</td><td rowspan="2">0
-52</td><td rowspan="2">-14
-35</td><td rowspan="2">-27
-48</td><td>-53
-54</td></tr>
<tr><td>24</td><td>30</td><td>-40
-61</td></tr>
<tr><td>30</td><td>40</td><td>+280
+120</td><td rowspan="2">+142
+80</td><td rowspan="2">+64
+25</td><td rowspan="2">+34
+9</td><td rowspan="2">+11
0</td><td rowspan="2">+16
0</td><td rowspan="2">+25
0</td><td rowspan="2">+39
0</td><td rowspan="2">+62
0</td><td rowspan="2">+100
0</td><td rowspan="2">+160
0</td><td rowspan="2">+250
0</td><td rowspan="2">+390
0</td><td rowspan="2">+7
-18</td><td rowspan="2">0
-62</td><td rowspan="2">-17
-42</td><td rowspan="2">-34
-59</td><td>-51
-76</td></tr>
<tr><td>40</td><td>50</td><td>+290
+130</td><td>-61
-86</td></tr>
<tr><td>50</td><td>65</td><td>+330
+140</td><td rowspan="2">+174
+100</td><td rowspan="2">+76
+30</td><td rowspan="2">+40
+10</td><td rowspan="2">+13
0</td><td rowspan="2">+19
0</td><td rowspan="2">+30
0</td><td rowspan="2">+46
0</td><td rowspan="2">+74
0</td><td rowspan="2">+120
0</td><td rowspan="2">+190
0</td><td rowspan="2">+300
0</td><td rowspan="2">+460
0</td><td rowspan="2">+9
-21</td><td rowspan="2">0
-74</td><td rowspan="2">-21
-52</td><td>-42
-72</td><td>-76
-106</td></tr>
<tr><td>65</td><td>80</td><td>+340
+150</td><td>-48
-78</td><td>-91
-121</td></tr>
</table>

（续）

公称尺寸/mm		C	D	F	G	H									K	N	P	S	U
大于	至	11	9	8	7	5	6	7	8	9	10	11	12	13	7	9	7	7	7
80	100	+390 +170	+207 +120	+90 +36	+47 +12	+15 0	+22 0	+35 0	+54 0	+87 0	+140 0	+220 0	+350 0	+540 0	+10 −25	0 −87	−24 −59	−58 −93	−111 −146
100	120	+400 +180																−66 −101	−131 −166
120	140	+450 +200	+245 +145	+106 +43	+54 +14	+18 0	+25 0	+40 0	+63 0	+100 0	+160 0	+250 0	+400 0	+630 0	+12 −28	0 −100	−28 −68	−77 −117	−155 −195
140	160	+460 +210																−85 −125	−175 −215
160	180	+480 +230																−93 −133	−195 −235
180	200	+530 +240	+285 +170	+122 +50	+61 +15	+20 0	+29 0	+46 0	+72 0	+115 0	+185 0	+290 0	+460 0	+720 0	+13 −33	0 −115	−33 −79	−105 −151	−219 −265
200	225	+550 +260																−113 −159	−241 −287
225	250	+570 +280																−123 −169	−267 −313
250	280	+620 +300	+320 +190	+317 +56	+69 +17	+23 0	+32 0	+52 0	+81 0	+130 0	+210 0	+320 0	+52 0	+810 0	+16 −36	0 −130	−36 −88	−138 −190	−295 −347
280	315	+650 +330																−150 −202	−330 −382
315	355	+720 +360	+350 +210	+151 +62	+75 +18	+25 0	+36 0	+57 0	+89 0	+140 0	+230 0	+360 0	+570 0	+890 0	+17 −40	0 −140	−41 −98	−169 −226	−369 −426
355	400	+760 +400																−187 −244	−414 −471
400	450	+840 +440	+385 +230	+165 +68	+83 +20	+27 0	+40 0	+63 0	+97 0	+155 0	+250 0	+400 0	+630 0	+970 0	+18 −45	0 −155	−45 −108	−209 −272	−467 −530
450	500	+880 +480																−229 −292	−517 −580

表 C-2　轴的极限偏差数值（摘自 GB/T 1800.2—2020）　　（单位：μm）

公称尺寸/mm		e		f					g			h								js			k		
大于	至	8	9	5	6	7	8	9	5	6	7	5	6	7	8	9	10	11	12	5	6	7	5	6	7
—	3	−14 −28	−14 −39	−6 −10	−6 −12	−6 −16	−6 −20	−6 −31	−2 −6	−2 −8	−2 −12	0 −4	0 −6	0 −10	0 −14	0 −25	0 −40	0 −60	0 −100	±2	±3	±5	+4 0	+6 0	+10 0
3	6	−20 −38	−20 −50	−10 −15	−10 −18	−10 −22	−10 −28	−10 −40	−4 −9	−4 −12	−4 −16	0 −5	0 −8	0 −12	0 −18	0 −30	0 −48	0 −75	0 −120	±2.5	±4	±6	+6 +1	+9 +1	+13 +1

（续）

公称尺寸/mm		e		f					g			h								js			k		
大于	至	8	9	5	6	7	8	9	5	6	7	5	6	7	8	9	10	11	12	5	6	7	5	6	7
6	10	−25 −47	−25 −61	−13 −19	−13 −22	−13 −28	−13 −35	−13 −49	−5 −11	−5 −14	−5 −20	0 −6	0 −9	0 −15	0 −22	0 −36	0 −58	0 −90	0 −150	±3	±4.5	±7.5	+7 +1	+10 +1	+16 +1
10	18	−32 −59	−32 −75	−16 −24	−16 −27	−16 −34	−16 −43	−16 −59	−6 −14	−6 −17	−6 −24	0 −8	0 −11	0 −18	0 −27	0 −43	0 −70	0 −110	0 −180	±4	±5.5	±9	+9 +1	+12 +1	+19 +1
18 24	24 30	−40 −73	−40 −92	−20 −29	−20 −33	−20 −41	−20 −53	−20 −72	−7 −16	−7 −20	−7 −28	0 −9	0 −13	0 −21	0 −33	0 −52	0 −84	0 −130	0 −210	±4.5	±6.5	±10.5	+11 +2	+15 +2	+23 +2
30 40	40 50	−50 −89	−50 −112	−25 −36	−25 −41	−25 −50	−25 −64	−25 −87	−9 −20	−9 −25	−9 −34	0 −11	0 −16	0 −25	0 −39	0 −62	0 −100	0 −160	0 −250	±5.5	±8	±12.5	+13 +2	+18 +2	+27 +2
50 65	65 80	−60 −106	−60 −134	−30 −43	−30 −49	−30 −60	−30 −76	−30 −104	−10 −23	−10 −29	−10 −40	0 −13	0 −19	0 −30	0 −46	0 −74	0 −120	0 −190	0 −300	±6.5	±9.5	±15	+15 +2	+21 +2	+32 +2
80 100	100 120	−72 −126	−72 −159	−36 −51	−36 −58	−36 −71	−36 −90	−36 −123	−12 −27	−12 −34	−12 −47	0 −15	0 −22	0 −35	0 −54	0 −87	0 −140	0 −220	0 −350	±7.5	±11	±17.5	+18 +3	+25 +3	+38 +3
120 140 160	140 160 180	−85 −148	−85 −185	−43 −61	−43 −68	−43 −83	−43 −106	−43 −143	−14 −32	−14 −39	−14 −54	0 −18	0 −25	0 −40	0 −63	0 −100	0 −160	0 −250	0 −400	±9	±12.5	±20	+21 +3	+28 +3	+43 +3
180 200 225	200 225 250	−100 −172	−100 −215	−50 −70	−50 −79	−50 −96	−50 −122	−50 −165	−15 −35	−15 −44	−15 −61	0 −20	0 −29	0 −46	0 −72	0 −115	0 −185	0 −290	0 −460	±10	±14.5	±23	+24 +4	+33 +4	+50 +4
250 280	280 315	−110 −191	−110 −240	−56 −79	−56 −88	−56 −108	−56 −137	−56 −186	−17 −40	−17 −49	−17 −69	0 −23	0 −32	0 −52	0 −81	0 −130	0 −210	0 −320	0 −520	±11.5	±16	±26	+27 +4	+36 +4	+56 +4
315 355	355 400	−125 −214	−125 −265	−62 −87	−62 −98	−62 −119	−62 −151	−62 −202	−18 −43	−18 −54	−18 −75	0 −25	0 −36	0 −57	0 −89	0 −140	0 −230	0 −360	0 −570	±12.5	±18	±28.5	+29 +4	+40 +4	+61 +4
400 450	450 500	−135 −232	−135 −290	−68 −95	−68 −108	−68 −131	−68 −165	−68 −223	−20 −47	−20 −60	−20 −83	0 −27	0 −40	0 −63	0 −97	0 −155	0 −250	0 −400	0 −630	±13.5	±20	±31.5	+32 +5	+45 +5	+68 +5

附录 D　推荐选用的配合

表 D-1　基孔制配合的优先配合（摘自 GB/T 1800.1—2020）

基准孔	轴公差带代号													
	间隙配合				过渡配合				过盈配合					
H6			g5	h5	js5	k5	m5		n5	p5				
H7		f6	g6	h6	js6	k6	m6	n6		p6	r6	s6	t6	u6	x6
H8	e7	f7		h7	js7	k7	m7					s7		u7	

（续）

基准孔	轴公差带代号						
	间隙配合					过渡配合	过盈配合
H8			d8	e8	f8	h8		
H9			d8	e8	f8	h8		
H10	b9	c9	d9	e9		h9		
H11	b11	c11	d10			h10		

注：配合应优先选择框中的公差带代号。

表 D-2　基轴制配合的优先配合（GB/T 1800.1—2020）

基准轴	孔公差带代号																
	间隙配合							过渡配合				过盈配合					
h5						G6	H6	JS6	K6	M6	N6	P6					
h6					F7	G7	H7	JS7	K7	M7	N7	P7	R7	S7	T7	U7	X7
h7				E8	F8		H8										
h8			D9	E9	F9		H9										
h9				E8	F8		H8										
			D9	E9	F9		H9										
	B11	C10	D10				H10										

注：配合应优先选择框中的公差带代号。

附录 E　滚动轴承

一、深沟球轴承（摘自 GB/T 276—2013）

表 E-1　深沟球轴承各部分尺寸

（单位：mm）

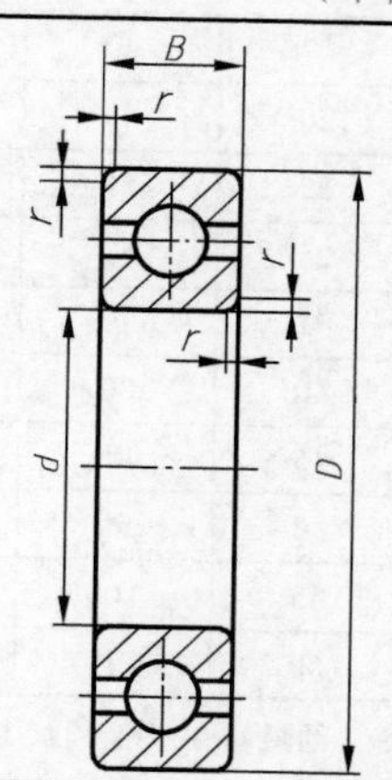

标记示例

尺寸系列代号为 10，内圈孔径 d 为 40mm，外圈直径 D 为 68mm 的深沟球轴承，其标记为：

滚动轴承　6008

（续）

轴承代号	d	D	B	r_{smin}	轴承代号	d	D	B	r_{smin}
尺寸系列代号 10					尺寸系列代号 03				
606	6	17	6	0.3	633	3	13	5	0.2
607	7	19	6	0.3	634	4	16	5	0.3
608	8	22	7	0.3	635	5	19	6	0.3
609	9	24	7	0.3	6300	10	35	11	0.6
6000	10	26	8	0.3	6301	12	37	12	1
6001	12	28	8	0.3	6302	15	42	13	1
6002	15	32	9	0.3	6303	17	47	14	1
6003	17	35	10	0.3	6304	20	52	15	1.1
6004	20	42	12	0.6	6305	25	62	17	1.1
6005	25	47	12	0.6	6306	30	72	19	1.1
6006	30	55	13	1	6307	35	80	21	1.5
6007	35	62	14	1	6308	40	90	23	1.5
6008	40	68	15	1	6309	45	100	25	1.5
6009	45	75	16	1	6310	50	110	27	2
6010	50	80	16	1	6311	55	120	29	2
6011	55	90	18	1.1	6312	60	130	31	2.1
6012	60	95	18	1.1	6313	65	140	33	2.1
尺寸系列代号 02					尺寸系列代号 04				
623	3	10	4	0.15	6403	17	62	17	1.1
624	4	13	5	0.2	6404	20	72	19	1.1
625	5	16	5	0.3	6405	25	80	21	1.5
626	6	19	6	0.3	6406	30	90	23	1.5
627	7	22	7	0.3	6407	35	100	25	1.5
628	8	24	8	0.3	6408	40	110	27	2
629	9	26	8	0.3	6409	45	120	29	2
6200	10	30	9	0.6	6410	50	130	31	2.1
6201	12	32	10	0.6	6411	55	140	33	2.1
6202	15	35	11	0.6	6412	60	150	35	2.1
6203	17	40	12	0.6	6413	65	160	37	2.1
6204	20	47	14	1	6414	70	180	42	3
6205	22	52	15	1	6415	75	190	45	3
6206	28	62	16	1	6416	80	200	48	3
6207	32	72	17	1.1	6417	85	210	52	4
6208	40	80	18	1.1	6418	90	225	54	4
6209	45	85	19	1.1	6419	95	240	55	4
6210	50	90	20	1.1	6420	100	250	58	4
6211	55	100	21	1.5	6422	110	280	65	4
6212	60	110	22	1.5	—	—	—	—	—

注：r_{smin} 是 r 的最小单一倒角尺寸；最大倒角尺寸规定在 GB/T 274—2000 中。

二、圆锥滚子轴承（摘自 GB/T 297—2015）

表 E-2　圆锥滚子轴承各部分尺寸

（单位：mm）

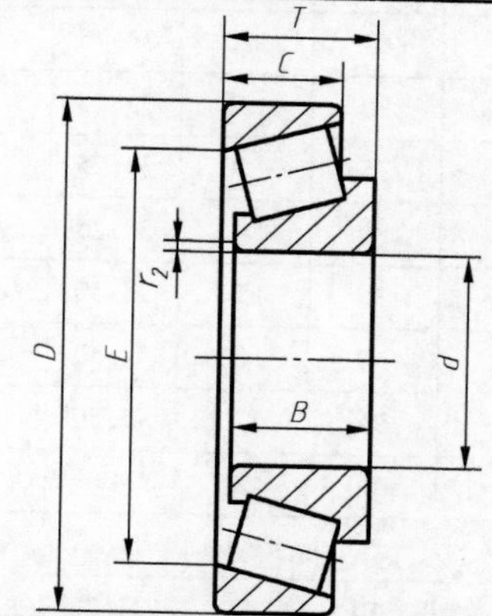

标记示例

尺寸系列代号为03，内圈孔径 d 为30mm 的圆锥滚子轴承的标记为：

滚动轴承　30306

轴承代号	d	D	T	B	C
尺寸系列代号 02					
30204	20	47	15.25	14	12
30205	25	52	16.25	15	13
30206	30	62	17.25	16	14
30207	35	72	18.25	17	15
30208	40	80	19.75	18	16
30209	45	85	20.75	19	16
30210	50	90	21.75	20	17
30211	55	100	22.75	21	18
30212	60	110	23.75	22	19
30213	65	120	24.75	23	20
30214	70	125	26.25	24	21
30215	75	130	27.25	25	22
30216	80	140	28.25	26	22
30217	85	150	30.50	28	24
30218	90	160	32.50	30	26
30219	95	170	34.50	32	27
30220	100	180	37	34	29
尺寸系列代号 03					
30304	20	52	16.25	15	13
30305	25	62	18.25	17	15
30306	30	72	20.75	19	16
30307	35	80	22.75	21	18

轴承代号	d	D	T	B	C
尺寸系列代号 03					
30308	40	90	25.25	23	20
30309	45	100	27.25	25	22
30310	50	110	29.25	27	23
30111	55	120	31.50	29	25
30312	60	130	33.50	31	26
30313	65	140	36	33	28
30314	70	150	38	35	30
30315	75	160	40	37	31
30316	80	170	42.50	39	33
30317	85	180	44.50	41	34
30318	90	190	46.50	43	36
30319	95	200	49.50	45	38
30320	100	215	51.50	47	39
尺寸系列代号 22					
32204	20	47	19.25	18	15
32205	25	52	19.25	18	16
32206	30	62	21.25	20	17
32207	35	72	24.25	23	19
32208	40	80	24.75	23	19
32209	45	85	24.75	23	19
32210	50	90	24.75	23	19
32211	55	100	26.75	25	21

（续）

轴承代号	d	D	T	B	C	轴承代号	d	D	T	B	C
尺寸系列代号 22						尺寸系列代号 23					
32212	60	110	29.75	28	24	32308	40	90	35.25	33	27
32213	65	120	32.75	31	27	32309	45	100	38.25	36	30
32214	70	125	33.25	31	27	32310	50	110	42.25	40	33
32215	75	130	33.25	31	27	32311	55	120	45.50	43	35
32216	80	140	33.25	33	28	32312	60	130	48.50	46	37
32217	85	150	38.50	36	30	32313	65	140	51	48	39
32218	90	160	42.50	40	34	32314	70	150	54	51	42
32219	95	170	45.50	43	37	32315	75	160	58	55	45
32220	100	180	49	46	39	32316	80	170	61.50	58	48
尺寸系列代号 23						32317	85	180	63.50	60	49
32304	20	52	22.25	21	18	32318	90	190	67.50	64	53
32305	25	62	25.25	24	20	32319	95	200	71.50	67	55
32306	30	72	28.75	27	23	32320	100	215	77.50	73	60
32307	35	80	32.75	31	25						

附录 F　常用材料及表面处理

表 F-1　钢铁产品牌号表示方法

标准	名称	说明	牌号及其应用举例
GB/T 700—2006	碳素结构钢	“Q”表示钢的屈服强度的“屈”字汉语拼音首位字母，数字表示屈服强度数值（MPa）	Q195、Q215：用于制作螺栓、炉撑、拉杆犁板、短轴、支架焊接件等
			Q235：用于制作一般机械零件，如销、轴拉杆、套筒、支架焊接件等
			Q275：制作齿轮、心轴、转轴、键、制动板、农机用机架、链和链节等
GB/T 699—2015	优质碳素结构钢	数字是以万分数表示的碳的名义质量分数，例如“45”表示碳的名义质量分数为 0.45%	30：受载不大、工作温度低于 150℃ 的截面尺寸小的零件，如化工机械中的螺钉、拉杆、套筒、丝杠、轴、吊环、键等
			35：广泛地用于制造负载较大但截面尺寸较小的各种机械零件、热压件，如轴销、轴、曲轴、横梁、连杆、杠杆、星轮、轮圈、垫圈、圆盘、钩环、螺栓、螺钉、螺母等
			45：适用于制造较高强度的运动零件，重型及通用机械中的轧制轴、连杆、蜗杆、齿条、齿轮销子等
			60：主要用于制造耐磨、强度较高、受力较大、摩擦工作以及相当弹性的弹性零件如轴、偏心轴、轧辊、轮辊、离合器、钢丝绳、弹簧垫圈、弹簧圈、减震弹簧、凸轮及各种垫圈
		锰的质量分数为 0.70%～1.00% 的优质碳素钢	35Mn：一般用于制造载荷中等的零件，如啮合杆、传动轴、螺栓、螺钉、螺母等
			60Mn：用于制造尺寸较大的螺旋弹簧，各种扁、圆弹簧、板弹簧、弹簧片、弹簧环、发条和冷拉钢丝（直径小于 7mm）

（续）

标准	名称	说明	牌号及其应用举例
GB/T 3077—2015	合金结构钢	合金结构钢前面两位数字是以万分数表示的碳的名义质量分数。合金元素的质量分数以化学符号及阿拉伯数字表示	40Cr、45Cr：使用最广泛的钢种之一，调质处理后用于制造中速、中载的零件，如机床齿轮、轴、蜗杆、花键轴、顶针套等
			20CrMnTi：应用广泛、用量很大的一种合金结构钢，用于制造汽车拖拉机中的截面尺寸小于30mm的中载或重载、冲击耐磨且高速的各种重要零件，如齿轮轴、齿圈、齿轮、十字轴、滑动轴承支撑的主轴、蜗杆、爪牙离合器等
			30CrMnTi：用于制造心部强度特高的渗碳零件，如齿轮轴、齿轮、蜗杆等，也可做调质零件，如汽车、拖拉机上较大截面的主动齿轮等
GB/T 11352—2009	一般工程用铸造碳钢	"ZG"表示铸钢，后面的两组数字分别表示其屈服强度数值（MPa）和抗拉强度数值（MPa）	ZG200-400：用于制造机座、电气吸盘、变速箱体等受力不大，但要求韧性的零件
			ZG230-450：用于制造负荷不大、韧性较好的零件，如轴承盖、底板、阀体、机座、侧架、轧钢机架、箱体等

表 F-2　铸铁产品牌号表示方法

标准	名称	说　明	牌号及其应用举例
GB/T 9439—2010	灰铸铁	"HT"表示灰铸铁，后面的数字表示抗拉强度数值（MPa）	HT150：承受中等弯曲应力，摩擦面间压强高于500kPa的铸件，如多数机床的底座有相对运动和磨损的零件，如溜板、工作台等，汽车中的变速箱、排气管、进气管等；拖拉机中的配气轮室盖、液压泵进出油管，内燃机车水泵壳、止回阀体、阀盖、吊车阀轮、泵体，电动机轴承盖、汽轮机操纵座外壳、缓冲器外壳等
			HT200：承受较大弯曲应力，要求保持气密性的铸件，如机床立柱、刀架、齿轮箱体、多数机床床身、滑板、箱体、液压缸、泵体、阀体、带轮、轴承盖、叶轮等
			HT300：重型机床床身、多轴机床主轴箱、卡盘齿轮、高压液压缸、泵体、阀体、锥齿轮、大型卷筒、轧钢机座、焦化炉导板、汽轮机隔板、泵壳、收缩管、轴承支架、主配阀壳体、环形缸座等
			HT350：轧钢滑板、辊子、炼焦柱塞、圆筒混合机齿圈、支承轮座、挡轮座等
GB/T 1348—2009	球墨铸铁	"QT"表示球墨铸铁，其后两组数字分别表示抗拉强度数值（MPa）和伸长率（%）	QT400-18：汽车、拖拉机中的牵引框、轮毂、驱动桥壳体、离合器壳体、差速器壳体、弹簧吊耳、阀体、阀盖、支架、压缩机中较高温度的高低压气缸、输气管、铁道垫板、农机用铧犁、犁柱、犁托、牵引架、收割机导架、护刃器等
			QT700-2、QT800-2：柴油机和汽油机的曲轴、汽油机的凸轮、气缸套、进排气门座、连杆；农机用的脚踏脱粒机齿条及轻载荷齿轮；机床用主轴；空压机、冷冻机、制氧机的曲轴、缸体、缸套、球磨机齿轴、矿车轮、桥式起重机大小车滚轮、小型水轮机的主轴等
			QT500-7：内燃机的机油泵齿轮、汽轮机中温气缸隔板及水轮机的阀门体、铁路机车的轴瓦输电线路用的联板和硫头、机器座架、液压缸体、连杆、传动轴、飞轮、千斤顶座等

（续）

标准	名称	说 明	牌号及其应用举例
GB/T 9440—2010	可锻铸铁	“KT”表示可锻铸铁，“H”表示黑心，“B”表示白心，其后两组数字表示抗拉强度数值（MPa）和伸长率（%）	KTH300-06、KTH330-08、KTH350-10、KTH370-12：黑心可锻铸铁比灰铸铁强度高，塑性与韧性更好，可承受冲击和扭转负荷，具有良好的耐蚀性，可加工性良好。制作薄壁铸件，多用于机床零件、运输机零件、升降机械零件、管道配件、低压阀门。KTH300-06、KTH330-08 可耐 800~1400kPa 的压力（气压、水压），可用于自来水管路配件、高压锅炉管路配件、压缩空气管道配件及农机零件。KTH350-10 和 KTH370-12 能承受较大的冲击负荷，在寒冷环境（-40℃）下工作，不产生低温脆断，用于制作汽车和拖拉机中的后桥外壳、转向机构、弹簧钢板支座，农机中的收割机升降机构、护刃器、压刃器、捆束器等
			KTB380-12、KTB400-05、KTB450-07：制造工艺较复杂，生产周期长，性能较差因而在国内机械工业中较少应用。KTB380-12 适用于对强度有特殊要求和焊接后不需进行热处理的零件

表 F-3 有色金属及合金产品牌号表示方法

标 准	名 称	说 明	牌号及其应用举例
GB/T 5231—2022	普通黄铜	“H”表示黄铜，其后数字表示铜的名义质量分数	H62：各种深拉深和弯折制造的受力零件，如销钉、铆钉、垫圈、螺母、导管、气压表弹簧、筛网、散热器零件等
GB/T 1176—2013	铸造黄铜	“Z”表示铸造，“Cu”表示基本元素为铜，其余字母和字母后数字表示主要合金元素及其名义质量分数	ZCuZn38：一般结构件和耐蚀零件，如法兰、阀座、支架、手柄和螺母等
	铸造锡青铜		ZCuSn5Pb5Zn5：在较高负荷、中等滑动速度下工作的耐磨、耐蚀零件，如轴瓦、衬套、缸套、活塞离合器、泵件压盖及蜗轮等
	铸造铝青铜		ZCuAl9Mn2：耐蚀、耐磨零件，形状简单的大型铸件，如衬套、齿轮、蜗轮，以及在 250℃ 以下工作的管配件和要求气密性高的铸件，如增压器内气封
GB/T 1173—2013	铸造铝合金	“Al”表示基本元素为铝，其后字母和数字表示主要合金元素及其名义质量分数	ZAlSi9Mg：形状复杂、承受中等负荷的零件，也可用于要求高的气密性、耐蚀性和焊接性能良好的零件，但工作温度不得超过 200℃，如水及传动装置壳体、水冷发动机汽缸体、抽水机壳体仪表外壳、汽化器等

表 F-4 常用热处理和表面处理方法（摘自 GB/T 12603—2005、GB/T 8121—2012）

名称	说 明	目 的
退火	材料或工件加热到适当温度，保持一定时间，然后缓慢冷却的热处理工艺	消除铸、锻、焊零件的内应力，降低硬度，细化晶粒，增加韧性
正火	材料或工件加热奥氏体化后在空气中冷却的热处理工艺	处理低碳钢、中碳结构钢，增加强度与韧性，改善切削性能
淬火	材料或工件加热至临界点以上形成高温区的同素异构相，随后以大于该材料临界冷却速率冷却形成低温区非平衡同素异构相的热处理工艺	提高钢的强度及耐磨性。但淬火后引起内应力，使钢变脆，所以淬火后必须回火

（续）

名称	说明	目的
回火	材料或工件淬硬后加热到 Ac_1 以下的某一温度。保温一定时间，使其非平衡组织结构适当转向平衡态，获得预期性能的热处理工艺	消除淬火后的脆性和内应力，提高钢的塑性和冲击韧性
调质	材料或工件淬火并高温回火的复合热处理工艺	提高钢的韧性及强度。重要的齿轮、轴及丝杠等零件需调质
感应加热淬火	利用感应电流通过工件所产生的热效应，使工件表面、局部或整体加热并进行快速冷却的淬火工艺	提高表面硬度及耐磨性，常用来处理齿轮
渗碳	钢件放入提供活性炭原子的介质中加热保温，使碳原子渗入工件表层的化学热处理工艺	提高表面的硬度、耐磨性、抗拉强度
渗氮（氮化）	向钢件表层渗入活性氮原子形成富氮硬化层的化学热处理工艺	提高表面硬度、耐磨性、疲劳强度和耐蚀性
碳氮共渗	在一定温度下同时将碳、氮渗入工件表层奥氏体中并以渗碳为主的化学热处理工艺	提高表面硬度、耐磨性、疲劳强度和耐蚀性
时效处理	合金工件经固溶热处理后在室温或稍高于室温保温，以达到沉淀硬化目的的方法	消除内应力，稳定机件形状和尺寸
发蓝处理（发黑）	工件在空气-水蒸气或化学药物的溶液中处于室温或加热到适当温度，在工件表面形成一层蓝色或黑色氧化膜，以改善其耐蚀性和外观的表面处理工艺	防腐蚀、美化，如用于螺纹紧固件
镀镍	用电解方法在钢件表面镀一层镍	防腐蚀、美化
镀铬	用电解方法在钢件表面镀一层铬	提高表面硬度、耐磨性和耐蚀性，也用于修复零件上磨损了的表面

参考文献

[1] 大连理工大学工程图学教研室. 机械制图 [M]. 7版. 北京：高等教育出版社，2013.

[2] 毛昕，黄英，肖平阳. 画法几何及机械制图 [M]. 4版. 北京：高等教育出版社，2010.

[3] 孙兰凤，梁艳书. 工程制图 [M]. 2版. 北京：高等教育出版社，2010.

[4] 何铭新，钱可强，徐祖茂. 机械制图 [M]. 7版. 北京：高等教育出版社，2015.

[5] 陆国栋，张树有，谭建荣，等. 图学应用教程 [M]. 2版. 北京：高等教育出版社，2010.

[6] CAD/CAM/CAE/技术联盟. AutoCAD 2020 中文版机械设计从入门到精通 [M]. 北京：清华大学出版社，2020.

[7] 全国技术产品文件标准化技术委员会，中国标准出版社第三编辑室. 技术产品文件标准汇编：机械制图卷 [M]. 2版. 北京：中国标准出版社，2009.

[8] 全国技术产品文件标准化技术委员会，中国质检出版社第三编辑室. 技术产品文件标准汇编：技术制图卷 [M]. 3版. 北京：中国标准出版社，2011.

[9] 焦永和，张彤，张昊. 机械制图手册 [M]. 6版. 北京：机械工业出版社，2022.

[10] 穆浩志. 工程图学与CAD基础教程 [M]. 2版. 北京：机械工业出版社，2022.